21世纪高等学校本科电子电气专业系列实用教材

电机与电力拖动基础教程

羌予践　主　编

包　蕾　邹一琴　秦　岭　副主编

沈振平　主　审

電子工業出版社

Publishing House of Electronics Industry

北京·BEIJING

内容简介

本书按照高等工业学校工业电气自动化专业教学指导委员会《电机原理及拖动》教学大纲编写，全书共9章，主要阐述电机与电力拖动的基本原理和基础知识。主要内容包括电能与电机、磁路及动力学基础知识、直流电机、直流电动机的运行与电力拖动、变压器、三相异步电动机、三相异步电动机的电力拖动、同步电机、特种电机、交流拖动系统电动机的质量与选择。

本书适合于普通高等学校的自动化、电气工程及自动化、电力系统及自动化、机电一体化等专业作为教材使用，可作为成人高等教育有关专业的教材，也可以供有关工程科技人员参考。

图书在版编目（CIP）数据

电机与电力拖动基础教程/羌予践主编. 一北京：电子工业出版社，2008.5
（21世纪高等学校本科电子电气专业系列实用教材）
ISBN 978-7-121-05301-6

Ⅰ.电... Ⅱ.羌... Ⅲ.① 电机学－高等学校－教材 ② 电力传动－高等学校－教材
Ⅳ.TM3 TM921

中国版本图书馆CIP数据核字(2008)第061579号

责任编辑：柴 燕(chaiy@phei.com.cn)
印 刷：北京天宇星印刷厂
装 订：北京天宇星印刷厂
出版发行：电子工业出版社
北京市海淀区万寿路173信箱 邮编 100036
开 本：787×1092 1/16 印张：18.75 字数：480千字
版 次：2008年5月第1版
印 次：2025年2月第12次印刷
定 价：35.00元

凡所购买电子工业出版社的图书，如有缺损问题，请向购买书店调换。若书店售缺，请与本社发行部联系，联系及邮购电话：(010)88254888。

质量投诉请发邮件至 zlts@phei.com.cn，盗版侵权举报请发邮件至 dbqq@phei.com.cn。

服务热线：(010)88258888。

编委会名单

前 言

当前，工业电气自动化技术发展十分迅速，为专业及基础教学带来了许多新的内容；另一方面，高等教育教学改革要求在主要教学内容基本不变的情况下，减少部分教学课时。为此，需要对原有课程的知识体系进行整体优化、科学协调、结构重组，以压缩原有内容和所占学时，在保证课程内涵基本不变的情况下进行精选和提炼，同时补充本专业最新的科技知识。

电机与电力拖动是一门重要的专业基础课，也是学生专业素质形成的关键性课程，具有对象具体、理论性强、较为抽象，同时与工程实践密切相关的特点。编者根据培养21世纪工程应用型人才的需要，结合课程变化和教学改革的要求，总结多年来本课程的教学成果，从加强能力培养出发，结合注重基础知识以及面向实际应用等原则，进行了本书的编写工作。

本教材按高等工业学校工业电气自动化专业教学指导委员会《电机原理及拖动》教学大纲编写，主要压缩了原电机学中与结构和制作工艺有关的一些内容，而将《电机学》和《电力拖动基础》中的电机特性融为一体。这样在保证了《电机与电力拖动基础教程》这门重要的专业基础课的主要内容和基本要求不被削弱的同时，缩短了部分学时。

全书共9章，主要内容包括磁路及动力学基础知识、直流电机、直流电动机的运行与电力拖动、变压器、三相异步电动机、三相异步电动机的电力拖动、同步电机、特种电机、交流拖动系统电动机的质量与选择。每章的重点内容均配有例题，后面有小结和习题。本书重点讲述了各种电动机的工作原理、分析方法及电动机的静、动态特性，内容由浅入深、重点突出。本书的主要特点在于：结合多年教学经验，对教学重点、难点部分不吝笔墨地详细阐述，或者从新的角度进行了简化分析，利于学生自学；增加了电机学基础知识的介绍，起到基础课到专业基础课的过渡作用；结合工程实践经验，增加了电机的质量分析等内容，使得学生具备一定的解决工程实际问题的能力；反映了电机领域最新的研究进展，介绍了开关磁阻电动机及其驱动系统；书中尽量采用国家标准与行业习惯用法。

本书绪论、第2、5、9章由南通大学羌予践编写，第1章由南通大学高宁宇编写，第3章由常州工学院邹一琴编写，第4、8章由南通大学秦岭编写，第6、7章由宁波工程学院包蕾编写，全书由羌予践统稿并担任主编。

本书由苏州科技学院沈振平老师主审，沈老师对全书进行了十分认真的审阅和修改，并提出了许多宝贵意见。高宁宇进行了部分章节的绘图和计算机处理，并提供了部分习题的答案。在本书编写过程中，南通大学电气工程学院的老师们给予了大力支持。在此，一并表示衷心的感谢。

由于编者水平有限，经验不足，书中难免有不少缺点和错误，敬请读者批评指正。

本书采用轻型环保纸张印刷。质量轻，易于携带；颜色柔和，利于缓解视觉疲劳，保护视力。

编者

2008年5月

序 言

随着世界经济一体化的进程，我国已成为世界最大的加工基地和制造基地，尤其是长江三角洲地区更为突出，已有近百家名列世界五百强的企业落户该地区，带动了该地区经济突飞猛进的发展，同时也为就业创造了广阔的前景。企事业单位对应用型本科人才的需求多了，但要求也提高了。这就对工程教育的发展提出了新的挑战，同时也提供了新的发展机遇。

在此形势下，国家教育部近年来批准组建了一批以培养应用型本科人才为宗旨的高等院校，同时举办了多次"应用型本科人才培养模式研讨会"，对应用型本科教育的办学思想和发展定位进行初步探讨。并于 2002 年在全国高等院校教学研究中心立项，成立了 21 世纪中国高等学校应用型人才培养体系的创新与实践课题组，有十几所应用型本科院校参加了课题组的研究，取得了多项研究成果，并于 2004 年结题验收。我们就是在这种形势下，组织了多所应用型本科院校编写本系列教材，以适应国家对工程教育的新要求，满足培养素质高、能力强的应用型本科人才的需要。

工程强调知识的应用和综合，强调方案优缺点的比较并做出论证和合理应用。这就要求我们对应用型本科人才的培养实施与之相配套的培养方案和培养模式，采用具有自身特点的教材。同时，避免重理论、轻实践、工程教育"学术化"的倾向；避免在工程实践能力的培养中，轻视学生个性及创新精神的培养；避免工程教育在实践中与社会经济、产业的发展脱节。为使我国应用型人才培养适应社会发展的新形势，我们必须开拓进取、努力改革。

组织编写本系列教材，有利于应用型人才培养所需要的、富有特色的本科教材的建设。本系列教材的编写原则如下。

1. 确保基础

在内容安排上，本系列教材确保学生掌握基本的理论基础，满足本科教学的基本要求。

2. 富有特色

围绕培养目标，以工程应用为背景，通过理论与实践相结合，构建应用型本科教育系列教材特色。在融会贯通本科教学内容的基础上，挑选最基本的内容、方法和典型应用，将有关技术进步的新成果、新应用纳入教学内容，妥善处理传统内容的继承与现代内容的引进；在保持本科教学基本体系的前提下，处理好与交叉学科的关系，并按新的教学系统重新组织；在注重理论与实践相结合的基础上，注入工程概念，包括质量、环境等诸多因素对工程的影响，突出特色、强化应用。

3. 精选编者，保证质量

参编院校根据编委会要求推荐了一批具有丰富工程实践经验和教学经验的教师参加编写工作。本系列教材的许多内容都是在优秀教案、讲义的基础上编写的，并由主编全文统稿，以确保教材质量。

本系列教材的编写得到了电子工业出版社的大力支持。他们为编好这套教材做了大量认真细致的工作，为教材的出版提供了许多有利条件，在此深表感谢！

编 委 会

主要符号说明

1. 基本符号与名称

符号	意义	符号	意义
A	线负荷	S	面积、视在功率
a	并联支路数(直流电机)或并联支路对数(交流电机)	s	转差率
B	磁感应强度	T	转矩、时间常数、周期
D	直径、调速范围	t	温度
E	直流电动势、交流电动势有效值	U	直流电压、交流电压有效值
e	电动势瞬时值	u	电压瞬时值
F	磁动势、力	V	体积
f	频率、磁动势瞬时值、力的瞬时值	v	速度
G	重力	W	能量
GD^2	飞轮矩	x	电抗
H	磁场强度	y	绕组节矩
I	直流电流、交流电流有效值	Z	阻抗
i	电流瞬时值	$\|Z\|$	阻抗模
J	转动惯量	α	角度、信号系数
j	转速比	β	角度
k	变比、系数、换向片数	γ	角度
L	电感、长度	δ	气隙长度、静差率
l	长度	η	效率
m	相数	θ	角度、功率角
N	线圈匝数	λ	电动机过载倍数
n	电机转速	Λ	磁导
$P(p)$	功率	μ	磁导率
p	极对数	υ	谐波次数
q	每极每相槽数	ρ	电导率
R	电阻、磁阻	τ	极距、温升
Φ	磁通量	Ω	机械角速度
ϕ	磁通瞬时值	ω	角频率、电角速度
φ	相角、功率因数角	J	电流密度

2. 主要下标符号及意义

下标符号	意义	下标符号	意义
0	空载、同步、真空	N	额定值
1	一次侧、定子、基波	s	同步
2	二次侧、转子	δ	漏磁
a	电枢	Cu	铜
E	直流电动势、交流电动势有效值	Fe	铁

d	直轴	$+$	正序、正向
q	交轴	$-$	负序、反向
em	电磁	max	最大值
f	励磁	st	起动
k	短路	b	电刷
L	负载	μ	磁化
l	线值	Δ	杂散
ϕ	相值	b	基值
m	机械、励磁、幅值、磁路		

3. 主要上标符号及意义

上标符号	意义	上标符号	意义
•	时间相量	*	标幺值
'	二次侧向一次侧折算值或转子侧向定子侧折算值	"	一次侧向二次侧折算值或定子侧向转子侧折算值

目录

绪　论

0.1　电能与电机

0.1.1　电能的特点及应用

电能是一种常见的能量形式，是国民经济生活中的主要动力来源，大量应用于人们生产、生活的各个方面。这种能量形式有许多优点，电能的生产、传输、分配以及使用和控制都较为经济方便。人类利用电能大大提高了劳动生产率，完成了手工劳动不易或不能完成的生产任务。电能在工农业生产、交通运输、科学技术、信息传输、国防建设以及日常生活等各个领域都获得了极为广泛的应用，已经成为现代社会不可缺少的能量形式。电机是电能生产、传输、分配及应用所必需的重要设备。

0.1.2　电机的概念及发展

从广义的角度看，电机是生产、传输、使用、变换电能的一种装置。本书主要研究的是利用电磁感应原理进行工作的电机，在本书中电机定义为依据电磁感应原理实现机电能量转换或信号变换的装置。

电机应用广泛，种类繁多，性能各异，分类方法也很多。按运动形式分，可分为静止的变压器、旋转电机、直线电机；按电源性质分，可分为直流电机和交流电机；按交流电源的区别分，可分为单相电机和三相电机；按转子转速与电源频率关系分，可分为同步电机和异步电机；按电机的应用功能分，可分为四类：发电机——机械能转换成电能；电动机——电能转换成机械能；特种电机——控制系统中的检测、执行元件，实现电信号的传递和转换功能；变换机——实现电流、电压、频率、相位等电参数的改变，如变压器、变频机、移相器等。

不论是旋转电机的能量转换，还是控制用特种电机的信号变换，都是通过电磁感应作用而实现的，本书就理论归纳及便于学习的方面考虑，采用以下常见的电机分类方法。

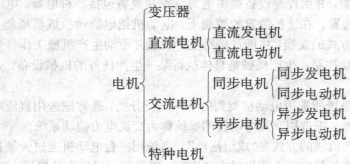

- 电机
  - 变压器
  - 直流电机
    - 直流发电机
    - 直流电动机
  - 交流电机
    - 同步电机
      - 同步发电机
      - 同步电动机
    - 异步电机
      - 异步发电机
      - 异步电动机
  - 特种电机

一个多世纪以来，随着生产的不断发展，市场对电机提出了性能良好、运行可靠、单位容量的质量更轻、体积更小等方面的要求，推动电机行业在类型、运行性能、经济指标等方面有了很大的改进和提高。

自新中国成立以来，我国的电机制造工业发展迅猛。首先，大容量电机的生产进步显著，生产了不少大型的直流电动机、异步电动机和同步电动机，目前已能生产600MW的汽轮发电机组和320MW的水轮发电机组，单台变压器容量达到550MVA。其次，电机的类型日渐齐全，在中小型电机方面，自行设计和生产了许多基本系列和派生系列电机，已建成较完整的各类型电机制造体系，产品基本满足了国民经济各个方面的需要，有一些产品已经达到或接近世界先进水平。随着自动控制系统和计算机技术的发展，在旋转电机的理论基础上，又出现了许多特种电机，其性能和应用都得到迅速发展，已成为电机学科的一个重要分支。此外，在电机的新原理、新结构、新工艺、新材料等配套新技术方面，进行了许多研究和试验工作，取得了很大进步。我国电机产品出口贸易总额迅速增长，许多国际著名电机集团在中国设立了生产和贸易机构，中国正成为全球性的电机产品制造基地。

0.2 电机及电力拖动系统

从19世纪末期起，电动机开始逐渐代替蒸汽机作为拖动生产机械的原动机。用电动机作为原动机来拖动生产机械运行的系统，称为电力拖动系统。电力拖动系统广泛用于现代化生产过程中，以实现各种生产工艺过程的动力传送，是生产过程电气化、自动化的重要基础装置。在工业、农业、交通等各部门大量采用电动机作为原动机，拖动各种机床、轧钢机、风机和水泵等机械设备。据统计，电动机的用电总量占发电总量的60%以上。

电力拖动系统包括电动机、传动机构、生产机械、控制设备和电源五个部分，它们之间的关系如图0-1所示。

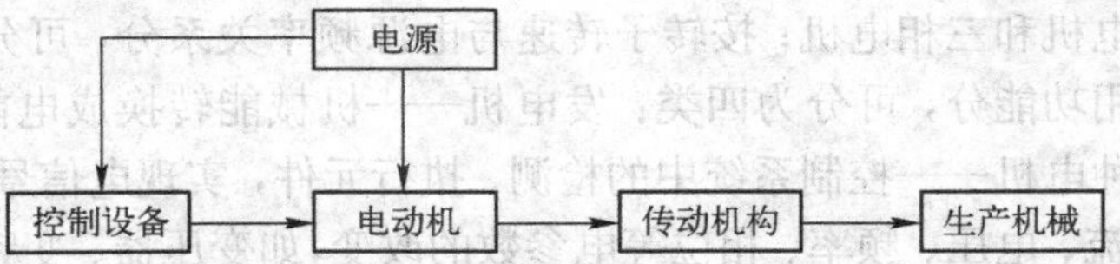

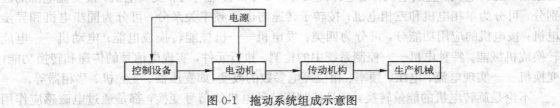

图0-1 拖动系统组成示意图

电源向电动机输入电能，并给控制设备提供电力。控制设备包括各种电器、电子元件及控制计算机、控制电机等装置。在这些装置的控制下，电动机把电能转换成机械能，再通过传动机构进行变速或运动方式的变换，将能量传给生产机械并驱动生产机械工作。这样就实现了对生产机械运动的自动控制。生产机械是具体执行某一生产任务的机械设备，是电力拖动的对象。

电力拖动系统可按照系统所选用电动机类型的不同进行分类，通常把选用直流电动机的系统称为直流电力拖动系统，把选用交流电动机的系统称为交流电力拖动系统。

最初，电动机拖动生产机械的方式是“成组拖动”。系统用一台电动机通过天轴拖动一组生产机械，能量传递以及能量分配完全用机械方法实现，能量传递过程中的损耗大，效率低。如果拖动电动机发生故障，则成组的生产机械将停车，直至影响整个生产机械系统，是一种落后的电力拖动方式。

20 世纪 20 年代以后，生产机械采用“单电动机拖动系统”，系统中的各台生产机械分别用一台单独的电动机拖动。这样就可以采用电气方法控制电机，来调节生产机械的转速，为实现生产机械运转的自动化控制创造了条件，同时也简化了系统的机械结构。

自 20 世纪 30 年代起，某些生产机械开始采用“多电动机拖动系统”，即每一个工作机构用单独的电动机拖动，每台电动机拖动一根主轴运动，使生产机械的机械结构进一步简化。在多电动机拖动系统中，各台电动机之间可以有电气联系，用电气控制线路及装置控制各电动机间的连锁及转速关系，实现对生产机械具体参数的电气可控。

随着工业生产的发展，对电机拖动系统的要求也不断提高，希望能够在更高水平和更大范围内实现生产自动化。为完成这些任务，系统要与各种控制单元组成的自动控制设备联系起来，组成自动化系统。现代意义上的电力拖动实际是自动化电力拖动系统。系统能对生产机械进行自动控制，实现生产机械的起动、制动、恒速、调速、恒转矩、恒功率、停车等动作的自动控制。随着现代电力电子技术、计算机技术、现代控制技术的迅速发展，以及这些高新技术在电力拖动系统中应用的深入自动化电力拖动系统已经可实现按给定程序甚至智能规律控制生产机械的工作。

目前，我国电力拖动自动化系统正向着计算机控制的生产过程自动化方向迈进。一些工厂企业的生产过程正从单机、局部自动化发展到全盘、综合自动化，从原料进厂到产品出厂都能够实现自动化控制，并且出现了大批自动化生产线。电力拖动自动化系统正逐步形成计算机集成制造系统(CIMS)，出现了大量自动化车间和自动化工厂。其中，本课程所涉及的电力拖动控制自动化系统是整个自动化系统的重要组成部分。

0.3　本课程的内容与学习方法

对于自动化、电气工程及其自动化、电力系统自动化、机电一体化等机电类专业的本科、专科学生来说，《电机及电力拖动基础》是一门重要的专业基础课，是学习《自控系统》、《电力电子技术》、《工厂供电》、《电气控制》、《计算机控制系统》、《运动控制》等后续课程的基础。同时，电力拖动也是上述专业学生毕业后所从事的主要专业工作方向之一。因此，必须学习并牢固掌握各种电机的工作原理和各种电力拖动系统的静态、动态特性。

本课程内容主要包括：磁路及动力学基础知识、直流电机、直流电动机的运行与电力拖动、变压器、三相异步电动机、三相异步电动机的电力拖动、同步电机、特种电机、交流拖动系统电动机的质量与选择。本课程的任务是使学生了解和掌握电力拖动系统的基本组成、运行特性及控制技术，从应用的角度对各类电机的基本结构、工作原理、分析方法及主要特性有一个较为全面的理解，掌握选择、使用和维护电机的一般理论和实践知识，培养学生分析问题与解决实际应用问题的能力。

电机和电力拖动的理论知识，包含电学、磁学、力学和热学等几方面的概念，各种因素综合在电机这一机械装置中，各因素之间互相影响，需要综合各个因素及其相互关系全面考虑，不能按照单纯的电路问题或单纯的力学问题来处理。电机又是一种具体的生产应用机械，涉及结构、工艺、材料、应用等方面的实际问题，在具体分析问题时，应注意工程问题的处理方法，结合生产实际综合考虑涉及的多种因素，根据条件忽略一些次要因素，抓住主要问题，从而在得出足够准确的结论的同时能够简化分析过程。特别需要注意可忽略因素与不可忽略因素的关系，注意忽略的条件。因此，在本课程的学习过程中，要求学生注意课程特点和掌握好以下的学习方法。

(1) 复习磁路和电路的相关基础知识，打好学习分析电机工作原理的基础；

(2) 课前预习，阅读相关的思考题，带着问题进课堂；

(3) 注意观察实物，增加感性认识，利用模型、示意图等分析电机的结构，在熟悉结构的基础上牢固掌握基本概念、基本原理和主要特性；

(4) 重视实验环节的训练和实习等实践环节的能力培养，加深理论知识理解，促进应用能力培养；

(5) 熟悉了解工程背景，分析问题多从工程实际角度考虑，抓住问题的本质和主要矛盾，注意略去次要因素条件；

(6) 大量阅读参考书籍，坚持在掌握基本概念、基本分析方法的基础上完成相关习题。

第 1 章　磁路及动力学基础知识

电机是以磁场为媒介、利用电磁感应和电磁作用实现机械能与电能相互转换的电磁设备。一般来说，每台电机都具有电路和磁路这两个基本部分，二者相互配合，实现机—电能量的转换和传递。由电动机、传动机构和生产机械组成的电力拖动系统是现代生产实践中最广泛采用的工作机构，分析时可以将其看成一个运动着的整体，从动力学的角度研究它们所遵循的规律。因此研究电机中的电路、磁路及其遵循的基本规律以及动力学基础知识是分析电机、电力拖动问题的理论基础。

本章首先介绍磁路及动力学的基础知识。

1.1　磁路和磁路基本定律

1.1.1　描述磁场的基本物理量

1. 磁感应强度

磁感应强度 B 是表示磁场内某点的磁场强弱和方向的物理量。它是一个空间矢量，与电流(电流产生的磁场)之间的方向关系可用右手螺旋定则来确定。

如果磁场内各点的磁感应强度大小相等，方向相同，这样的磁场称为均匀磁场。

2. 磁通

磁感应强度(如果不是均匀磁场，则取 B 的平均值)与垂直于磁场方向的面积 S 的乘积，称为通过该面积的磁通 Φ，即

$$\Phi=BS \quad 或 \quad B=\frac{\Phi}{S} \tag{1-1}$$

由式(1-1)中可见，磁感应强度在数值上可以看成为与磁场方向垂直的单位面积所通过的磁通量，故又称为磁通密度，简称磁密。

磁通的国际单位是韦伯(Wb)；磁感应强度的国际单位是特斯拉(T)，$1T=1Wb/m^2$。

3. 磁导率

通电线圈所产生的磁场强弱与线圈周围的介质有关。当线圈以铁磁性物质做介质时，磁场强度会大大增强。表示介质的这种磁性质的物理量叫做磁导率，用符号 μ 来表示。

根据磁性质的不同，可以将物质分为三类：第一类叫顺磁性物质，如空气、铝等，它的磁导率比真空磁导率略大；第二类叫逆磁性物质，如氢、铜等，它的磁导率略小于真空的磁导率；第三类叫铁磁物质，如铁、钴、镍等，它们的磁导率是真空磁导率的几百倍甚至几千倍，

并且与磁场强弱有关，不是一个常数。

磁导率 μ 的国际单位是 H/m，真空的磁导率 $\mu_0=4\pi\times10^{-7}$ H/m。

4. 磁场强度

在任何介质中，磁场中某点的磁感应强度 B 与该点上的磁导率 μ 的比值，称为该点的磁场强度，用符号 H 表示，即

$$H=\frac{B}{\mu} \tag{1-2}$$

磁场内某一点的磁场强度只与电流大小、线圈匝数以及该点的几何位置有关，而与磁场介质的磁性无关。也就是说在一定电流值下，同一点的磁场强度不因磁场介质的不同而有异。但磁感应强度与磁场介质的磁性有关。当线圈内的介质不同时，则磁导率不同，在同样电流值下，同一点的磁感应强度的大小就不同，线圈内的磁通也就不同了。

磁场强度 H 的国际单位是 A/m。

1.1.2　电磁感应定律

电磁感应定律是法拉第于 1831 年发现的。将一个匝数为 N 的线圈置于磁场中，若 N 匝线圈中通过的磁通均为 Φ，则：$\Psi=N\Phi$，称 Ψ 为磁链。不论什么原因(如线圈与磁场发生相对运动或磁场本身发生变化等)，只要 Ψ 发生了变化，线圈中就会产生感应电动势。该电动势倾向于在线圈内产生电流，以阻止 Ψ 的变化。感应电动势 e 的正方向符合右手螺旋法则，如图 1-1 所示，用手掌对着 N 极磁通，拇指表示导体相对于磁场的运动方向，则四指表示感应电动势的方向。电磁感应定律的数学描述为

$$e=-\frac{d\Psi}{dt} \tag{1-3}$$

式(1-3)中负号表明由感应电动势感应产生的电流所激励的磁场总是倾向于阻止线圈中磁链的变化。式(1-3)也可改写为

$$e=-N\frac{d\Phi}{dt} \tag{1-4}$$

1.1.3　全电流定律

实验证明：在磁场中，沿着任何一条闭合回路 l，对磁场强度 H 的线积分，等于该闭合回路所包围电流的代数和，这就是安培环路定律，又称全电流定律，如图 1-2 所示，其数学表达式为

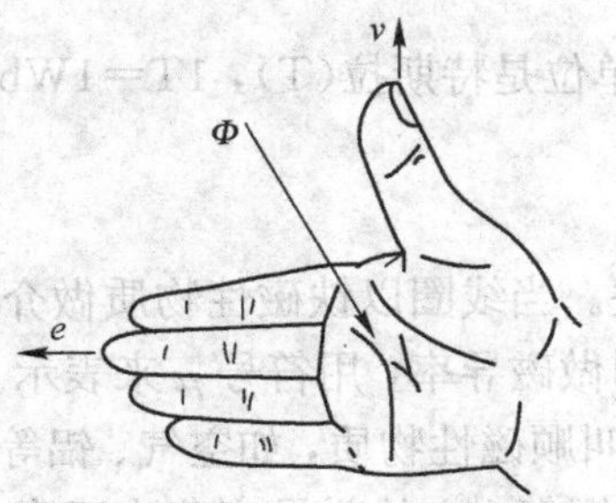

图 1-1　右手螺旋法则

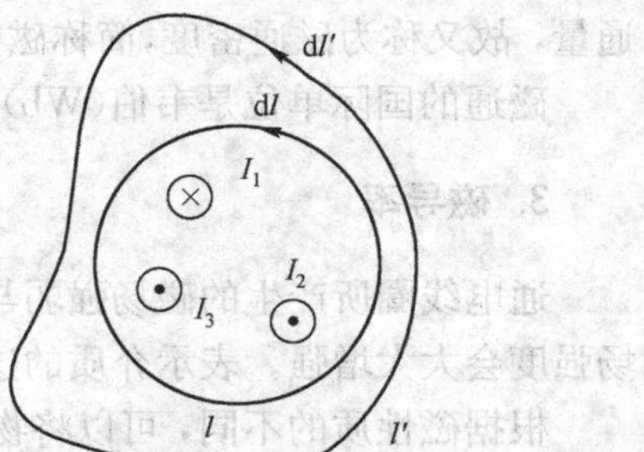

图 1-2　全电流定律

$$\oint_l H \cdot \mathrm{d}l = \sum I = F \tag{1-5}$$

在式(1-5)中电流的符号由右手螺旋法则确定，若电流方向与积分路径的方向符合右手螺旋法则时，电流取正号；反之取负号。安培环路定律在电机中应用很广，它是电机磁路计算的基础。

1.1.4　磁路及磁路欧姆定律

1. 磁路

电机中总是采用磁导率很大的铁磁材料做铁芯，使大部分磁通集中从闭合或近似闭合的铁芯中通过。如同把电流流过的路径称为电路一样，这种被约束在限定的铁芯范围内的磁场路径叫做磁路。从工程计算的角度来看，为了简单方便，可以将磁场的问题简化成磁路来处理，在大多数情况下具备足够的准确度。

进行磁路计算时，往往要应用下面几个定律。

2. 磁路欧姆定律

图 1-3 所示的是一个材料相同，截面积相等的无分支闭合磁路。根据全电流定律，则有：

$$\oint_l H \cdot \mathrm{d}l = Hl = \sum I = Ni \tag{1-6}$$

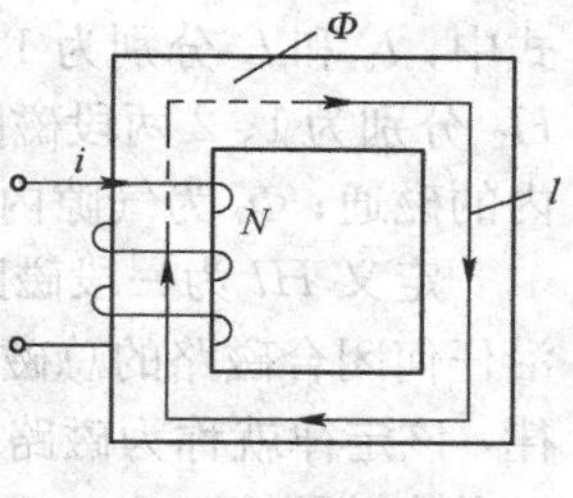

图 1-3　磁路的欧姆定律

由于 $H=B/\mu, B=\Phi/S$，可得

$$\Phi=\frac{NI}{l/\mu S}=\frac{F}{R_{\mathrm{m}}}=F\Lambda_{\mathrm{m}} \tag{1-7}$$

式中，l 是磁路的平均长度；N 是线圈的匝数；S 是磁路的截面积；$F=NI$ 是磁动势，是产生磁通的根源，单位为安匝；$R_{\mathrm{m}}=l/\mu S$ 是磁阻，与磁路的长度 l 成正比，与磁路的截面积 S 及磁导率 μ 成反比。由于铁磁材料的磁导率 μ 不是一个常数，故铁磁材料的磁阻是非线性的。$\Lambda_{\mathrm{m}}=1/R_{\mathrm{m}}$ 是磁导，磁阻的倒数。

1.1.5　磁路的基尔霍夫定律

1. 磁路的基尔霍夫第一定律

在图 1-4 中，如果在中间铁芯柱的线圈中通以电流，则能够产生磁通，其路径如图中虚线所示。如规定进入闭合面 A 的磁通为负，穿出闭合面的磁通为正，则对闭合面 A 显然有：

$$-\Phi_1+\Phi_2+\Phi_3=0 \tag{1-8}$$

即

$$\sum\Phi=0 \tag{1-9}$$

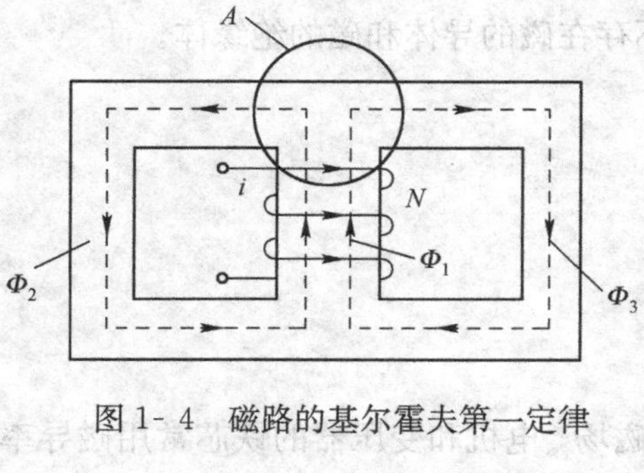

图 1-4　磁路的基尔霍夫第一定律

式(1-9)表明，穿出(或进入)任一闭合面的总磁通量恒等于零(或者说，进入任一闭合面的磁通量恒等于穿出该闭合面的磁通量)，这就是磁通连续性定律。类似于电路的基尔霍夫第一定律 $\sum i=0$，该定律也称为磁路的基尔霍夫第一定律。

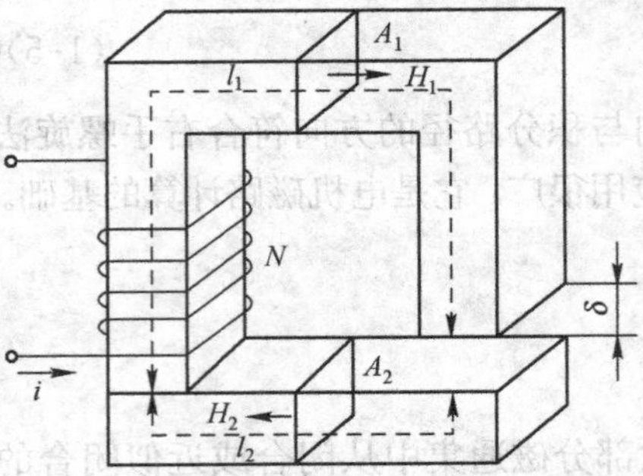

图 1-5　磁路的基尔霍夫第二定律

2. 磁路的基尔霍夫第二定律

电机和变压器的磁路总是由数段不同截面、不同铁磁材料的铁芯组成，而且还可能含有气隙。在磁路计算中，总是把整个磁路分成若干段，每段为同一材料、相同截面积，且段内磁通密度处处相等，从而磁场强度也处处相等。

例如，图 1-5 中所示的磁路由铁磁材料及气隙两部分组成，铁磁材料这部分的截面积又分为 A_1、A_2，故整个磁路应分为 3 段。根据安培环路定律及磁路欧姆定律，可得：

$$\sum NI = \sum Hl = H_1 l_1 + H_2 l_2 + H_\delta \delta_3 = \Phi_1 R_{m1} + \Phi_2 R_{m2} + \Phi_\delta R_{m\delta} \quad (1\text{-}10)$$

式中，l_1 和 l_2 分别为 1、2 两段铁芯的长度，其截面积分别为 A_1, A_2；δ 为气隙长度；H_1 和 H_2 分别为 1、2 两段磁路内的磁场强度；H_δ 为气隙内的磁场强度；Φ_1 和 Φ_2 为 1、2 两段铁芯内的磁通；Φ_δ 为气隙内的磁通；R_{m1}、R_{m2} 为 1、2 两段铁芯磁路的磁阻；$R_{m\delta}$ 为气隙磁阻。

定义 Hl 为一段磁路上的磁压降，NI 则是作用在磁路上的总磁动势，故式(1-10)表明：沿任何闭合磁路的总磁动势恒等于各段磁路磁压降的代数和。类似于电路的基尔霍夫第二定律，该定律就称为磁路的基尔霍夫第二定律。不难看出，此定律实际上是安培环路定律的另一种表达形式。表 1-1 将磁路与电路进行了比较。

表 1-1　磁路与电路的比较

磁路的基本物理量及公式	电路的基本物理量及公式
磁动势 F	电动势 E
磁通量 Φ	电流 I
磁阻 R_m	电阻 R
磁导 Λ_m	电导 G
磁路的欧姆定律 $\Phi=F/R_m$	电路的欧姆定律 $I=E/R$
磁路的基尔霍夫第一定律 $\sum \Phi=0$	电路的基尔霍夫第一定律 $\sum i=0$
磁路的基尔霍夫第二定律 $\sum NI=\sum Hl=\sum \Phi R_m$	电路的基尔霍夫第二定律 $\sum e=\sum iR$

需要指出，电路和磁路只是形式上的相似，本质上是有区别的，在电路中有真正的带电粒子定向运动，而在磁路中却没有实际存在的东西沿着闭合回路流动。对电来讲，存在电的导体和绝缘体，电流集中在导体中流过；对磁来讲，不存在磁的导体和磁的绝缘体。

1.2　铁磁材料及其特性

1.2.1　铁磁材料的高导磁性

1. 铁磁物质的磁化

为了在一定的励磁磁动势作用下能激励出较强的磁场，电机和变压器的铁芯常用磁导率较高的铁磁材料制成。

将铁、镍、钴等铁磁物质放入磁场后，铁磁物质能够呈现出很强的磁性，这种现象被称为铁磁物质的磁化。铁磁物质能被磁化，是因为在铁磁物质内部存在着许多很小的天然磁化区，称为磁畴。在图 1-6 中，磁畴用一些小磁铁来表示。在铁磁物质未放入磁场以前，磁畴杂乱无章地排列着，各磁畴的轴线方向不一致，磁效应互相抵消，故对外不呈现磁性，如图 1-6(a)所示。当铁磁物质放入磁场后，在外磁场的作用下，磁畴的方向渐趋一致，形成一个附加磁场，与外磁场相叠加，从而使磁场强度大为增强，如图 1-6(b)所示。

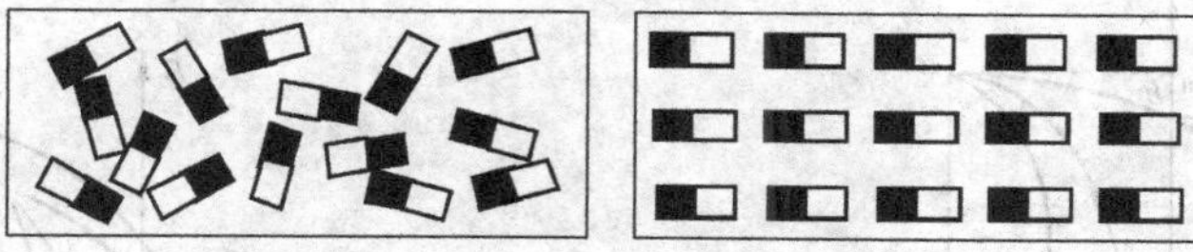

(a) 未磁化　　(b) 磁化

图 1-6　磁畴

2. **起始磁化曲线**

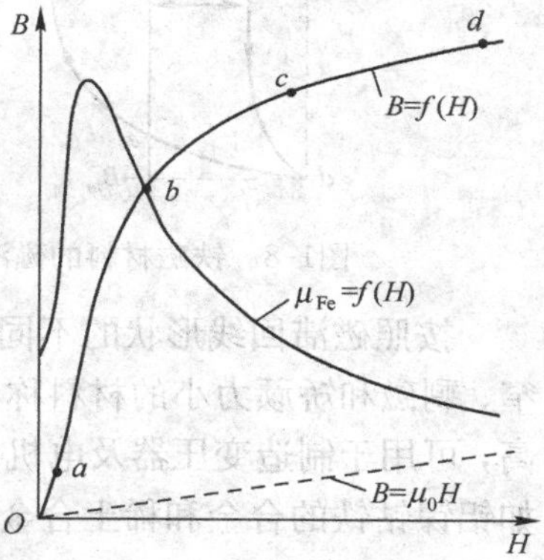

图 1-7　铁磁材料的起始磁化曲线和 $\mu_{Fe}=f(H)$ 曲线

对于非铁磁材料，磁通密度 B 和磁场强度 H 之间呈线性关系，直线的斜率等于 μ_0，如图 1-7 中虚线所示。铁磁材料的 B 与 H 之间则呈曲线关系。将一块尚未磁化的铁磁材料进行磁化，当磁场强度 H 由零逐渐增大时，磁通密度 B 也将随之增大，如图 1-7 所示的曲线 $B=f(H)$ 就称为起始磁化曲线。

起始磁化曲线基本上可分为四段：开始磁化时，外磁场较弱，磁通密度增加得不快，如图 1-7 中 Oa 段所示。随着外磁场的增强，材料内部大量磁畴开始转向，有越来越多的磁畴趋向于外磁场方向，使此时 B 值增加得很快，如 ab 段所示。若外磁场继续增加，由于大部分磁畴已趋向外磁场方向，可转向的磁畴越来越少，B 值增加越来越慢，如 bc 段所示，这种现象称为饱和。达到饱和以后，磁化曲线基本上成为与非铁磁材料的 $B=\mu_0 H$ 特性相平行的直线，如 cd 段所示。磁化曲线开始拐弯的点(图 1-7 中的 b 点)，称为膝点。从起始磁化曲线来看，铁磁物质的 B 和 H 的关系为非线性关系，表明铁磁物质的磁导率 μ 不是常数，要随外磁场 H 的变化而变化，变化趋势如图 1-7 中 $\mu_{Fe}=f(H)$ 曲线所示。

设计电机和变压器时，为使主磁路内得到较大的磁通量而又不过分增大励磁磁动势，通常把铁芯内的工作磁通密度选择在膝点附近。

3. **磁滞回线**

若将铁磁材料进行周期性磁化，B 和 H 之间的变化关系就会变成如图 1-8 中曲线 $abcdefa$ 所示。由图可见，当 H 开始从零增加到 H_m 时，B 相应地从零增加到 B_m；之后逐渐减小磁场强度 H，B 值将沿曲线 ab 下降。当 $H=0$ 时，B 值并不等于零，而等于 B_r。

去掉外磁场之后，铁磁材料内仍然保留的磁通密度 B_r，称为剩余磁通密度，简称剩磁。要使 B 值从 B_r 减小到零，必须加上相应的反向外磁场，此反向磁场强度称为矫顽力，用 H_c 表示。B_r 和 H_c 是铁磁材料的两个重要参数。铁磁材料所具有的这种磁通密度 B 的变化滞后于磁场强度 H 变化的现象，叫做磁滞现象。呈现磁滞现象的 $B-H$ 闭合回线，称为磁滞回线，如图 1-8 中曲线$abcdefa$ 所示。磁滞现象是铁磁材料的另一个特性。用不同的 B_m 值可以测出不同的磁滞回线，而将所有磁滞回线在第一象限内的顶点连接起来得到的磁化曲线就叫做基本磁化曲线，如图 1-9 所示。

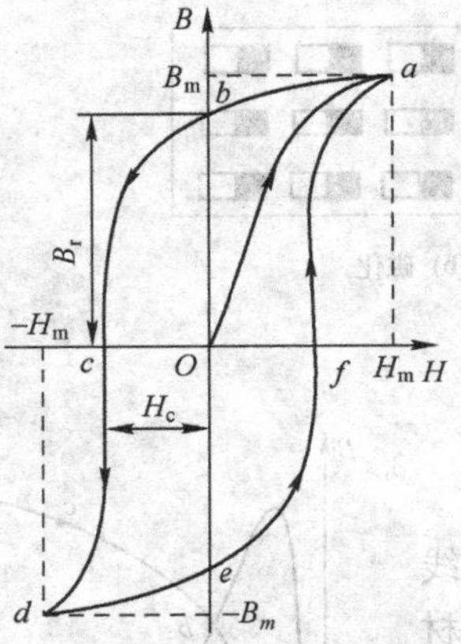

图1-8 铁磁材料的磁滞回线

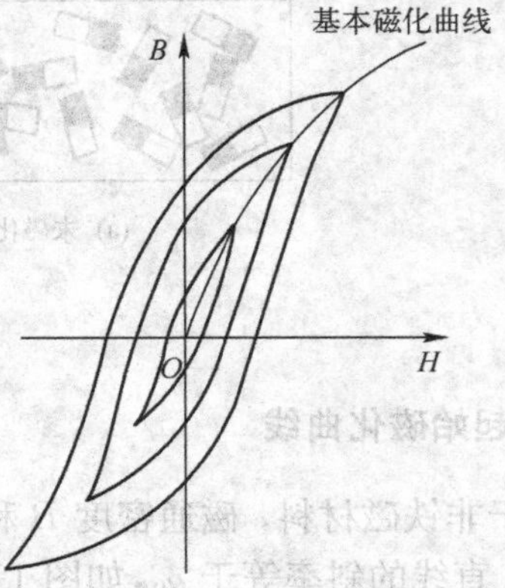

图 1-9 基本磁化曲线

按照磁滞回线形状的不同，铁磁材料可以分为软磁材料与硬磁材料两大类。磁滞回线窄、剩磁和矫顽力小的材料称为软磁材料，如铸铁、铸钢，硅钢片等。软磁材料的磁导率较高，可用于制造变压器及电机的铁芯。磁滞回线宽、剩磁和矫顽力大的材料称为硬磁材料，如铝镍钴铁的合金和稀土合金等。由于硬磁材料的剩磁大，所以常用来制造永久磁铁。

1.2.2 磁滞与磁滞损耗

铁磁材料周期性的正反磁化会产生损耗，称为磁滞损耗。这是因为在外磁场的作用下，铁磁物质内部的磁畴会按照外磁场方向顺序排列。如果外磁场是交变的，在外磁场的作用下.磁畴便会来回翻转，彼此之间会因为产生摩擦而引起损耗。B_m 值越大，磁滞回线面积也越大，则磁滞损耗也越大。试验证明：磁滞损耗 p_h 与磁通的交变频率 f 成正比，而与磁通密度幅值 B_m 的 α 次方成正比，即

$$p_h \propto f B_m^{\alpha} \tag{1-11}$$

对于常用的硅钢片，当 $B_m = 1.0 \sim 1.6\text{T}$ 时，$\alpha = 2$。

1.2.3 涡流与涡流损耗

因为铁芯是导电的，故当通过铁芯的磁通随时间变化时，根据电磁感应定律，铁芯中将产生感应电动势，并引起环流。这些环流在铁芯内部围绕磁通做旋涡状流动，称为涡流，如图 1-10 所示。涡流在铁芯中引起的损耗，称为涡流损耗。

分析表明，频率越高，磁通密度越大，感应电动势就越大，涡流损耗也越大；铁芯的电阻率越大，涡流所流过的路径越长，涡流损耗就越小。为了减少涡流的影响，可以在钢材中加

入少量的硅以增加铁芯材料的电阻率；不采用整块的铁芯，而采用由许多薄硅钢片叠起来的铁芯，以使涡流所流经的路径变长，从而大大减少涡流。所以变压器及电机的铁芯都是采用厚度为0.35mm或0.5mm的硅钢片来制造。铁芯中的磁滞损耗和涡流损耗总称为铁芯损耗，用p_{Fe}表示，它正比于磁通密度B_m的平方及磁通交变频率f的1.2～1.3次方。

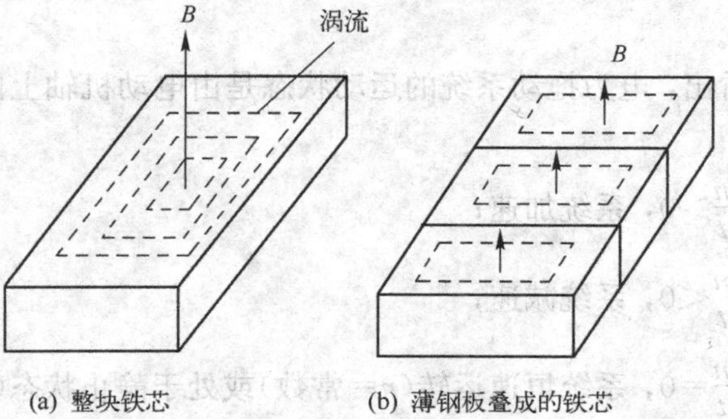

图1-10 涡流

1.3 电力拖动系统的动力学基础

1.3.1 电力拖动系统的运动方程式

最简单的电力拖动系统由电动机转轴与生产机械的工作机构直接相连组成，生产机械的工作机构就是电动机的负载，这种简单的系统称为单轴电力拖动系统，负载的转速与电动机的转速相同。

如图1-11所示为单轴电力拖动系统，图中电动机的转轴与拖动系统的负载直接相连，作用在电动机转轴上的转矩有电动机的电磁转矩T(N·m)和负载转矩T_L(N·m)。电磁转矩T的正方向与转速n(r/min)的正方向相同，而负载转矩T_L的正方向与转速n的正方向相反。在上述正方向规定中，转速、电磁转矩、负载转矩都为正值，电磁转矩是拖动性质的转矩，负载转矩是制动性质的转矩。

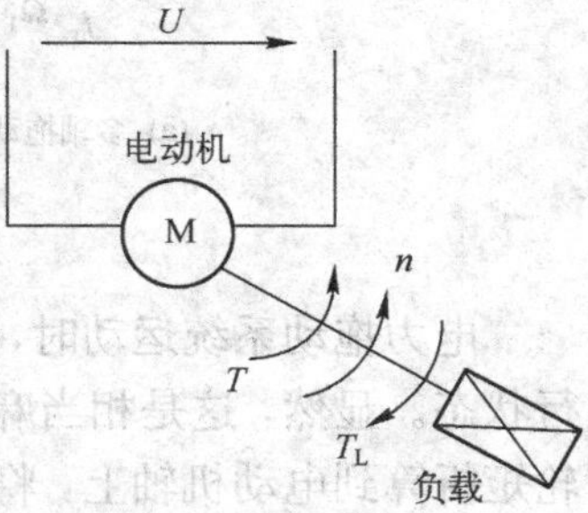

图1-11 单轴电力拖动系统

根据旋转运动系统的牛顿第二定律，可得转动方程式：

$$T-T_L=J\frac{d\Omega}{dt} \tag{1-12}$$

式中，J为电动机轴上的总转动惯量(kg·m^2)；Ω为电动机的角速度(rad/s)；在实际工程计算中，经常用转速n代替角速度Ω来表示系统转动速度，用飞轮矩GD^2代替转动惯量J来表示系统的机械惯性，从而有

$$\Omega=\frac{2\pi n}{60} \qquad J=m\rho^2=\frac{G}{g}\frac{D^2}{4}=\frac{GD^2}{4g}$$

式中，m为系统旋转部分的质量，单位为kg；G为系统旋转部分的重力，单位为N；ρ为系统旋转部分的转动惯量半径，单位为m；D为系统旋转部分的转动惯量直径，单位为m；g为重

力加速度，可取 $g=9.80\text{m/s}^2$。

把上两式代入转动方程式，可得电力拖动系统的运动方程

$$T-T_L=\frac{GD^2}{375}\frac{dn}{dt} \tag{1-13}$$

式中，GD^2 为系统旋转部分的总飞轮矩，单位为 $N\cdot m^2$；系数 375 是个具有加速度量纲的系数，单位为 m/min・s。

从式(1-13)可以看出，电力拖动系统的运动状态是由电动机轴上的两个转矩 T 和 T_L 来决定的。

(1) $T>T_L$ 时，$\frac{dn}{dt}>0$，系统加速；

(2) $T<T_L$ 时，$\frac{dn}{dt}<0$，系统减速；

(3) $T=T_L$ 时，$\frac{dn}{dt}=0$，系统恒速运转(n=常数)或处于静止状态($n=0$)。

因此，把($T-T_L$)称为动态转矩或加速转矩。

1.3.2　多轴电力拖动系统转矩及飞轮矩的折算

在生产实际中，许多生产机械为了满足工作的需要，工作机构的速度往往与电动机的转速不同。因此在电动机与工作机构之间需装设变速机构，如皮带变速机构、齿轮变速机构和蜗轮蜗杆变速机构等。这时的电力拖动系统就称为多轴拖动系统，如图 1-12(a)所示。

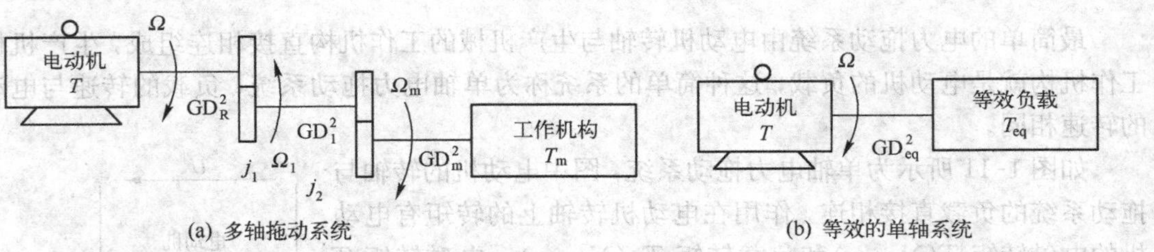

图 1-12　多轴拖动系统折算成单轴拖动系统

电力拖动系统运动时，需要对每一根轴列写运动方程式来联立求解，便可得出系统的运行状态。显然，这是相当麻烦的。为了简化多轴系统的分析计算，通常把负载转矩与系统飞轮矩折算到电动机轴上，将多轴系统转化为单轴系统，列写一个运动方程式进行分析计算，其结果与联立求解多个运动方程式的结果是完全一样的。

折算的原则是：保持系统的功率传递关系及系统的储存动能不变，即分析该系统时，首先要从已知的实际负载转矩求出等效的负载转矩，称为负载转矩的折算，然后从已知的各转轴上的飞轮矩求出系统的总飞轮矩，称为系统飞轮矩的折算。

转矩和飞轮矩的折算将随工作机构运动形式的不同而不同，下面分别加以讨论。

1. 工作机构为转动情况时，转矩与飞轮矩的折算

(1) 转矩的折算

工作机构为旋转运动的例子如图 1-12 所示。若不考虑传动机构的损耗，折算前多轴系

统中负载功率为 $T_m\Omega_m$，折算后等效单轴系统的功率为 $T_{eq}\Omega$。根据折算的原则：折算前后功率不变，有

$$T_m\Omega_m = T_{eq}\Omega$$

因此，负载转矩折算到电动机轴上的折算值为

$$T_{eq}=\frac{T_m\Omega_m}{\Omega}=\frac{T_m n_m}{n}=\frac{T_m}{j} \tag{1-14}$$

式中，Ω_m 为工作机构转轴的角速度；Ω 为电动机转轴的角速度；T_m 为工作机构的实际负载转矩；T_{eq}为工作机构负载转矩折算到电动机轴上的折算值；$j=\Omega/\Omega_m=n/n_m$ 为传动机构的总速比，写成一般形式为 $j=j_1j_2j_3\cdots$，等于各级速比乘积，在图 1-12 所示的系统中 $j=j_1j_2$。式(1-14)说明，转矩应按照转速的反比来计算。

实际上，任何一个拖动系统在功率传递时，因为传动机构中有摩擦存在，所以要损耗一部分功率。在图 1-12 的电力拖动系统中，负载由电动机拖动旋转，所以传动机构中的损耗功率应由电动机负担，根据功率不变的原则，负载转矩的折算值还要加大，为

$$T_{eq}=\frac{T_m}{j\eta_c} \tag{1-15}$$

式中，η_c 为传动机构总效率，等于各级传动效率乘积 $\eta_c=\eta_1\eta_2\eta_3\cdots$，图 1-12 所示的系统中$\eta_c=\eta_1\eta_2$。

式(1-14)与式(1-15)为工作机构的折算关系式，两式转矩折算值之差为 $\Delta T=\frac{T_m}{j\eta_c}-\frac{T_m}{j}$，$\Delta T$ 为传动机构转矩损耗。当功率由电动机轴向生产机械传递时，ΔT 由电动机负担。

(2) 飞轮矩折算

在多轴拖动系统中，传动机构为电动机负载的一部分。因此，负载飞轮矩折算到电动机轴上的飞轮矩包括工作机构部分的飞轮矩和传动机构部分的飞轮矩，然后再与电动机转子的飞轮矩相加就为等效单轴系统的总飞轮矩。负载飞轮矩折算的原则是折算前后的动能不变。飞轮矩的大小是运动物体机械惯性大小的体现。

$$\frac{1}{2}J\Omega^2=\frac{1}{2}\frac{GD^2}{4g}\left(\frac{2\pi n}{60}\right)^2$$

以图 1-12 所示的系统为例，负载飞轮矩折算的计算式为

$$\frac{1}{2}\frac{GD_{eq}^2}{4g}\left(\frac{2\pi n}{60}\right)^2=\frac{1}{2}\frac{GD_R^2}{4g}\left(\frac{2\pi n}{60}\right)^2+\frac{1}{2}\frac{GD_1^2}{4g}\left(\frac{2\pi n_1}{60}\right)^2+\frac{1}{2}\frac{GD_m^2}{4g}\left(\frac{2\pi n_m}{60}\right)^2$$

化简得

$$GD_{eq}^2=GD_R^2+\frac{GD_1^2}{j_1^2}+\frac{GD_m^2}{(j_1j_2)^2} \tag{1-16}$$

写成一般形式为

$$GD_{eq}^2=GD_R^2+\frac{GD_1^2}{j_1^2}+\frac{GD_2^2}{(j_1j_2)^2}+\cdots+\frac{GD_m^2}{j^2}$$

通常，传动机构及工作机构各轴的转速要比电动机的转速低，而飞轮矩的折算与速比平方成反比。因此，各轴折算到电动机轴上的飞轮矩的数值并不大，故在系统总飞轮矩中占主要成分的是电动机转子本身的飞轮矩。在实际工作中，为了减少折算的麻烦，可采用下式来估算系统的总飞轮矩

$$GD_{eq}^2=(1+\delta)GD_D^2$$

式中，GD_D^2 是电动机转子的飞轮矩。一般 $\delta=0.2\sim0.3$，如果电动机轴上还有其他飞轮矩部件，如机械抱闸的闸轮等，δ 的数值需要加大。

【例 1-1】 在传动机构为齿轮变速的如图 1-12 所示的电力拖动系统中，已知工作机构的转矩 $T_m=240\text{N}\cdot\text{m}$，转速 $n_m=128\text{r/min}$，$n=983\text{r/min}$，$n_1=410\text{r/min}$；传动效率 $\eta_1=0.94$，$\eta_2=0.92$；飞轮矩 $GD_R^2=7.6\text{N}\cdot\text{m}^2$，$GD_m^2=4\text{N}\cdot\text{m}^2$，$GD_1^2=27.8\text{N}\cdot\text{m}^2$；忽略电动机空载转矩。求：(1)折算到电动机轴上的负载转矩 T_{eq}；(2) 电动机轴上系统总飞轮矩 GD_{eq}^2。

解：(1)折算到电动机轴上的负载转矩 T_{eq}：

总传动效率

$$\eta_c=\eta_1\eta_2=0.94\times0.92=0.8648$$

各级速比

$$j_1=\frac{n}{n_1}=\frac{983}{410}=2.4$$

$$j_2=\frac{n_1}{n_m}=\frac{410}{128}=3.2$$

$$j=j_1j_2=2.4\times3.2=7.68$$

负载转矩

$$T_{eq}=\frac{T_m}{j\eta_c}=\frac{240}{0.8648\times7.68}=36.14\text{N}\cdot\text{m}$$

(2) 电动机轴上系统总飞轮矩 GD_{eq}^2：

$$GD_{eq}^2=GD_R^2+\frac{GD_1^2}{j_1^2}+\frac{GD_m^2}{(j_1j_2)^2}=7.6+\frac{4}{2.4^2}+\frac{27.8}{7.68^2}=8.77\text{N}\cdot\text{m}^2$$

2. 工作机构为平移运动时，转矩与飞轮矩的折算

(1) 转矩的折算

某些生产机械的工作机构做平移运动，如刨床的工作台。刨床拖动系统示意图见图 1-13，通过齿轮与齿条啮合，把旋转运动变成直线运动，这种运动的折算方法与旋转运动有所不同。

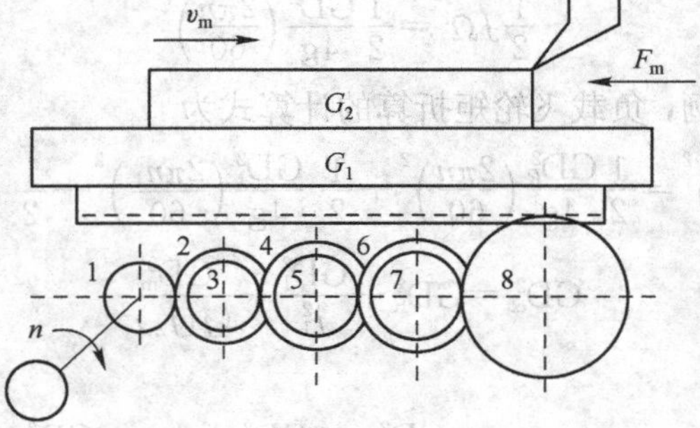

图 1-13 刨床拖动系统示意图

切削时工件与工作台的平移速度为 v_m(m/s)，刨刀作用在工件上的力为 F_m(N)，传动机构的效率为 η_c，电动机的转速为 n(r/min)，则切削时切削功率为

$$P_m=F_mv_m$$

电动机轴上的切削功率为 $T_{eq}\Omega$。不考虑传动机构的损耗时，依据功率不变的原则，有

$$T_{eq}\Omega=F_m v_m$$

$$T_{eq}=\frac{F_m v_m}{\Omega}=\frac{F_m v_m}{\frac{2\pi}{60}n}=9.55\frac{F_m v_m}{n} \quad (1\text{-}17)$$

若考虑传动系统的损耗，则

$$T_{eq}=9.55\frac{F_m v_m}{n\eta_c} \quad (1\text{-}18)$$

式(1-17)和式(1-18)为工作机构平移时转矩的折算公式，T_{eq}称为折算值，两式的差值ΔT是传动机构的转矩损耗。刨床的ΔT由电动机负担。

(2) 飞轮矩的折算

设做平移运动部分的物体重量为G_m，质量为m，其动能为

$$\frac{1}{2}mv_m^2=\frac{1}{2}\frac{G_m}{g}v_m^2$$

做平移运动部分折算到电动机轴上后的动能为

$$\frac{1}{2}\frac{GD_{eq}^2}{4g}\left(\frac{2\pi n}{60}\right)^2$$

折算前后的动能不变，因此

$$\frac{1}{2}\frac{G_m}{g}v_m^2=\frac{1}{2}\frac{GD_{eq}^2}{4g}\left(\frac{2\pi n}{60}\right)^2$$

于是

$$GD_{eq}^2=4\frac{G_m v_m^2}{\left(\frac{2\pi n}{60}\right)^2}=365\frac{G_m v_m^2}{n^2}$$

传动机构中其他轴上的GD^2的折算，与前述相同。

3. 工作机构做提升和下放重物运动时，转矩与飞轮矩的折算

(1) 转矩的折算

某些生产机械的工作机构是做升降运动，如起重机、提升机和电梯等。虽然升降运动和平移运动都属于直线运动，但与重力有关，各有特点。现以起重机为例，讨论其折算方法。图 1-14 为起重机拖动系统示意图。电动机通过齿轮减速机带动一个卷筒，缠在卷筒上的钢丝悬挂一重物，重物的重力$G_m=mg$，速比为j，重物提升时传动机构效率为$\eta_{c\uparrow}$，重物下放时传动机构效率为$\eta_{c\downarrow}$，重物提升或下放的速度都为v_m，卷筒半径为R。

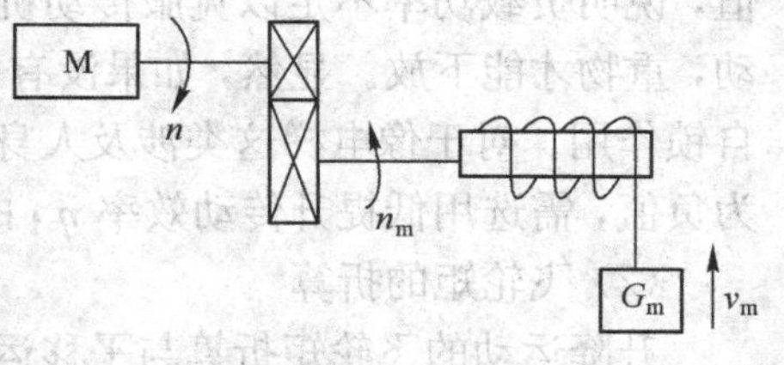

图 1-14　起重机拖动系统示意图

① 提升重物时负载转矩的折算

提升重物时，重物对卷筒轴的负载转矩为G_mR。不计传动机构的损耗，折算到电动机轴上的负载转矩为

$$T_{eq\uparrow}=\frac{G_mR}{j}$$

若考虑传动机构的损耗，当重物提升时，这个损耗由电动机负担，因此折算到电动机轴上的负载转矩应为

$$T_{eq\uparrow}=\frac{G_m R}{j\eta_{c\uparrow}}$$

提升重物时系统损耗的转矩为

$$\Delta T_{\uparrow}=\frac{G_m R}{j\eta_{c\uparrow}}-\frac{G_m R}{j}=\frac{G_m R}{j}\left(\frac{1}{\eta_{c\uparrow}}-1\right)$$

② 下放重物时负载转矩的折算

下放重物时，重物对卷筒轴的负载转矩仍为$G_m R$。不计传动机构的损耗，折算到电动机轴上的负载转矩仍为

$$T_{eq\uparrow}=\frac{G_m R}{j}$$

若考虑传动机构的损耗，当下放重物时，这个损耗由重物负担，因此折算到电动机轴上的负载转矩应为

$$T_{eq\downarrow}=\frac{G_m R}{j}\eta_{c\downarrow}$$

下放重物时系统损耗的转矩为

$$\Delta T_{\downarrow}=\frac{G_m R}{j}-\frac{G_m R}{j}\eta_{c\downarrow}=\frac{G_m R}{j}(1-\eta_{c\downarrow})$$

传动机构损耗转矩是摩擦性的，提升重物与下放重物两种情况下，各转轴的转动方向相反，因此这个损耗转矩的实际方向也相反，大小可认为近似不变，即$\Delta T_{\uparrow}=\Delta T_{\downarrow}$，故

$$\frac{G_m R}{j}\left(\frac{1}{\eta_{c\uparrow}}-1\right)=\frac{G_m R}{j}(1-\eta_{c\uparrow})$$

$$\eta_{c\downarrow}=2-\frac{1}{\eta_{c\uparrow}} \tag{1-19}$$

从式(1-19)可知，若提升重物时传动效率$\eta_{c\uparrow}<0.5$，下放时传动效率$\eta_{c\downarrow}$将为负值。$\eta_{c\downarrow}$为负值，说明负载功率不足以克服传动机构的损耗。因此还需电动机提供功率，即还需电动机推动，重物才能下放。显然，如果没有电动机的推动，重物是掉不下来的，这就是传动机构的自锁作用。对于像电梯这类涉及人身安全的设备，传动机构的自锁作用尤为重要。要使$\eta_{c\downarrow}$为负值，需选用低提升传动效率$\eta_{c\uparrow}$的传动机构，如蜗轮蜗杆传动，其$\eta_{c\uparrow}$约为0.3～0.5。

(2) 飞轮矩的折算

升降运动的飞轮矩折算与平移运动相同。故升降部分折算到电动机轴上的飞轮矩为

$$GD_{eq}^2=365\frac{G_m v_m^2}{n^2}$$

【例 1-2】 起重机的传动机构如图1-14所示。已知重物质量$m=120$kg，卷筒半径$R=0.35$m，齿轮速比$j=6.4$，提升重物时的效率$\eta_{c\uparrow}=0.91$，提升重物的速度$v_m=0.86$m/s，电动机转子飞轮矩$GD_d^2=57.8\text{N}\cdot\text{m}^2$，齿轮飞轮矩$GD_1^2=3.4\text{N}\cdot\text{m}^2$，$GD_2^2=15.6\text{N}\cdot\text{m}^2$，卷筒飞轮矩$GD_R^2=40.2\text{N}\cdot\text{m}^2$；忽略电动机空载转矩。求：(1)折算到电动机轴上的负载转矩T_L；(2)电动机轴上系统总飞轮矩GD^2。

解：(1)求折算到电动机轴上的负载转矩：

$$T_L=\frac{G_m R}{j\cdot\eta_{c\uparrow}}=\frac{120\times9.8\times0.35}{6.4\times0.91}=70.67\text{N}\cdot\text{m}$$

(2) 求电动机轴上系统总飞轮矩：

提升重物时电动机的转速

$$n=j\cdot\frac{60v_m}{2\pi R}=6.4\times\frac{60\times0.86}{2\pi\times0.35}=150.2\text{r/min}$$

电动机轴上的总飞轮矩

$$GD_{eq}^2=GD_d^2+GD_1^2+\frac{GD_2^2+GD_R^2}{j^2}+365\frac{G_m v_m^2}{n^2}$$

$$=57.8+3.4+\frac{15.6+40.2}{6.4^2}+365\frac{120\times9.8\times0.86^2}{150.2^2}=76.63\text{N}\cdot\text{m}^2$$

1.3.3　电力拖动系统的负载特性

电力拖动系统的负载特性是指生产机械的负载转矩与转速的关系，典型的负载特性可分成 3 类。

1. 恒转矩负载特性

恒转矩负载的特点是负载转矩 T_L 恒定不变，与负载转速 n_L 无关，即 T_L＝常数。恒转矩负载又分反抗性恒转矩负载和位能性恒转矩负载两种。

(1) 反抗性恒转矩负载

反抗性恒转矩负载的特点是负载转矩的方向总是与运动的方向相反，即转矩的性质是反抗运动的制动性转矩，即 $n_L>0$ 时，$T_L>0$；$n_L<0$ 时，$T_L<0$，且 T_L 的绝对值相等，其转矩特性如图 1-15 所示，位于第一、第三象限内。摩擦类型的负载都属于这种负载特性，如机床刀架的平移运动、轧钢机、地铁列车等。

(2) 位能性恒转矩负载

位能性恒转矩负载的特点是负载转矩的方向固定不变，并与转速的方向无关。当 $n_L>0$ 时，$T_L>0$ 是阻碍运动的制动性转矩；$n_L<0$ 时，$T_L>0$ 是帮助运动的拖动性转矩，其转矩特性如图 1-16 所示，位于第一、第四象限内。起重机提升或下放重物，包括电梯、提升机等都属于这种性质的负载。

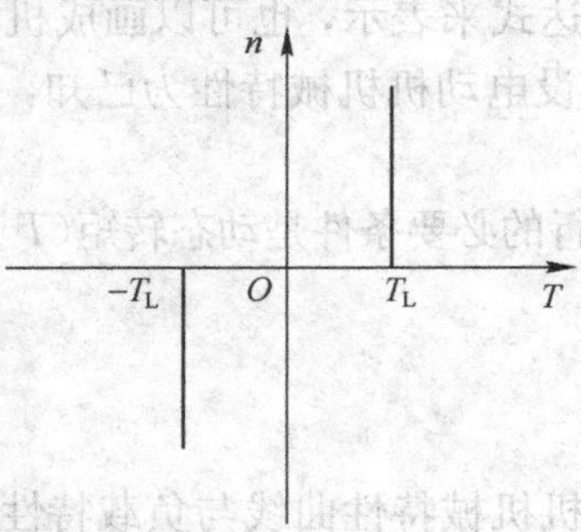

图 1-15　反抗性恒转矩负载特性

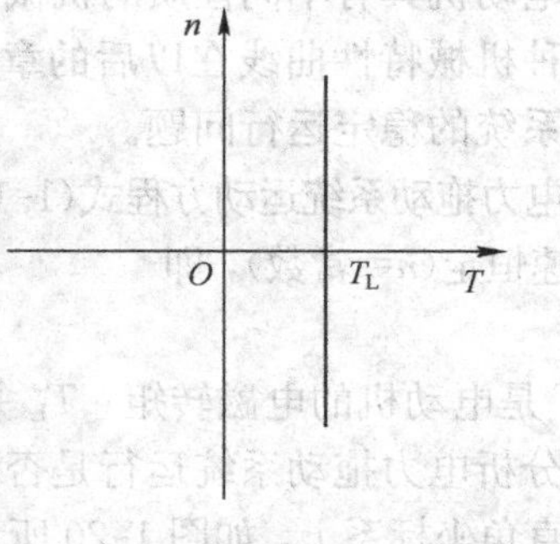

图 1-16　位能性恒转矩负载特性

2. 恒功率负载特性

恒功率负载的特点是负载转矩与转速成反比。即 $T_L=k/n_L$，其中 k 是比例系数。此时，负载的功率为

$$P_L=T_L\Omega_L=T_L\frac{2\pi n_L}{60}=\frac{k}{9.55}=\text{常值} \tag{1-20}$$

从式(1-20)可以看出，转速改变时，负载功率保持不变，故称为恒功率负载特性，其特性曲线如图 1-17 所示，如机床的切削加工属于这类负载，粗加工时切削量大，用低转速；精加工时切削量小，用高转速。因此，在高低转速下的功率大体保持不变。

3. 通风机、泵类负载转矩特性

通风机、泵类负载的特点是负载转矩与转速的平方成正比，即 $T_L=k\cdot n_L^2$，其中 k 是比例系数。属于这类负载的生产机械有通风机、水泵、油泵等，其负载特性曲线如图 1-18 所示。生产中实际生产机械的负载特性可能是以上几种典型特性的组合。例如，实际中使用的通风机，除具有通风机负载持性外，还有轴承的摩擦阻转矩 T_{L0}，后者为恒转矩负载特性，因此，实际通风机负载特性为 $T_L=T_{L0}+k\cdot n_L^2$，其负载特性曲线如图 1-19 所示。

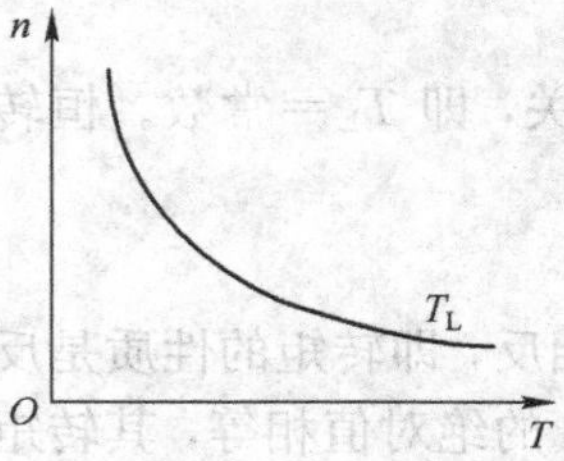

图 1-17　恒功率负载特性

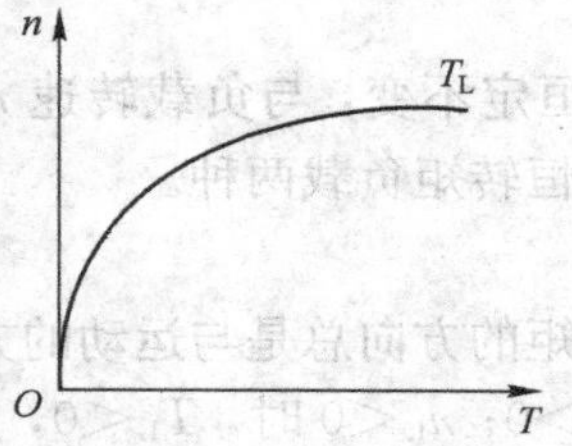

图 1-18　通风机、泵类负载特性

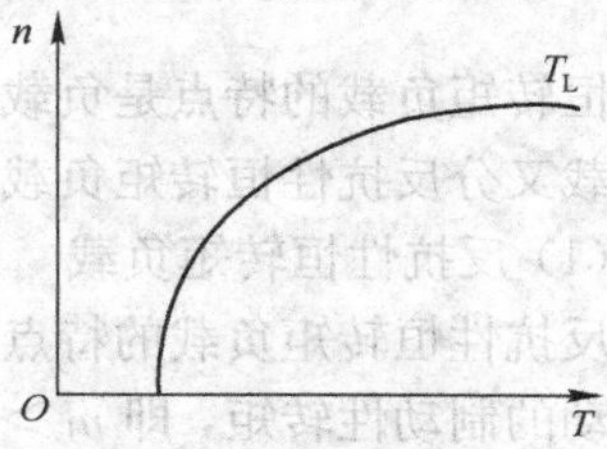

图 1-19　实际通风机、泵类负载特性

1.3.4　电动机的机械特性及电力拖动系统稳定运行的条件

从前面的分析可知，对于多轴拖动系统，可把工作机构与传动机构合起来等效为一个负载，即将多轴拖动系统简化为等效的单轴拖动系统。这样，任何一个电力拖动系统都可以简化为由电动机与负载两部分组成。电动机的电磁转矩与转速的关系称为电动机的机械特性，不同的电动机具有不同性质的机械特性，可以用数学表达式来表示，也可以画成机械特性曲线。各种机械特性曲线在以后的章节中阐述，这里先假设电动机机械特性为已知，以讨论电力拖动系统的稳定运行问题。

由电力拖动系统运动方程式(1-14)可得，系统稳定运行的必要条件是动态转矩$(T-T_L)=0$，因而转速恒定(n=常数)，即

$$T=T_L$$

式中，T 是电动机的电磁转矩；T_L 是负载转矩。

在分析电力拖动系统运行是否稳定时，往往把电动机机械特性曲线与负载特性曲线画在同一个直角坐标系上，如图 1-20 所示。图中曲线 1 为电动机的机械特性曲线；曲线 2 为恒转矩负载的特性曲线；A 点为这两条特性曲线的交点。显然，在交点 A 上：$T=T_L$，n=常数，系统在 A

点稳定运行。电动机的机械特性与负载特性的交点 A 称为工作点。但是仅根据两条机械特性有交点还不能说明系统就一定能稳定运行。因为实际运行的电力拖动系统经常会出现一些小的干扰，如负载转矩或电源电压发生波动等，若系统突然出现干扰后，该系统是否还能稳定运行？当干扰消失后，该系统是否还能回到原来工作点上继续稳定运行？当回答是肯定的，则该系统能稳定运行；反之，系统不能稳定运行。

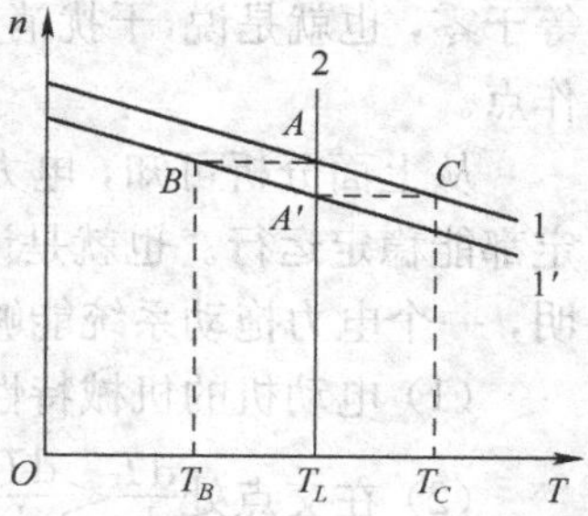

图 1-20　电力拖动系统稳定运行分析

下面仍以图 1-20 为例来讨论这个问题。

当系统运行在工作点 A 时，转速为 n_A，转矩为 $T_A=T_L$，若电动机突然出现干扰，如电源电压突然下降，导致电动机的机械特性从曲线 1 变成曲线 1′。当然这个变化因电感的存在是有个过程的，这一过程称为电磁过渡过程。这个过程相对于机械过渡过程时间要短得多，所以在分析电力拖动系统的过渡过程时，通常只考虑机械过渡过程。当电动机机械特性改变时，由于系统有机械惯性存在，转速不能突变，那么系统在 A 点的转矩平衡关系被破坏了，在转速 n_A 时，曲线 1′的电磁转矩为 T_B，它比 T_L 小，因此系统要减速。在减速过程中，电磁转矩逐渐增大，转速一直减到 n'_A 时，即对应图中曲线 1′与曲线 2 的交点 A'时，系统的转矩关系达到了新的平衡，即电磁转矩 T 等于负载转矩 T_L，$n=n'_A$，系统进入了新的稳定运行状态。因为系统有机械惯性存在，转速变化才需要有个过程，这就是所谓的机械过渡过程。在上述干扰引起系统变化的过渡过程中，电动机的运行点经历了 $A-B-A'$的过程。

干扰消失后，电动机机械特性又变成了曲线 1，转速 n_A 不能突变，电动机的运行点移到了曲线 1 的 C 点($n=n'_A$)上，此时电磁转矩变为 T_C，它比负载转矩 T_L 大，因此系统要升速，在升速过程中，电磁转矩逐渐减小，转速一直上升。当回到 n_A 时，即对应图中曲线 1 与负载特性曲线 2 的交点 A 时，系统的转矩关系又达到了新的平衡，即电磁转矩 T 等于负载转矩 T_L，系统进入了新的稳定运行状态。因此，干扰消失后，电动机的运行点经历了 $A'-C-A$ 的过程。

从以上分析可以看出，电力拖动系统稳定运行于工作点 A 时，其转速为 n_A；由于发生干扰，系统能够稳定运行于点 A'，其转速为 n'_A；当干扰消失后，系统又能回到原工作点 A 稳定运行，其转速仍为 n_A。因此，A 点属于稳定运行工作点。

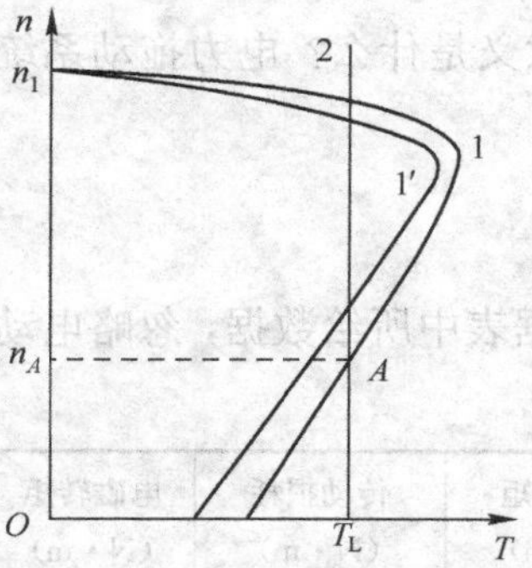

图 1-21　拖动系统不稳定运行的情况

对于拖动系统在机械特性与负载机械特性的交点上不能稳定运行的情况，可以通过图 1-21 来说明。

图 1-21 中曲线 1 为电动机的机械特性曲线；曲线 2 为恒转矩负载的特性曲线；A 为这两条特性曲线的交点。显然，在交点 A 上：$n=n_A$，$T=T_L$，满足了系统稳定运行的必要条件。但是，当系统出现干扰，电动机的机械特性(忽略电磁过渡过程)从曲线 1 变成曲线 1′，而此时的转速不能突变，仍为 n_A，可是曲线 1′的电磁转矩小于负载转矩，即动态转矩小于零，系统开始减速。随着转速的降低，电磁转矩继续减小，而负载转矩不变，系统将继续减速，因而转速继续降低，一直到转速等于零。从图 1-21 可以看到，一旦系统开始减速，即使干扰消失，电动机机械特性从曲线 1′又变成了曲线 1，但此时的电磁转矩仍小于负载转矩，系统仍将继续减速，一直到转速

等于零，也就是说，干扰消失后，系统不能回到原工作点A稳定运行。因此，A点是不稳定工作点。

从上面分析可知，电力拖动系统在电动机机械特性曲线与负载特性曲线的交点上，不一定都能稳定运行。也就是说，$T=T_L$是系统稳定运行的必要条件，而不是充分条件。可以证明，一个电力拖动系统能够稳定运行的充分必要条件是

(1) 电动机的机械特性与负载的机械特性必须相交，在交点处$T=T_L$，实现转矩平衡。

(2) 在交点处$\frac{dT}{dn}<\frac{dT_L}{dn}$。

小　结

磁路是电机的重要组成部分，磁路的基本概念和基本定律是学习电机理论的基础。磁路计算的基本定律是全电流定律。磁路计算的复杂性来自铁磁材料磁化曲线的非线性。

电力拖动系统运动方程式是研究系统静特性及过渡过程的基础，可以利用其判断系统的运动状态。实际的电力拖动系统多数是较复杂的多轴系统，为简化分析计算，可用单轴系统进行等效，掌握转矩及飞轮矩的折算原则。负载的机械特性或称负载转矩特性有如下几种典型：恒转矩负载、恒功率负载及水泵、风机型负载。实际的生产机械往往是以某种类型负载为主，同时兼有其他类型的负载。电动机的机械特性与负载转矩特性的交点为系统的工作点，电力拖动系统稳定运行的充要条件为：在该工作点，$T=T_L$，且要求$dT/dn<dT_L/dn$。

习　题

1.1　什么是电力拖动？电力拖动系统主要由哪些部分组成？

1.2　什么是电力拖动系统运动方程式？动态转矩与系统运动状态有何关系？

1.3　负载转矩的折算原则是什么？负载飞轮矩的折算原则是什么？

1.4　在旋转运动、平移运动和升降运动中负载转矩折算有何异同？

1.5　在旋转运动、平移运动和升降运动中飞轮矩折算有何异同？

1.6　什么是负载特性？什么是电动机的机械特性？

1.7　生产机械中典型的负载特性有哪几类？它们各有何特点？

1.8　负载特性曲线与电动机的机械特性曲线的交点的物理意义是什么？电力拖动系统在两条特性的交点上能否稳定运行？

1.9　为什么电力拖动系统一般只考虑机械过渡过程？

1.10　电力拖动系统稳定运行的充分必要条件是什么？

1.11　表1-1所列生产机械在电动机拖动下稳定运行时，根据表中所给数据，忽略电动机的空载转矩，计算表内未知数据并填入表中。

生产机械	切削力或重物重力(N)	切削速度或升降速度(m/s)	电动机转速(r/min)	传动效率	负载转矩(N·m)	传动损耗(N·m)	电磁转矩(N·m)
刨床	3400	0.42	975	0.80			
起重机	9800	提升 1.4	1200	0.75			
		下降 1.4					

续表

生产机械	切削力或重物重力(N)	切削速度或升降速度(m/s)	电动机转速(r/min)	传动效率	负载转矩(N·m)	传动损耗(N·m)	电磁转矩(N·m)
电梯	15000	提升 1.0	950	0.42			
		下降 1.0					

1.12　某刨床的传动机构如图 1-13 所示。电动机转子的飞轮矩 GD_d^2 为 240N·m²，电动机轴直接与齿轮 1 相连，经过齿轮 2～8，再与工作台 G_1 的齿条啮合。由齿轮 1～8 的传动比 j_1, j_2, j_3, j_4 分别为 2.4，1.2，1.8，2.0，其 GD^2 分别是 10N·m²，24N·m²，18N·m²，26N·m²，20N·m²，32N·m²，22N·m²，40N·m²，切削力 $F_m=8200N$，切削速度 $v_m=48m/min$，传动效率 η_c 为 0.72，齿轮 8 的直径为 500mm，工作台的质量为 1400kg，工件的质量为 800kg，工作台与导轨的摩擦系数 $\mu=0.1$。试求：(1) 折算到电动机上的负载转矩；(2) 折算到电动机上的总飞轮矩；(3) 切削时电动机输出的功率。

1.13　某起重机电力拖动系统如图 1-22 所示。电动机额定功率 $P_N=20kW$，$n_N=950r/min$。传动机构速比 $j_1=3, j_2=3.5, j_3=4$，各级齿轮传动效率都是 0.95，各轴飞轮力矩为 $GD_R^2=123N·m^2$，$GD_1^2=49N·m^2$，$GD_2^2=40N·m^2$，$GD_m^2=465N·m^2$，卷筒直径 $d=0.6m$，吊钩质量 $m_0=100kg$，重物质量 $m=2500kg$，忽略电动机的空载转矩 T_0 以及钢绳质量和滑轮的传动损耗。试求：(1) 以 $v_m=0.6m/s$ 的速度提升重物时，卷筒转速、电动机输出的转矩及电动机的转速；(2) 折算到电动机轴上的系统总飞轮矩；(3) 以 $v_m=0.6m/s$ 下放重物时，电动机输出的转矩。(38.2、106.2、1604.2、130.3、75.5)

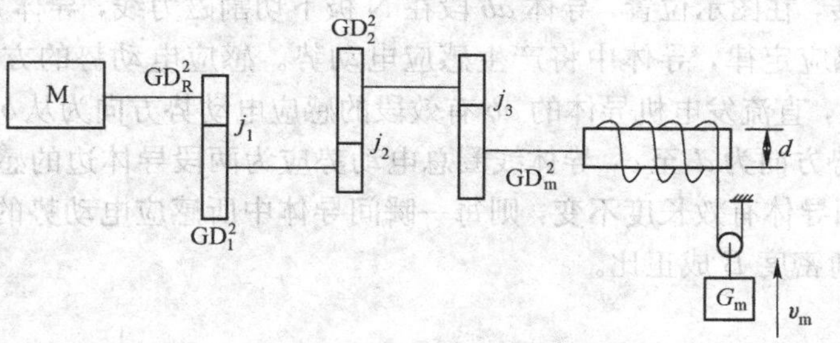

图 1-22　某起重机电力拖动系统示意图

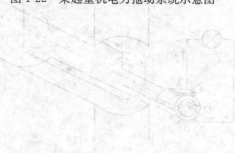

第 2 章　直 流 电 机

直流电机的功能是将直流电能与机械能相互转换，把机械能转换为直流电能的装置称为直流发电机，而把直流电能转换为机械能的装置称为直流电动机。直流发电机主要用做直流电源，目前随着电力电子学的发展和应用，直流电机做发电机使用，有逐步被电子整流装置取代的趋势。直流电动机可用于动力拖动，与交流电动机相比，具有调速性能好、过载倍数大、控制性能好等优点，常用于调速性能要求比较高的场所，如机床、轧钢机、电机车等设施的主机拖动。本章主要分析直流电机的原理、结构和运行性能。

2.1　直流电机的基本工作原理

2.1.1　直流发电机的工作原理

直流发电机的结构模型如图 2-1 所示。N、S 为一对固定的磁极，$abcd$ 代表磁极之间的导体，可以绕 OO' 轴旋转，其两端分别接在两个可转动的导电铜环上，铜环与固定不动的电刷 A 和 B 保持滑动导电接触。当原动机带动导电体 $abcd$ 在磁场中绕轴旋转，如果按照箭头的方向逆时针旋转，在图示位置，导体 ab 段在 N 极下切割磁力线，导体 cd 段在 S 极下切割磁力线，按电磁感应定律，导体中将产生感应电动势。感应电动势的方向可按右手定则确定，如图 2-1 所示，直流发电机导体的 ab 有效段的感应电动势方向为从 b 至 a，而 cd 有效导体段的感应电动势方向为 d 至 c，导体线圈总电动势应为两段导体边的感应电动势之和。若电机匀速旋转，因导体有效长度不变，则每一瞬间导体中所感应电动势的大小应与该瞬间导体所处磁场的磁通密度 B 成正比。

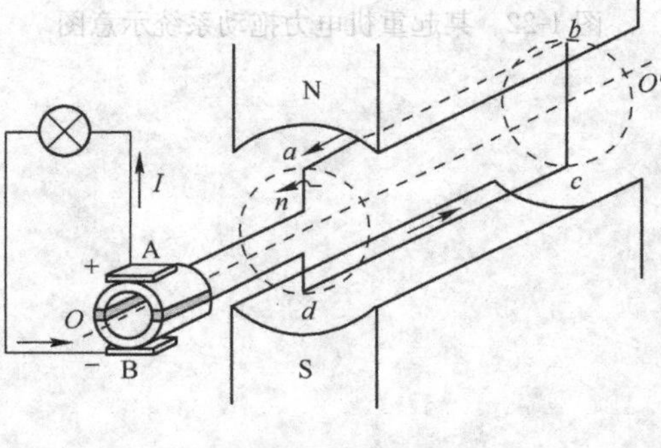

图 2-1　直流发电机模型

当导体 ab 和 cd 转到位于 N 极和 S 极之间的几何中性线上时，磁通密度为零，瞬间感应电动势也为零。随着电机继续旋转，导体 ab 从 N 极下经几何中性线转到 S 极下，导体 cd 边从S极下经几何中性线转到N极下，按右手定则，此时导体 ab 中感应电动势的方向为从 a 到 b，导体 cd 中感应电动势的方向为从 c 到 d，线圈导体的总电动势仍然等于两段导体边的感应电动势之和。对整个导体线圈来说，感应电动势的方向与原来相反。根据磁极磁通密度的分布情况分析，导体两端感应电动势的波形即换向器上的波形如图 2-2(a)所示，方向是交变的。

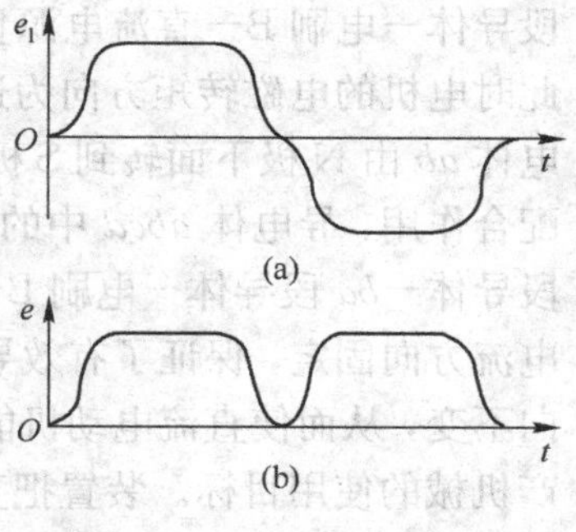

图 2-2 感应电动势的分析

图 2-1 中有互相绝缘的两个半圆铜环，组成了直流发电机的换向器。换向器装在直流发电机的轴上，随导体 abcd 一起转动。与之滑动接触并保持良好导电的一对电刷 A、B 固定不动。由于换向器随着导体一起绕轴转动，而电刷是固定不动的，通过换向器的作用，电刷 A 总是和 N 极下面的导体相连接，电刷 B 和 S 极下面的导体相连接，因此旋转的导体线圈上方向交变的感应电动势通过电刷与换向器的配合作用，而在电刷 A 和 B 之间得到一个方向不变的脉动电动势，它的波形如图 2-2(b)所示。当接通负载时，就会有直流脉动电流输出，从而向负载输出电功率。装置将输入机械功率转为电功率，作为一台直流发电机运行。

2.1.2 直流电动机的基本工作原理

直流电动机的结构模型如图 2-3 所示。位于磁场中的导体，有效受力线段为 ab 及 cd 两线段。当导体线圈 abcd 在图示位置时，根据图中磁场方向和导体中的电流方向，按电磁力定律，用左手定则判断，导体 ab 段所受的电磁力向左，cd 段所受电磁力向右，它们的合力使线圈受到逆时针方向的转矩。这种由电磁力产生的转矩称为电磁转矩。在电磁转矩作用下，整个导体线圈将逆时针转动。当导体 ab 由 N 磁极下面转到 S 磁极下、导体 cd 由 S 磁极下转到 N 磁极下时，导体中的电流方向不变，但穿过导体的磁力线方向发生改变，导体受力方向改变，整个线圈导体所受到的电磁转矩方向将由逆时针方向变为顺时针方向，直流电动机不能实现连续的旋转运动。

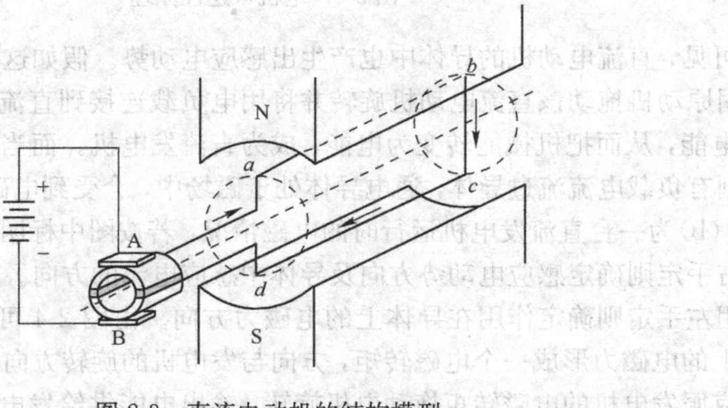

图 2-3 直流电动机的结构模型

为实现直流电动机的旋转，需要保持导体所受电磁转矩的方向不变，也就是要求有效受力导体段在不同极性的磁极下面通过的电流方向也不同。

当导电体 ab、cd 在图示位置时，电流的路径是：直流电源正极－电刷 A－ab 段导体－cd

段导体一电刷 B一直流电源负极。有效受力导体 ab、cd 段所受电磁力方向按左手定则确定，此时电机的电磁转矩方向为逆时针，导电体 ab、cd 在电磁转矩的作用下逆时针方向旋转。导电体 ab 由 N 极下面转到 S 极下、导电体 cd 由 S 极下面转到 N 极下时，由于换向器和电刷的配合作用，导电体 $abcd$ 中的电流改变了方向，新的电流路径是：直流电源正极一电刷A一dc 段导体一ba 段导体一电刷 B一直流电源负极。这样就使固定磁性的磁极下的导体中流过的电流方向固定，保证了有效导体段所受电磁力方向不变，因此整个电动机线圈的电磁转矩方向不变，从而使直流电动机能够持续向同一方向转动，实现了用连续的旋转运动带动轴上生产机械的使用目标。装置把直流电能转为机械能，作为一台直流电动机运行。

2.1.3 直流电机的可逆性

按直流电机原理可知，直流电机的电动机运行和发电机运行是可逆的，如图 2-4 所示。如图 2-4(a)为一台直流电动机运行的情况，按图中表现的磁极的极性和导体电流的方向，用左手定则判定电动机的旋转方向为逆时针。导体转动切割磁场的磁力线，因此导体中产生感应电动势。根据磁场方向和导体旋转方向，按右手定则可以确定感应电动势的方向。如图可知，电动机运行时的感应电动势的方向与导体电流的方向相反，电动机的输入直流电源是在克服导体中的感应电动势向电动机输送电功率，这种感应电动势称为反电动势。

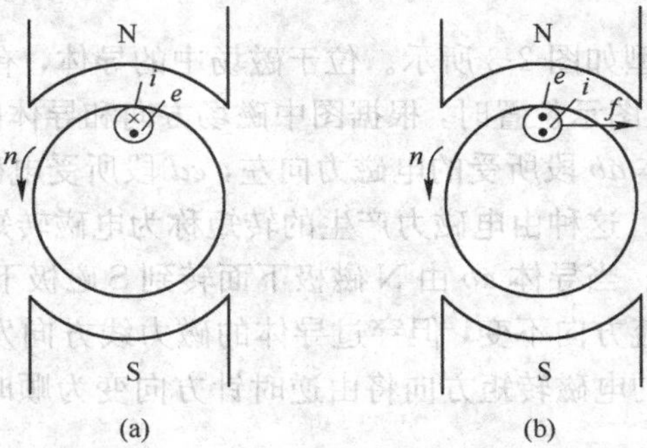

图 2-4 电机可逆性原理

由此可见，直流电动机的导体中也产生出感应电动势。假如这台直流电动机切断直流电源，同时用原动机拖动该直流电动机旋转并将用电负载连接到直流电机电刷上，它就可以向负载输出电能，从而把机械能转变为电能，成为直流发电机。而当直流发电机向负载输出电功率时，则有负载电流流过导体，通电导体处于磁场中，会受到电磁力作用。

图 2-4(b)为一台直流发电机运行时的电磁情况，若按图中标明的导体旋转方向和磁极极性，可用右手定则确定感应电动势方向及导体中感应电流的方向。再按磁场方向和导体电流方向，可用左手定则确定作用在导体上的电磁力方向。由图 2-4 可见，在直流发电机中，作用于导体上的电磁力形成一个电磁转矩，方向与发电机的旋转方向相反。原动机的外施转矩实际上是克服发电机的电磁转矩拖动电机旋转，输出电能供给发电机的用电负载，从而实现了将机械能转换为电能。

按直流电机工作原理，在不同的外部规定条件下，同一台直流电机，既可以作为电动机运行，也可以作为发电机运行，即一台电机实际具备发电机和电动机两种运行状态，这就是直流电机能量转换作用的可逆性。

值得注意的是，从设计和制造的角度分析，一台电机不能很好的兼有发电机和电动机两种运行性能。实际制造厂生产出的直流电机，分为直流电动机和直流发电机，为保证其特性，在使用时，通常不能把直流发电机用做电动机，也不能把直流电动机用做发电机。即设计制造出的具体电机或者应是一台电动机，只是运行于电动状态；或者应是发电机，运行于发电状态。

2.2 直流电机的结构

直流电机为实现旋转运动，一般包括静止和转动两大部分，静止部分和转动部分之间有一个确定的空气间隙，称为气隙。直流电机的静止部分叫做定子，包括机座、主磁极、换向极、电刷等装置。转动部分叫做转子，在直流电机中，这种在磁场中转动的转子是实现机电能量转换的枢纽。所以也把直流电机的转子称为电枢，电枢包括电枢铁芯、电枢绕组、换向器、轴、风扇等装置。直流电机的结构如图 2-5 所示。

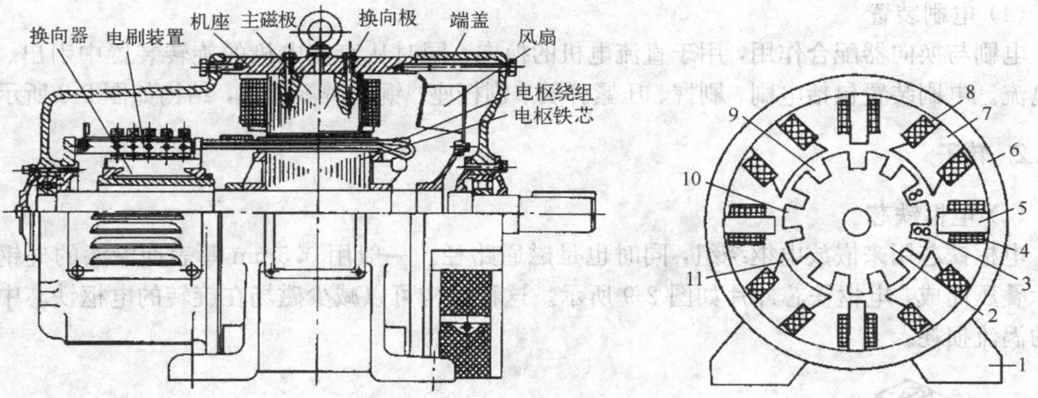

(a) 轴向剖面图　　(b) 径向剖面图

1—电机底座；2—电枢铁芯；3—电枢绕组；4—换向极绕组；5—换向极铁芯；6—机座；

7—主磁极；8—励磁绕组；9—电枢槽；10—电枢齿；11—磁极靴

图 2-5　直流电机结构

直流电机各部分的构成及作用分别介绍如下。

1. 定子

(1) 机座

机座一般是铸铁件，或者是采用厚钢板焊接而成的。用来固定主磁极、换向极、端盖等，机座按电机的安装型式不同，提供底脚或凸缘，以便将电机固定于配套主机的基础上。机座主体是极间磁通路径的一部分，也称为磁轭。

(2) 主磁极

主磁极简称为主极，用于产生直流电机所需的磁场。主磁极一般由主极铁芯外套励磁绕组组成，即由励磁绕组通直流电流建励磁场。部分小型特种直流电机也有选用永磁铁做磁极的。直流电机的主磁极结构如图 2-6 所示。

(3) 换向极

换向极用于改善直流电机的换向，是直流电机的特殊部件。换向极一般也由铁芯和绕组构成。换向极的结构如图 2-7 所示。

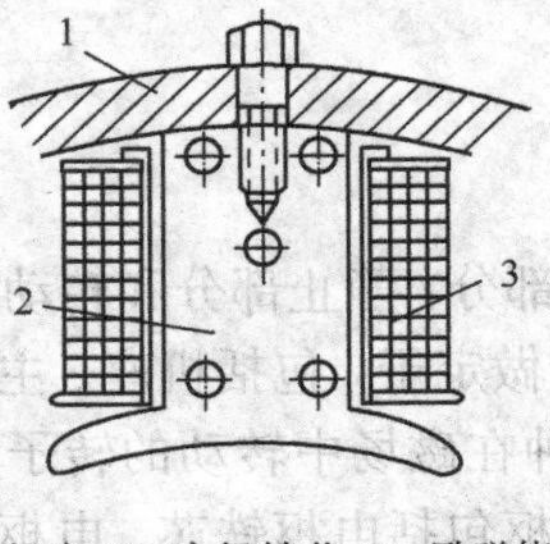

1—机座；2—主极铁芯；3—励磁绕组

图 2-6　主磁极结构

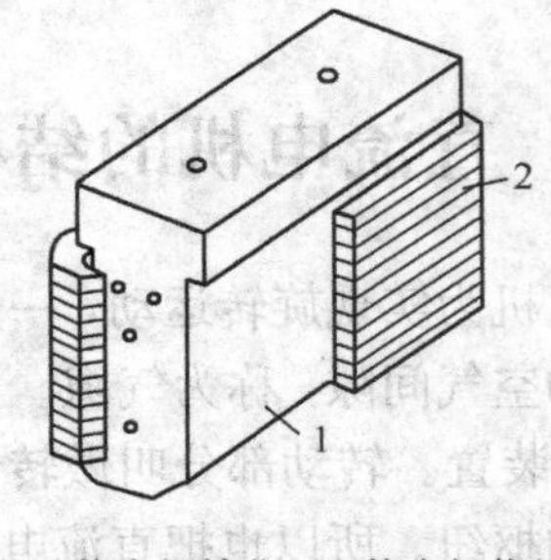

1—换向极铁芯；2—换向极绕组

图 2-7　换向极结构

(4) 电刷装置

电刷与换向器配合作用，用于直流电机的换向，同时从直流电机的旋转装置中引出、引入电流。电刷装置包括电刷、刷握、压紧弹簧、刷杆座、铜丝辫等组成，结构如图 2-8 所示。

2. 转子

(1) 电枢铁芯

电枢铁芯用来嵌放电枢绕组，同时也是磁通路径。一般用 0.5mm 厚表面涂漆的硅钢片冲片叠压而成，电枢铁芯冲片如图 2-9 所示。这种结构可以减少磁场在旋转的电枢铁芯中产生的涡流损耗。

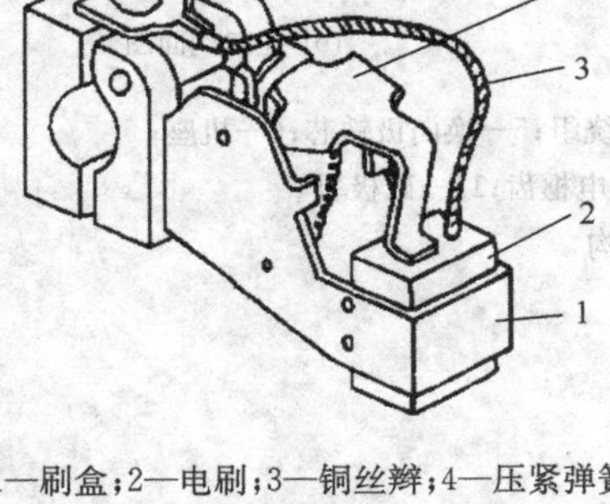

1—刷盒；2—电刷；3—铜丝辫；4—压紧弹簧

图 2-8　电刷的结构

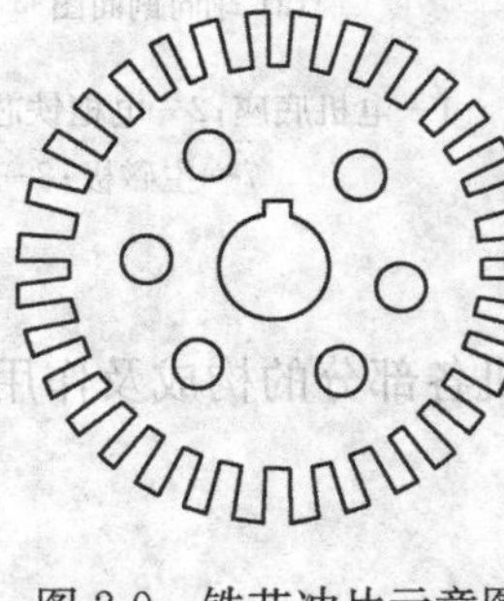

图 2-9　铁芯冲片示意图

(2) 电枢绕组

电枢绕组是电机的核心部件，用于产生感应电动势、通过电流并产生电磁力或电磁转矩，以实现机电能量的转换。电枢绕组是用绝缘铜线绕制的线圈，在直流电机中也称为元件，按一定规律连接并嵌放到电枢铁芯槽中。线圈与铁芯之间以及线圈的上下层之间均有放置可靠绝缘，槽口用槽楔压紧固定，绕组端部用玻璃丝带扎紧。保证电枢绕组的机械强度以适应高速旋转运动。

(3) 换向器

换向器是直流电机的重要部件，换向器的作用是与电刷配合进行转换电动势和电流方向。

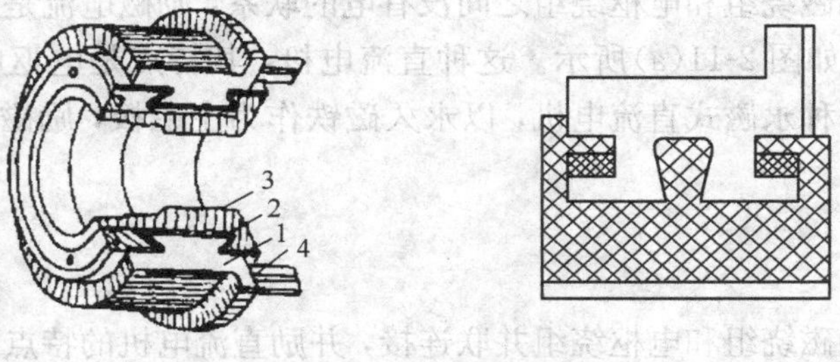

(a) (b)

1—换向片；2—云母片；3—V型套筒；4—连接片

图 2-10 换向器

2.3 直流电机的铭牌数据

每台电机制造完成时都会在铭牌上标明电机型号、额定参数，以及绝缘等级、防护等级、噪声振动要求、电机重量等数据。电机运行时，若各参数符合铭牌所示的额定参数，则可认为电机运行于额定状态。此时电机的工作性能如效率、功率因数等重要性能指标均比较高。而若电机欠载运行则使电机的额定功率不能全部发挥作用，造成浪费；若过载运行将会造成电机发热过度，绝缘结构受损，缩短电机的使用寿命。因此应按铭牌参数确定电机的额定运行状态。直流电机的主要铭牌数据有：

(1) 额定电压 U_N，指直流电机电刷端的电压，单位以 V 来表示。

(2) 额定电流 I_N，指直流电机电刷端的电流，单位以 A 来表示。

(3) 额定功率 P_N，单位以 W 或 kW 来表示。对普通电机而言，额定功率是指电机的输出功率。对于发电机是指输出的电功率，有 $P_N=U_N I_N$；对于电动机是指输出的机械功率，有$P_N=U_N I_N \eta_N$，其中 η_N 是电动机额定工作状态的效率。

(4) 额定转速 n_N，指直流电机的旋转速度，单位以 r/min 来表示。

2.4 直流电机的空载磁场

2.4.1 直流电机的励磁方式

直流电机必须以磁场为媒介来实现机电能量转换。因此，要了解直流电机的工作情况和工作特性，需要分析清楚直流电机的磁场情况。

在电机主磁极的励磁绕组中通以直流电流，所激励产生的磁场是直流电机的主磁场。直流电机通常有两个电路，即励磁绕组与电枢绕组，按照两个电路的不同连接方法，可以确定直流电机的励磁方式。直流电机的性能与它的励磁方式密切相关。因此，按照励磁方式的不同把直流电机分为以下几类。

1. 他励电机

两个电路——励磁绕组和电枢绕组之间没有电的联系，励磁电流是另外由独立的直流电源单独供电的，接线如图 2-11(a)所示。这种直流电机，其特点是电枢电流即为直流电机负载线路的电流。有一种永磁式直流电机，以永久磁铁作为主磁极，励磁也与电枢无关，通常也视为他励电机。

2. 并励电机

两个电路——励磁绕组和电枢绕组并联连接，并励直流电机的特点是主磁极励磁回路的励磁电压与电枢两端的电压相等，接线如图 2-11(b)所示。

3. 串励电机

两个电路——励磁绕组和电枢绕组串联连接，串励直流电机的特点是主磁极励磁回路的励磁电流与电枢回路电流相等，接线如图 2-11(c)所示。

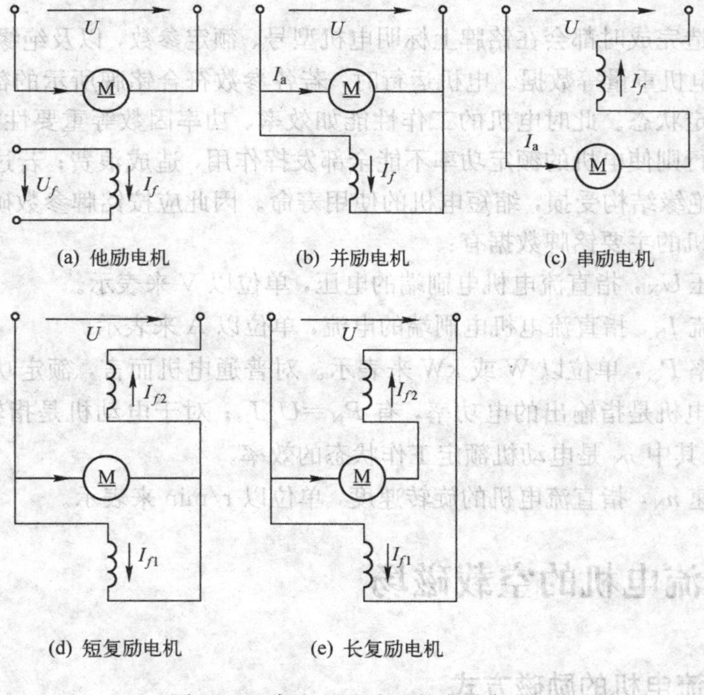

图 2-11　直流电机励磁方式示意图

4. 复励电机

主磁极有两个励磁绕组：一个是并励绕组，和电枢绕组并联连接；另一个是串励绕组，与电枢绕组串联连接。接线有两种方式：一种是短复励；另一种是长复励，分别如

图 2-11(d)、(e)所示。若两个励磁绕组产生的磁通势的方向一致，则是积复励；若两个励磁绕组产生的磁通势的方向相反，则称为差复励。

2.4.2　直流电机空载磁场的分布

直流电机空载是指电机没有输出时的工作情况，发电机运行时，是指没有电功率输出，此时电枢回路电流为零；电动机运行时，是指没有机械功率输出，此时电动机运行只需少量电磁力矩以克服摩擦阻力，电枢回路电流也接近为零。因此，直流电机空载时，流过电枢绕组的电枢电流基本为零。空载时直流电机的磁场就是由主磁极单独建立的磁场，即主磁场，也称为直流电机的空载磁场。主磁场的分布情况如图 2-12 所示。

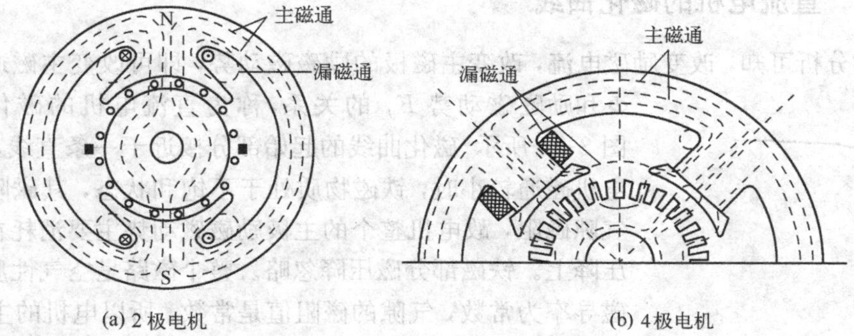

图 2-12　直流电机主磁场分布情况

设励磁绕组匝数为 N_f，通过的励磁电流为 I_f，形成励磁磁动势 F_f。按路径不同，该磁动势建立的磁通可分为主磁通 Φ 和漏磁通 Φ_σ 两部分。主磁通从定子 N 极一侧出发，经过气隙进入电枢齿和电枢铁芯，再经过气隙进入定子 S 极一侧铁芯，然后由定子轭回到 N 极，形成闭合回路。主磁通通过的路径称为主磁路。主磁通既交链定子绕组，又交链转子绕组，它是直流电机的工作磁通，电机中的机电能量的转换是通过主磁通的作用得以实现的。而漏磁通不经过转子电枢，通过 N 极、S 极、定子轭以及气隙形成闭合回路。漏磁通通过的路径称为漏磁路。漏磁通仅交链励磁绕组自身，不进入转子交链转子电枢绕组，不在转子绕组中感应电动势，也不参与电机的能量转换。漏磁通将增加磁极的饱和程度。主磁通 Φ 和漏磁通 Φ_σ 由同一磁动势 F 产生，但所经磁路性质区别较大，主磁通所经磁路主要是铁磁物质，导磁性好，漏磁通所经磁路有大段空气，导磁性差，因此漏磁通仅占总磁通量的 15%左右。

2.4.3　磁路分析

直流电机的主磁路可以分为 5 段，如图 2-13 所示，其分别为：① 两气隙段，长度为 2δ；② 两电枢齿段，长度为 $2l_1$；③ 转子轭段，长度为 l_r；④ 两主磁极铁芯段，长度为 $2l_p$；⑤ 定子轭段，长度为 l_d。

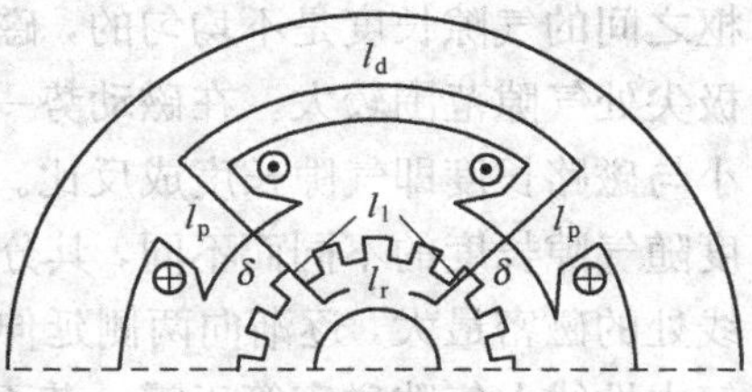

图 2-13　直流电机主磁路

对于主磁路中任何一条磁力线闭合路径，应用磁路的基尔霍夫第二定律

$$2H_\delta\delta+2H_l l_l+H_r l_r+2H_p l_p+H_d l_d=2N_f l_f \tag{2-1}$$

即直流电机中的总磁动势等于五段磁路上的磁压降之和。根据磁路的欧姆定律，式(2-1)可改写为

$$\Phi\sum R_m = 2N_f I_f = F_f \tag{2-2}$$

或者

$$\Phi=\frac{F_f}{\sum R_m} \tag{2-3}$$

式中，F_f 为磁路的总磁通势；$\sum R_m$ 为各段磁阻之和。从式(2-2)中可以反映出直流电机的励磁电流 I_f 与主磁通 Φ 的关系。

2.4.4 直流电机的磁化曲线

由前述分析可知，改变励磁电流，改变主磁极的励磁磁动势，即可改变主磁通。主磁通 Φ 和励磁磁动势 F_f 的关系，称为直流电机的磁化曲线，如图 2-14 所示。磁化曲线的起始部分接近于一条直线，是因为当电机磁通较小时，铁磁物质处于不饱和状态，其磁阻值远小于气隙磁阻，故电机整个的主极励磁磁动势主要消耗在气隙段磁压降上。铁磁部分磁压降忽略。整个磁路呈空气性质。而气隙磁导率为常数，气隙的磁阻值是常数，所以电机的主磁通 Φ 与磁动势 F_f 或励磁电流 I_f 接近成正比，即为线性关系。随着磁通量的增加，铁磁部分逐渐饱和，铁磁磁阻逐渐增大，相比气隙磁阻不再可以忽略不计，磁路铁磁材料段部分的磁压降随之也迅速增加，铁磁材料段消耗的励磁磁动势剧增，整个磁路逐渐呈铁磁性质。主磁通 Φ 与磁通势 F 或励磁电流 I_f 不再成正比，而变为非线性关系，磁化曲线逐渐弯曲，进入饱和段。直流电机的空载磁化特性曲线体现了直流电机磁路的非线性性质。

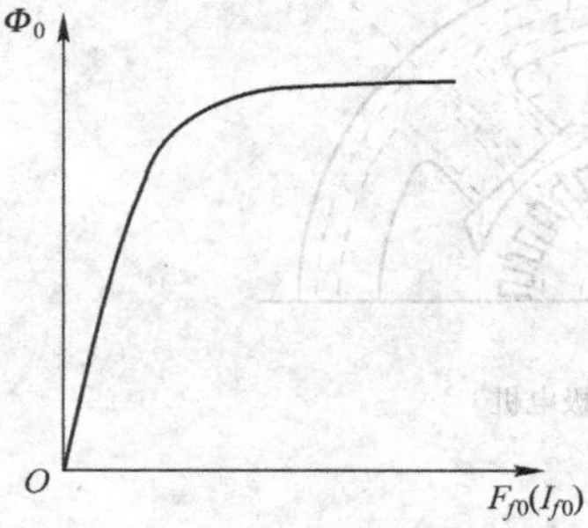

图 2-14 电机磁化曲线

为提高铁磁材料的利用效率，电机设计时一般把磁路饱和程度安排在拐点附近，而这样磁动势主要降落在磁路气隙部分，因此通常也称电机磁场为气隙磁场。

2.4.5 气隙磁通密度的分布

如果不计铁磁材料的磁压降，则气隙中各处消耗的磁动势均为同一励磁磁动势。由于磁极及电枢的结构特征，磁极与电枢之间的气隙长度是不均匀的，磁极中心部分气隙最小，接近极尖处气隙范围较大。在磁动势一定的条件下，气隙磁密的大小与磁路长度即气隙长度成反比。因此，沿电枢表面的磁通密度随气隙长度的不同而不同，其分布情况大致是位于磁极中性线处的磁密最大，逐渐向两侧延伸减小，至两极间即电机的几何中性线上气隙磁密等于零。若不计电枢表面齿槽的影响，在一个极距范围内沿电枢圆周表面气隙的磁密分布情况如图 2-15所示。

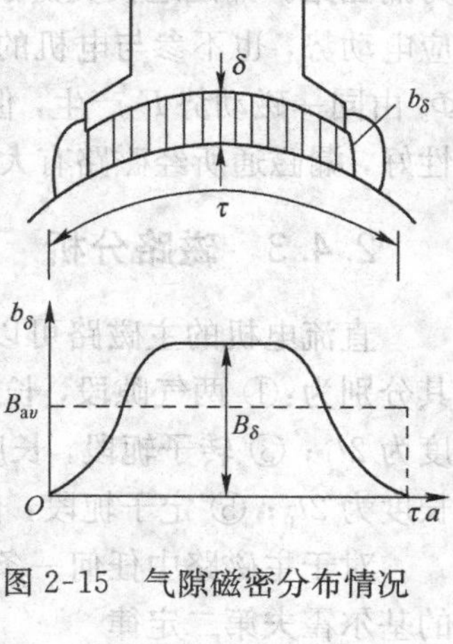

图 2-15 气隙磁密分布情况

2.5　直流电机的电枢绕组

从直流电机的工作原理可知，直流电机应具有能在磁场里转动的导体线圈，即电枢绕组。电枢绕组是直流电机的工作电流路径，是电磁力作用的承载体，是实现机电能量转换的重要枢组。分析电机工作原理时，用一根导体对电枢绕组的作用进行了描述，但一根导体显然不足以实现人们对机电能量转换的实际要求。

对直流电机的电枢绕组的要求是：

(1) 能通过规定的电流，能产生足够的感应电动势，且电量的波形较好；

(2) 绕组结构简单、运行可靠、方便制作、便于维护；

(3) 尽可能节省有色金属和绝缘材料。

为此，实际电机的电枢表面上均匀分布许多槽，槽内安放着线圈，这些线圈按一定规律连接并构成直流电机的电枢绕组。

2.5.1　直流电机电枢绕组的基础知识

电枢绕组是由多个结构形状相同的绕组基本单元，按照绕组构成的原则，采取一定的规律连接组成的。根据连接规律的不同，电枢绕组可以分为单叠绕组、单波绕组、复叠绕组、复波绕组及混合绕组等几种形式。为了解其构成情况，首先介绍有关电枢绕组构成的几个基本名词术语。

几何中性线：是指直流电机结构中两个相邻主磁极(N 极、S 极)之间的几何平分线。

磁极轴线：是指每个主磁极上，将磁极分成左右对称的两部分的中心线。

元件：直流电机中构成电枢绕组的线圈基本单元为元件。元件用具有绝缘表层的铜线绕制而成，分为单匝和多匝两种。每一个元件有两个切割磁力线的有效边，称为元件边，如图 2-16所示。制造电机时应镶嵌在电枢表面的槽内。为了嵌线的方便以及绕组放置整齐，通常把元件的两个有效边分别放在电枢槽的上下两层，制成双层绕组。元件的上下层边大部分镶嵌在槽内，元件在槽外的连接部分称为端接部分。镶嵌情况如图 2-17 所示。

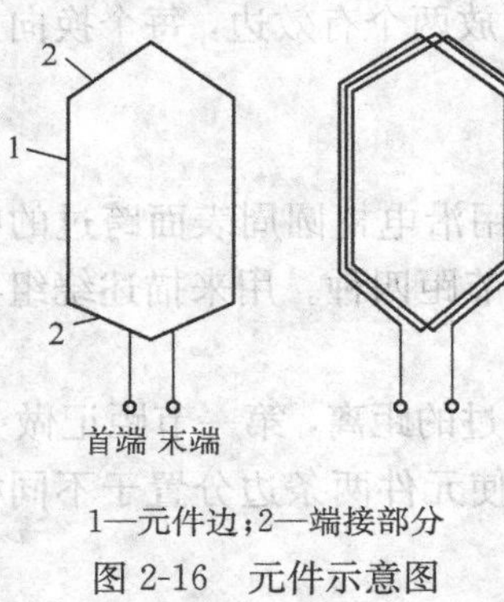

1—元件边；2—端接部分

图 2-16　元件示意图

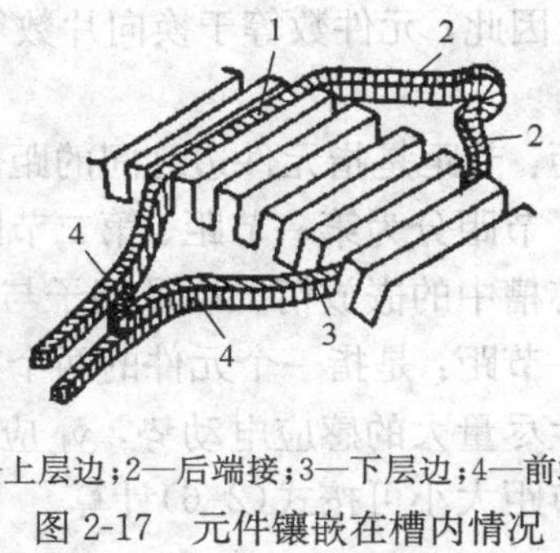

1—上层边；2—后端接；3—下层边；4—前端接

图 2-17　元件镶嵌在槽内情况

元件的首末端：每一个元件有两端，分别引出两根线与换向片相连，绕制元件的开始端称为首端，结束端称为末端。

叠绕组：组成绕组的元件依次串联，后一个元件紧叠着前一个元件镶嵌放置。

波绕组：电枢上所有处于同一极性下的元件串联构成一条支路，相邻元件对应边的跨距约为(不可等于)两个极距，形成波浪形结构。

叠绕组元件、波绕组元件、单匝元件及多匝元件见图 2-18。

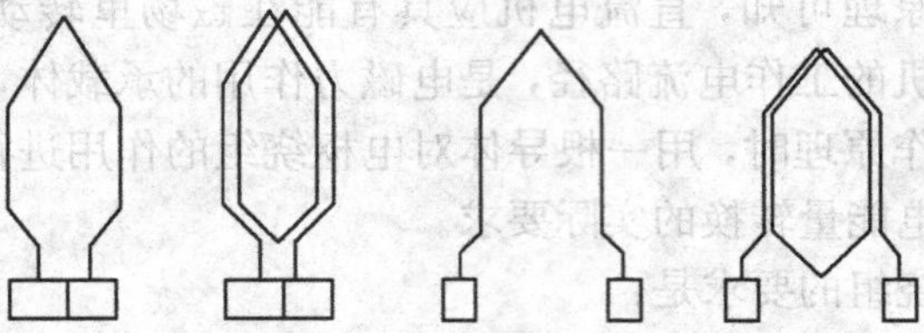

图 2-18　直流电机的元件

极距：相邻主磁极在定子圆周上的间距称为极距。极距用 τ 表示，可表示为：

$$\tau=\frac{\pi D}{2p} \tag{2-4}$$

式中，D 为电枢铁芯外直径；p 为直流电机磁极对数。

槽数：直流电机转子电枢的表面均匀密布有槽，内镶电枢绕组。直流电枢绕组通常为双层结构，即每个槽分为上下两层，每个元件的一个边嵌放在一个槽的上层，另一个边嵌放在另一个槽的下层。一个元件有两个边，双层绕组的元件数和槽数相等。一个元件有两端，分别连到两个换向片上，每一个换向片上接两个不同元件的两个端子，因此元件数等于换向片数。所以有

$$S=K=Z$$

式中，S 为元件数；K 为换向片数；Z 为电枢表面实际槽数。

虚槽：实际电机中，为改善电机性能，希望尽可能增加元件数而不要在电枢表面开槽太多，因此考虑在每层电枢槽中嵌放两个、三个或更多的元件边。为此引入“虚槽”概念。一个上层边和一个下层边称为一个虚槽。如一个电机有 Z 个实槽，每个实槽有 u 个虚槽，则虚槽数 Z_i 与实槽数关系为

$$Z_i=uZ$$

而每个元件有两个有效边和两个端子，每个虚槽可嵌放两个有效边，每个换向片可接两个端子，因此，元件数等于换向片数等于虚槽数，即

$$S=K=uZ \tag{2-5}$$

节距：节距是指元件边之间的距离，为直观起见，常用沿电枢圆周表面跨过的电枢虚槽数表示。节距分为第一节距、第二节距、合成节距和换向节距四种。用来描述绕组各元件在电枢铁芯槽中的嵌放情况以及端子与换向片连接的规律。

第一节距：是指一个元件的两个有效边在电枢表面跨过的距离，第一节距记做 y_1。为使元件产生尽量大的感应电动势，y_1 应接近或等于极距 τ，使元件两条边分置于不同极性主极之下。节距大小可按式(2-6)计算

$$y_1=\frac{Z_i}{2p}\pm\varepsilon \tag{2-6}$$

式中，Z_i为电机电枢虚槽数；ε 是为使 y_1 取整而设的一个增量。

$y_1=\tau$ 的元件称为整距元件，$y_1<\tau$ 的元件称为短距元件，$y_1>\tau$ 的元件称为长距元件。

长距元件节约材料，一般不用。

第二节距：是指连至同一换向片的两个元件中的前一个元件的下层边与后一个元件的上层边在电枢表面跨过的距离。第二节距记做 y_2。

合成节距：是指串联的两个相邻元件的对应上下层边在电枢表面跨过的距离。合成节距记做 y。

换向节距：是指一个元件的首、末端所连接的两个换向片在换向器表面跨过的距离。换向节距记做 y_k。叠绕组和波绕组的节距关系如图 2-19 所示。

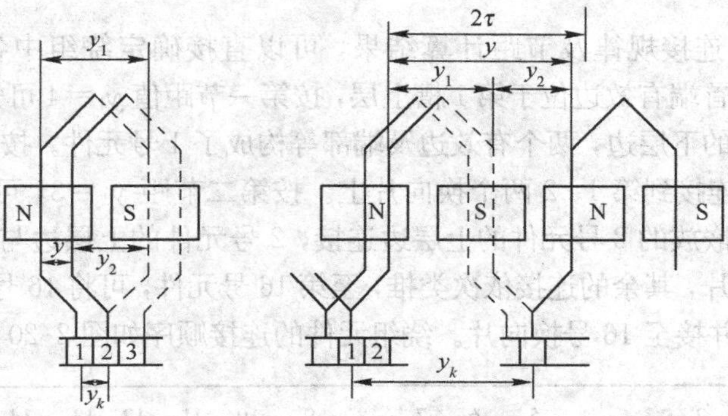

图 2-19　元件节矩关系

2.5.2　单叠绕组

单叠绕组每个元件的两个端子应连接于相邻的两个换向片上，相邻元件的后一元件首端与前一元件末端相连，并接至同一换向片上，最末一个元件的末端与第一个元件的首端相连，整个绕组形成一个闭合回路。单叠绕组合成节距与第一节距、第二节距的关系为

$$y=y_1-y_2$$

单叠绕组的特点是合成节距等于一个虚槽，换向器节距等于一个换向片长，即

$$y=y_k=1$$

下面通过举例分析单叠绕组联结的特点和支路组成情况：

设有一台直流电机，极对数 $p=2$，双层绕组结构，虚槽数 Z_i、元件数 S、换向片数 K 都为 16，即 $Z=K=S=16$。试分析单叠绕制绕组的情况。

分析步骤如下。

1. 计算单叠绕组的节距

双层绕组元件数与虚槽数、换向片数相等，节距单位用虚槽数表示。

第一节距计算：

$$\tau=\frac{Z_i}{2p}=\frac{16}{4}=4$$

$$y_1=\frac{Z_i}{2p}\pm\varepsilon$$

$$取\ y_1=\frac{16}{4}=4$$

合成节距和换向节距计算：

单叠绕组的合成节距和换向节距相同，即

$$y=y_k=1$$

元件的依次串联顺序为从左向右进行，这样完成的直流电机绕组称为右行绕组。

第二节距计算：

$$y_2=y_1-y=4-1=3$$

2. 确定绕组元件的连接顺序

根据单叠绕组的连接规律及节距计算结果，可以直接确定绕组中各元件之间的连接关系。假定1号元件的首端有效边位于第1槽上层，按第一节距值 $y_1=4$ 可知，1号元件的末端有效边应嵌放到第5槽的下层边，两个有效边及端部等构成了1号元件。按换向节距 $y_k=1$，1号元件的首、末端分别连接到第1、2两个换向片上。按第二节距 $y_2=3$，可确定第5槽的元件1的下层边应与第2槽嵌放的2号元件的上层边连接，2号元件的上层边与1号元件的下层边相连接并接至二号换向片，其余的连接依次类推，至第16号元件，可将16号元件的下层边与1号元件的上层边相接，并接至16号换向片。绕组元件的连接顺序如图2-20所示。

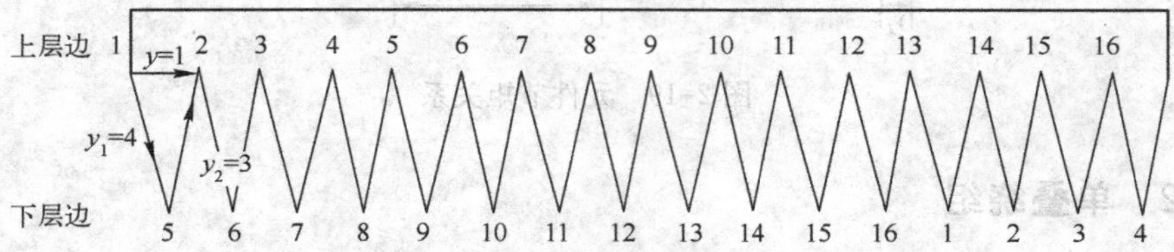

图2-20 单叠绕组各元件连接顺序

由图2-20中单叠绕组各元件连接顺序可见，自1号元件开始，绕电枢一周，通过换向片依次连接了所有元件的有效边，最后回到1号元件。整个绕组形成一个闭合回路。

3. 绘制绕组展开图

为了研究绕组的构成，通常可用展开图来描述绕组情况。所谓展开图，是把电枢沿轴向剖开，展开成平面放置的绕组图，描述元件有效边、端部、换向片、电刷及其连接情况。展开图的画法步骤如下。

(1) 画出电机的电枢转子槽并编号。本例一共为16槽，对于双层绕组，每条槽画两条短线，实线代表槽的上层边，虚线代表槽的下层边；

(2) 画出电机主磁极。把4个主磁极均布在各个槽上，极距相等，极面约 0.7τ 宽；

(3) 画电机换向器。把换向器展开为与电枢同样长度，并分割成相应小块以代表各换向片相互绝缘，以1号元件的上层边所连换向片为1号换向片，按对应元件标出各换向片编号。

(4) 画出完整绕组。按节距 y_1，y_2，y 和 y_k 画出元件并连成绕组。1号元件上层边连1号换向片，按 $y_1=4$ 确定1号元件下层边位于5号槽，按 $y_k=1$，1号元件下层边应接2号换向片，按 $y=1$，2号元件上层边接1号元件下层边并接2号换向片，依次类推连成绕组。

(5) 画出电机电刷。电刷尺寸通常画成与换向片一样宽，电刷数可与主磁极极数相等，共4只。电刷的放置原则是使电刷间得到最大的感应电动势，并使被电刷短路的元件的感应电动势最小。单叠绕组中，对于端接部分对称的元件，电刷应放置在换向器表面的主磁极轴线上，此时被电刷所短路的元件的有效边位于几何中性线处，该位置的磁通密度最小，因此元件边的感应电动势也最小。单叠绕组展开图，如图 2-21 所示。

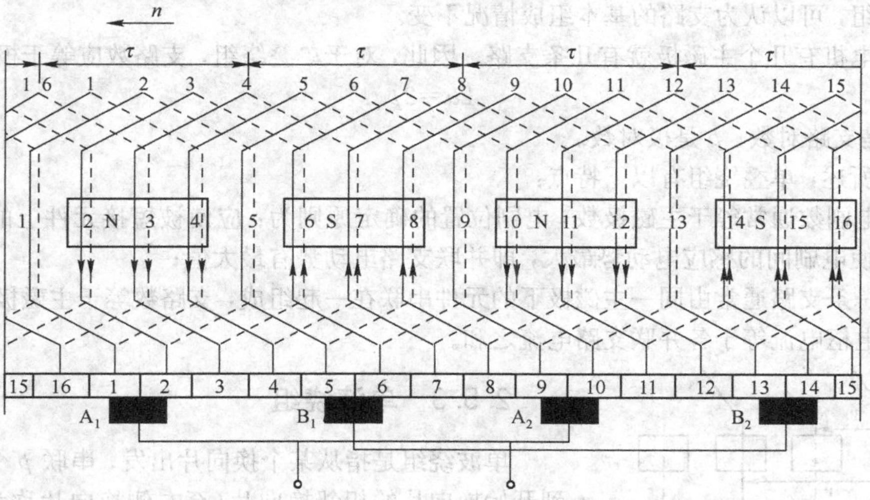

图 2-21 单叠绕组展开图

4. 并联支路图

并联支路图，实质上是描述电枢绕组的电路图。按图 2-22 的展开图所示，绕组是右行绕组，1 号元件、2 号元件……16 号元件依次串联成一闭合回路。在图示瞬间，电刷 A_1 通过 1 号和 2 号换向片短接 1 号元件，电刷 B_1 通过 5 号和 6 号换向片短接 5 号元件，电刷 A_2 通过 9 号和 10 号换向片短接 9 号元件，电刷 B_2 通过 13 号和 14 号换向片短接 13 号元件。各元件串联成的闭合回路，被电刷分成不同的支路，在这种直流电机电枢绕组的电路图上画出电刷、相关换向片及连线，这就是单叠绕组的并联支路图，如图 2-22 所示。

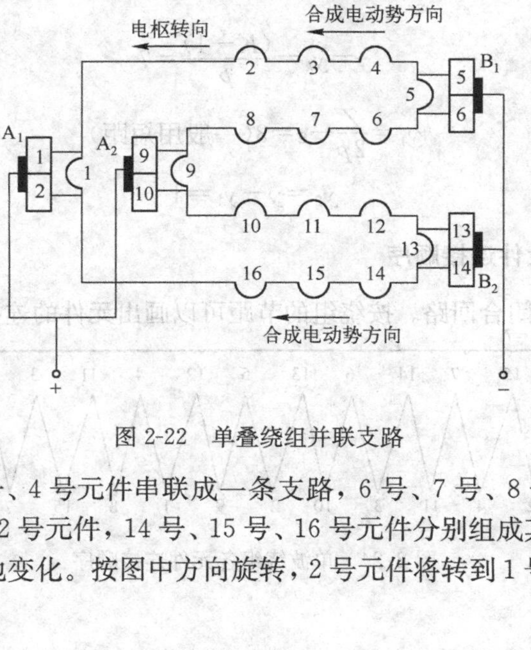

图 2-22 单叠绕组并联支路

图 2-22 中 2 号、3 号、4 号元件串联成一条支路，6 号、7 号、8 号元件串联成另一条支路，另外 10 号、11 号、12 号元件，14 号、15 号、16 号元件分别组成其他支路。电枢旋转时，各元件的位置都在不断地变化。按图中方向旋转，2 号元件将转到 1 号元件的位置，3 号元件

将转到2号元件的位置，……，16号元件转至15号元件位置，1号元件又转至16号元件位置，形成循环。这样每条支路包含的元件编号发生了变化，但各支路的元件数不变，仍然是由各主磁极下的元件串联组成各条支路，每条支路一般由同一主极下的元件组成。从电刷外看电枢绕组，可以认为支路的基本组成情况不变。

直流电机有几个主磁极就有几条支路。因此，对于单叠绕组，支路数应等于极对数，即

$$2a=2p$$

式中，a 是支路对数；p 是极对数。

综上所述，单叠绕组有以下特点：

(1) 电刷数通常等于主磁极数，电刷位置的确定原则为：应使被短接元件上的感应电动势最小而使电刷间的感应电动势最大，即并联支路电动势有最大值；

(2) 一条支路通常由同一主磁极下的元件串联在一起组成，支路数等于主磁极数；

(3) 电枢电流等于各并联支路电流之和。

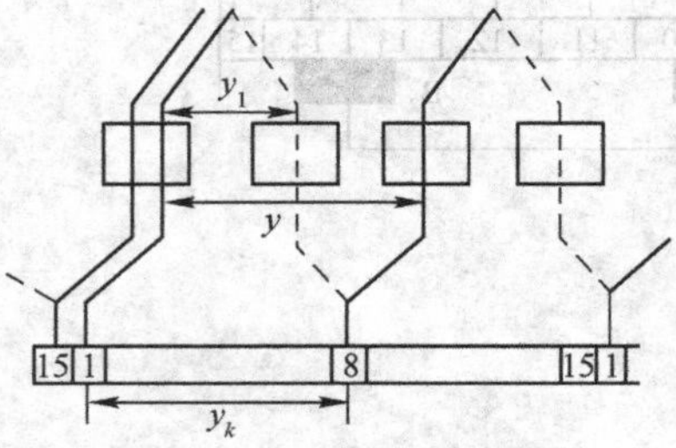

图 2-23 单波绕组

2.5.3 单波绕组

单波绕组是指从某个换向片出发，串联 p 个元件后回到开始换向片的相邻换向片(至左侧换向片称为左行，至右侧换向片称为右行)，如图 2-23 所示，再继续串联其他元件，直至将全部元件串联回到开始换向片，形成由全部元件串联组成的闭合回路。

单波绕组合成节距与第一节距、第二节距的关系为 $y=y_1+y_2$。

为便于理解，下面举例说明。

设直流电机极数为4，$Z=Zu=S=K=15$，试分析左行单波绕组结构。

1. 绕组节距计算

$$y=y_k=\frac{(K-1)}{p}=7$$

$$y_1=\frac{Z}{2p}-\varepsilon=3(\text{一般用短距})$$

$$y_2=y-y_1=4$$

2. 确定单波绕组元件连接顺序

单波绕组也是一个闭合回路。按绕组的节距可以画出元件的连接顺序，如图 2-24 所示。

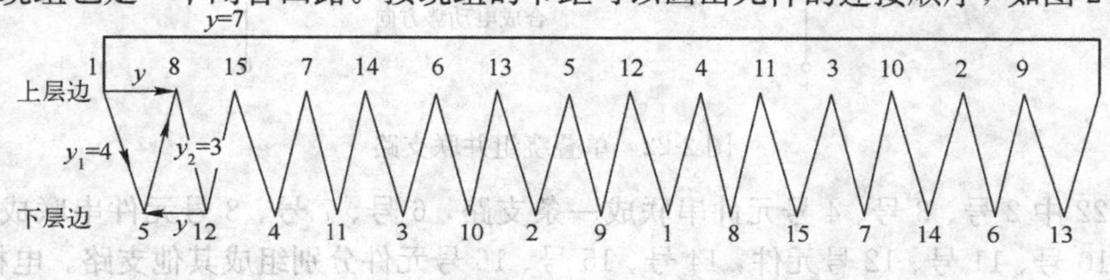

图 2-24 单波绕组各元件连接顺序

3. 画出单波绕组展开图（如图 2-25 所示）

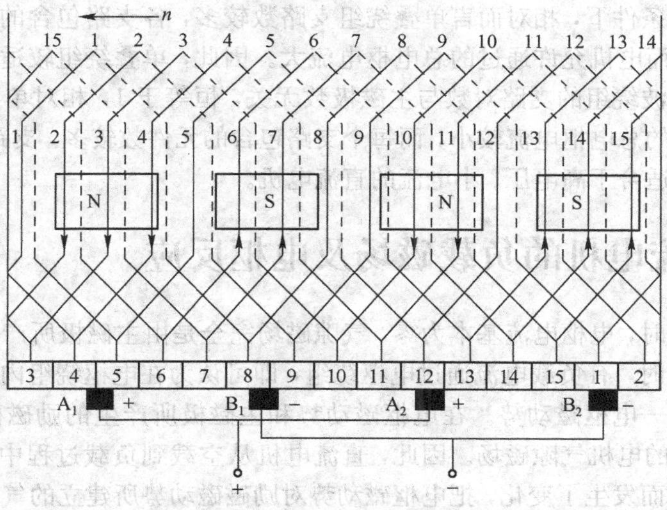

图 2-25 单波绕组展开图

步骤可参照单叠绕组画法。

4. 画出单波绕组并联支路图

单波绕组实际上是把N极性下的所有元件串联起来形成一条支路，而把S极性下的所有元件串联起来形成另外一条支路。为提高直流电机的换向能力，电刷数通常和主磁极数相同。本例电刷数为4，但从换向理论上也可以用两只电刷，即半额电刷。单波绕组的并联支路图见图 2-26。

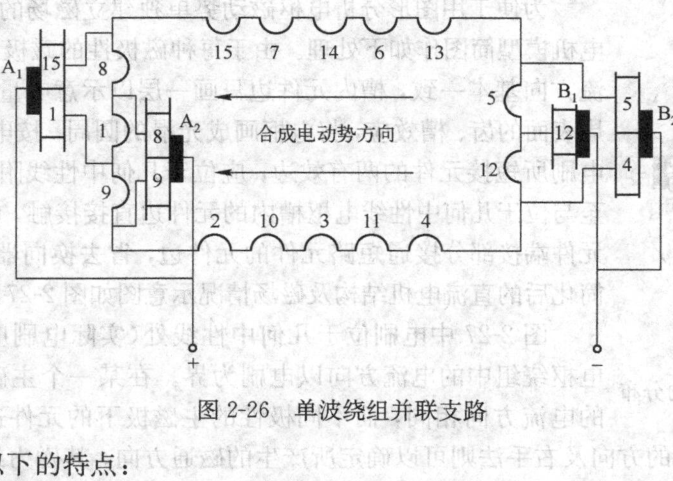

图 2-26 单波绕组并联支路

单波绕组有以下的特点：

（1）同极性下元件串联组成一条支路，因此支路对数恒等于“1”，与磁极对数无关；

（2）元件端接的几何形状对称时，电刷放置位置应在换向器表面上的主磁极极轴线上，此处电刷间感应电动势最大，即支路电动势有最大值，电枢电动势等于支路感应电动势；

（3）电刷杆数通常等于主磁极的极数(即采用全额电刷)。

(4) 直流电机电枢电流是两条支路电流之和。

综上所述，直流电机的单叠绕组和单波绕组各有特点。在电机的极对数、元件数以及导体截面积等相同的条件下，相对而言单叠绕组支路数较多，各支路包含的元件数较少，支路感应电动势较低，而电机允许通过的总电枢电流大。因此，单叠绕组较适合于低电压、大电流的直流电机。单波绕组的支路对数与主磁极数无关，恒等于1，相对单叠绕组来说并联支路数少，允许通过的总电枢电流较小，而每个支路包含的元件数较多，支路感应电动势较高。因此，单波绕组较适合于高电压、小电流的直流电机。

2.6 直流电机的负载磁场及电枢反应

直流电机空载时，电枢电流基本为零，气隙磁场完全是由主磁极所产生的励磁磁动势建立。电机负载运行时，有负载电流通过电枢绕组，即可认为在电枢绕组内通过电流而产生了一个新的磁动势——电枢磁动势。在电枢磁动势和主磁极所产生的励磁磁动势的共同作用下，建立了负载时的电机气隙磁场。因此，直流电机从空载到负载过程中，其气隙磁场因为电枢磁动势的产生而发生了变化，把电枢磁动势对励磁磁动势所建立的气隙磁场的这种影响称为电枢反应。

为分析清楚电枢反应的问题，首先需要明确分析的思路及方法。由于磁路的非线性，因此需要将电枢磁动势与励磁磁动势合成，然后再按合成后的磁动势分析该合成磁动势所建立的负载气隙磁场情况，并与空载气隙磁场比较，得出电枢反应的影响。但这样的处理显得比较麻烦。为此，先在不计及非线性因素的条件下，分别分析电枢磁动势和励磁磁动势各自建立的磁场情况，再应用叠加原理，把两种磁场叠加形成合成磁场，然后再考虑非线性饱和特性对磁场情况的影响，分析其影响及修正结果。通过这样的方法可以简化分析过程，从定性分析的角度看，其准确性也可以满足要求。

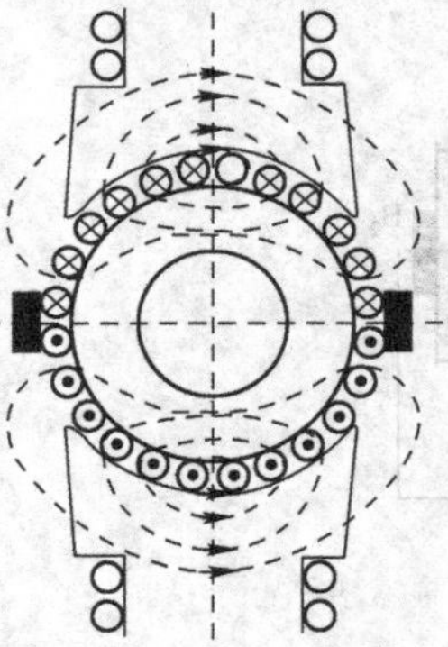

图 2-27 电枢磁场的分布

为便于用图形分析电枢磁动势单独建立磁场的大小和分布，可对电机模型简图作如下处理。由于每种磁极性的磁极下的元件导体中电流方向基本一致，槽内元件边只画一层以示意电量方向；忽略电枢圆周表面的齿、槽效应，将电枢画成光滑的圆周；按电刷位置确定原则，电刷所短接元件的两有效边，应位于几何中性线附近，因此将电刷移至与位于几何中性线电枢槽内的元件边直接接触，电刷通过换向片和元件端接部分接通短路元件的元件边，省去换向器和元件端接部分。简化后的直流电机结构及磁场情况示意图如图 2-27 所示。

图 2-27 中电刷位于几何中性线处(实际电刷应位于磁极轴线)，电枢绕组中的电流方向以电刷为界。在某一个主磁极下的元件边中的电流方向相同，而不同极性的主磁极下的元件边中的电流方向相反。根据电枢电流的方向及右手法则可以确定所产生的磁通方向，其磁力线分布情况如图所示。电枢磁动势的轴线在几何中性线上，与主磁极轴线垂直正交。

在分析电枢磁动势时，可将电枢沿圆周展开，以主极中心线处为坐标原点，距原点的两侧各为 x 处设置一闭合磁回路，如图 2-28 所示。假设电枢的总导体数为 N，导体中的电流为 I，电枢直径为 D_a，则电枢圆周表面上单位长度的安培导体数 A 为

$$A=\frac{NI}{\pi D_a} \qquad (2\text{-}7)$$

闭合磁回路所包围的安培导体数即磁动势为$2Ax$。若忽略铁磁部分磁阻，则每段气隙上消耗的磁动势F_a应为总磁动势的一半，即

$$F_a=Ax \qquad (2\text{-}8)$$

式(2-8)表明，在电枢圆周不同位置点上的气隙所消耗的磁动势大小是不同的，与气隙所在点的位置x成正比，在$x=0$处F_a为零；在$x=\tau/2$处，F_a达到最大。针对气隙与电枢的相对位置，如果规定自电枢出来的电枢磁动势为正，而进入电枢的电枢磁动势为负，根据式(2-8)可以画出电枢磁动势沿电枢圆周的分布曲线，其形状为三角形，如图2-28之曲线1所示。

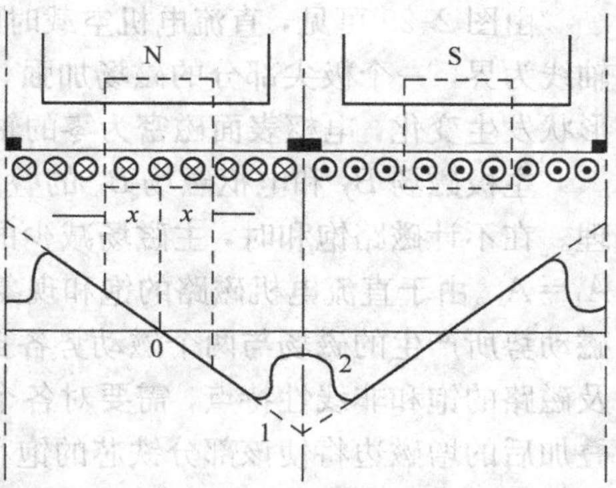

图2-28 电枢磁动势分布

根据电枢磁动势的分布，可以得到电枢磁通量密度沿电枢圆周的分布曲线关系式为

$$B_a=\mu_0\frac{F_a}{\delta} \qquad (2\text{-}9)$$

式中，B_a为气隙各分布点的电枢磁密值，单位为Wb/m^2；F_a为气隙各分布点的磁动势，单位为A；δ为气隙大小，单位为m。

假设极靴下气隙是均匀的，则在极弧范围内磁密的分布是与F_a成比例的平行直线。在两主极之间，虽然这部分区域的电枢磁动势与极靴下区域相比也是线性增大的，但由于气隙的长度大幅度增加，按式(2-9)，磁密会迅速减小。因此，电枢磁密B_a的分布呈马鞍形曲线，如图2-28中之曲线2所示。在电机空载磁场分析中，我们已经知道，励磁磁动势单独建立的气隙磁场的大小和分布情况如图2-15所示。负载时的合成磁场可以由主极磁场B_f和电枢磁场B_a叠加得到，如图2-29所示。

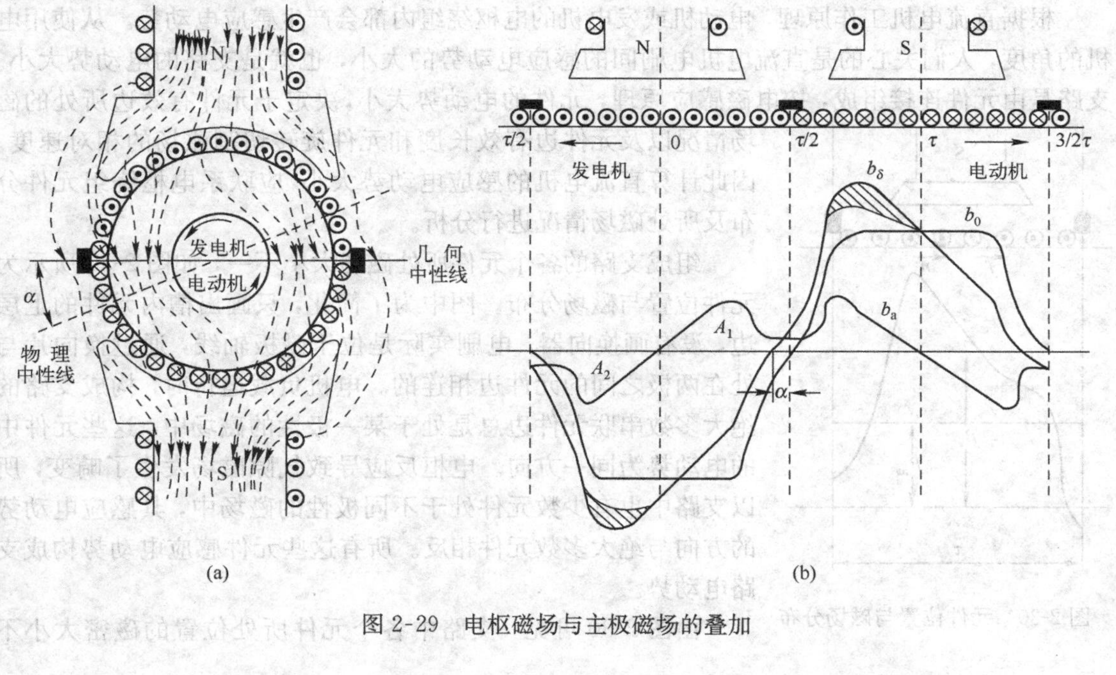

图2-29 电枢磁场与主极磁场的叠加

由图 2-29 可见，直流电机空载时的气隙磁场由于叠加了电枢磁场，产生了畸变，以主极轴线为界，一个极尖部分的磁场加强，另一个极尖部分的磁场减弱了。负载气隙磁场的分布形状发生变化，电枢表面磁密为零的轴线，即物理中性线自几何中性线处发生位移。

主极磁场 B_f 和电枢磁场 B_a 的叠加是按叠加定理完成的，叠加定理是线性条件下的原理。在不计磁路饱和时，主磁场减少的量与增加的量恰好相等，即图 2-29(b)中表示的面积 $A_1=A_2$。由于直流电机磁路的饱和现象，线性关系并不成立。因此，两个磁动势叠加的合成磁动势所产生的磁场与两个磁动势各自产生的磁场再叠加得到的磁场是不完全相同的。为计及磁路的饱和非线性特点，需要对各个磁动势产生的磁场叠加得到的合成磁场作饱和修正。叠加后的增磁边将使该部分铁芯的饱和程度提高、磁阻增大，因此实际的气隙磁场磁感应强度应比不计饱和叠加略低一些，如图 2-29(b)中虚线所示；而去磁边的实际气隙磁场则与不计饱和时基本一致；因此负载时每极下的磁通量将比空载时少。换言之，饱和时电枢反应具有一定的去磁作用。

综上所述，电枢反应对气隙磁场的影响如下。

(1) 直流电机负载时的电枢反应使气隙磁场发生畸变；

(2) 电枢反应使电枢表面磁密为零的物理中性线偏离了几何中性线。在电动机中，物理中性线逆电枢旋转方向移过一个不大的角度；在发电机中，顺电枢旋转方向移过一个不大的角度；

(3) 电枢反应使主磁极下的总磁通量减少，呈去磁作用。

2.7 感应电动势和电磁转矩的计算

2.7.1 感应电动势的计算

根据直流电机工作原理，电动机或发电机的电枢绕组内都会产生感应电动势。从使用电机的角度，人们关心的是直流电机电刷间的感应电动势的大小，也就是支路的电动势大小。支路是由元件连接组成，按电磁感应原理，元件的电动势大小，决定于元件有效边所处的磁场情况以及元件边有效长度和元件旋转切割磁场的相对速度。因此计算直流电机的感应电动势大小，应联系电枢绕组元件分布及所处磁场情况进行分析。

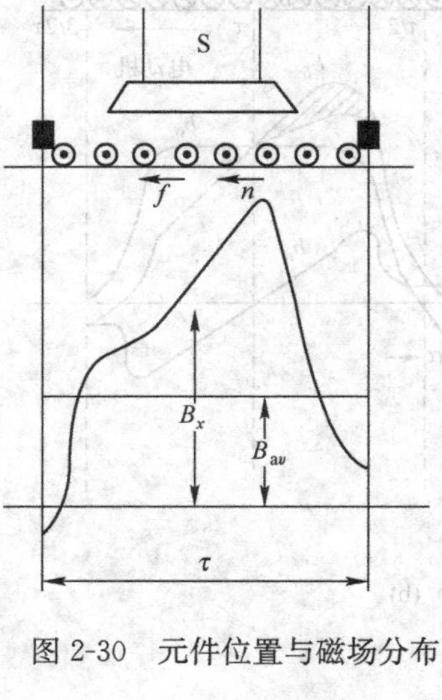

图 2-30 元件位置与磁场分布

组成支路的各个元件所处磁场大小不一，如图 2-30 所示为元件位置与磁场分布。图中为了简化，只画出槽内元件的上层边，没有画换向器，电刷实际是位于磁极轴线，通过换向片与处在两极之间的元件边相连的。电机负载运行时，构成支路的绝大多数串联元件边总是处于某一极性的磁场中，这些元件中的电动势为同一方向。电枢反应导致气隙磁场发生了畸变，所以支路中也有少数元件处于不同极性的磁场中，其感应电动势的方向与绝大多数元件相反。所有这些元件感应电动势构成支路电动势。

由图 2-30 可见，支路中各个元件所处位置的磁密大小不同，即支路中各元件内感应电动势不同，且电机旋转的各个瞬间元件内感应电动势的瞬时值也不同。但是每个元件的电动势随时间的变化情况相同，如果元件数足够多，可以认为支路的构成情况在任何瞬时基本一致，某一瞬间的支路电动势可用任意元件从一个主极轴线转至另一个主极轴线的各个位置电动势值的总和来表示，因此支路电动势这一空间元件组成问题可与时间概念上的元件电动势组成问题进行转换，而支路中各元件电动势瞬时值的总和是基本不变的。因此，若不计电枢齿、槽效应，计算支路电动势可用先求出每个元件导体电动势的平均值，然后乘以支路中串联导体数的方法来得到。

元件有两个有效导体边，元件有效导体边的感应电动势可通过电磁感应定律求得，其表达式为

$$e=B_{av}lv \tag{2-10}$$

式中，B_{av}是一个主磁极下气隙磁通密度的平均值；v是导体切割磁力线的速度；l是导体的有效长度。

为简化推导，用每个主磁极下的有效磁通的平均值来计算直流电机元件的感应电动势大小。B_{av}与每极有效磁通的平均值Φ的关系为

$$B_{av}=\frac{\Phi}{l\tau} \tag{2-11}$$

式中，τ是主磁极的极距。导体切割磁力线的速度v与电机的旋转速度有关

$$v=\frac{2np\tau}{60} \tag{2-12}$$

式中，p是电机极对数；n是电机转速；单位是 r/min。

假设电机中元件的有效边导体数为N，则电机的感应电动势即支路电动势可以记为

$$E=\frac{eN}{2a} \tag{2-13}$$

即

$$E=\frac{B_{av}lvN}{2a}=\frac{\Phi}{l\tau}\frac{lvN}{2a}=\frac{\Phi}{l\tau}\frac{lN}{2a}\frac{2np\tau}{60}=\frac{pN}{60a}\Phi n$$

电机极对数p、支路中的元件数N、支路对数a等仅与电机结构有关，对于一台制造完成的直流电机，是不可变的常数，把$pN/60a$记做C_e，称为直流电机的电动势常数。

直流电机的电枢感应电动势定义表达式为

$$E_a=C_e\Phi n \tag{2-14}$$

式(2-14)表明直流电机的感应电动势与电机结构、气隙磁通和电机旋转转速有关。对于制成电机，电枢电动势仅与主磁极下的每极气隙磁通和电机转速有关。

支路的电动势还可以记做

$$E=e_l\frac{Z}{2a}=e\frac{N}{2a} \tag{2-15}$$

式中，E为支路电动势；e_l为元件电动势；e为元件有效边导体的感应电动势。若直流电机的元件数为Z，可知导体边数$N=2Z$，因此$e_l=2e$。式(2-15)适用于整距元件组成的支路电动势，在短距或长距元件的条件下，感应电动势的实际值应略小于该值。

2.7.2 电磁转矩的计算

直流电机负载运行时，有电流流过电枢绕组，通电导体位于磁场中会受到电磁力的作

用，作用在直流电机电枢上的电磁力形成转矩，称为电磁转矩。

组成电枢绕组的各个元件导体所在位置的磁场强弱是不同的，按电磁力定律，若已知元件的有效边导体所在位置的磁密为 B_x，导体电流为 i，导体有效长度为 l，则导体所受电磁力大小为

$$f=B_x il \tag{2-16}$$

针对组成电枢绕组的元件导体因所处位置磁场不同而受力大小不同的现象，参照 2.7.1 节感应电动势计算的方法，可以采用先计算组成电枢绕组的各个导体所受电磁力的平均值，再乘以电机的总导体数的方法，以求解直流电机的电枢上所受总电磁力大小。

为简化分析，可作如下假定处理。

(1) 假设组成电枢绕组的元件数足够多，沿电枢圆周均布，且均是整距元件。

(2) 忽略电枢圆周的齿、槽对电机各个元件导体受电磁力的不同影响。

(3) 用每个主磁极下的有效磁通的平均值来参与计算直流电机元件所受电磁力的大小。

设直流电机的电枢电流为 I_a，支路数为 $2a$，电枢直径为 D_a，则导体所受的电磁力的平均值为

$$F_{av}=B_{av}\frac{I_a}{2a}l \tag{2-17}$$

电磁转矩的平均值为

$$T_{av}=B_{av}\frac{I_a}{2a}l\frac{D_a}{2} \tag{2-18}$$

电枢绕组包含的导体数为 N，元件数为 Z，则电机所受总的电磁转矩为

$$T=NT_{av} \tag{2-19}$$

考虑到 $B_{av}=\frac{\Phi}{l\tau}$ 及电枢圆周长为 $\pi D_a=2p\tau$，并代入式(2-19)，得

$$T=N\frac{\Phi}{l\tau}\frac{I_a}{2a}l\frac{2p\tau}{2\pi}=\frac{pN}{2\pi a}\Phi I_a \tag{2-20}$$

式中，$\frac{pN}{2\pi a}$对于一台制造完成的直流电机是一个常数，把 $C_T=\frac{pN}{2\pi a}$称为直流电机的转矩常数。式(2-20)可以写成

$$T=C_T\Phi I_a \tag{2-21}$$

式(2-21)是直流电机转矩定义表达式。转矩的单位是 N·m。由此可见，直流电机的电磁转矩与主磁极的每极有效磁通的平均值以及电枢电流成正比。

【例 2-1】 一台直流电机，$p=2$，单叠绕组，总导体数 $N=256$，每极磁通 $\Phi=2.1\times10^{-2}$ Wb，求当转速为 $n_N=3000$r/min 时的电枢绕组电动势 E_a；设电枢电流 $I_a=12$A，磁通保持不变，则此时的电磁转矩又为多大？

解： (1) 已知这台直流电机的极对数 $p=2$，则单叠绕组的并联支路对数 $a=2$，于是电动势常数

$$C_e=\frac{pN}{60a}=\frac{2\times256}{60\times2}=4.27$$

根据电枢电动势公式

$$E_a=C_e\Phi n=4.27\times2.1\times10^{-2}\times3000=268.8\text{V}$$

(2) 转矩常数

$$C_T=\frac{pN}{2\pi a}=\frac{2\times256}{2\pi\times2}=40.76$$

根据电磁转矩公式

$$T=C_T\Phi I_a=40.76\times2.1\times10^{-2}\times12=10.27\text{N}\cdot\text{m}$$

2.8 直流发电机

2.8.1 直流发电机的基本平衡方程

直流电机运行时，内部存在着机、电、磁的平衡状态，可用方程这一数学语言来描述其平衡关系和工作状态。电机的基本方程包括以下几种类型：描述电气系统的电动势平衡方程；描述机械系统的转矩平衡方程；描述能量关系的功率平衡方程。本节以并励直流发电机为例讨论其基本方程。

1. 电动势平衡方程

并励直流发电机的电气系统包括两部分电路：一是电枢电路；二是励磁电路，其电量的参考正方向可按电路中常用的关联参考方向规定来设定，如图 2-31 所示。根据基尔霍夫电压定律，可得电枢回路的电动势平衡方程为

$$E_a=U+I_aR_a \tag{2-22}$$

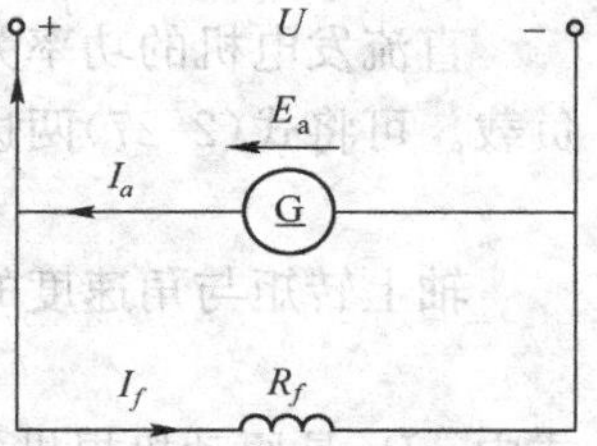

图 2-31 并励直流发电机电气系统

式中，U 是直流发电机输出的电压；R_a 是电枢回路的总内阻，包括绕组电阻 r_a 和电刷的接触电阻。式(2-22)也可写成

$$E_a=U+I_ar_a+2\Delta U_b \tag{2-23}$$

式中，$2\Delta U_b$ 是一对电刷的接触电阻上的电压降，其值受多种因素影响，一般按所选电刷的不同牌号取 0.3～1V。

励磁回路的电平衡方程为

$$U=U_f=I_fR_f \tag{2-24}$$

式中，U_f 是指直流发电机励磁电压；R_f 是励磁回路的电阻，根据基尔霍夫电流定律，有

$$I_a=I+I_f \tag{2-25}$$

2. 转矩平衡方程

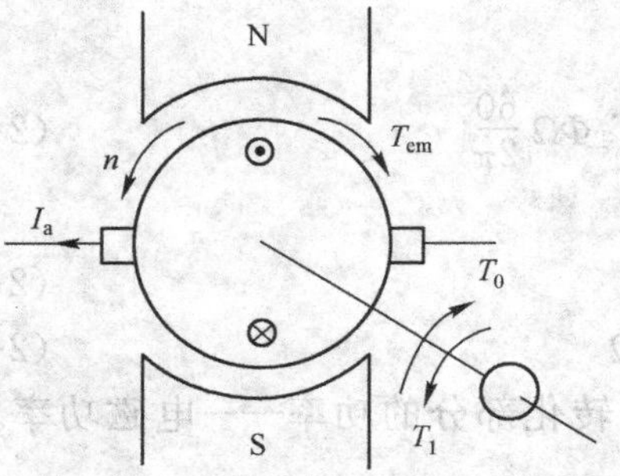

图 2-32 并励直流发电机的机械系统

并励直流发电机的机械系统如图 2-32 所示。直流发电机空载运行时，机械轴上会受到两种力矩的作用。一种是直流发电机在原动机的拖动下旋转，轴上受到拖动力矩 T_1 的作用，T_1 与发电机转轴的旋转方向一致；另一种是空载运行的阻力矩 T_0，发电机空载运行时，电枢绕组中产生感应电动势，但没有输出功率，电枢绕组中电流近似为零，发电机旋转需要克服由风阻、摩擦及铁损等引起的阻力转矩 T_0。阻力转矩 T_0 方向

与发电机转轴的旋转方向相反，发电机空载稳态运行时，机械系统转矩平衡方程为

$$T_1 = T_0 \tag{2-26}$$

直流发电机负载运行时，机械轴上将受到 3 种力矩的作用。除了上述两种外，还有因负载电枢电流而产生的电磁转矩 T。由图 2-32 中分析可见，因为此时电枢绕组导体中有电流流过，此导体电流方向与导体中感应电动势方向相同，通电导体在磁场中受到磁场作用将产生电磁力，按左手定则可确定电磁转矩方向与发电机的旋转方向相反。因此，对于发电机机械系统，电磁转矩 T 是阻力转矩。直流发电机负载稳态运行时，机械系统转矩平衡方程为

$$T_1 = T_0 + T \tag{2-27}$$

发电机在额定负载下运行时，电磁转矩 T 相比空载转矩 T_0 要大很多，在进行精度要求不高的工程计算时，可将空载转矩忽略。即有如下近似公式

$$T_1 = T \tag{2-28}$$

3. 功率平衡方程

直流发电机的功率关系是把原动机输入给直流发电机的机械功率转换成电功率输出供应负载。可将式(2-27)两边同乘以直流发电机旋转角速度 Ω，得

$$T_1\Omega = T_0\Omega + T\Omega \tag{2-29}$$

轴上转矩与角速度的乘积是机械功率，所以式(2-29)可化为

$$P_1 = P_0 + P_M \tag{2-30}$$

式中，P_1 是原动机提供的机械功率，也是发电机的轴上输入总机械功率，$P_1 = T_1\Omega$；P_0 是发电机空载运行时的损耗功率；P_M 是外施转矩为克服电磁转矩而提供的机械功率，该部分机械功率通过磁场作用，全部转换成了电功率传给电枢绕组，也称为电磁功率。式(2-30)说明，原动机提供的机械功率扣除空载损耗以后，全部通过磁场媒介转换成电功率。其中空载损耗包括 3 个组成部分，即

$$p_0 = p_m + p_{Fe} + p_s \tag{2-31}$$

式中，p_m 为由轴承、电刷摩擦、空气风阻等引起的机械摩擦损耗；p_{Fe} 为铁耗，包括因主极磁场在转动的电枢铁芯中交变引起的涡流、磁滞损耗；p_s 为其他附加损耗，包括主磁场的脉动、畸变影响，电枢的齿、槽效应，附属金属配件中的铁耗等。

从转矩常数 C_T 和电动势常数 C_e 的表达式可见

$$C_T = \frac{60}{2\pi}C_e \tag{2-32}$$

则有

$$E_a = C_e\Phi n = C_e\Phi\Omega\,\frac{60}{2\pi} = \frac{2\pi}{60}C_T\Phi\Omega\,\frac{60}{2\pi} \tag{2-33}$$

即

$$E_a = C_T\Phi\Omega \tag{2-34}$$

$$E_aI_a = C_T\Phi\Omega I_a = T\Omega \tag{2-35}$$

式中，$E_aI_a = T\Omega = P_M$，即为直流发电机用于能量形式转化部分的功率——电磁功率。将式(2-22)两边同乘以电枢电流 I_a，可得

$$E_aI_a = UI_a + I_a^2R_a = UI + UI_f + I_a^2R_a \tag{2-36}$$

即 $$P_M = P_2 + p_{Cua} + p_{Cuf} \tag{2-37}$$

式中，$p_{Cua} = I_a^2 R_a$ 为电枢回路内阻所消耗的铜耗；$p_{Cuf} = UI_f$ 为励磁回路内阻所消耗的铜耗；$P_2 = UI$ 为输出至负载端的输出电功率。式(2-37)说明，经过机电能量转换的电磁功率扣除消耗在电枢回路和励磁回路的铜耗后，剩余部分输出至发电机的负载，即为发电机的输出电功率 P_2。

综合式(2-30)、式(2-31)、式(2-37)可以得出并励发电机的功率转换流程情况

$$P_1 = P_2 + p_m + p_{Fe} + p_s + p_{Cu} \tag{2-38}$$

式中，$p_{Cu} = p_{Cua} + p_{Cuf}$ 为并励直流发电机的铜耗。

$$P_1 = P_2 + \sum p \tag{2-39}$$

根据式(2-39)可以画出直流发电机的功率流程如图 2-33所示。

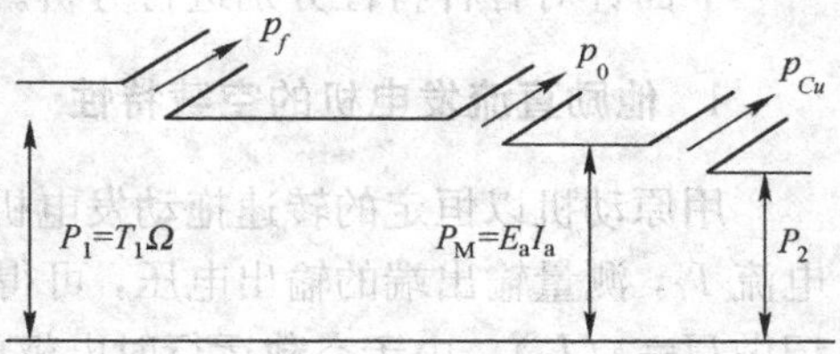

图 2-33　直流发电机的功率流程图

传递过程的总损耗为

$$\sum p = p_m + p_{Fe} + p_s + p_{Cu} \tag{2-40}$$

直流发电机的效率为

$$\eta = \frac{P_2}{P_1} \times 100\% \tag{2-41}$$

直流发电机的效率与负载的大小有关，最大效率一般设计在80%的额定负载处。额定负载时，直流发电机的效率应满足产品技术标准的规定要求，发电机的额定效率值通常标在电机的铭牌上，供使用者参考。

【例 2-2】 有一台并励发电机，额定参数为，$P_N = 82\text{kW}$，$U_N = 230\text{V}$，$n_N = 970\text{r/min}$，电枢回路总电阻 $r_a = 0.026\Omega$，励磁回路电阻 $r_f = 26.3\Omega$，额定负载时电枢铁损耗 $p_{Fe} = 410\text{W}$，机械损耗 $p_m = 101\text{W}$。试求：

(1) 额定负载时的电磁功率和电磁转矩；

(2) 额定负载时的效率。

解：(1) 额定负载时电磁功率 $P_M = E_a I_a$

先计算额定电流 $$I_N = \frac{P_N}{U_N} = \frac{82 \times 10^3}{230} = 356.52\text{A}$$

励磁电流

$$I_f = \frac{U_N}{r_f} = \frac{230}{26.3} = 8.75\text{A}$$

则电枢电流 $$I_a = I_N + I_f = 356.52 + 8.7 = 365.27\text{A}$$

电枢电动势 $$E_a = U_N + I_a r_a = 230 + 365.27 \times 0.026 = 239.5\text{V}$$

电磁功率 $$P_M = E_a I_a = 239.5 \times 365.27 = 87.481\text{kW}$$

电磁转矩 $$T = \frac{P_M}{\Omega} = \frac{P_M}{\frac{2\pi n_N}{60}} = \frac{87.481 \times 10^3}{\frac{2\pi \times 970}{60}} = 861.22\text{N} \cdot \text{m}$$

(2) 额定负载时的效率 $\eta_N = \frac{P_2}{P_1}$

$$P_1 = P_M + p_{Fe} + p_m = 87.481 \times 10^3 + 410 + 101 = 87992\text{W}$$

所以 $$\eta_N=\frac{P_2}{P_1}=\frac{82\times10^3}{87992}=93.20\%$$

2.8.2 他励直流发电机的运行特性

描述直流发电机的运行特性，有 4 个主要的物理量，包括发电机的输出端电压 U，发电机的励磁电流 I_f，发电机的负载电流 I 和发电机的转速 n。发电机运行时，一般保持原动机的外施拖动转速不变，即发电机转速为额定值 n_N。这样，在决定发电机运行特性的其他 3 个物理量因素中，若保持一个物理量为固定数值，其余两个物理量之间的函数变化关系就被定义为是直流发电机的某种运行特性。

下面针对各种特性分别进行分析。

1. 他励直流发电机的空载特性

用原动机以恒定的转速拖动发电机运行，保持发电机空载即电枢电流为零时，改变励磁电流 I_f，测量输出端的输出电压，可得到输出电压与励磁电流之间的关系，称为空载特性，记做 $U=f(I_f)$。由于空载运行时电枢电流为零，电枢回路中没有电阻压降，空载时的电枢端电压 U 等于发电机电枢感应电动势，即

$$U=E_a=C_e\Phi n \tag{2-42}$$

考虑到发电机转速恒定，由式(2-42)可知，电枢电压 U 的大小与磁通 Φ 成正比。另外，发电机励磁绕组的匝数是定值，励磁磁动势 F_f 的大小与励磁电流 I_f 也成正比。因此，发电机的空载特性曲线 $U=f(I_f)$ 形状应与铁磁材料的磁化曲线 $\Phi=f(F_f)$ 的形状相似。发电机空载曲线形状如图 2-34 所示。

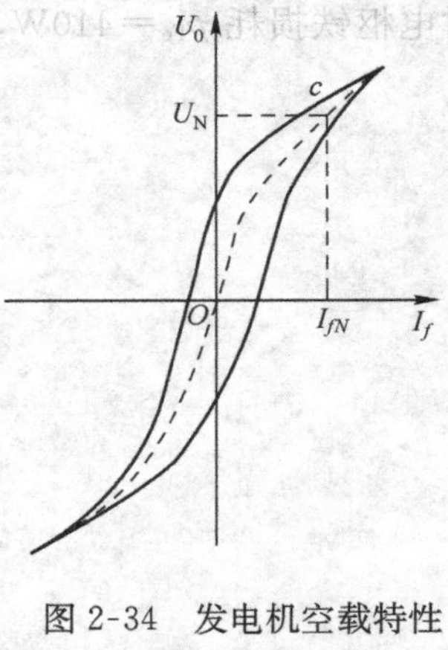

图 2-34 发电机空载特性

由图 2-34 可见，励磁电流为零时，输出电压不为零，这是由于电枢绕组切割主极铁芯的剩磁磁通产生了剩磁电动势。此外，由于铁磁材料的磁滞作用造成了特性曲线的上升和下降分支的不重合。因此，在进行直流发电机空载试验过程中，应保持向同一增加或减少方向调节励磁回路的电阻大小。在实际应用中，通常取曲线两个分支间的一条平均曲线作为空载特性曲线，如图 2-34 虚线所示。

2. 他励发电机的外特性

用原动机以额定转速拖动发电机运行，调节并保持励磁电流为额定值。此时发电机的输出端电压与负载电流之间的变化关系，称为发电机的外特性。记做 $U=f(I)$，如图 2-35 所示。从图中可见，特性略向下倾斜。即说明发电机输出电压是随负载增加而下降的。使电压下降的原因有两个。

(1) 式(2-42)中 $E_a=C_e\Phi n$，在保持转速和励磁条件不变条件下，随负载电枢电流的增大，电枢反应的去磁效应使每极磁通量减小，因此使电枢电动势减小而导致输出端电压 U 下降。

(2) 随着负载电枢电流增大，这里负载电流即电枢回路电流，即 $I=I_a$，电枢回路电阻上的压降 I_aR_a 将随着负载电流 I 的增加而增加，从而使输出端电压减小。

从发电机的使用角度看，这种较软的外特性是不利的，在设计制造发电机时应使特性下降幅度减少，也就是应使外特性比较硬。

3. 他励发电机的调节特性

用原动机以额定转速拖动发电机运行，当负载大小变化时，调节励磁电流以保证输出端电压不变，此时得到的$I_f=f(I)$曲线就是发电机的调节特性，如图 2-36 所示。由前面分析可知，在负载变化时，要保持输出端电压不变，则必须调节励磁电流以补偿电枢反应导致的电枢感应电动势及电枢回路电阻压降对输出端电压的影响。因此调节曲线是一条微向上倾斜的特性。

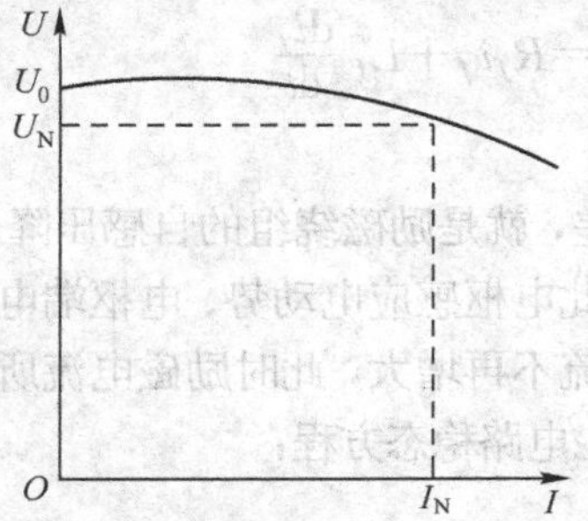

图2-35 他励直流发电机外特性

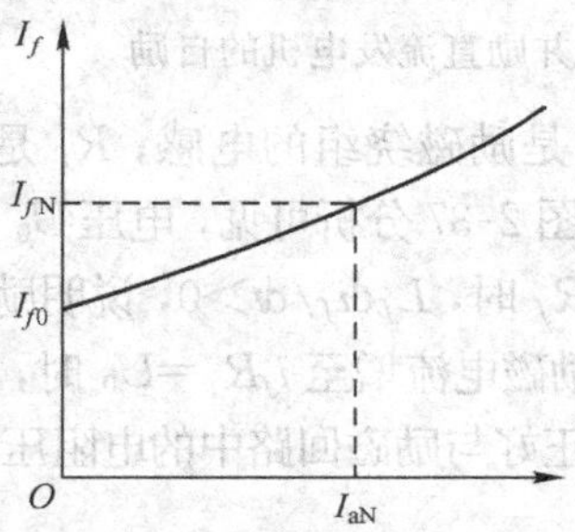

图 2-36 他励发电机的调节特性

2.8.3 并励直流发电机的运行特性

并励直流发电机的励磁电流由发电机自身供给，不另配直流电源，因此在外特性尤其是初始励磁的建立方面有不同于他励发电机的特点。

1. 并励直流发电机的自励

并励直流发电机的励磁需要自身的电枢发电供给，但电枢发电又必须要有磁场媒介为条件，因此，先有磁还是先有电是并励直流发电机需要分析的特殊问题，关系到并励发电机的主磁场的建立即发电机的自励。

开始运行时，由原动机拖动发电机旋转，但并没有另外单独的直流电源提供励磁电流以建立发电机的磁场，发电机初始运行时也没有电枢电压提供给励磁回路，并励直流发电机能够自励，首先是依靠电机的主磁极铁芯的剩磁。当电机空载，由原动机拖动旋转时，电枢绕组切割剩磁，绕组中将产生微弱的感应电动势，该电动势通过闭合回路在励磁绕组上形成初始的微弱励磁电流。

如果励磁绕组和电枢绕组两端极性连接正确以及电枢旋转方向配合适当，可使初始微弱励磁电流产生的磁动势方向和剩磁方向一致，合成的磁动势使励磁磁场增强，电枢绕组切割增强的磁场所产生的感应电动势将增加，电刷间的输出电压也增加，又使励磁电流进一步加大，如此循环则电枢电压逐步建立起来。但这种依靠剩磁自励建压的正反馈过程能否达到稳定值，何时达到稳定，还需做进一步分析。

直流并励发电机自励时，发电机处于空载状态，但电枢绕组中电流并不等于零，而是流过励磁电流。该电流很小，仅占到额定电流的1%～5%，因此忽略励磁电流引起的电枢回路压降，认为发电机的空载电压近似等于电枢的感应电动势。

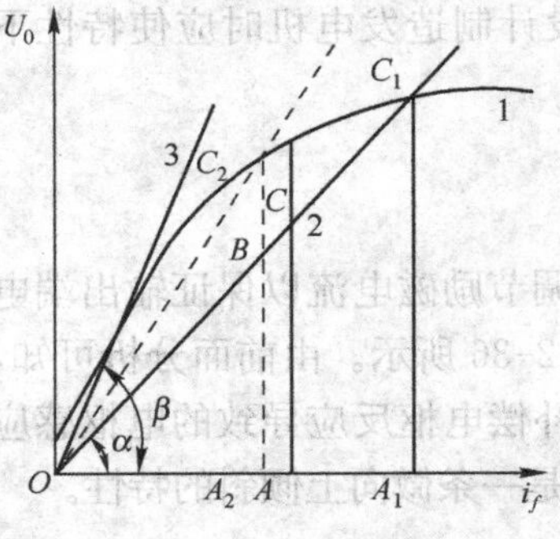

图 2-37　并励直流发电机的自励

由图 2-37 所示，在直流并励发电机自励过程中，电压 U_0 与励磁电流 I_f 的关系，应同时满足两个方面的要求。

首先，直流发电机的空载电压 U_0 与励磁电流 I_f 应该满足发电机的空载特性曲线 $U_0=f(I_f)$，遵循图 2-37 中发电机的空载特性即曲线 1 的要求。这实际是满足磁路特性关系。另外，作为励磁电路参数，励磁电流与端电压也应满足励磁电路方程。根据电路理论，直流发电机的自励过程中励磁电流是变化的，励磁回路的电压平衡方程式应为

$$U_0=R_f i_f+L_f\frac{\mathrm{d}i_f}{\mathrm{d}t} \tag{2-43}$$

式中，L_f 是励磁绕组的电感；R_f 是励磁回路的总电阻。

结合图 2-37 分析可见，电压 U_0 和电阻压降 $L_f R_f$ 之差，就是励磁绕组的自感压降 $L_f\mathrm{d}i_f/\mathrm{d}t$，当 $U_0>i_f R_f$ 时，$L_f\mathrm{d}i_f/\mathrm{d}t>0$，说明励磁电流不断增加，因此电枢感应电动势、电枢端电压在不断升高；当励磁电流增至 $i_f R_f=U_0$ 时，$L_f\mathrm{d}i_f/\mathrm{d}t=0$，励磁电流不再增大，此时励磁电流所产生的空载电动势正好与励磁回路中的电阻压降相平衡，即符合励磁电路稳态方程：

$$U_0=i_f R_f \tag{2-44}$$

该方程的几何意义如图 2-37 中曲线 2 所示，称为励磁回路的场阻线，其斜率为 $\tan\alpha=R_f$。所以，稳定时的空载电压 U_0 与励磁电流 I_f 必须同时满足空载曲线和励磁电路场阻线，图2-37 中的交点 C_1 就是并励发电机空载电压的稳定工作点。

由图 2-37 可见，若增大励磁回路的场阻值，即增加场阻线的斜率，则两曲线的交点将沿着空载特性曲线向原点移动，空载电压值逐步下降。过 O 点作一条与空载特性曲线相切的直线 3，该直线与横坐标轴的夹角为 β，其斜率为 $\tan\beta$ 对应的励磁回路电阻值称为临界电阻。当励磁回路的总电阻等于临界电阻时，空载电压不稳定，这种状态称为临界状态。当励磁回路的总电阻大于临界电阻时，两曲线交点过低，直流发电机不能循环建立起正常电枢电压，即不能自励。

综上所述，并励发电机自励必须具备以下 3 个条件。

(1) 发电机内部应有剩磁。如果发电机剩磁太弱或已消失，可用其他直流电源向励磁绕组通电进行“充磁”，使电机重新获得剩磁。

(2) 励磁绕组两端并联至电枢绕组两端的极性和接法应与电枢旋转方向正确配合，使励磁电流产生的磁动势与剩磁方向一致。

(3) 励磁回路的总电阻 R_f 应小于临界电阻。

2. 并励发电机的外特性

并励发电机的外特性，是指转速等于额定转速，励磁回路总电阻不变时，发电机的端电压与负载电流的关系 $U=f(I)$，如图 2-38 中曲线所示。

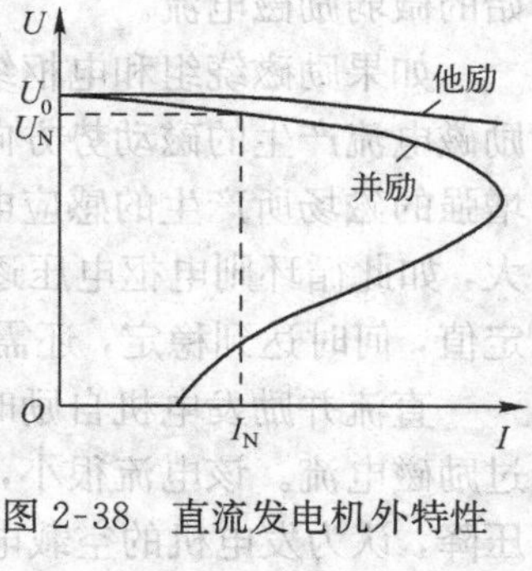

图 2-38　直流发电机外特性

由图 2-38 中曲线可见，并励发电机的外特性是一条向下倾斜的曲线，与他励发电机的外特性相比，向下倾斜的程度更大。并励发电机负载时端电压降低原因分析如下。

降低的原因有三条，其中两个原因与他励发电机的输出端

电压随负载变化而变化的原因一致。第一条是因负载增大，电枢电流增加，电枢回路的内阻压降增大，使电刷端电压下降；第二条是随负载的增大，电枢电流增加，导致电枢反应的去磁效应加大，磁场被削弱，发电机的电枢绕组感应电动势下降，使发电机输出端电压降低；此外，还有第三条不同于他励发电机的原因，即是由于上述两个原因使端电压降低，对于并励发电机即是加在励磁回路上的电压降低，因此使励磁电流减小，磁场减弱，将使输出电压进一步降低。该因素在磁路饱和时，对输出电压下降的影响程度较小。当负载电阻 R_L 减小到一定程度，电枢电压下降较大，使励磁电流明显减小，磁路退出饱和，第三条原因的影响程度将加大。当 R_L 继续减小时，由于励磁电流下降，导致电枢电压降低，使负载电流不能随 R_L 减小而增加，反而随 R_L 的减小而变小。故并励直流发电机的外特性有拐弯现象。如图 2-38中的弯曲点向下部分。图中负载电流的最大值称为临界电流，一般不超过直流发电机额定电流的两倍左右。

2.9　直流电动机

2.9.1　直流电动机的基本方程式

直流电动机是把直流电能转为机械能的装置，与交流电动机相比，直流电动机具有良好的起动性能和调速特性，因此在起动、调速性能要求高的场合得到了广泛的应用。与直流发电机运行时的分析相似，直流电动机在稳态运行中，也存在电气、机械和能量三种平衡关系。

1. 电动势平衡方程

图 2-39 为直流电动机电气原理线路图。直流电动机各电量正方向的规定如图 2-39 所示。对于他励直流电动机，电枢电流即直流电源的输出电流。对于并励直流电动机，电源提供的电流 I 进入电动机后分为两部分。一部分提供给电枢绕组，为电枢电流 I_a；另一部分提供给励磁回路，是励磁电流 I_f。按前述电动机工作原理及电磁情况分析，感应电动势的方向应与电枢电流方向相反。

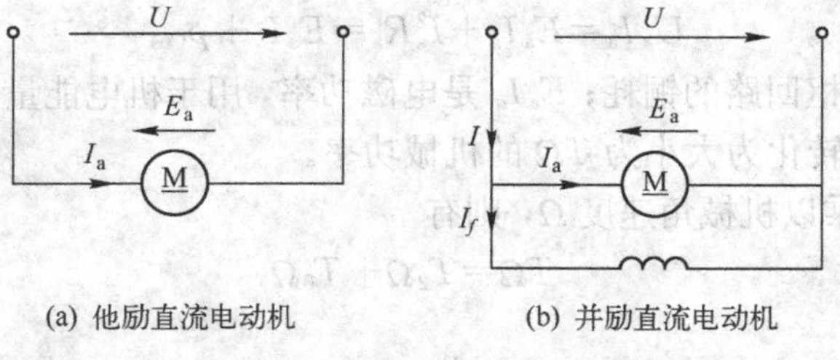

(a) 他励直流电动机　　(b) 并励直流电动机

图 2-39　直流电动机电气线路

对于并励电动机，电枢回路电压方程式为

$$U=E_a+I_aR_a \tag{2-45}$$

式中，R_a 是电枢回路的总内阻，包括电枢绕组电阻 r_a 和电刷接触电阻。若 $2\Delta U_b$ 表示一对电刷接触电阻上的压降，则电枢电路电压方程式也可写成

$$U=E_a+Ir_a+2\Delta U_b \tag{2-46}$$

并励电动机的励磁回路电压方程式为

$$U_f = I_f R_f \tag{2-47}$$

根据并励方式的特点，有

$$I = I_a + I_f \tag{2-48}$$

$$U = U_a = U_f \tag{2-49}$$

式中，U、I 是电源或电网电压、电流；U_a、I_a 是并励直流电动机的电枢电压、电枢电流；U_f、I_f 是并励直流电动机的励磁电压、励磁电流。

2. 转矩平衡方程

直流电动机转轴上的拖动转矩是电磁转矩。电动机处于空载稳定运行状态时电磁转矩只需克服电动机空载阻转矩，此时轴上转矩平衡方程为

$$T = T_0 \tag{2-50}$$

如果电动机轴上带有负载，并处于稳定运行状态，此时轴上转矩平衡方程为

$$T = T_2 + T_0 \tag{2-51}$$

式中，T 为电磁转矩，是电动机的轴上拖动转矩，$T = C_T \Phi I_a$；T_0 是由风阻、摩擦、铁耗等引起的电动机空载阻转矩，与电动机旋转方向相反；T_2 是负载转矩。

3. 功率平衡方程

以并励电动机为例，其电气接线如图 2-39(b)所示。电动机的输入电功率为

$$P_1 = UI \tag{2-52}$$

式中，$U = U_a = U_f$，$I = I_a + I_f$。因此式(2-52)可化为

$$P_1 = U(I_a + I_f) = U_a I_a + U_f I_f \tag{2-53}$$

对于励磁回路，有：

$$U_f I_f = I_f^2 R_f = p_{Cuf} \tag{2-54}$$

说明并励电动机的输入电功率分为两部分，除消耗于励磁电阻的铜耗 p_{Cuf}，全部输入电枢绕组。由式(2-45)两边同乘以 I_a，有

$$U_a I_a = E_a I_a + I_a^2 R_a = E_a I_a + p_{Cua} \tag{2-55}$$

式中，p_{Cua}是消耗于电枢回路的铜耗；$E_a I_a$ 是电磁功率，用于机电能量转换，$E_a I_a = T\Omega$，即将大小为 $E_a I_a$ 的电功率转化为大小为 $T\Omega$ 的机械功率。

式(2-51)两边同乘以机械角速度 Ω，则有

$$T\Omega = T_2 \Omega + T_0 \Omega \tag{2-56}$$

式(2-56)可化为

$$P_M = P_2 + p_0 \tag{2-57}$$

式中，P_M 是电磁功率；P_2 是输出功率；p_0 是电动机的空载损耗，包括机械摩擦损耗 p_m、铁耗 p_{Fe}和附加损耗 p_s，即有 $p_0 = p_m + p_{Fe} + p_s$。

因此可得

$$P_1 = UI = p_{Cuf} + p_{Cua} + p_m + p_{Fe} + p_s + P_2 = P_2 + \sum p \tag{2-58}$$

说明输入电功率为输出机械功率与各损耗之和。他励直流电动机的损耗为

$$\sum p = p_{Cuf} + p_{Cua} + p_m + p_{Fe} + p_s \tag{2-59}$$

并励直流电动机的功率流程关系如图 2-40 所示。其能量转换流程为，直流电源或电网给并励直流发电动机输入电功率，扣除励磁铜耗，输入电枢回路，除部分消耗于电枢回路电阻，其余部分为电磁功率，以磁场为媒介转为机械功率，在克服空载损耗后，输出给电动机轴上机械负载。

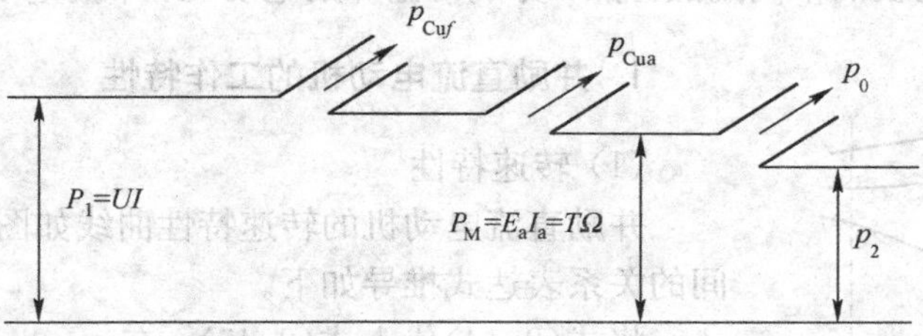

图 2-40　并励直流电动机功率流程

电动机的效率为

$$\eta = \frac{P_2}{P_1} \times 100\% = \left(1 - \frac{\sum p}{P_1}\right) \times 100\% \tag{2-60}$$

【例 2-3】 某并励直流电动机，其铭牌额定参数如下，$P_N = 17\text{kW}$，$U_N = 220\text{V}$，$n_N = 3000\text{r/min}$，$I_N = 88.9\text{A}$，电枢回路总电阻 $r_a = 0.0896\Omega$，励磁回路电阻 $r_f = 181.5\Omega$，略去电枢反应影响，试求：(1) 额定输出转矩 T_{2N}；(2) 额定时的电磁转矩 T；(3) 空载转矩 T_0；(4) 额定效率 η_N；(5) 理想空载转速 n_0；(6) 实际空载转速 n_0'。

解： (1) $T_{2N} = \dfrac{P_N}{\Omega} = \dfrac{P_N}{\frac{2\pi n_N}{60}} = \dfrac{17000}{\frac{2\times\pi\times3000}{60}} = 54.14\text{N} \cdot \text{m}$

(2) $I_a = I_N - I_f = 88.9 - \dfrac{220}{181.5} = 87.688\text{A}$

$$C_e\Phi_N = \frac{U_N - I_a r_a}{n_N} = \frac{220 - 87.668 \times 0.0896}{3000} = 0.070714$$

$$C_T\Phi_N = 9.55C_e\Phi = 9.55 \times 0.070714 = 0.6753187$$

$$T = C_T\Phi_N I_a = 0.6753187 \times 87.688 = 59.213\text{N} \cdot \text{m}$$

(3) $T_0 = T - T_{2N} = 59.213 - 54.14 = 5.073\text{N} \cdot \text{m}$

(4) $\eta_N = \dfrac{P_N}{P_{1N}} = \dfrac{P_N}{U_N I_N} = \dfrac{17 \times 10^3}{220 \times 88.9} = 86.921\%$

(5) $n_0 = \dfrac{U_N}{C_e\Phi_N} = \dfrac{220}{0.070714} = 3111.1\text{r/min}$

(6) $n_0' = \dfrac{U_N}{C_e\Phi_N} - \dfrac{r_a}{C_e\Phi_N C_T\Phi_N} T_0 = \dfrac{220}{0.070714} - \dfrac{0.0896}{0.070714 \times 0.6753187} \times 5.073$

$= 3101.6\text{r/min}$

2.9.2　直流电动机的工作特性

工作特性是指在额定电压、额定励磁以及电枢回路不外串联其他电阻的额定运行状态下，直流电动机的电枢转速、电磁转矩以及效率等参数与输出功率之间的关系。由于直流电动机的输出功率越大，要求的电磁转矩、电磁力也越大，在磁场确定的条件下，电磁转矩应正比于电枢电流。因此直流电动机的输出功率大小可以直接反映在电枢电流 I_a 的大小上，且直流电动机的电枢电流测量相对比较方便。所以工作特性也常用电枢电流来作自变量，其工作特性的函数表达式可以写成 $n=f(I_a)$、$T=f(I_a)$以及 $\eta=f(I_a)$。

下面按直流电动机的不同励磁特点，分别讨论并励电动机、串励电动机的工作特性。

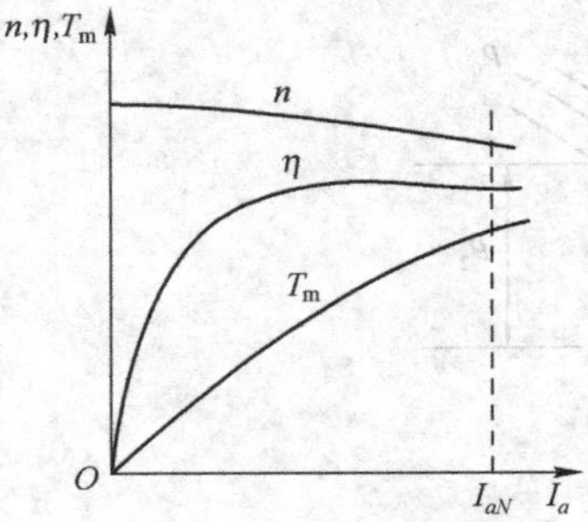

图2-41　并励电动机的工作特性曲线

1. 并励直流电动机的工作特性

(1) 转速特性

并励直流电动机的转速特性曲线如图 2-41 所示。参数之间的关系表达式推导如下。

将式(2-14)代入式(2-45)，有

$$U=E_a+I_aR_a=C_e\Phi n+I_aR_a \tag{2-61}$$

变化可得，

$$n=\frac{U}{C_e\Phi}-\frac{R_a}{C_e\Phi}I_a \tag{2-62}$$

式(2-62)表明，若不计电枢反应，则转速 n 与电枢电流的关系是随负载增大而向下倾斜的直线。若考虑并励直流电动机的电枢反应，随着负载增加，电枢电流上升，电枢反应的去磁效应增加，则磁通 Φ 减小，转速 n 略有上升。综合起来，通常设计制造的实际电动机转速特性均为略向下倾斜，以适应与直流电动机配套使用的恒转矩性质负载。

电动机电枢电流为零的状态称为理想空载状态，此时的转速为理想空载转速，即 $n_0=U_N/C_e\Phi$。由于电动机实际空载运行时需要克服空载损耗，电枢电流不可为零，因此理想空载运行状态实际是不存在的。

(2) 转矩特性

并励直流电动机的转矩特性曲线如图 2-41 所示。由于电动机励磁不变，若不计电枢反应，负载改变过程中可认为磁通 Φ 为常数，则电动机电磁转矩与电枢电流成线性关系。电磁转矩 T 与电枢电流 I_a 两者的关系为过原点 O 的一条直线。

若考虑电动机的电枢反应，电动机轻载时，电枢电流较小，电枢反应微弱，电动机转矩特性仍是直线；随着电动机负载增加，电枢电流加大，电枢反应增强，其去磁效应也增强，磁通 Φ 下降，因此转矩值下降，电动机转矩特性略向下弯曲。

(3) 效率特性

直流电动机的各种损耗按其是否受负载大小影响可以分成两类：一类如铁耗、机械损耗、励磁铜耗等不随负载大小改变，称为不变损耗；另一类随负载电流变化而变化如电枢铜耗、附加损耗，称为可变损耗。

对于直流电动机，输出机械功率 P_2 为零，则效率为零；当负载较小时，可变损耗很小，总损耗中主要是不变损耗，因有效输出很小，此时电动机的效率值也小；随着输出机械功率的加大，电动机效率也将增大；但若输出一直增加，可变损耗(主要是电枢铜耗)将与电流值的平方关系剧增，使电动机的效率增加减慢；当负载增加到一定程度后，可变损耗随负载增加而迅速增加，使效率反而下降。因此，他励直流电动机或并励直流电动机应有最大效率值，最大效率一般出现在可变损耗与不变损耗大致相等的负载运行状态。这一结论也可根据效率表达式，用数学分析方法推导得到。

因电动机大多经常使用于略低于额定容量状态，所以电动机设计师通常将最大效率点安排在额定输出的85%左右的位置上，并尽量使额定容量及略低于额定容量时的实际运行效率维持在一个比较稳定的高水平上。

2. 串励电动机的工作特性

串励电动机的特点是励磁绕组与电枢绕组串联，即励磁电流 I_f 等于电枢电流 I_a，因此气隙磁通 Φ 的大小将随电动机负载电流的大小而变化。这一特点深刻影响了串励电动机的工作特性。下面对其特性进行分析。

(1) 串励电动机的转速特性

按串励关系，有

$$\Phi = K_f I_f = K_f I_a \tag{2-63}$$

式中，K_f 为比例系数。将式(2-63)代入式(2-62)，则有

$$n = \frac{U}{C_e K_f I_a} - \frac{R}{C_e K_f} \tag{2-64}$$

此时，电枢总电阻 R 包括电枢绕组电阻 R_a、励磁绕组电阻 R_f 以及换向极绕组电阻和补偿绕组电阻等。负载增加时，电枢电流 I_a 增大，电枢回路的电阻压降 RI_a 增大，而电枢电流即励磁电流，因此同时气隙磁通也增大。这两方面因素均使转速下降，因此串励电动机转速 n 将随负载的增加而迅速降低。从式(2-64)可知，电动机的转速和电枢电流成反比，转速特性近似双曲线，如图 2-42 所示。

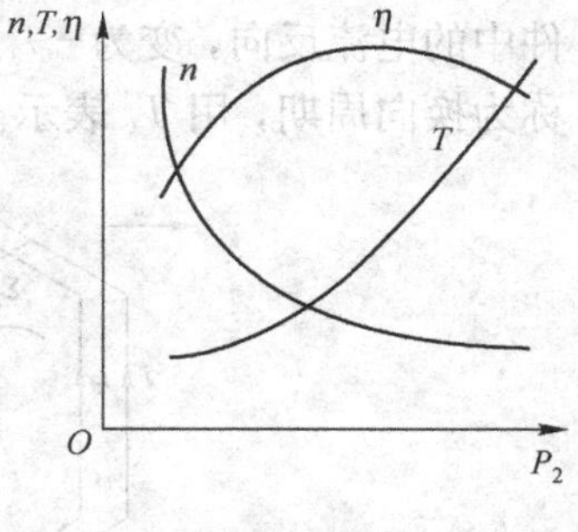

图 2-42 串励电动机的工作特性曲线

需要注意的是，串励电动机负载很轻时，励磁也很弱，此时磁通很小。为了产生足够的感应电动势 E_a 去平衡电枢回路端电压 U，电动机旋转速度很高，会有一定危险。因此，串励电动机在实际使用中，一般不允许在空载或轻载情况下起动或运行。

(2) 串励电动机的转矩特性

把式(2-63)代入转矩定义式 $T = C_T \Phi I_a$，有

$$T = C_T K_f I_a^2 \tag{2-65}$$

由式(2-65)可见，串励电动机轻载时，主磁极退出饱和，励磁电流和磁通呈线性关系，即 K_f 近似为常数，电磁转矩与电枢电流的平方成正比，轻载时的转矩特性曲线与抛物线形状相似。

随着电动机负载增加，励磁电流也增大，磁路逐渐进入饱和，可以认为磁通趋于确定值。因此按式 $T = C_T \Phi I_a$ 可得，电动机重载时的电磁转矩与电枢电流成正比例关系，即逐渐成为一条直线。完整的串励电动机转矩特性如图 2-42 中转矩曲线所示。

从图 2-42 中可见，串励电动机的电磁转矩随负载的增加以高于电流一次方的比例增加，$T = f(I_a)$ 的曲线迅速向上弯曲。因此，串励电动机与他励电动机或并励电动机相比，在同样大小的起动电流下产生的起动转矩大，具有起动转矩较大和过载能力强的优点。

(3) 串励电动机的效率特性

串励电动机的效率特性与并励电动机及他励电动机基本情况相似。不同的是，在进行损耗分析和效率确定时，应考虑到串励特点。串励电动机的铁耗随负载的增大而增大，机械耗则因转速的降低而减小，串励电动机也有效率最高点，其效率特性如图 2-42 所示。

2.10 直流电机的换向

直流电机电枢绕组中一个元件经过电刷从一个支路转换到另一个支路时，元件中电流方向改变的过程称为换向。

2.10.1 换向过程

图 2-43 表示单叠绕组元件电流的换向过程。设电刷宽度 b 等于换向片宽度 b_c，换向器从右向左运动。当电刷与换向片 1 接触时(见图 2-43(a))，元件 1 属于右边一条支路，元件中电流的方向为从右元件边流向左元件边，设为 $+i_a$。随着电枢的旋转，电刷将与换向片 1、2 同时接触(见图 2-43(b))，此时元件 1 被电刷短路，元件就进入换向过程，流过的电流 i 发生变化。然后电刷与换向片 2 接触(见图 2-43(c))，元件 1 进入左边一条支路，换向结束，元件中的电流反向，变为 $-i_a$。正在进行换向的元件，称为换向元件。换向过程经历的时间就称为换向周期，用 T_c 表示。通常换向周期很短，只有千分之几秒。

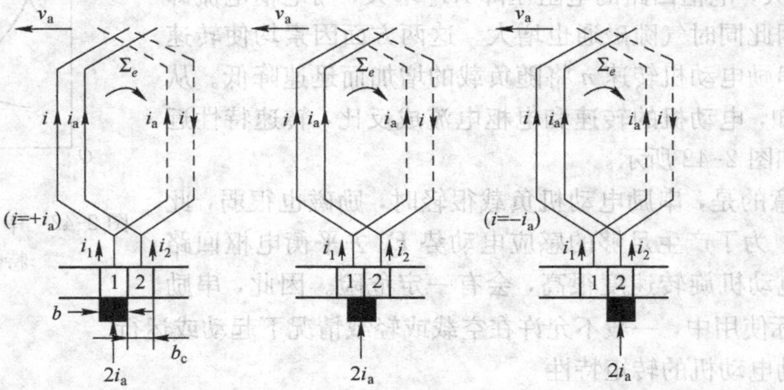

(a) 元件 1 处于右边一条支路 (b) 元件 1 被短路 (c) 元件 1 进入左边一条支路

图 2-43 单叠绕组元件电流的换向过程

若换向不良，在电刷与换向片之间将产生有害的火花。产生火花的原因是多方面的，除电磁原因外，还有机械方面的原因，换向过程中还伴随着有电化学、电热等因素，所以比较复杂。当火花超过一定程度，就有烧坏电刷和换向器的危险，使电机不能正常运行。下面就换向过程中的电磁现象以及改善换向的方法进行简要介绍。

2.10.2 换向元件中的电动势

换向过程中，换向元件中会出现两种电动势。一种叫电抗电动势；另一种叫运动电动势。

1. 电抗电动势

换向时，换向元件中的电流从$+i_a$变为$-i_a$，换向元件本身具有自感，同时换向元件之间又有互感作用，因此换向元件中就有自感电动势和互感电动势，两者的合成电动势称为电抗电动势。由于所有电枢元件(包括换向元件在内)产生的气隙磁通合起来成为电枢反应磁通，所以认为电抗电动势是由换向元件的漏磁通感应产生。在换向周期内，电抗电动势的平均值e_r为

$$e_r = L_c \frac{\Delta i}{\Delta t} = L_c \frac{2i_a}{T_c} \tag{2-66}$$

式中，L_c为换向元件的等效漏电感，包括自漏感和互漏感。根据楞次定律，电抗电动势的作用总是阻碍电流变化的，故e_r的方向必与换向前的电流方向相同。

2. 运动电动势

在几何中性线附近，虽然主磁极磁场很微弱，电枢反应磁场B_a却有一定数值，电枢反应使物理中性线偏离了几何中性线，换向元件切割磁场，将会产生运动电动势e_c。分析表明，无论是直流发电机还是直流电动机，e_c的方向总与电抗电动势e_r的方向一致。

为了改善换向，许多电机在几何中性线处装有换向极。换向极磁场的方向应与计及电枢反应的合成磁场方向相反，且其强度应比电枢反应磁场稍强。因此装有换向极后，换向元件中总的运动电动势e_c将与电抗电动势e_r反向。

2.10.3 换向元件中电流变化的规律

当换向元件中的合成电动势$e_r+e_c=0$时，即在理想情况下，换向元件中的电流变化规律大体为一条直线，这种换向称为直线换向，如图2-44(b)中的i_L所示。直线换向的特点是，电刷接触面上的电流密度分布均匀，因此换向情况良好。

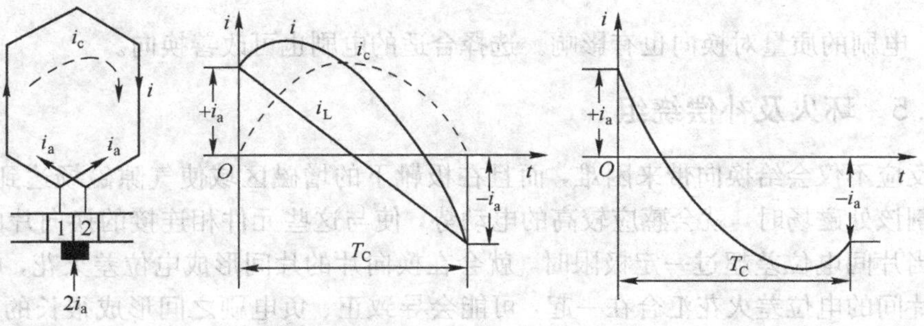

图2-44 换向元件中电流的变化

以电抗电动势e_r作为正值，若$e_r+e_c>0$，则换向元件中的电流i由直线换向电流i_L和由合成电动势e_r+e_c所产生的附加换向电流i_c叠加而成，如图2-44(b)所示。i_c的出现，使换向元件中的电流改变方向的时刻向后推延，因此称为延迟换向。对于延迟换向，当换向结束时，被电刷短路的换向元件瞬时开断时，后刷边会出现火花。大电流、高转速的电机，其换

向会比较困难。

若换向极磁场较强时，换向元件中与电抗电动势反向的运动电动势 e_c 可大于电抗电动势 e_r，此时 $e_r+e_c<0$，附加换向电流 i_c 将反向，因而换向元件中电流改变方向的时刻将比直线换向提前。这种换向称为超越换向，也称加速换向，如图 2-44(c)所示。

2.10.4　改善换向的措施

换向不良会使电刷下出现火花，使换向器表面受到损伤，电刷磨损加快。为使直流电机在换向良好的直线换向下运行，必须减少或消除附加换向电流 i_c，即使换向元件中的合成电动势 $e_r+e_c=0$。

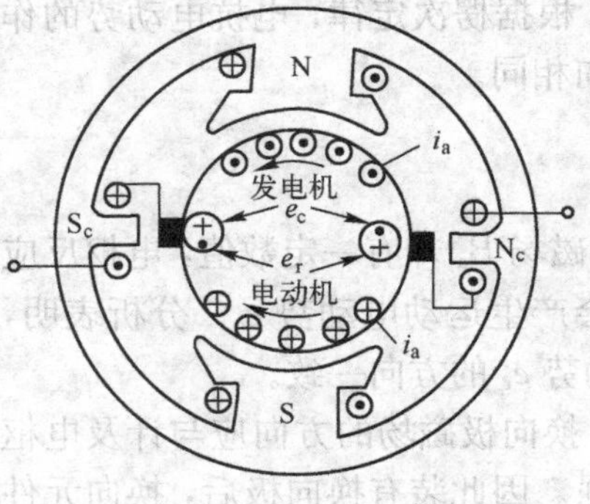

图 2-45　用换向极来改善换向

一般方法是在直流电机两个主极之间的几何中性线处安装换向极，如图 2-45 所示。换向极的作用包括两个方面。首先应产生磁动势抵消电枢反应磁动势，使几何中性线处合成磁场为零；其次还应在换向区内产生一个与电枢反应磁场相反的换向磁场 B_c，使换向元件切割 B_c 后产生电动势 e_c 与电抗电动势 e_r 相抵消，这样就可消除附加换向电流 i_c，使换向变为直线换向。

换向极的极性可以按换向极磁场与电枢磁场相反的原则确定；其大小应考虑以使 e_c 与 e_r 在不同负载下相抵消。由于电抗电动势 e_r 与电枢电流成正比，所以换向极磁场也应与电枢电流成正比，因此换向极绕组常与电枢绕组串联。

只要换向极的设计与调整良好，就能实现无火花换向。额定功率大于 1kW 的直流电机大多设计有换向极。不装换向极的小型直流电机，也可通过移动电刷的方法，使几何中性线处的合成磁场符合换向要求。换向元件在主磁场的影响下产生 e_r 与相抵消的电动势来改善换向。例如在发电机中，将电刷从几何中线沿电枢旋转方向移过适当的角度，就能改善换向。

此外，电刷的质量对换向也有影响。选择合适的电刷也可改善换向。

2.10.5　环火及补偿绕组

电枢反应不仅会给换向带来困难，而且在极靴下的增磁区域使气隙磁场达到很高的值。当元件切割该处磁场时，就会感应较高的电动势，使与这些元件相连接的换向片的片间电位差较高。当片间电位差超过一定极限时，就会在换向片的片间形成电位差火花，电刷下的火花与换向片间的电位差火花汇合在一起，可能会导致正、负电刷之间形成很长的电弧，使换向器的整个圆周上发生环火，如图 2-46(a)所示。环火可把电刷和换向器表面烧坏，并使电枢绕组受到损伤。所以在大容量和重载运行的直流电机中，在主极极靴上专门冲出一些均匀分布的槽，槽内安装一套补偿绕组，如图 2-46(b)所示。补偿绕组与电枢绕组串联，所产生的磁动势方向与电枢磁动势方向相反，这样可在负载变化情况下减少或消除电枢反应所引起的气隙磁场增加，达到削弱电位差火花与环火的目的。

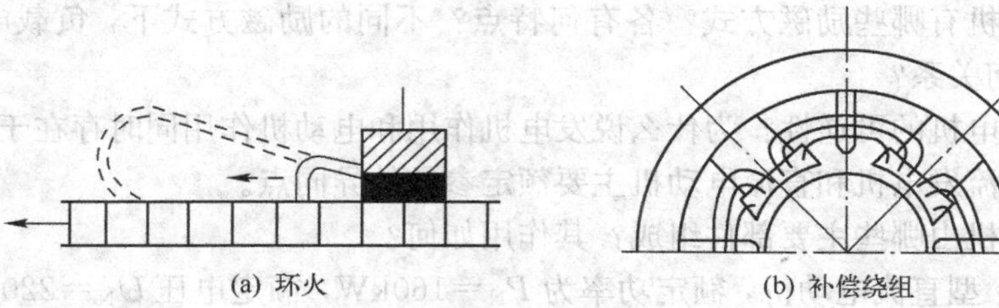

图 2-46　装补偿绕组以改善换向

小　结

直流电机是实现直流电能与机械能转换的机电装置。直流发电机将机械能转化为电能，直流电动机将电能转化为机械能。气隙磁场是实现这种能量转换的媒介，电磁感应定律和电磁力定律是能量转换的理论基础。

直流电机定子包括磁极、磁轭等，可建立主磁场。直流电机转子主要有电枢和换向器。电机电刷两端的电压、电流和电动势都是直流，但电枢导体上的电动势和电流为交流，通过换向器及电刷的配合作用，实现内部交流电与外部直流电之间的电交换。

直流电机的电枢绕组是电机的核心部件，由若干个完全相同的绕组元件按一定的规律联接起来的。电枢绕组按其元件连接的方式不同而分为叠绕组和波绕组，两者都是闭合绕组。用电刷分成不同的支路。在绕组的闭合回路中，各元件的电动势恰好互相抵消，闭合回路中不产生环流。直流电机在电枢绕组中感生电动势、流过电流，并与气隙磁场相互作用而实现机电能量转换。

电枢绕组的感应电动势为 $E=C_e\Phi n$，电磁转矩 $T=C_T\Phi I_a$。对于设计确定的电机，感应电动势的大小取决于每极磁通 Φ 和转速 n，而电磁转矩取决于每极磁通 Φ 和电枢电流 I_a。

表征直流电机运行时各物理量之间的关系是电动势平衡方程式、功率平衡方程式和转矩平衡方程式等，它们是分析电机运行情况的基本方程式。

直流电动机和发电机的差别，除能量转换方向不同外，还表现在发电机的电动势 E 大于输出电压，因而电枢电流 I_a 与电动势 E 同方向，发电机输出电能。而电动机则是 $E<U$，电枢电流与电动势方向相反，因而电动机是吸收电能。发电机的电磁转矩起制动作用，将机械能转换为电能，而电动机的电磁转矩则起拖动作用，将电能转换为机械能。

直流发电机运行特性主要有空载特性、外特性和调节特性。通过外特性分析他励发电机和并励发电机端电压下降的原因，了解并励发电机自励建压的条件。直流电动机运行特性主要有转速特性、转矩特性、效率特性等工作特性和机械特性。

换向是直流电机特有的问题，由于换向过程中换向元件内电抗电动势及运动电动势的存在，使换向难于实现直线换向，导致换向火花偏大。通常采取设置换向极及移刷的方法改善换向。

习　题

2.1　直流发电机是如何发出直流电的？如果没有换向器，直流发电机能否发出直流电？

2.2 直流电机有哪些励磁方式？各有何特点？不同的励磁方式下，负载电流、电枢电流与励磁电流有何关系？

2.3 什么是电机的可逆性？为什么说发电机作用和电动机作用同时存在于一台电机中？

2.4 试述直流发电机和直流电动机主要额定参数的异同点。

2.5 直流电机由哪些主要部件组成？其作用如何？

2.6 一台 Z_2 型直流电动机，额定功率为 $P_N=160\text{kW}$，额定电压 $U_N=220\text{V}$，额定效率 $\eta_N=90\%$，额定转速 $n_N=1500\text{r/min}$，求该电机的额定电流。(808.1)

2.7 一台直流发电机额定容量 $P_N=180\text{kW}$，额定电压 $U_N=230\text{V}$，额定转速 $n_N=1450\text{r/min}$，额定效率 $\eta_N=89.5\%$，求额定输入功率和额定电流。(201.1,782.6)

2.8 一台 4 极直流电机，采用单叠绕组，问：

(1) 若取下一只或相邻两只电刷，电机是否可以工作？

(2) 若只用相对两只电刷，是否可以工作？

(3) 若有一磁极失去励磁将产生什么后果？

2.9 直流发电机和直流电动机的电枢电动势的性质有何区别，它们是怎样产生的？直流发电机和直流电动机的电磁转矩的性质有何区别，它们又是怎样产生的？

2.10 什么叫电枢反应？电枢反应对气隙磁场有什么影响？

2.11 直流电机的电枢电动势和电磁转矩的大小取决于哪些物理量，这些量的物理意义如何？

2.12 若一台他励发电机的转速提高 20%，空载电压会提高多少(励磁电阻保持不变)？若是一台并励发电机，则电压升高得多还是少(励磁电阻保持不变)？

2.13 换向磁极的作用是什么？它装在哪里？它的绕组如何励磁？磁场的方向应如何确定？

2.14 换向元件在换向过程中可能产生哪些电动势？各是什么原因引起的？它们对换向器各有什么影响？

2.15 一台直流电动机改成发电机运行时，是否需要改接换向极绕组？为什么？

2.16 一台 4 极直流发电机，单叠绕组，每极磁通为 $3.76\times10^{-2}\text{Wb}$，电枢总导体数为 152 根，转速为 1200r/min，求电机的空载电动势？(115.2)

2.17 一台直流发电机，$2P=4$，$a=1$，$Z=35$，每槽内有 10 根导体，如要在转速 $n_N=1450\text{r/min}$ 时产生230V 电动势，则每极磁通应为多少？(1.36×10^{-2})

2.18 一台 4 极直流电动机，$n_N=1460\text{r/min}$，$Z=36$ 槽，每槽导体数为 6，每极磁通为 $\Phi=2.2\times10^{-2}\text{Wb}$，单叠绕组，问电枢电流为 800A 时，能产生多大的电磁转矩？(605.4)

2.19 判断直流电机运行状态的依据是什么？何时为发电机状态？何时为电动机状态？

2.20 如何判断直流电机运行于发电机状态还是电动机状态？它们的 T、n、E、U、I_a 的方向有何不同？能量转换关系如何？

2.21 试述并励直流发电机的自励过程和自励条件？

2.22 并励直流发电机正转能自励，反转能否自励？为什么？如果反接励磁绕组，发电机以额定转速反转，这种情况能否自励建压？

2.23 如何改变并励电动机的旋转方向？如何改变串励电动机的旋转方向？

2.24 试解释他励发电机和并励发电机的外特性为什么是一条下倾的曲线？

2.25 并励直流电动机在运行时励磁回路突然断线，问电机有剩磁的情况下会有什么后果?若在起动时就断线，又会出现什么后果?

2.26 串励直流电动机运行时励磁回路突然断开，串励直流电动机空载运行，电机将出现什么现象?

2.27 设有17kW、4极、220V的他励直流电动机，额定效率为83%，额定转速为1500r/min，电枢有39槽，每槽有12个导体，电枢绕组的并联支路数$2a=2$。试求：(1)该电机的额定电流；(2)若在额定运行情况下，电枢回路中的电阻电压降为外施电压的10%，则在额定情况下的每极磁通为多少?(3)额定时电磁转矩。(93;8.5×10^{-3};117.8)

2.28 设有一台4极、20kW、230V、2850r/min的他励直流发电机，额定效率为86.5%，电枢有34槽，每槽有10个导体，电枢绕组为单叠绕组。试求：

(1)该发电机的额定电流；(2)该发电机的额定输入转矩；(3)如该发电机在额定运行情况下，电刷间的端电压为230V，在电枢绕组中的电压降为端电压的10%，则每极磁通为多少?

2.29 一台并励直流发电机，励磁回路电阻$R_f=44\Omega$，负载电阻$R_L=4\Omega$，电枢回路电阻$R_u=0.25\Omega$，端电压$U=220V$。试求：(1)励磁电流I_f和负载电流I；(2)电枢电流I_a和电动势E_a(忽略电刷电阻压降)；(3)输出功率P_2和电磁功率P_M。(5,55;60,235;12.1,14.1)

2.30 有一台并励发电机，额定容量$P_N=9kW$，$U_N=115V$，$n_N=1450r/min$电枢电阻$r_a=0.07\Omega$，电刷接触压降$2\Delta U=1V$，并励回路电阻$r_f=33\Omega$，额定负载时电枢铁耗$p_{Fe}=410W$，机械损耗$p_m=101W$。试求：(1)额定负载时电磁转矩；(2)额定负载时的效率；(3)画出功率流程图。(65.5;86%)

2.31 一台并励直流电动机，$P_N=17kW$，$U_N=220V$，$n_N=3000r/min$，$I_N=88.9A$电枢回路总电阻$R_a=0.114\Omega$，励磁回路电阻$R_f=181.5\Omega$，忽略电枢反应的影响，试求：

(1)额定负载时的效率；(2)在理想空载时($I_a=0$)的转速；(3)当电枢回路中串入电阻$R_c=0.15\Omega$时，在额定转矩下的转速。(86.9%;3143;2812)

2.32 一台他励电动机，$U_N=220V$，$I_N=100A$，$n_N=1150r/min$，电枢电阻$R_a=0.095\Omega$。不计电枢反应的影响。试求：(1)空载转速和转速变化率；(2)额定时电磁转矩；(3)额定时效率，设空载损耗为1500W。

2.33 有一台并励电动机，额定值$U_N=220V$，$I_{aN}=75A$，$n_N=1000r/min$，电枢回路电阻(包括电刷接触电阻)$R_a=0.12\Omega$，励磁回路电阻$R_f=92\Omega$，铁芯损耗$p_{Fe}=600W$，机械损耗$p_m=180W$。试求：(1)额定负载时的输出功率和效率。(2)额定负载时的输出转矩。(3)画出功率流程图。(15.04,88.36%;143.67)

2.34 试计算下列各绕组的节距y_1，y_2，y和y_k，绘制绕组展开图，安放主极及电刷，并求并联支路对数。

(1)右行短距单叠绕组：$2P=4$，$Z=S=22$；

(2)右行整距单波绕组：$2P=4$，$Z=S=20$；

第 3 章　直流电动机的运行与电力拖动

3.1　直流电动机的机械特性

电动机的机械特性是直流拖动理论的基础，下面以他励直流电动机为例进行阐述。他励直流电动机的机械特性是指在电源电压U、电枢电阻R_a和磁通量Φ均为固定不变的情况下，电动机的电磁转矩T与转速n之间的关系$n=f(T)$。

3.1.1　机械特性的一般表达式

如图 3-1 所示为他励直流电动机的电路原理图。图中，R_Ω为电枢回路串接的附加电阻，以调节电枢电流I_a；r_Ω为励磁回路串接的调节电阻，以调节励磁电流I_f和磁通Φ。

根据图 3-1，可列出电动机电枢回路电压平衡方程式

$$U=E_a+I_a(R_a+R_\Omega)$$

由式(2-14)和式(2-21)，有

$$U=C_e\Phi n+\frac{R_a+R_\Omega}{C_T\Phi}T$$

从上式中解出n，即得他励直流电动机机械特性的一般表达式为

$$n=\frac{U}{C_e\Phi}-\frac{R_a+R_\Omega}{C_eC_T\Phi^2}T=n-\beta T \tag{3-1}$$

式中，$n_0=\dfrac{U}{C_e\Phi}$为$T=0$时的转速，称为理想空载转速；$\beta=\dfrac{R_\Omega+R_a}{C_eC_T\Phi^2}$为机械特性的斜率。

式(3-1)中，当U、R、Φ均为常数时，即可画出他励直流电动机的机械特性$n=f(T)$，如图 3-2 所示。直线与纵坐标交点处的转速为理想空载转速n_0，直线向下倾斜的程度与β成正比，他励直流电动机的机械特性由理想空载转速n_0与斜率β这两个值的大小确定。

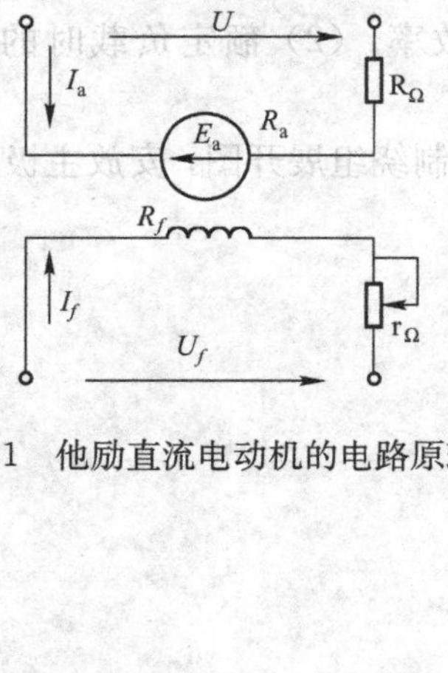

图 3-1　他励直流电动机的电路原理图

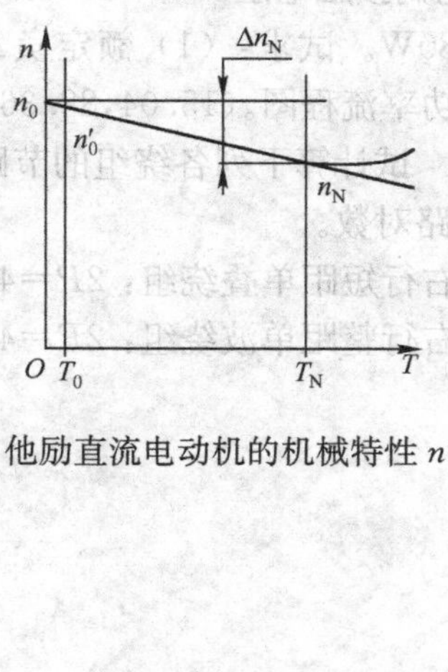

图 3-2　他励直流电动机的机械特性 $n=f(T)$

由图3-2可见，他励直流电动机的转速 n 随转矩 T 的增大而降低。即负载时转速 n 低于理想空载转速 n_0，转速下降的数值称为转速降，用 Δn 表示为

$$\Delta n = n_0 - n = \beta T \tag{3-2}$$

式中，β 表示机械特性的斜率，β 越大，Δn 就越大，机械特性越软。故通常称 β 大的机械特性为软特性，称 β 小的机械特性为硬特性。

应该注意的是，电动机空载旋转起来后，电磁转矩 T 不可能为零，而必须等于空载转矩 T_0，此时电动机的转速 $n_0'=n-\beta T$ 称为实际空载转速。显然 n_0' 略低于 n_0，如图3-2所示。

电枢反应会对机械特性产生的影响，当电刷的位置为几何中性线，电枢电流不大时，电枢反应的影响很小，可忽略不计；但当电枢电流较大时，由于饱和的影响，产生去磁作用，使每极磁通量略有下降。由式(3-1)可见，磁通 Φ 降低，转速 n 就要升高，机械特性在负载时呈上翘现象，如图3-2中虚线所示。为了避免上翘，往往在主磁极上加一个匝数很少的串励绕组，这样的串励绕组常称为稳定绕组，实质上将他励电动机变为积复励电动机。由于串励磁动势较弱，其磁动势仅抵消了电枢反应的去磁作用，电动机的机械特性与没有电枢反应及没有串励绕组时相同，仍可认为是他励直流电动机。

3.1.2 固有机械特性

直流电动机在电源电压 U 和每极磁通 Φ 均为额定值，电枢回路不串电阻，即 $R_\Omega=0$ 时的机械特性称为固有机械特性。

将 $U=U_N$，$\Phi=\Phi_N$，$R_\Omega=0$ 代入式(3-1)，即得固有机械特性方程式

$$n = \frac{U_N}{C_e\Phi_N} - \frac{R}{C_eC_T\Phi_N^2}T = n_0 - \beta_N T \tag{3-3}$$

通过对他励直流电动机机械特性的分析，可知其固有特性的主要特点为：

(1) $T=0$ 时，$n=n_0=\dfrac{U_N}{C_e\Phi_N}$，称为理想空载转速，这时 $I_a=0$，$U_N=E_a$；

(2) $\beta=\dfrac{R_a}{C_eC_T\Phi_N^2}$ 为机械特性的斜率，由于一般他励直流电动机电枢电阻 R_a 都很小，所以 β_N 通常较小，固有机械特性较硬；

(3) 额定转矩 T_N 所对应的转速为额定转速 $n_N=n_0-\beta_N T_N$，额定转矩 T_N 所对应的转速降为额定转速降 $\Delta n_N=n_0-n_N=\beta_N T_N$，额定转速降 Δn_N 对额定转速 n_N 的比值用百分数表示时称为额定转速变化率 $\Delta n_N\%$，其值为

$$\Delta n_N\% = \frac{\Delta n_N}{n_N}\times 100\% = \frac{n_0-n}{n_N}\times 100\%$$

$\Delta n_N\%$ 通常较小，中小型他励直流电动机的 $\Delta n_N\%$ 为10%～15%，大容量电动机的 $\Delta n_N\%$ 为3%～8%；

(4)电动机起动时，$n=0$，感应电动势 $E_a=C_e\Phi_N n=0$，这时的电枢电流为起动电流即 $I_a=U_N/R_a=I_{st}$，电磁转矩为起动转矩 $T=C_T\Phi_N I_a=T_{st}=C_T\Phi_N I_{st}$。

3.1.3 人为机械特性

电动机在电力拖动系统中的使用情况千差万别，其固有机械特性往往不能满足其使用要求，可通过改变某个参数来改变电动机的机械特性，以满足使用要求，这种人为改变参数的

机械特性就称为人为机械特性。

固有机械特性的要求有 3 个：$U=U_N$、$\Phi=\Phi_N$、$R_\Omega=0$，改变其中任意一个条件即可改变其特性。所以他励直流电动机一般可得下列 3 种人为机械特性。

1. 电枢回路串接电阻时的人为机械特性

即 $U=U_N$、$\Phi=\Phi_N$、$R_\Omega\neq0$ 时，人为机械特性的方程式为

$$n=\frac{U_N}{C_e\Phi_N}-\frac{R_a+R_\Omega}{C_eC_T\Phi_N^2}T \tag{3-4}$$

特点：

(1) 电压 U 与磁通 Φ 保持额定值不变，理想空载转速 n_0 与固有机械特性相同；

(2) 特性斜率 β 随串接电阻的增大而增大，人为机械特性的硬度降低。

因此，电枢回路串接电阻时的人为机械特性为相交于纵坐标上($n=n_0$点)且具有不同斜率的一组直线，如图 3-3 所示。在负载转矩一定时，串接电阻 R_Ω越大，转速越低，转速降 Δn 越大。而在负载转矩变化时，串接电阻 R_Ω越大，转速的变化越大。

2. 改变电枢电压时的人为机械特性

保持 $\Phi=\Phi_N$、$R_\Omega=0$ 不变，降低电源电压 U，得人为机械特性的方程式为

$$n=\frac{U}{C_e\Phi_N}-\frac{R_a}{C_eC_T\Phi_N^2}T \tag{3-5}$$

受电动机绝缘水平的限制，只能降低电源电压来改变机械特性，此时，理想空载转速 n_0 随电压的降低而降低。由于磁通 Φ 保持额定值不变，电枢回路电阻等于 R_a 不变，则特性斜率 $\beta=\beta_N$不变。因此，降低电压时的人为机械特性，是低于固有机械特性又平行于固有机械特性的一组平行线，如图 3-4 所示，在负载转矩一定时，电压越低，转速越低，但转速降 Δn 不变。

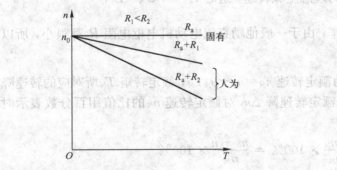

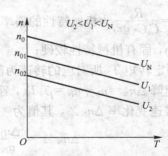

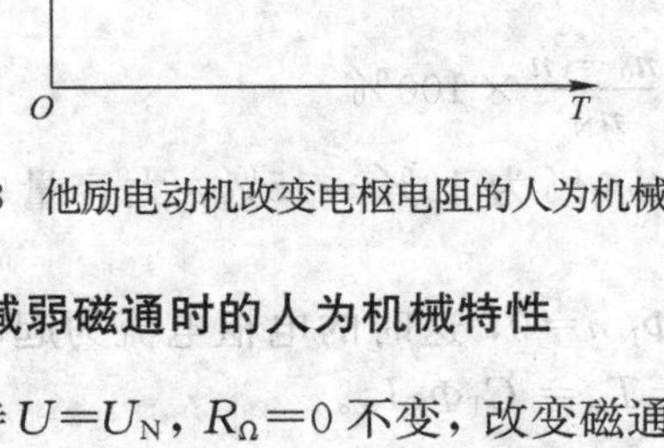

图 3-3 他励电动机改变电枢电阻的人为机械特性

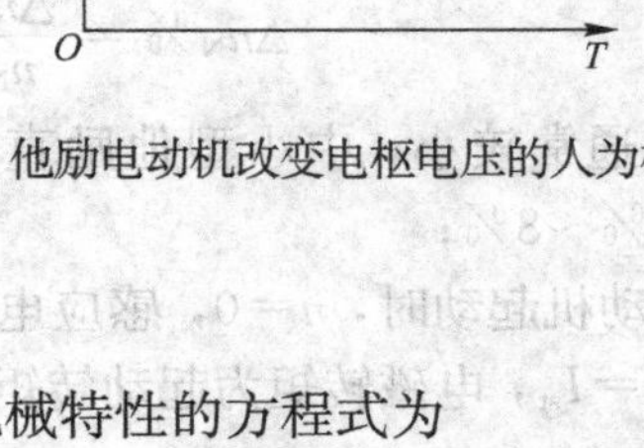

图 3-4 他励电动机改变电枢电压的人为机械特性

3. 减弱磁通时的人为机械特性

保持 $U=U_N$，$R_\Omega=0$ 不变，改变磁通 Φ，得人为机械特性的方程式为

$$n=\frac{U}{C_e\Phi_N}-\frac{R_a}{C_eC_T\Phi_N^2}T \tag{3-6}$$

他励直流电动机在额定磁通下运行时，电动机磁路已接近饱和，增大励磁电流增磁效果并不显著，所以实用上都采用减小励磁电流的方法来改变磁通。励磁电流通过调节在励磁回路中的串接电阻 R_Ω 来改变，如图 3-5 所示为减弱磁通时的人为机械特性。

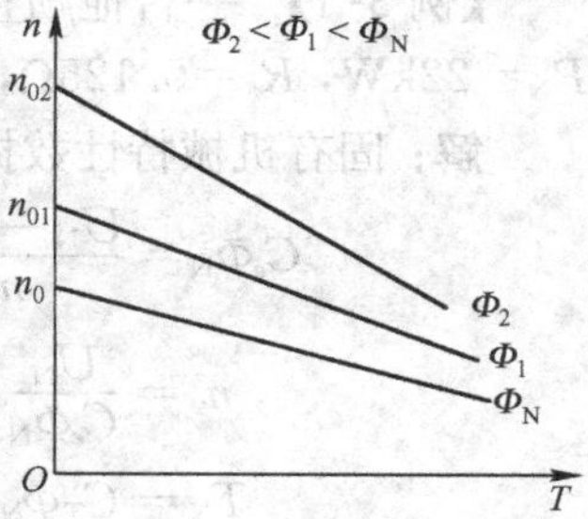

图 3-5　他励电动机减弱磁通时的人为机械特性

磁通减弱时，理想空载转速 $n_0=\dfrac{U_N}{C_e\Phi}$ 与 Φ 成反比而增大，特性斜率 $\beta=\dfrac{R_a}{C_eC_T\Phi^2}$ 则与 Φ 平方成反比而增大，人为机械特性的硬度降低。减弱磁通时的人为机械特性如图 3-5 所示，不同的特性在第一象限内有交点。在负载转矩一定时，一般情况下减弱磁通会使转速 n 升高，转速降 Δn 也会增大。只有在负载很大或磁通 Φ 很小时，若再减弱磁通，转速 n 反而会降低。

3.1.4　固有机械特性的绘制

由机械特性方程式可见，绘制机械特性必须知道电动机的 $C_e\Phi$、$C_T\Phi$、P、a 和 N 等参数。这些参数不太容易查清楚，在铭牌上更不会标出，往往根据电动机的铭牌数据、产品目录或实测数据来计算及绘制机械特性。通常在铭牌上标出的数据有 P_N、U_N、I_N 和 n_N。

他励直流电动机的固有机械特性是一条直线，只要求出两个点，就可以绘制它的机械特性。一般选择理想空载($T=0$，n_0)及额定运行(T_N，n_N)两点，计算较为方便。

1. 对于理想空载点(0，n_0)

$$n_0=\frac{U_N}{C_e\Phi_N}$$

式中，U_N 可由铭牌数据得知，$C_e\Phi_N$ 额定状态下的电枢电路电压方程式求得

$$C_e\Phi_N=\frac{E_N}{n_N}=\frac{U_N-I_NR_a}{n_N} \tag{3-7}$$

式中，I_N 及 n_N 可查铭牌数据，R_a 未知。如果电动机已确定，则 R_a 可以实测；如果电动机还未定，可由下列经验公式估算 R_a 的数值，即

$$R_a=\left(\frac{1}{2}\sim\frac{1}{3}\right)\frac{U_NI_N-P_N}{I_N^2} \tag{3-8}$$

式中，P_N 为额定输出功率(W)，可查铭牌数据。或用经验公式

$$R_a=(0.03\sim0.07)R_N$$

式中，$R_N=\dfrac{U_N}{I_N}$，称为额定电阻，它没有实质性的物理意义。对容量较大的电动机取式中较小的系数，容量较小的电动机取式中较大的系数。

2. 对于额定运行点(T_N，n_N)

$$T_N=C_T\Phi_NI_N$$

式中，$C_T\Phi_N=9.55C_e\Phi_N$，I_N、n_N 可查铭牌数据。

求出(0，n_0)及(T_N，n_N)这两个点后，连接这两点的即为固有机械特性。

【例 3-1】 一台他励直流电动机得铭牌数据为 $U_N=220V$，$I_N=115A$，$n_N=1500r/min$，$P_N=22kW$，$R_a=0.125\Omega$，求：固有机械特性上的理想空载点和额定负载点的数据。

解：固有机械特性数据为

$$C_e\Phi_N=\frac{U_N-I_NR_a}{n_N}=\frac{220-115\times0.125}{1500}=0.137$$

$$n_0=\frac{U_N}{C_e\Phi_N}=\frac{220}{0.137}=1606r/min$$

$$T_N=C_T\Phi_NI_N=9.55C_e\Phi_NI_N=9.55\times0.137\times115=150N\cdot m$$

理想空载点的数据：$T=0$，$n_0=1606r/min$

额定负载点数据：$T=T_N=150N\cdot m$，$n_N=1500r/min$

3.2 直流电动机的起动

电动机的起动是指直流电动机接通电源后，转速由零带负载上升到稳定运行的过程。电动机接通电源，由静止状态开始加速到某一稳定转速的过程，是一个过渡过程。起动方法的选择，直接影响到电动机能否正常安全地投入运行，需要对直流电动机的起动过程及起动方法进行分析研究。

他励直流电动机的起动要求是：

(1) 起动过程中起动转矩 T_{st}要足够大，使 $T_{st}>T_L$，电动机的加速度$\frac{dn}{dt}>0$，使电动机能够起动，并使起动过程时间要短，从而提高生产效率；

(2) 起动电流的起始值 I_{st}不能太大，对 Z_2系列直流电动机而言，要求 $I_{st}\leqslant 2I_N$；

(3) 起动设备与控制装置简单、可靠、经济、操作方便。

直流电动机的起动方法有：直接起动、降压起动和电枢回路串入电阻起动等。

3.2.1 直接起动

所谓直接起动，是指在接通励磁电流后，不采取任何限制起动电流的措施，即把额定电压直接加至电枢两端进行的起动。由于电枢电感一般很小，而传动系统的机械惯性则比较大，通电瞬间电枢转速为零，电枢磁动势也为零，使起动电流迅速上升到最大值，即

当忽略电枢电感时，电枢电流 I_a为：$I_a=\frac{U-E_a}{R_a}$

刚起动时，转速 $n=0$，$E_a=C_e\Phi_N$，则电动机的起动电流 I_{st}为

$$I_{st}=\frac{U}{R_a}$$

通常只有功率很小的电动机采用直接起动，如家用电器采用的某些直流电动机，相对来说 R_a较大，I_{st}较小，再加上电机惯性小，起动快，可以采用直接起动；一般工业用他励直流电动机则不允许直接起动。

直接起动过程可以用图3-6所示的机械特性曲线来说明。通电后，由于起动转矩 T_{st}大

于负载转矩 T_L，电动机立即起动并迅速加速。随着电动机转速 n 的升高，感应电动势 E_a 的数值也不断增大，这时电枢电流 I_a 和电磁转矩 T 不断下降。因为 T 仍然大于 T_L，所以转速继续升高。工作点就沿着电动机的机械特性曲线向上移，直到电动机机械特性曲线与负载机械特性曲线的交点 A 处，$T=T_L$，起动过程结束，电动机以转速 n_A 稳定运行。

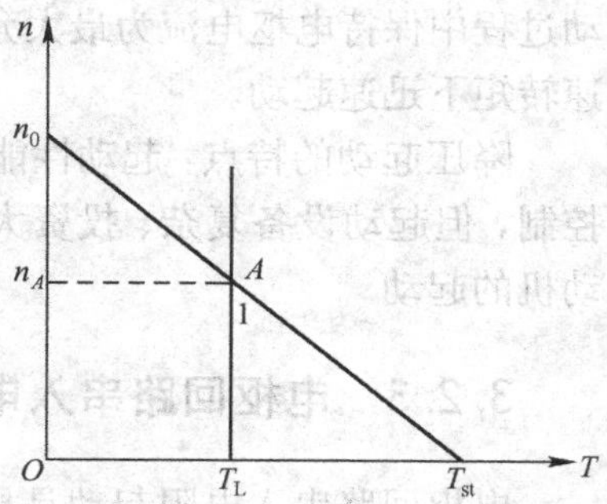

图 3-6　直接起动时的机械特性曲线

直接起动特点：不需要任何起动设备，操作简便，但起动电流太大。

一般电动机的电枢绕组 R_a 很小，直接起动时 I_s 可达额定电流的 10～30 倍，起动转矩也很大。而一般直流电动机瞬时过载电流按规定不得超过额定电流的 2.5～2 倍，也即转矩过载倍数不得超过 2.5～2 倍，所以在起动时必须设法限制起动电流，同时又要使 T_s 足够大以缩短起动时间，这也是他励直流电动机起动时需要解决的主要问题。

根据 $I_{st}=U/R_a$ 可知，为了限制起动电流，可以采用两种措施：(1)降低电源电压；(2)电枢回路串接电阻。

3.2.2 降电压起动

为了减小起动电流，可以采用降压起动方法。采用降压起动需要有可以调压的直流电源，常在调压调速的系统中采用。

他励直流电动机降压起动的原理图如图 3-7 所示。起动前先调好励磁，然后把电源电压由低向高调节。当最低电压所对应的人为机械特性曲线上的起动转矩 $T_{st}>T_L$ 时，电动机便开始起动。起动后，随着转速的升高，相应提高电压，以获得所需的加速转矩。逐级升高电压，电动机就逐级起动。降压起动的机械特性如图 3-8 所示。

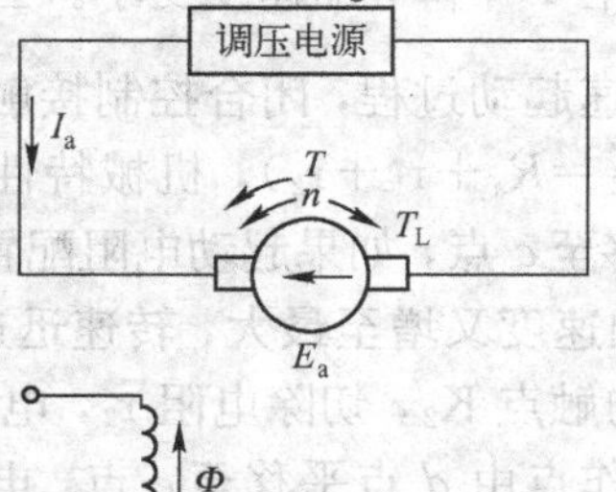

图 3-7　他励直流电动机降压起动的原理图

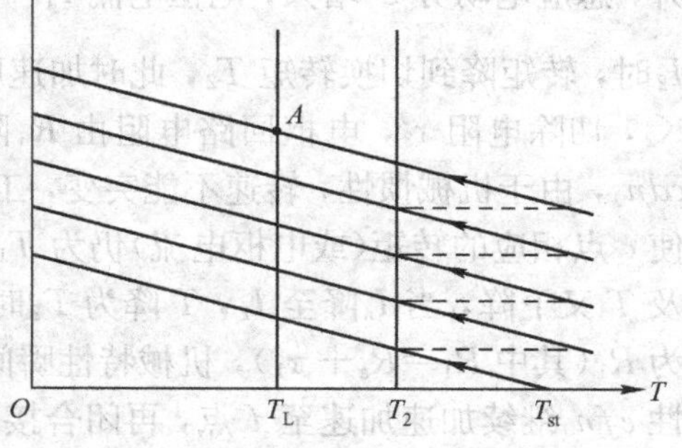

图 3-8　降压起动的机械特性

为了在起动过程中都能保证限制电枢电流，人工手动调节电压 U 时，U 不能升得太快，应注意调压过程的均匀性及升压速度，否则会发生较大的电流冲击。实际的电力拖动系统中，电压升高由自动控制环节自动调节，自动控制环节能保证电压连续平稳升高，在整个起动过程中保持电枢电流为最大允许电流，并维持该值近似不变，从而使系统在几乎恒定的加速转矩下迅速起动。

降压起动的特点：起动性能好、升速平滑、损耗小，可实现无级调压调速，容易实现自动控制，但起动设备复杂、投资大、运行费用高，多用于要求频繁起动的场合和大中型直流电动机的起动。

3.2.3 电枢回路串入电阻起动

电枢回路串入电阻起动是指在起动时，在电枢回路中串入适当的电阻，以达到限制起动电流的目的，当电动机转速上升后，再将串入电阻切除，实际上是另一种降压起动方法。在断开起动电阻时，为了减小冲击电流和缩短起动过程通常采用分级起动法，即将起动电阻分成若干段，起动时依次分段断开，分段数称为起动级数 m。

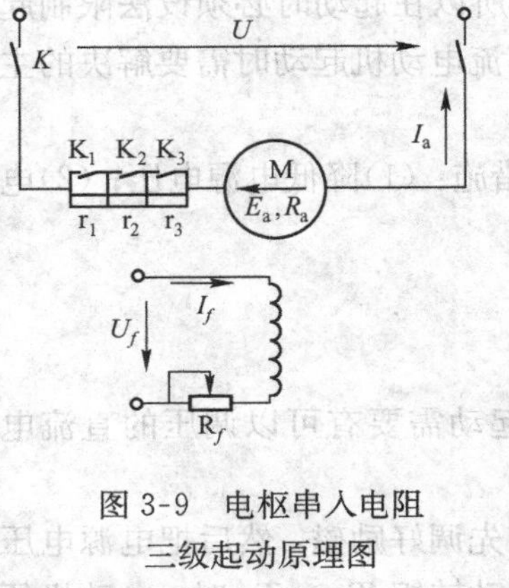

图 3-9 电枢串入电阻三级起动原理图

1. 起动过程

他励直流电动机三级起动（即 $m=3$）的原理图如图 3-9 所示。图中起动电阻分为三段 r_1、r_2、r_3，并分别与控制用接触器 K_1、K_2、K_3 的常开触点并联，可通过 K_1、K_2、K_3 分三次切除，故称为三级起动。假设起动过程中负载转矩 T_L 不变，其对应的机械特性图如图 3-10 所示，图中 I_1 为限定的起始起动电流，是起动过程中的最大电流，通常取 $I_1=2I_N$，相应的起动过程中的最大转矩 $T_1=2T_N$；I_2 为起动过程中电流的切换值，通常取 $I_2=(1.1\sim1.2)I_N$，相应的转矩 T_2 称为切换转矩，$T_2=(1.1\sim1.2)T_N$。

起动时，先加励磁电流，使 $I_f=I_{fN}$，$\Phi=\Phi_N$，再闭合主接触器的主触点 K，接通电枢电源。此时 K_1、K_2、K_3 全部断开，起动电流为 $I_1=U/R_3$（其中 $R_3=R_a+r_1+r_2+r_3$），起动转矩 $T_1>T_L$，电动机由 $n=0$ 开始加速起动，工作点沿 R_3 的机械特性 abn_0 上升。随着转速 n 的上升，感应电动势 E_a 增大，电枢电流 $I_a=\dfrac{U-E_a}{R_3}$ 下降，转矩 T 下降，加速度变小。当 I_a 下降到 I_2 时，转矩降到切换转矩 T_2，此时加速度变小，为了加速起动过程，闭合控制接触器的触点 K_2，切除电阻 r_3，电枢回路电阻由 R_3 降为 R_2（其中 $R_2=R_a+r_1+r_2$），机械特性瞬间变为 cdn_0，由于机械惯性，转速不能突变，工作点由 b 点平移至 c 点，如果起动电阻配置恰当，可使 c 点相应的转矩（或电枢电流）仍为 T_1（或 I_1），此时加速度又增至最大，转速迅速上升，I_a 及 T 又下降，当 I_a 降至 I_2，T 降为 T_2 时，闭合接触器的触点 K_2，切除电阻 r_2，电阻由 R_2 降为 R_1（其中 $R_1=R_a+r_1$），机械特性瞬间变为 efn_0，工作点由 d 点平移至 e 点，电动机沿特性 efn_0 继续加速加速至 f 点，再闭合接触器触点 K_1，切除最后一级起动电阻 r_3，工作点移至固有机械特性 gjn_0 上的 g 点，电动机沿该固有机械特性继续加速，直至 $T=T_L$ 处，稳定运行于 j 点，起动过程结束。

电枢回路串电阻起动的特点是起动电流可以不超过限定值。若各级起动电阻取值合适，可使每一级的 T_1 和 T_2（I_1 或 I_2）相等，从而使电动机的加速度较为均匀，减少过大的起动转矩对传动机构及工作机械的有害冲击。起动过程中起动转矩的大小、起动速度、起动的平稳性决定于所选择的起动级数。起动级数越多，起动转矩平均值就越大，起动就越快，平稳性也越好；起动级数多使控制设备复杂，投资高，维护工作量也大，因此空载起动时一般不超过两级，重载起动时一般不超过四级。

2. 起动电阻的计算

起动电阻的计算方法有两种：图解法和解析法。

1）图解法

首先绘制固有机械特性；然后选取起动过程中的最大电流 I_1 与电阻切除时的切换电流 I_2（或 T_1 与 T_2），在图中横坐标轴上截取 I_1 及 I_2（或 T_1 及 T_2）两点，并分别向上作垂直线；绘出分级起动的各级人为机械特性，当切除末段电阻时所画的水平线与垂直线 hT_1 的交点应正好位于固有特性上（如图 3-10 中为 g 点），则绘图完毕。如果作图的结果不能保证交点位于 g 点，应该调整（I_2 或 T_2）后重新作图，直到符合要求为止。分级起动的各级人为机械特性绘出后，即可在图上量取相应的线段，计算出各级起动电阻值。

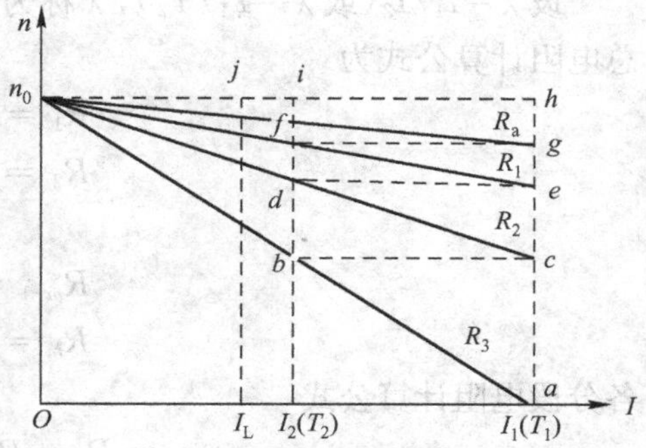

图 3-10　电枢串入电阻三级起动机械特性图（$R_1<R_2<R_3$）

图解法的特点：能比较直观地反映起动过程中的 n、T 和 I_a 的变化情况，但要用渐近法绘制机械特性图，作图烦琐，测量线段的误差也较大。工程上一般采用由机械特性图倒推出来的公式进行计算，不用画图，既方便又准确，这种方法称为解析法。

2）解析法

在图 3-10 中，从特性 abn_0 的 b 点转换到特性 cdn_0 的 c 点时，由于电阻 r_3 切除很快，可忽略电感的影响认为电流可以突变，而系统的机械惯性大，在切换瞬间转速不能突变，即 $n_b=n_c$，电动势 $E_b=E_c$，在 b 点有

$$I_2=\frac{U-E_b}{R_3}$$

在 c 点有

$$I_1=\frac{U-E_c}{R_2}=\frac{U-E_b}{R_2}$$

两式相除，可得

$$\frac{I_1}{I_2}=\frac{R_3}{R_2}$$

同理，从 d 点转换到 e 点时，可得

$$\frac{I_1}{I_2}=\frac{R_2}{R_1}$$

从 f 点转换到 g 点时，可得

$$\frac{I_1}{I_2}=\frac{R_1}{R_a}$$

这样，三级起动时，可得

$$\frac{I_1}{I_2}=\frac{R_3}{R_2}=\frac{R_2}{R_1}=\frac{R_1}{R_a}$$

推广到 m 级起动的一般情况，则有

$$\frac{I_1}{I_2}=\frac{R_m}{R_{m-1}}=\frac{R_{m-1}}{R_{m-2}}=\cdots=\frac{R_2}{R_1}=\frac{R_1}{R_a}$$

式中，R_m、R_{m-1}为第 m 级、第 $m-1$ 级的电枢回路总电阻。

设 $\lambda=I_1/I_2$(或 $\lambda=T_1/T_2$)，λ 称为起动电流比(或起动转矩比)，则可得 m 级起动时各级总电阻计算公式为

$$\left.\begin{aligned}R_1&=\lambda R_a\\R_2&=\lambda R_1=\lambda^2R_a\\&\vdots\\R_{m-1}&=\lambda R_{m-2}=\lambda^{m-1}R_a\\R_m&=\lambda R_{m-1}=\lambda^mR_a\end{aligned}\right\}\tag{3-9}$$

各分段电阻计算公式

$$\left.\begin{aligned}r_1&=R_1-R_a=R_a(\lambda-1)\\r_2&=R_2-R_1=(\lambda^2-\lambda)R_a=\lambda r_1\\&\vdots\\r_{m-1}&=R_{m-1}-R_{m-2}=\lambda r_{m-2}=\lambda^{m-2}r_1\\r_m&=R_m-R_{m-1}=\lambda r_{m-1}=\lambda^{m-1}r_1\end{aligned}\right\}\tag{3-10}$$

由式(3-9)可得起动电流比 λ 和起动级数 m 的计算公式

$$\lambda=\sqrt[m]{\frac{R_m}{R_a}}\tag{3-11}$$

将式(3-11)两边同取对数，可得

$$m=\frac{\lg\dfrac{R_m}{R_a}}{\lg\lambda}\tag{3-12}$$

用解析法计算分级起动电阻，可能有两种情况。

(1) 起动级数 m 已确定的情况

计算步骤为：

① 选择 I_1(或 T_1)的数值，$I_1=(1.5\sim2)I_N$

② 计算 R_m的数值，$R_m=U_1/I_1$

③ 计算 λ 值，

④ 校验切换电流 I_2的值，$I_2=I_1/\lambda$。为使电动机正常起动，应使 $I_2=(1.1\sim1.2)I_N$或 $I_2=(1.2\sim1.5)I_L$，如果 I_2过小应适当增大起动级数；反之，则应适当减少级数。

⑤ 计算各级电阻或各分段电阻。

(2) 起动级数 m 未确定的情况

计算步骤为：

① 选择 I_1(或 T_1)的数值，$I_1=(1.5\sim2)I_N$

② 初定 I_2(或 T_2)的数值，

③ 计算 R_m 的数值，$R_m=U_1/I_1$

④ 初定起动电流比 λ，$\lambda=I_1/I_2$

⑤ 计算起动级数 m，将其修正为相近的整数，再用该值和式(3-11)计算出新的 λ 值，修正切换电流 I_2 的数值，并算出各级及各分段电阻。

【例 3-2】 一台他励直流电动机的额定数据为 $R_a=0.48\Omega$，$P_N=7.5kW$，$U_N=220V$，$I_N=40A$，$n_N=1500r/min$。现拖动 $T_L=0.8T_N$ 的恒转矩负载，采用三级起动，试用解析法求解各级电阻和各分段电阻的数值。

解： 取 $I_1=2I_N=2\times40=80A$

已知 $m=3$，故总电阻 $R_m=R_3=\frac{U_N}{I_1}=\frac{220}{80}=2.75\Omega$

代入式(3-11)，可得 $\lambda=\sqrt[m]{\frac{R_m}{R_a}}=\sqrt[m]{\frac{2.75}{0.48}}=1.79$

校验切换电流 $I_2=\frac{I_2}{\lambda}=\frac{80}{1.79}=44.7A$

$$T_L=0.8T_N \quad 则 \ I_L=0.8I_N=0.8\times40=32A$$

$$I=\frac{I_2}{I_L}I_L=\frac{44.7}{32}I_L=1.4I_L>1.2I_L$$

可以满足起动要求。根据式(3-9)可求得各级电阻为

$$R_1=\lambda R_a=1.79\times0.48=0.859\Omega$$

$$R_2=\lambda R_1=1.79\times0.859=1.538\Omega$$

$$R_3=\lambda R_2=1.79\times1.538=2.753\Omega$$

根据式(3-10)可求各级分段电阻为

$$r_1=R_1-R_a=0.859-0.48=0.379\Omega$$

$$r_2=R_2-R_1=1.538-0.859=0.679\Omega$$

$$r_3=R_3-R_2=2.753-1.538=1.215\Omega$$

3.3　直流电动机的调速

为了提高生产率和满足生产工艺的要求，大量的生产机械（如各种机床、轧钢机、造纸机、电梯和起重设备等）都要求能在不同速度下运行，即生产机械的工作速度需要根据工艺要求进行调节。电力拖动系统的运行速度调节（简称调速）有机械调速和电气调速两种基本形式。人为改变拖动机构传动比的调速方法称为机械调速；通过改变电动机参数来改变系统运行速度为电气调速。机械调速方法传动机构较复杂，且多为有级调速；电气调速传动机构较简单，易于实现无级调速和自动控制，但电气系统较复杂。有时根据需要把两种调速方法配合起来使用，本节只讨论电气调速。

从他励直流电动机机械特性方程式的一般形式

$$n=\frac{U}{C_e\Phi}-\frac{R_a+R_\Omega}{C_eC_T\Phi^2}T$$

可以看出，他励直流电动机的调速方法有 3 种：①电枢回路串电阻 R_Ω；②改变电源电压 U；③改变励磁磁通 Φ。

3.3.1 调速指标

调速指标主要有技术指标与经济指标。

1. 调速的技术指标

（1）调速范围

调速范围是指电动机在额定负载转矩下可能达到的最高转速 n_{max} 与最低转速 n_{min} 之比，用 D 表示，即

$$D=\frac{n_{max}}{n_{min}} \tag{3-13}$$

从调速性能来讲，调速范围 D 较大为好。由式(3-13)可见，要扩大调速范围，必须设法尽可能地提高 n_{max} 与降低 n_{min}，电动机的最高转速 n_{max} 受到结构的机械强度和换向等方面的限制，受额定转速的影响，转速提高的空间不大；最低转速 n_{min} 受低速运行时的相对稳定性的限制(即负载转矩变化时转速变化的程度)，因此转速变化越小，相对稳定性越好，能得到的 n_{min} 越小，调速范围 D 也就越大。

（2）静差率

静差率是指电动机在同一条机械特性上，由理想空载到额定负载时的转速降 Δn_N 与理想空载转速 n_0 的百分比，用 δ 表示，即

$$\delta=\frac{\Delta n_N}{n_0}\times 100\%=\frac{n_0-n_N}{n_0}\times 100\% \tag{3-14}$$

式(3-14)反映了系统转速的相对稳定性。电动机的机械特性越硬，静差率越小，负载转矩变化时转速变化越小，相对稳定性就越高。

从调速性能来讲，静差率 δ 较小为好。不同的生产机械，其允许的静差率是不同的，如普通车床可允许 $\delta\leqslant 30\%$，有些设备上允许 $\delta\leqslant 50\%$，而精度高的造纸机械则要求 $\delta\leqslant 0.1\%$。

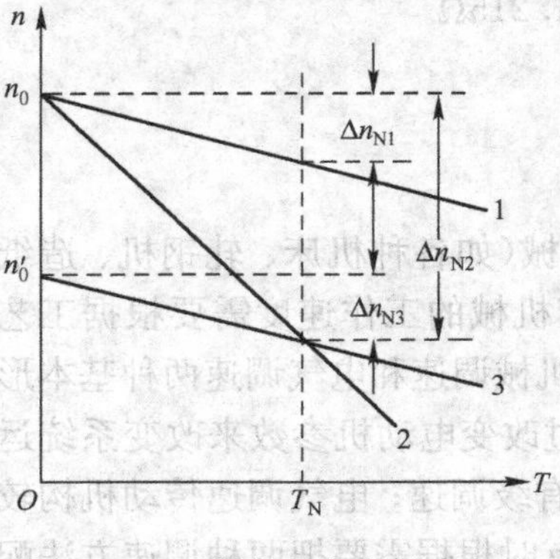

图 3-11　机械特性与静差率的关系

静差率和机械特性的硬度及理想空载转速有关。当理想空载转速 n_0 一定时，机械特性越硬，额定转速降 Δn_N 越小，静差率越小；两条互相平行的机械特性，硬度相同，但理想空载转速不同，故静差率也不同，n_0 越低，静差率越大，机械特性与静差率的关系如图 3-11 所示。对于特性 1 与特性 2 有 $\delta_1<\delta_2$，对于特性 1 与特性 3 有 $\delta_1<\delta_3$。调速范围 D 与静差率 δ 的关系如下。

（1）调速范围 D 与静差率 δ 这两项性能指标是相互联系、相互依存的。

当调速方法相同时，δ 数值越大(即对静差率要求越低)，调速范围越广；反之，当静差率 δ 一定时，采用的调速方法不同，调速范围不同。如比较图 3-12 所示的电枢串联电阻调速时的情况和图 3-13 所示的降压调速时的情况可知，调速方法相同时，δ 越大，则 n_{min} 越低，调速范围 D 越大；δ 一定时，降压调速的调速范围比电枢回路串电阻调速的调速范围大。

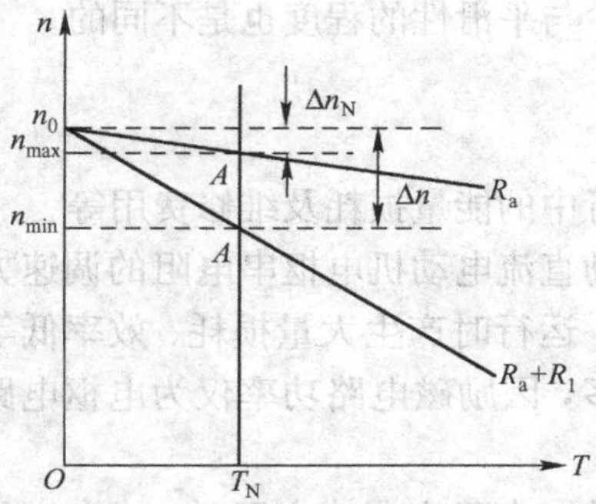

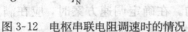

图 3-12　电枢串联电阻调速时的情况

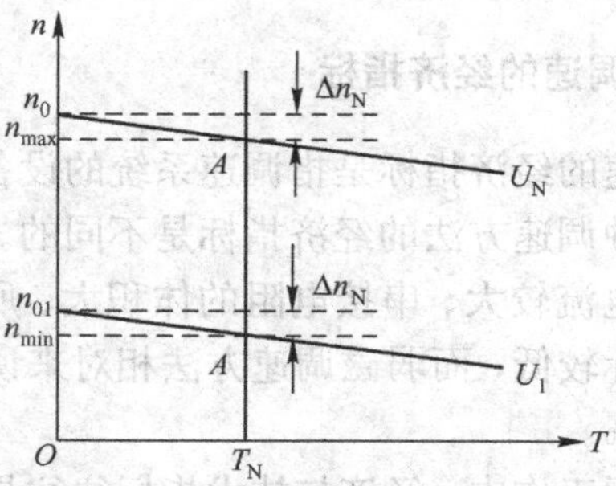

图 3-13　降压调速时的情况

(2) 调速范围 D 与静差率 δ 这两项指标相互制约、相互限制。

系统可能达到的最低转速 n_{min} 决定于低速特性的静差率，故调速范围 D 受低速特性的静差率 δ 的制约，即调速范围必须在具体的静差率 δ 限定下才有意义。若没有这种限定，电动机本身带负载调速可以使最低转速调到零，即使 D 为无穷大也无意义。

因此，对于需要调速的电力拖动系统来说，必须同时给出静差率与调速范围这两项指标。对于常见的降压调速系统，可推导出调速范围 D 与低速静差率 δ 间的关系为

$$D=\frac{n_{max}}{n_{min}}=\frac{n_{max}}{n_0-\Delta n_N}=\frac{n_{max}}{n_0\left(1-\frac{\Delta n_N}{n_0}\right)}=\frac{n_{max}}{\frac{\Delta n_N}{\delta}(1-\delta)}=\frac{n_{max}}{\Delta n_N\left(\frac{1}{\delta}-1\right)} \tag{3-15}$$

式中，δ 为低速特性的静差率。

Δn_N 为低速特性额定负载下的转速降，本例中低速特性为特性 3，则 $\Delta n_N=\Delta n_{N3}$。

由式(3-15)可见：

(1) 生产机械允许的静差率 δ 越小，电动机的调速范围 D 也就越小。所以调速范围 D 只有在对静差率 δ 提出一定要求的前提下才有意义。

(2) 调速范围 D 受到低速特性额定负载下的转速降的 Δn_N 影响，在静差率 δ 一定时，Δn_N 越大，即低速特性越软，可能达到的调速范围 D 越小。

为扩大调速范围，在设计调速方案时应尽量选择低速硬特性。例如在图 3-11 中，如要求静差率 δ 较小，则选择特性 3(降压调速)就比选择特性 2(电枢串电阻调速)能够达到的调速范围要大一些。

一般设计调速方案前，D 与 δ 已由生产机械的要求确定，这时可算出允许的转速降 Δn_N，式(3-15)可写成另一形式，即

$$\Delta n_N=\frac{n_{max}\delta}{D(1-\delta)} \tag{3-16}$$

(3) 平滑性

调速的平滑性是指相邻两级速度的接近程度，常用平滑系数 φ 来衡量，它是相邻两级(如 i 与 $i-1$ 级)的转速或线速度之比，即

$$\varphi=\frac{n_i}{n_{i-1}}=\frac{v_i}{v_{i-1}} \tag{3-17}$$

φ 值越接近于 1，则平滑性越好。当 $|\varphi-1|<0.06$ 时，转速可视为连续可调；当 $\varphi=1$ 时称无级调速，此时调速的平滑性最好。

电动机的调速方向的不同，可能得到的级数多少与平滑性的程度也是不同的。

2. 调速的经济指标

调速的经济指标是指调速系统的设备投资、运行中的能量损耗及维修费用等。

各种调速方法的经济指标是不同的。例如，他励直流电动机电枢串电阻的调速方法由于其电枢电流较大、串接电阻的体积大、所需投资多、运行时产生大量损耗、效率低等原因使经济指标较低，而弱磁调速方法相对来说则经济得多，因励磁电路功率仅为电枢电路功率的1%～5%。

实际工作中，经济与技术指标往往是互相联系的。在确定调速方案时，应在满足一定的技术指标条件下，力求设备投资少，电能损耗小，维护简单方便。

3.3.2 电枢回路串入电阻调速

在保持电源电压$U=U_N$，励磁磁通$\Phi=\Phi_N$不变，调节电枢回路串入的电阻R_Ω即可调节转速。机械特性方程式为

$$n=\frac{U_N}{C_e\Phi_N}-\frac{R_a+R_\Omega}{C_eC_T\Phi_N^2}T=n_0-\beta T \tag{3-18}$$

根据机械特性方程的分析可知：①理想空载转速$n_0=\frac{U_N}{C_e\Phi_N}$保持不变，与固有机械特性的$n_0$相同；②在理想空载时，$n=n_0$，无调速作用，在空载或轻载时调速范围也很小；③串接电阻R_Ω越大，特性斜率$\beta=\frac{R_a+R_\Omega}{C_eC_T\Phi_N^2}$越大，人为机械特性的硬度越低。

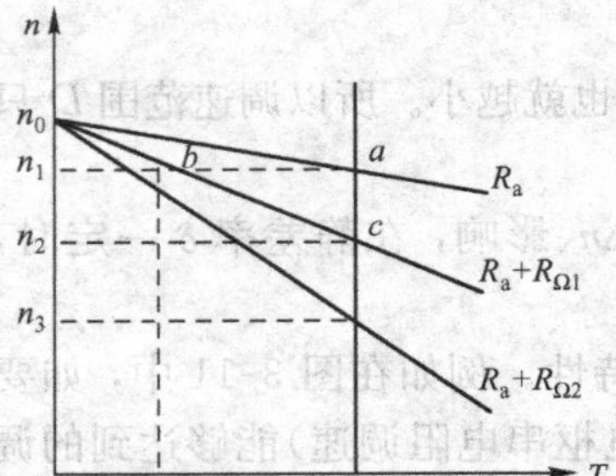

图 3-14 电枢回路串入电阻调速的机械特性($R_{\Omega2}>R_{\Omega2}$)

以他励直流电动机拖动恒转矩负载为例，电枢回路串入电阻调速时的机械特性如图 3-14 所示。设电动机原稳定运行在固有机械特性的a点，转速为n_1；当电枢回路串入电阻$R_{\Omega1}$时，由于机械惯性，由于转速n和感应电动势$E_a=nC_e\Phi_N$不能突变，而$I_a=\frac{U_N-E_a}{R_a+R_{\Omega1}}$下降，$T=C_T\Phi_NI_a$下降为$T'$，工作点跳至$b$点。由于$T'<T_L$，系统减速。随着$n$与$E_a$下降，$I_a$与$T$回升，直至$n=n_2$，$T=T_L$时，电动机恢复稳定运行，转速降为$n_2$，工作点移至$c$点，调速过程结束。若$T_L$不变，调速前后的电磁转矩$T$不变，电枢电流$I_a$也不变。

电枢回路串入电阻调速的特点如下：

(1) 属于恒转矩调速方式。由于$\Phi=\Phi_N$不变，则允许的电枢电流$I_a=I_N$也不变，则允许输出的转矩$T=C_T\Phi_NI_N=$常数。但允许输出功率$P=T\Omega=\frac{Tn}{9.55}=Cn$随转速的下降而降低。

(2) 控制设备简单，操作方便。

(3) 低速时，R_a+R_Ω增大，机械特性变软，转速降Δn_N增大，静差率变大，相对稳定性变差。

(4) 调速范围较小，一般情况$D=2.5\sim2$。

(5) 电阻分级切除，只能实现有级调速，调速的平滑性差。

(6) 串接的电阻要消耗电功率，经济性差，转速越低，电阻越大，损耗越大。

这种调速方法现在很少采用，只适用于容量不大，低速运行时间不长，对于调速性能要求不高的设备，如用于电车和中小型起重机械等。

3.3.3 改变电源电压调速

由于受到绕组绝缘耐压的限制，要提高电动机电枢端电压 U 的可能性不大，一般电动机在不超过额定电压的情况下使用。实际上，改变 U 主要应用于降压的方向，所以也称为降压调速，从额定转速向下调速。

调速时保持励磁磁通 $\Phi=\Phi_N$ 不变，电枢回路串接电阻 $R_\Omega=0$，降低电源电压来调节转速。机械特性方程式为

$$n=\frac{U}{C_e\Phi_N}-\frac{R}{C_eC_T\Phi_N^2}T=n_0-\beta T \tag{3-19}$$

根据机械特性方程式的分析可知：①特性斜率 $\beta=\dfrac{R_a+R_\Omega}{C_eC_T\Phi_N^2}$ 不变，人为机械特性硬度不变。②理想空载转速 $n_0=\dfrac{U_N}{C_e\Phi_N}$ 随电源电压的下降而下降，故人为机械特性平行下移，在负载转矩一定时，工作点下移，转速降低。

以他励直流电动机拖动恒转矩负载为例，降低电源电压调速时的机械特性如图 3-15 所示。设电动机原运行于固有机械特性的 a 点，转速为 n_1。降低电源电压为 U_1 时，由于 n 与 E_a 不能突变，工作点跳至 a'，而 $I_a=\dfrac{U-E_a}{R_a}$ 下降，T 下降使 $T<T_L$，系统减速。随着 n 与 E_a 下降，I_a 与 T 回升，直至 $n=n_2$，$T=T_L$ 时，电动机恢复稳定运转速降为 n_2，工作点移至 b 点，调速过程结束。与电枢回路串电阻调速相同，若 T_L 不变，调速前后的电磁转矩 T 和电枢电流 I_a 都不变。

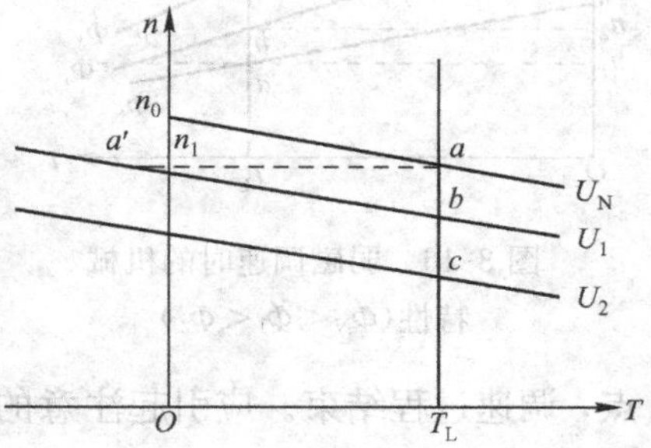

图 3-15　降低电源电压调速时的机械特性($U_2<U_1<U_N$)

降低电源电压调速特点如下：

(1) 属于恒转矩调速方式。由于 $\Phi=\Phi_N$ 保持不变，允许的电枢电流 $I_a=I_N$ 也不变，则允许输出的转矩 $T=C_T\Phi_NI_N$ 为常数。和电枢回路串入电阻相似，允许输出功率也随转速的下降而降低。

(2) 调速前后机械特性硬度不变，因此相对稳定性较好。

(3) 调压电源可连续平滑调节，可实现无级调速。

(4) 调速范围较宽。由于转速降 Δn_N 不变，只是因为 n_0 变小，静差率略有增大而已，在一定的静差率要求条件下，调速范围比电枢回路串入电阻调速时要大得多，一般 $D=8\sim10$。

(5) 调速过程中能量损耗较小，且转速下调时还可再生制动，因此调速经济性较好。

(6) 需要专门的可控直流电源，投资较大。目前主要使用晶闸管可控整流装置作为可控直流电源。这种调速方法适用于对调速性能要求较高的设备，如造纸机、轧钢机等。

3.3.4 改变励磁磁通调速

电动机设计时的额定磁通，已经使铁芯接近饱和，增加磁通 Φ 的可能性也不大，一般只能减弱 Φ，故又称为弱磁调速，使转速从额定值向上调节。

调速时保持电源电压 $U=U_N$ 不变，电枢回路串接电阻 $R_\Omega=0$，减弱磁通（励磁回路串入可调电阻或降低励磁电压）来调节转速。机械特性方程式为

$$n=\frac{U_N}{C_e\Phi}-\frac{R}{C_eC_T\Phi^2}T=n_0-\beta T \tag{3-20}$$

根据机械特性方程式分析可知：①理想空载转速 $n_0=\dfrac{U_N}{C_e\Phi_N}$ 和特性斜率 $\beta=\dfrac{R_a+R_\Omega}{C_eC_T\Phi_N^2}$ 都随磁通的减弱而增大，机械特性的硬度降低；②减弱磁通使转速升高，工作点上移。除磁通已经很小或负载转矩很大外，减弱磁通时 n_0 比 βT 增加得快，因此在一般情况下，减弱磁通使转速升高，工作点上移。

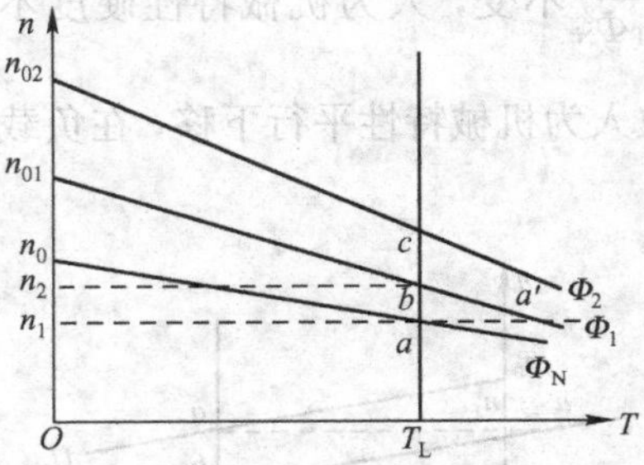

图 3-16 弱磁调速时的机械特性（$\Phi_N<\Phi_1<\Phi_2$）

以他励直流电动机拖动恒转矩负载为例，弱磁调速时的机械特性如图 3-16 所示。设电动机原运行于固有机械特性的 a 点，转速为 n_1。磁通减弱至 Φ_1 时，忽略磁通变化的电磁过渡过程，则工作点由 a 点跳到 a'，理想空载转速由 n_0 上升为 n_{01}，特性斜率 β 也增大。由于 n 不能突变，感应电动势 $E_a=n\varphi_L C_e$ 下降，而 $I_a=\dfrac{U_N-E_a}{R_a}$ 上升。在一般情况下，I_a 增加的倍数大于 Φ 减小的倍数，所以 $T=C_TI_a\Phi_N$ 上升使 $T>T_L$，系统加速。随着 n 与 E_a 上升，I_a 与 T 下降，直至 $n=n_2$，$T=T_L$ 时，电动机恢复稳定运行，工作点移至 b 点，调速过程结束。应引起注意的是若调速前后的负载转矩 T_L 不变，则电磁转矩 T 不变。但电枢电流 $I_a=\dfrac{T}{C_T\Phi}$，Φ 减弱将使 I_a 增大。

弱磁调速的特点如下：

(1) 属于恒功率调速方式。弱磁调速时，Φ 是变化的，尽管电枢电流 I_a 的允许值仍为 I_N，显然允许输出转矩是变化的。由 Φ 与 n 的关系式 $\Phi=\dfrac{U_N-I_NR_a}{C_en}=\dfrac{C_1}{n}$，得

$T=C_T\Phi I_N=C_T\dfrac{C_1}{n}I_N=\dfrac{C_2}{n}$，即允许输出转矩随转速的升高而下降，而允许输出功率 $P=T\Omega=\dfrac{Tn}{9.55}=\dfrac{C_2}{n}\times\dfrac{n}{9.55}=$ 常数，故属于恒功率调速方式。

(2) 调速范围窄，一般为 $D=2$。由于弱磁调速是上调转速，而电动机的最高转速受换向条件及机械强度的限制不能过高，因此该方法的调速范围不大，一般为 $D=2$，对于特殊设计的调磁调速电动机 $D=3\sim4$。

(3) 由于励磁电流 $I_f<I_a$，因而控制方便，能量损耗小。

(4) 可连续调节励磁电流，易做到无级调速，平滑性好。

(5) 控制设备简单，初投资少，维护方便，经济性能好。

这种调速方法适用于需要向上调速的恒功率调速系统，通常与向下调速方法如降压调速配合使用，来获得宽范围的、高效的、平滑而又经济的调速。常用于重型机床，如龙门刨床、大型立车等。

需要引起注意的是，他励直流电动机在运行过程中如果励磁电路突然断线，则 $I_f=0$，磁通 Φ 仅为很小的剩磁。由机械特性方程式和 $T=C_T\Phi I_a$ 可见，此时电枢电流大大增加，转速也将上升得很高，短时间内可使整个电枢烧坏，必须考虑相应的保护措施。

【例 3-3】 一台他励直流电动机，其 $R_a=0.1\Omega$，$U_N=220V$，$I_N=115A$，$n_N=1500r/min$，$P_N=22kW$。电动机带额定负载运行时，要求把转速降到 1000r/min，求：

(1) 采用电枢串入电阻调速，需串入的电阻应为多大？

(2) 用降电压调速，需把电源电压降为多少伏？

(3) 上述两种调速情况下，电动机输入功率与输出功率各是多少？

(4) 若要求 $T_L=0.6T_N$ 时，转速升到 $n=2000r/min$，此时磁通 Φ 应降到额定值的多少倍。

(5) 若不使电枢电流超过额定电流 I_N，在(4)减弱后磁通不变的情况下，该电动机所能输出的最大转矩是多少？

解： 根据已知数据求得 $C_e\Phi_N=\dfrac{U_N-I_NR_a}{n_N}=\dfrac{220-115\times0.1}{1500}=0.139$

(1) 电枢串入电阻调速

当 $\Phi=\Phi_N$，$T=T_N$ 时，$I_a=I_N=115A$

$$n=\frac{U_N}{C_e\Phi_N}-\frac{R_a+R_\Omega}{C_eC_T\Phi_N^2}T=\frac{U_N-(R_a+R_\Omega)I_a}{C_e\Phi_N}=\frac{220-(0.1+R_\Omega)115}{0.139}=1000r/min$$

解得 $R_\Omega=0.604\Omega$

(2) 降压后的理想空载调速

当 $\Phi=\Phi_N$，$T=T_N$ 时，$I_a=I_N=115A$

$$n=\frac{U}{C_e\Phi}-\frac{R}{C_eC_T\Phi_N^2}T=\frac{U-R_aI_a}{C_e\Phi_N}=\frac{U-0.1\times115}{0.139}=1000r/min$$

解得 $U=150.5V$

(3) 输出功率

$$T_2=9550\times\frac{P_N}{n_N}=9550\times\frac{22}{1500}=140.1N\cdot m$$

$$P_2=T_2\Omega=T_2\cdot\frac{2\pi}{60}n=140.1\times\frac{2\pi}{60}\times1000=14670W$$

输入功率：

串入电阻调速时 $P_1=U_NI_N=220\times115=25300W$

降压调速时 $P_1=UI_N=150.5\times115=1730W$

(4) $T_N=9.55C_e\Phi_NI_N=9.55\times0.139\times115=152.66N\cdot m$

$$n=\frac{U_N}{C_e\Phi}-\frac{R_a}{9.55(C_e\Phi)^2}T$$

$$2000=\frac{220}{C_e\Phi}-\frac{0.1}{9.55(C_e\Phi)^2}\times0.6\times152.66$$

$C_e\Phi=0.1054$ 或 0.0045，显然应为 0.1054。

(5) $T=9.55C_e\Phi I_N=9.55\times0.1054\times115=115.76\text{N}\cdot\text{m}$

3.4 直流电动机的制动

欲使电力拖动系统停车，对反抗性负载来说最简单的方法是断开电枢电源，这时电动机的电磁转矩为零，在空载损耗阻转矩的作用下，系统转速就会逐渐减小至零，这叫做自由停车法。停车过程中阻转矩通常都很小，这种停车方法一般较慢，特别是空载自由停车，更需要较长的时间。许多生产机械希望能快速减速或停车，或使位能负载能稳定匀速下放，这就需要拖动系统产生一个与旋转方向相反的转矩，这个起着反抗运动作用的转矩称制动转矩。产生制动转矩的方法有两种：一是利用机械摩擦获得，称为机械制动，例如常见的抱闸装置；二是在电动机的旋转轴上施加一个与旋转方向相反的电磁转矩，称为电磁制动。与机械制动相比，电磁制动的制动转矩大、操作方便、没有机械磨损，容易实现自动控制，所以在电动机拖动系统中得到广泛应用。在某些特殊场合，也可同时采用电磁制动和机械制动。本节中只讨论电磁制动。

根据电动机内部能量传递的关系的不同，电磁制动分为 3 种：能耗制动、反接制动和回馈制动。

3.4.1 能耗制动

图 3-17(b)是采用能耗制动的电路图，为了方便比较，把电动状态时的电路图画在图 3-17(a)。当触点 K_1 闭合 K_2 打开时，电动机处于电动运行状态，各物理量的正方向如图 3-17(a)所示。打开 K_1 闭合 K_2 时开始进行能耗制动，各物理量的正方向如图 3-17(b)所示。此时电枢与电阻 R_Ω 接通，电枢电压 $U=0$。由于机械惯性，电动机转速方向不变，而磁场依然存在，反电动势 E_a 依然存在，且方向不变。电枢电流 I_a 变为由 E_a 产生，方向与 E_a 相同而与电动状态时的方向相反，故 $T=C_T\Phi I_a$ 也随之反向，即 T 与 n 反向，进入制动运行状态。

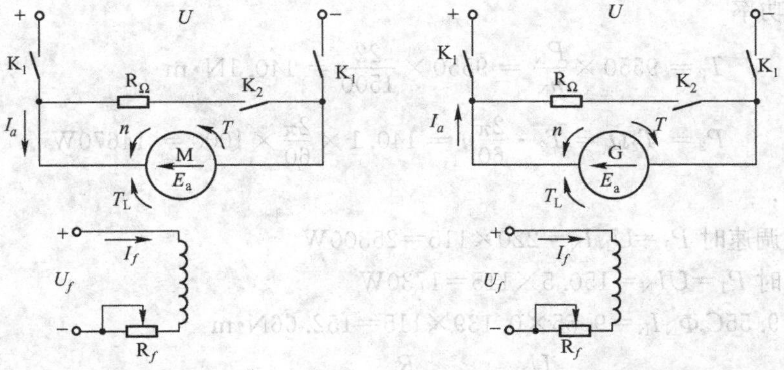

图 3-17　他励直流电动机电动及能耗制动状态下的电路图

在制动过程中，电枢始终与电源脱离(即$U=0$)，电动机的动能不断转换为电能消耗于电枢回路中的电阻R_a+R_Ω上，故称为能耗制动。

将$U=0$代入直流电动机的机械特性方程式，即得能耗制动的机械特性方程式

$$N=-\frac{R_a+R_\Omega}{C_eC_T\Phi^2}T \tag{3-21}$$

分析该机械特性方程式可得：①$T=0$时，$n=0$，机械特性过原点；②$T>0$时，$n<0$，$T<0$时$n>0$，机械特性应在第二象限和第四象限；③斜率为$\beta=\frac{R_a+R_\Omega}{C_eC_T\Phi^2}$，$R_\Omega$一定时，$\beta$为常数。绘出机械特性如图3-18所示，与电枢回路串联电阻R_Ω时的人为机械特性斜率相同，两条特性互相平行。

如果电动机拖动不同性质的负载，则其能耗制动情况是不同的。

1. **反抗性负载**

设电动机在拖动反抗性恒转矩负载T_L工作时，工作在图3-18中固有特性上的A点，对应的转速为n_A。当电动机脱离电源，进行能耗制动时，由于机械惯性，转速不能突变，工作点由A点过渡到能耗制动机械特性上的B点，电磁转矩变为负的$-T_1<T_L$，电动机减速，工作点沿能耗制动机械特性曲线下降，制动转矩也逐渐减小，直至原点时，转速$n_0=0$，制动转矩$T_0=0$，电动机停车，制动结束。

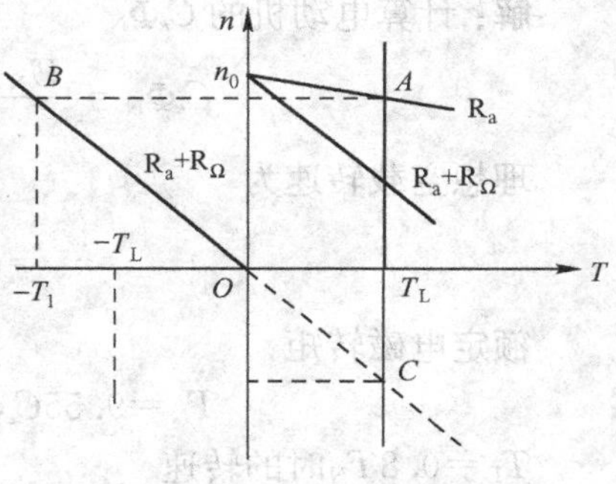

图3-18　能耗制动的机械特性

对反抗性负载，能耗制动的稳定点为坐标原点。

制动转矩T_1的大小与电枢回路所串电阻R_Ω的大小有关。根据$\beta=\frac{R_a+R_\Omega}{C_eC_T\Phi^2}$和能耗制动机械特性曲线可知，$R_\Omega$越小，能耗制动机械特性斜率越小，制动开始时的制动转矩越大，制动时间越短。但由于$T=C_T\Phi I_a$，此时电枢电流越大，而电枢电流一般不允许超过额定电流的两倍，故能耗制动时电枢必须串联电阻R_Ω，其值可按下式选择

$$R_a+R_\Omega\geqslant\frac{E_a}{2I_N}\approx\frac{U}{2I_N}$$

故有
$$R_\Omega\geqslant\frac{U_N}{2I_N}-R_a \tag{3-22}$$

2. **位能性负载**

如果电动机带的是位能性恒转矩负载，进行能耗制动时，在转速下降至零之前的制动过程与电动机带反抗性负载情况一样(见图3-18)。但是到了O点($T=0$，$n=0$)时，由于负载曲线在第一象限和第四象限，此时负载转矩T_L仍大于零，将倒拉电动机反方向运转，转速沿能耗制动机械特性第四象限部分反方向升高，至负载机械特性与能耗制动机械特性的交点C时，$T=T_L$，系统加速度减为零，转速稳定，可实现匀速下放重物。

此时$n<0$、$T>0$，T与n的方向相反，T为制动转矩，而T_L与n方向相同，为拖动性转矩。同样，稳定运行时下放速度的高低与电枢回路所串电阻R_Ω的大小有关。R_Ω的越小，能耗制动机械特性斜率越小，下放的速度越低，其值可用式(3-21)解得。

设要求下放重物的速度为n_C，以$n=-n_C$代入式(3-21)，解得

$$R_\Omega=-\frac{C_eC_T\Phi^2 n}{T}-R_a=\frac{C_eC_T\Phi^2 n_C}{T}-R_a \tag{3-23}$$

计算过程中n_C以下放转速的绝对值代入。

能耗制动运行设备简单，操作方便，运行可靠，且不需要从电网输入电能，制动转矩随转速下降而减小，制动时比较平稳，便于准确停车。低速时制动效果较差，适用于一般生产机械或要求准确停车的场合以及位能性负载的低速下放等。

【例 3-4】 一台他励直流电动机的额定数据：$R_a=0.7\Omega$，$U_N=110V$，$I_N=20A$，$n_N=1450r/min$，$P_N=2.75kW$。电动机带反抗性负载$T_L=0.8T_N$运行时，进行能耗制动，欲使起动制动转矩为$2T_N$，电枢回路应串入多大电阻？

解： 计算电动机的$C_e\Phi_N$

$$C_e\Phi_N=\frac{U_N-I_NR_a}{n_N}=\frac{110-20\times0.7}{1450}=0.066$$

理想空载转速为

$$n_0=\frac{U_N}{C_e\Phi_N}=\frac{110}{0.066}=1667r/min$$

额定电磁转矩

$$T_N=9.55C_e\Phi_NI_N=9.55\times0.066\times20=12.6N\cdot m$$

$T_L=0.8T_N$时的转速

$$n=n_0-\frac{R}{C_eC_T\Phi_N^2}T=n_0-\frac{R_a}{9.55(C_e\Phi_N)^2}\times0.8T_N$$

$$=1667-\frac{0.7}{9.55\times0.066^2}\times0.8\times12.6=1497r/min$$

能耗制动起始时的电枢电动势

$$E_a=C_e\Phi_Nn=0.066\times1497=98.8V$$

能耗制动时电枢回路应串电阻

$$R_\Omega=\frac{E_a}{2I_N}-R_a=\frac{98.8}{2\times20}-0.7=1.77\Omega$$

3.4.2 反接制动

他励直流电动机的电枢电压U和电枢电动势E_a中的任何一个量在外部条件作用下改变方向，即两者由原来方向相反变为一致时，电动机即进入反接制动状态。因此，反接制动可用两种方法实现，即电压反接（一般用于反抗性负载）与电动势反接(用于位能性负载)。

1. 电压反接制动

电压反接制动的电路图如图 3-19 所示。当触点K_1接通、触点K_2断开时，电动机处于正

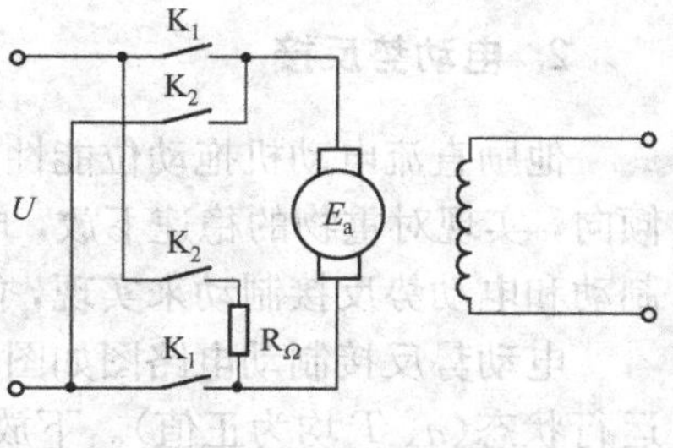

图 3-19　电压反接制动电路图

向电动运行状态（n 为正值），电枢电流 $I_a=\dfrac{U-E_a}{R_a}$为正值。需要制动时，断开触点 K_1，接通触点 K_2，把电枢电源反接，同时在电枢电路中串入限流电阻 R_Ω。由于电压反接，相当于电压变为$-U$；而由于 n 不能突变及磁通不变，则电动势 E_a 方向也与电动状态时相同，所以电枢电流为

$$I_a=\frac{-U-E_a}{R_a+R_\Omega}=\frac{U+E_a}{R_a+R_\Omega}$$

此时 I_a为负值，转矩 T 也为负值即反向，T 与 n 反向，电动机为制动运行状态。因是电压反接引起的制动，故称为电压反接的反接制动。

根据电压反接制动的条件，其机械特性方程式为

$$n=\frac{-U}{C_e\Phi}-\frac{R_a+R_\Omega}{C_eC_T\Phi^2}T=-n_0-\frac{R_a+R_\Omega}{C_eC_T\Phi^2}T=-n_0+\beta_bT \tag{3-24}$$

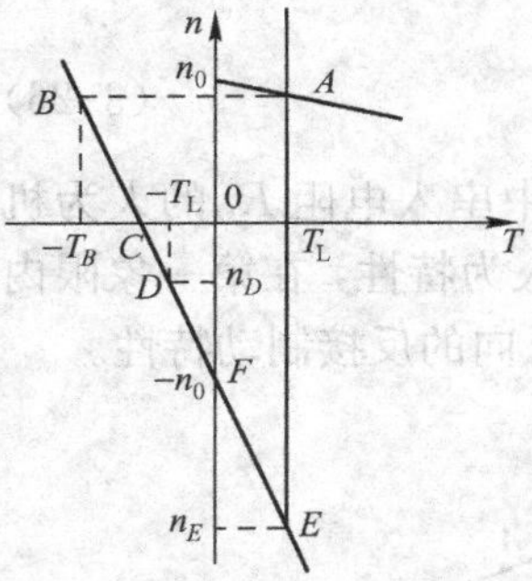

图 3-20　电压反接制动机械特性曲线

机械特性曲线如图 3-20 中 BE 所示。

可见，电压反接制动时，理想空载转速变为$-n_0$，斜率为 $\beta_B=-\dfrac{R_a+R_\Omega}{C_eC_T\Phi^2}$。需指出的是，在 BE 上仅有在第二象限中的部分即 BC 段为电压反接制动；在第三象限中的部分即 CF 段，因 n 和 T 均为负值即同向，故为反向电动运行状态；在第四象限中的部分即 FE 段为回馈制动运行的机械特性。

如电动机在制动前工作在固有机械特性的 A 点，制动开始时，工作点由 A 点跳到 B 点，转矩瞬时变为$-T_B$（T_B的大小决定于 R_Ω 的数值），由于转速不能突变，$n_B=n_A$，进入制动状态，电动机因$-T_B<T_L$而减速，工作点沿机械特性 BE 下降，制动转矩也逐渐减小，至转速 $n=0$ 时，工作点下移至 C 点，制动过程结束。此时转矩不为零且也可能与负载转矩不相等，系统不能自行停车，对于反抗性负载，需断开电源停车，若不断开电源系统将反向起动加速，直至 $T=-T_L$，工作点下移到特性上的 D 点稳定运行，进入反向电动运行状态；对于位能性负载，需采用其他方法实现停车，否则工作点将下移至第四象限，直至 $T=T_L$ 在 E 点稳定运行，进入回馈制动运行状态。

在进行电压反接制动时电枢也必须串联电阻 R_Ω，使瞬间最大电枢电流不超过 $2I_N$，其值可按下式选择。

因 $R_a+R_\Omega\geqslant\dfrac{E_a+U_N}{2I_N}\approx\dfrac{2U_N}{2I_N}=\dfrac{U_N}{I_N}$，则有

$$R_\Omega\geqslant\frac{U_N}{I_N}-R_a \tag{3-25}$$

采用电压反接制动时，制动转矩的平均值较大，制动作用强烈，在转速降低后仍有良好的制动效果，并能将拖动系统的停车和反向起动结合起来，故常用于一些需要频繁正、反转的可逆拖动系统或反抗性负载的快速停车、反向等。

2. 电动势反接

他励直流电动机拖动位能性负载运行时，为了制止负载按自由落体运动规律不断加速的倾向，实现对重物的稳速下放，电动机应提供制动性质的电磁转矩进行限速制动。可用能耗制动和电动势反接制动来实现，能耗制动前面已讨论过，现讨论电动势反接制动。

电动势反接制动电路图如图 3-21 所示，提升重物时，触点 K 闭合，电动机处于正向电动运行状态(n、T 均为正值)。下放重物时，断开触点 K，在电枢回路中串入较大的电阻 R_Ω，此时电枢电流下降，电磁转矩下降，工作点由 A 点跳至 B 点(见图 3-22)，$T<T_L$，电动机转速下降，工作点沿串联电阻 R_Ω 的人为机械特性向下运动，电枢电动势 E_a 随之减小，电枢电流和电磁转矩增大。到 C 点时，$n=0$，$E_a=0$，但 $T<T_L$ 仍然成立，于是电动机被位能性负载倒拉反转(故电动势反接制动又称为倒拉反转制动)，工作点进入第四象限。此时电动机转矩 T 的方向与电动状态时相同，仍为正向，但转速 n 为负方向(n 为负值，即下放重物)，T 与 n 的方向相反，电动机为制动运行状态。

电动势反接制动时的机械特性方程式为

$$n=\frac{U}{C_e\Phi}-\frac{R_a+R_\Omega}{C_eC_T\Phi^2}T=n_0-\frac{R_a+R_\Omega}{C_eC_T\Phi^2}T \tag{3-26}$$

可见，电动势反接制动运行的机械特性与电动状态下电枢电路中串入电阻 R_Ω 的人为机械特性完全相同。图 3-22 中给出了电动机电枢串较大电阻 R_Ω 时的人为特性，在第一象限内的部分 n_0C 段为正向电动特性，在第四象限内的部分 CD 段为转速反向的反接制动特性。

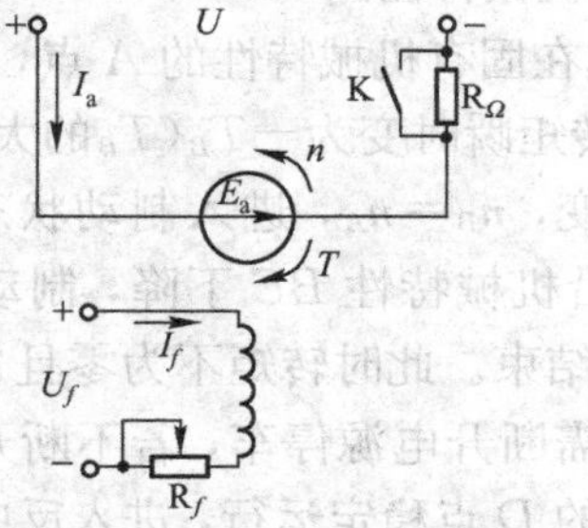

图 3-21 电动势反接制动电路图

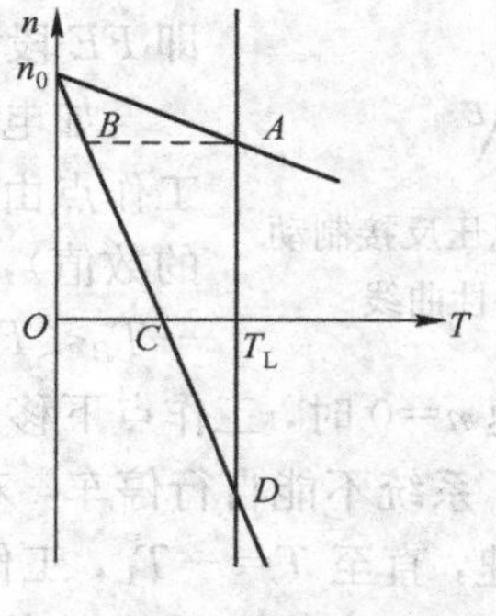

图 3-22 电动势反接制动机械特性

电动势反接制动设备简单，运行可靠，操作方便，但电枢所串电阻较大，机械特性较软，转速稳定性差，能量损耗较大，经济性差。适用于位能性负载的低速下放等。

【例 3-5】 在例 3-4 中，电动机带反抗性负载额定负载转矩运行时，进行电源反接制动停车，欲使起始制动转矩为 $2T_N$，电枢回路应串入多大电阻？若电动机带位能性额定负载转矩，以 1000r/min 的速度下放时，可用哪些方法，电枢回路分别应串入多大电阻？

解：(1)$T_L=T_N$ 运行时的电枢电动势

$$E_a=C_e\Phi_N n_N=0.066\times1450=95.7\text{V}$$

反接制动停车时电枢回路应串入的电阻

$$R_\Omega=\frac{U_N+E_a}{2I_N}-R_a=\frac{110+95.7}{2\times20}-0.7=4.4\Omega$$

(2) 所需下放速度低于理想空载转速，故可用能耗制动或转速反向反接制动方法下放该重物。

用能耗制动方法下放时，根据式(3-23)有

$$R_\Omega = \frac{C_e C_T \Phi^2 n_C}{T_N} - R_a = \frac{955 \times 0.066^2 \times 1000}{12.6} - 0.7 = 2.6\Omega$$

用转速反向反接制动下放时，$n = -n_C$，$T = T_N$，根据式(3-26)有

$$n = \frac{U}{C_e \Phi} - \frac{R_a + R_\Omega}{C_e C_T \Phi^2} T = n_0 - \frac{R_a + R_\Omega}{C_e C_T \Phi^2} T$$

整理化简得

$$R_\Omega = \frac{9.55(n_0 + n_C)(C_e \Phi_N)^2}{T_N} - R_a = \frac{9.5 \times (1667 + 1000) \times 0.066^2}{12.6} - 0.7 = 8.1\Omega$$

3.4.3　回馈制动运行

他励直流电动机运行时，如果转速在外部条件作用下变得高于理想空载转速 n_0，使电枢电动势 E_a 高于电网电压 U，电动机即进入回馈制动运行状态。

回馈制动在以下两种情况下可能出现。

1. 降压调速时的回馈制动过程

在降压调速的电动机拖动系统中，由于降压过快或降压幅度太大，常使感应电动势来不及变化而产生 $E_a > U$ 的情况，从而发生短暂的回馈制动过程。

图 3-23 为他励直流电动机降压调速过程中回馈制动机械特性，电压由 U_N 突然降低到 U_1，人为机械特性平行下移。设原来稳定运行在第一象限的 A 点，电压降到 U_1 后，由于转速不能突变，工作点从 A 点跳到第二象限的 B 点，理想空载转速由 n_0 降为 n_{01}。这时 $n_B = n_A > n_{01}$，使 $E_a > U_1$，$I_a = \frac{U_1 - E_a}{R_a + R_\Omega} < 0$ 反向，即有电流回馈给电网，转矩 T 反向为 $-T_B$，而转速 n 的方向未变，因而进入回馈制动运行。由于 $-T_B < T_L$，转速下降，工作点沿人为特性 BD 下降，到 C 点时，$n = n_{01}$，$E_a = U_1$，电枢电流和相应制动转矩均为零，回馈制动结束。工作点下降到 C 点时，$T = 0 < T_L$，转速继续下降使 $n < n_{01}$，$E_a < U_1$，I_a 与 T 恢复为正向，则电动机恢复为正向电动运行，随着转速下降，转矩 T 从零逐渐增大，直至工作点下降到 D 点时，$T = T_L$，进入降压调速后的稳定运行状态。故回馈制动特性为特性在第二象限的快速下降部分即 BC 段，在这个过程中输入电动机的机械功率是由负载动能的。

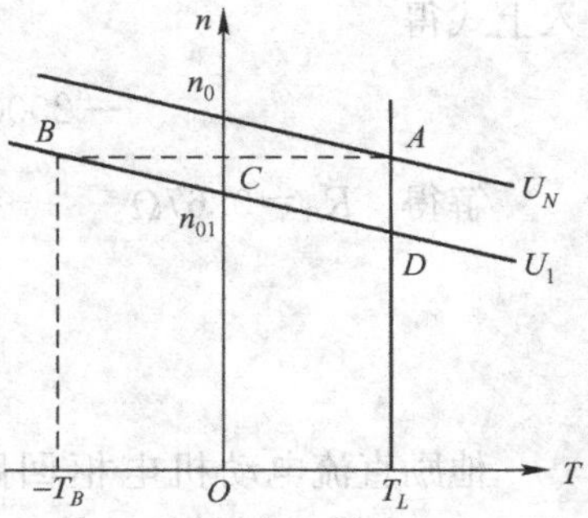

图 3-23　降压减速时的回馈制动过程

需要指出的是，在采用突然增加磁通来降低转速的调速系统中，转速下降时同样会出现类似的回馈制动过程。

2. 反接制动时的回馈制动过程

在 3.4.2 节中已经分析过，当他励直流电动机拖动位能性负载正向电动运行时(如提升

重物)，反接电源，使电枢电压改变为$-U$，理想空载转速改变为$-n_0$，电枢电流I_a和电磁转矩T均为负值，电动机进入电枢反接制动运行状态。当转速下降至零时，如不断开电源，电动机将反向起动，转速n反向变为负值，感应电动势E_a也随之反向成负值，工作点沿特性BE下移进入特性的第四象限部分(见图3-20)，这时$|-n|>|-n_0|$，$E_a>U$，电枢电流$I_a=\dfrac{-U-E_a}{R_a+R_\Omega}=-\dfrac{E_a-U}{R_a+R_\Omega}$又变为正值，转矩$T$也为正值，而$n$为负，电动机进入制动运行状态。由于此时$E_a>U$，电流$I_a$与$E_a$同方向，与外加电压反方向，电动机从电源吸取的电功率$UI_a<0$，实为向电网输出电能，此电能由位能性负载下放时释放的位能转化而来，其中一小部分消耗在电枢回路的电阻上，大部分回馈给电网，故也称为回馈制动。

回馈制动运行时，电动机不但不从电源吸收功率，还有能将系统减少的位能或动能变为电能回馈给电网。与能耗制动和反接制动相比，能量损耗最少，经济性最好。但实现回馈制动运行时，必须使转速高于理想空载转速n_0，故不能用于快速停车，适用于高速匀速下放重物，降压调速或增大磁通调速时会自动出现并加快减速过程。

【例3-6】 在例3-4中，电动机带位能性负载，且$T_L=0.8T_N$，欲以2000r/min的速度下放时，应采用什么方法，电枢回路应串入多大电阻?

解: 因为所需下放速度大于理想空载转速，故应采用回馈制动方法。

根据电枢回路串入接电阻时的人为机械特性，有

$$n=\frac{U_N}{C_e\Phi_N}-\frac{R_a+R_\Omega}{C_eC_T\Phi_N^2}T=n_0-\frac{R_a+R_\Omega}{C_eC_T\Phi_N^2}T$$

由题意，$n=-2000\text{r/min}$，$n_0=-1667\text{r/min}$，$T=0.8T_N=0.8\times12.6=10.08\text{N·m}$，代入上式得

$$-2000=-1667-\frac{0.7+R_\Omega}{9.55\times(0.066)^2}\times10.08$$

解得 $R_\Omega=0.67\Omega$。

小 结

他励直流电动机电枢回路的电压平衡方程式$U=E_a+I_aR_a$，电枢电动势计算公式$E_a=C_T\Phi n$及电磁转矩计算公式$T=C_T\Phi I_a$是分析直流电动机运行情况的3个最基本的方程式。

他励直流电动机机械特性的一般表达式$n=\dfrac{U}{C_e\Phi}-\dfrac{R_a+R_\Omega}{C_eC_T\Phi^2}T=n-\beta T$，可见要改变机械特性有3种方法：电枢回路串入电阻、改变电枢电压和减弱磁通。

他励直流电动机的要求是：起动转矩足够大、起动电流较小和简单的控制装置。起动方法包括：直接起动、降压起动和电枢回路串电阻起动等。

直流电动机的制动要求电流不超过允许值，电动运行的特点是电磁转矩T与转速n方向相同，而制动运行的特点是电磁转矩T与转速n方向相反。他励直流电动机的制动方法有能耗制动、反接制动(又分电枢反接制动和电动势反接制动)和回馈制动。

反映调速性能的技术指标有调速范围D、静差率δ、平滑性φ和允许输出，其中，静差率δ和调速范围D是相互制约的指标。实际应用中，应根据生产机械的要求，做好技术经济比

较后确定调速方案。

根据由他励直流电动机机械特性方程式的一般形式 $n=\frac{U}{C_e\Phi}-\frac{R_a+R_\Omega}{C_eC_T\Phi^2}T$ 可以看出，他励直流电动机的调速方法有 3 种：①电枢回路串入电阻 R_Ω；②改变电源电压 U；③改变励磁磁通 Φ。

习　题

3.1　他励直流电动机电阻起动时，切换电流 I_2 越大越好吗？为什么？

3.2　他励直流电动机电阻起动时，由一条特性曲线转换到另一条曲线上，在转换的瞬间，转速、电枢电流都发生什么变化？

3.3　为什么串励直流电动机不允许过分轻载运行？

3.4　他励直流电动机的调速都有哪几种方式？

3.5　他励直流电动机的理想空载转速和负载时的转速降各与哪些因素有关？

3.6　他励直流电动机制动运行分为哪几种方式？

3.7　他励直流电动机电枢串电阻的人为机械特性会有什么特点？

3.8　改变他励直流电动机电源电压时的人为机械特性有什么特点？

3.9　削弱改变他励直流电动机磁场时的人为机械特性有什么特点？

3.10　他励直流电动机起动时，起动电流的确定要考虑哪些因素？

3.11　容量较大的他励直流电动机为何不能采取直接起动的方式进行起动？

3.12　一台 Z3-71 型他励直流电动机 $P_N=17kW$，$U_N=220V$，$I_N=90A$，$n_N=1500r/min$。试计算：

(1) $C_e\varphi_N$和 $C_T\varphi_N$；(2)求固有机械特性。

3.13　他励直流电动机 $P_N=22kW$，$U_N=220V$，$I_N=115A$，$n_N=1500r/min$，$R_a=0.1\Omega$，求：

(1) 额定电磁转矩和额定输出转矩；

(2) 空载转矩；

(3) 理想空载转速及实际空载转速；

(4) $I_a=0.5\ I_N$的转速；

(5) $n=1800r/min$ 时的 I_a。

3.14　一台他励直流电动机，$P_N=5.6kW$，$U_N=220V$，$I_N=31A$，$n_N=1000r/min$，$R_a=0.4\Omega$，如采用四级起动，取 $I_1=2\ I_N$，求各分段起动电阻。

3.15　一台他励直流电动机，$P_N=21kW$，$U_N=220V$，$I_N=115A$，$n_N=980r/min$，$R_a=0.1\Omega$，$T_L=0.8T_N\cdot m$，设 I_f不变，将磁通减弱至 $80\%\Phi_N$，求磁通减弱后瞬时的电枢电流及达到新的稳态后的转速。

3.16　一台他励直流电动机，$P_N=17kW$，$U_N=110V$，$I_N=185A$，$n_N=1000r/min$，$R_a=0.036\Omega$，$T_L=0.8T_N\cdot m$，设 I_f不变，要使 $n=600r/min$，用降低电源电压方法实现，求相关的数据。

3.17　一台他励直流电动机，$U_N=110V$，$I_N=28A$，$n_N=1500r/min$，励磁回路总电阻

$R_f=110\Omega$，电枢回路电阻 $R_a=0.15\Omega$，在额定运行状态下突然在电枢回路串入 0.5Ω 的电阻，忽略电枢反应和电磁惯性，计算电枢电流、电磁转矩。

3.18 一台他励直流电动机，$P_N=74$kW，$U_N=220$V，$I_N=378$A，$n_N=1430$r/min，采用降压及弱磁调速，要求最低理想空载转速为 500r/min，最高理想空载转速为 1600r/min，求在额定转矩时的最高转速和最低转速，并比较最高转速机械特性和最低转速机械特性的静差率。

3.19 一台他励直流电动机，$P_N=29$kW，$U_N=440$V，$I_N=76$A，$n_N=1000$r/min，$R_a=0.377\Omega$，采用降压调速，当要求 $\delta=20\%$时，求调速范围 D。当要求 $\delta=30\%$时，D 又是多少？

3.20 一个直流调速系统采用改变电源电压调速。已知电动机额定转速 $n_N=900$r/min 高速机械特性的理想空载转速 $n_0=1000$r/min，额定负载下低速机械特性上转速 $n_{min}=100$r/min，生产工艺要求低速静差率 $\delta\leqslant 20\%$，则此时的调速范围是多少？

3.21 一台他励直流电动机，$P_N=2.5$kW，$U_N=220$V，$I_N=12.5$A，$n_N=1500$r/min，$R_a=0.8\Omega$，当电动机以 1200r/min 的转速运行时，采用能耗制动停车，要求制动开始后瞬间电流限制为额定电流的两倍，求电枢回路应串入的电阻值。

3.22 一台他励直流电动机，$P_N=2.5$kW，$U_N=220$V，$I_N=12.5$A，$n_N=1500$r/min，$R_a=0.8\Omega$，若负载为位能性恒转矩负载，$T_L=0.9\ T_N$，采用能耗制动，使负载以 420r/min 的转速恒速下放，求电枢回路应串入的电阻。

3.23 一台他励直流电动机，$P_N=10$kW，$U_N=110$V，$I_N=112$A，$n_N=750$r/min，$R_a=0.1\Omega$，设电动机原工作在额定状态，带反抗性恒转矩负载。采用电压反向的反接制动，使最大制动电流为 $2.2I_N$，求电枢电路内应当串入的电阻。

3.24 一台他励直流电动机，$P_N=10$kW，$U_N=220$V，$I_N=53$A，$n_N=1000$r/min，$R_a=0.3\Omega$，该电动机用于提升和下放重物的起重机。当 $I_a=I_N$时，电枢电路串入 2.1Ω 电阻稳态转速为多少？

3.25 一台他励直流电动机，$P_N=29$kW，$U_N=440$V，$I_N=76$A，$n_N=1000$r/min，$R_a=0.377\Omega$，$T_L=0.8\ T_N$，电动机以 800r/min 的转速吊起重物，求电枢回路内应串入的电阻值。

第4章 变 压 器

变压器在电力系统中是一个十分重要的电气设备。众所周知，发电厂或电站多建在动力资源较丰富的地方，距离用电区非常遥远，要将大功率的电能进行远距离输送，就必须升高输电电压。在输送一定的电功率时，电压越高，线路中的电流越小，因而在线路上的压降和功率损耗就越小；这样线路中的电流减小，电流密度不变的情况下，在设计输电线路时可以相应的减小线径，从而减少了用铜量，节约了投资。由于发电机发出的电压受发电机绝缘条件的限制不可能很高，一般只有 10.5～20kV，所以需要采用升压变压器把交流发电机的输出电压抬高，例如 220kV、500kV 等；当电能送到用电区后，还要用降压变压器把输电电压降到配电电压，一般在 35kV 以下；然后再送到各用电区，最后经配电变压器把电压降到用户所需的电压等级，供用户使用。大型动力设备采用 6kV 或 10kV，小型动力设备和照明用电则为 380V/220V。整个系统如图 4-1 所示。

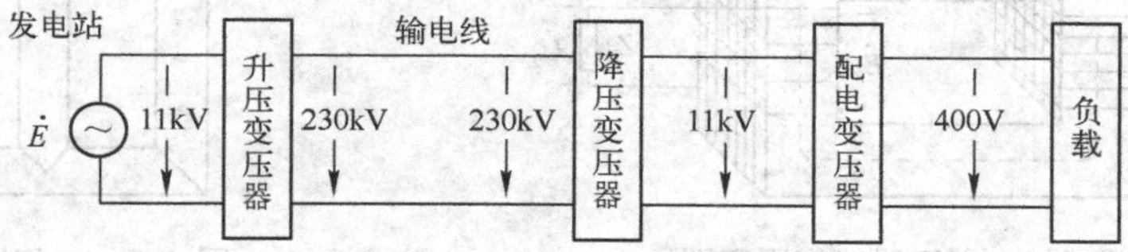

图 4-1　简单的电力系统图

4.1 变压器的类别、基本结构、额定值

4.1.1 变压器的主要类别

本书只讨论主要应用在电力系统中供输电和配电用的电力变压器。电力变压器是电力系统输配电的主要设备，其种类很多。

根据用途不同，电力变压器可以分为升压变压器、降压变压器、配电变压器和联络变压器。根据结构不同，电力变压器还可以分为双绕组变压器、三绕组变压器、分裂变压器和自耦变压器。根据相数不同，电力变压器也可以分为单相变压器、三相变压器。根据冷却绕组和铁芯的媒质不同，电力变压器还可以分成油浸式变压器、干式变压器和气体绝缘变压器。

虽然电力变压器有许多种分类，但是它们的基本结构和工作原理仍是相同的。下面先简要介绍一下变压器的基本结构。

4.1.2 变压器的基本结构

变压器是一种变换交流电能的静止电气设备，它利用电磁感应作用把一种等级的电压或电流变换成同频率的另一等级的电压或者电流。变压器由铁芯以及绕在该铁芯上的两个或两个以上的绕组组成，如图 4-2 所示。当一个绕组接上交流电源时，铁芯中就会产生交变磁通，从而在绕在这个铁芯上的其余绕组中感应出电动势，绕组电动势的大小与其自身的匝数成正比，通过改变其余绕组的匝数就可以达到改变输出电压的目的。

从对变压器的工作原理所进行的简单分析中可以看出，变压器最主要的部件是铁芯和绕组，它们构成了变压器的器身。

1. 铁芯

变压器的铁芯既是变压器的磁路，又是套装绕组的骨架。铁芯由两部分构成：芯柱、铁轭。芯柱用来套装绕组，铁轭用来将芯柱连接起来，使之成为闭合磁路。铁芯用厚 0.35mm 的冷轧高硅钢片叠成。冷轧高硅钢片是软磁材料，而且磁导率高，所以可以减少磁滞损耗，而冷轧高硅钢片之间涂上绝缘漆，则是避免涡流在钢片间流通，以减少涡流损耗。为了减少空载电流，铁芯叠片采用全斜接缝，上层叠片与下层叠片接缝错开，从而减少了接缝处的气隙，如图 4-3 所示；或者采用由冷轧高硅钢片卷成的卷片式铁芯。

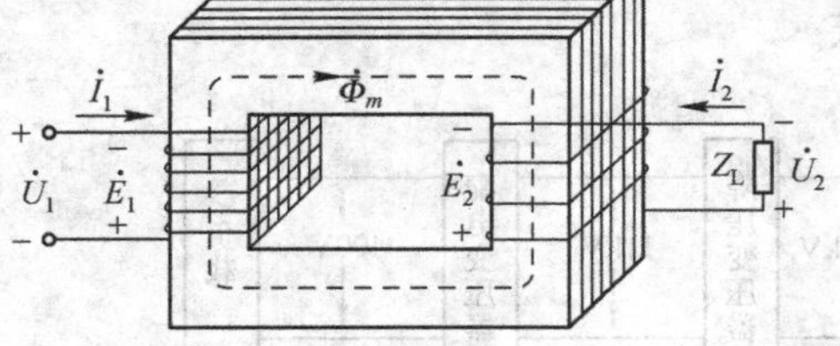

图 4-2　变压器工作原理图

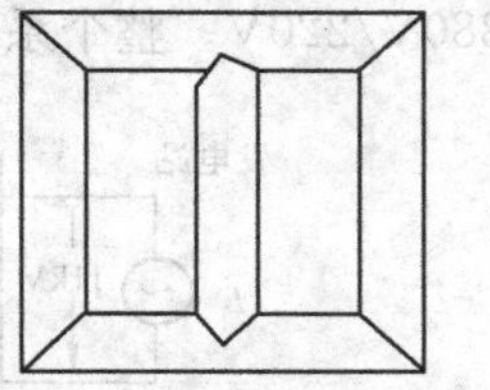

图 4-3　三相铁芯叠片

2. 绕组

绕组是变压器的电路部分，用纸包的或纱包的绝缘扁线或圆线绕成。其中输入电能的绕组称为一次绕组、原边或一次侧；输出电能的绕组称为二次绕组、副边或二次侧，它们通常套装在同一芯柱上，为了便于分析，通常将二者分开画在铁芯两边，如图 4-2 所示。

一次、二次绕组中电压较高的绕组称为高压绕组，电压较低的称为低压绕组。高压绕组流过的电流小于低压绕组流过的电流，因此，高压绕组的导线较细，而低压绕组的导线粗。一次绕组是高压绕组的变压器，称为降压变压器；一次绕组是低压绕组的变压器，称为升压变压器。

除变压器器身外，典型的油浸式电力变压器还有油箱、变压器油、散热器、绝缘套管及继电保护装置等部件，如图 4-4 所示。变压器的器身都是放在油箱中，箱内充满变压器油，目的是提高绝缘强度(因变压器油绝缘性能比空气好)，加强散热。变压器的引线从油箱内穿过油箱盖时，必须经过绝缘套管，以使高压引线和接地的油箱之间绝缘。绝缘套管一般都是瓷质的，为了增加爬电距离，套管外形做成多级伞形，电压越高，级数越多，如图 4-5 所示，这样就大大减少在雾天发生污闪现象的概率。而继电保护装置则用于在发生故障时，切断变压器与母线的连接。

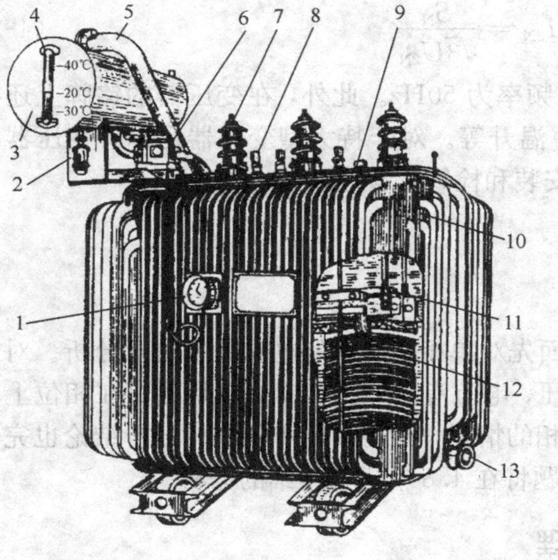

1—信号式温度计 2—吸湿器 3—储油柜 4—油表
5—安全气道 6—气体继电器 7—高压套管 8—低压套管
9—分接开关 10—油箱 11—铁芯 12—线圈 13—放油阀门

图 4-4 油浸式电力变压器

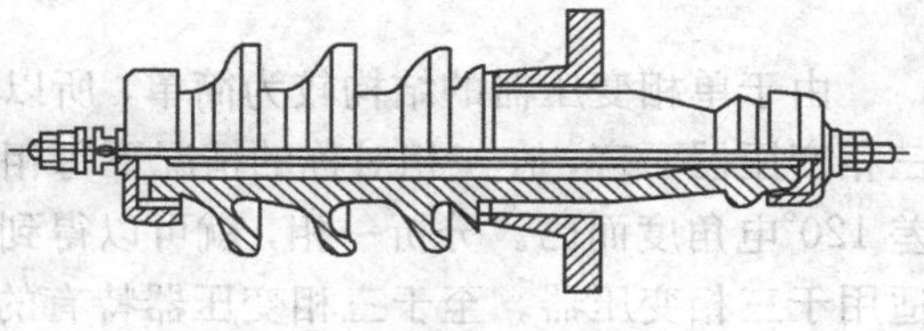

图 4-5 35kV 充油式绝缘套管

干式变压器没有油箱、变压器油等部件，它采用空气作为冷却剂，所以比油浸式变压器的冷却效果差，但提高绝缘媒质的耐热等级就可以提高温升，从而实现小型化，此外它还具有不易燃、不易爆的特点，被广泛用于城市的地下变电所和大厦等室内用户。特别是近年来，以 SF_6 气体作为绝缘媒质的气体绝缘变压器被广泛用于高压、大容量、易燃易爆场合。

4.1.3 变压器的额定值

和直流电机一样，每台变压器也都有一个铭牌，上面标明了变压器的各项额定值，主要有：

(1) 额定容量 S_N。它是变压器的额定视在功率，即在铭牌规定的额定状态下，变压器输出视在功率的保证值。额定容量用伏安(VA)或千伏安(kVA)表示，对于三相变压器而言指的是三相的总容量。由于变压器效率高，通常一次绕组和二次绕组的额定容量设计的相等。

(2) 一次绕组额定电压 U_{1N}。它是一次绕组所加电压的额定值，如果所加电源电压超过额定电压，且长时间运行，那么变压器的绝缘就有可能损坏，从而烧坏变压器。它的单位是伏(V)或千伏(kV)。

(3) 二次绕组额定电压 U_{2N}。它是一次绕组加上额定电压后，二次绕组的空载电压。它的单位是伏(V)或千伏(kV)。对于三相变压器，一次绕组额定电压 U_{1N} 和二次绕组额定电压 U_{2N} 都是指线电压。

(4) 额定电流 I_{1N}/I_{2N}。它们是根据额定容量和额定电压计算出来的一次、二次绕组的电流，单位是安(A)或千安(kA)。对于三相变压器而言，额定电流都是指线电流。

对于单相变压器

$$I_{1N}=\frac{S_N}{U_{1N}};I_{2N}=\frac{S_N}{U_{2N}} \tag{4-1}$$

对于三相变压器

$$I_{1N}=\frac{S_N}{\sqrt{3}U_{1N}};I_{2N}=\frac{S_N}{\sqrt{3}U_{2N}} \tag{4-2}$$

(5) 额定频率 f_N。我国规定标准工业用电频率为 50Hz。此外，在变压器的铭牌上还标注有相数、接线图、额定运行效率、阻抗压降、温升等。对于特大型变压器还标有变压器的总重量、铁芯和绕组的重量以及储油量等，供安装和检修时参考。

4.2 变压器的空载运行

由于单相变压器的结构较为简单，所以下面先对单相变压器的电磁关系进行分析。对于三相变压器而言，在三相对称的情况下每相电压、电流有效值都相等，只是各相在相位上相差 120°电角度而已。分析一相，就可以得到三相的情况，因此单相变压器的分析结论也完全适用于三相变压器。至于三相变压器特有的问题将在 4.8 节进行详细的分析。

4.2.1 变压器空载运行时的工作原理

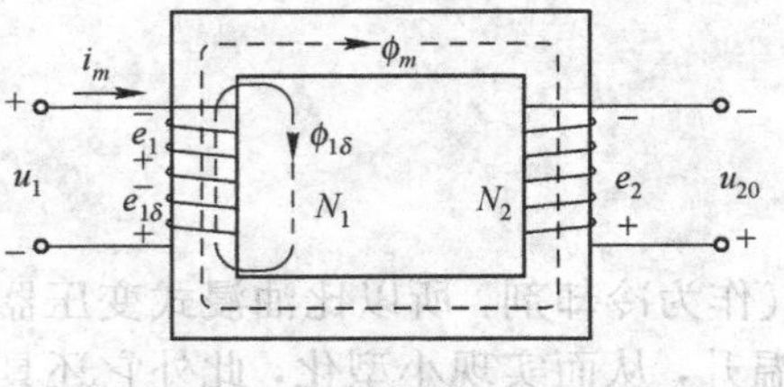

图 4-6 变压器的空载运行

变压器的空载运行是指变压器一次绕组接上交流电源，二次侧开路的运行状态，如图 4-6 所示，此时仅一次绕组流过交变电流 i_m，该电流被称为空载电流。据磁路的有关定理可知，该电流流过一次绕组，必将在一次绕组中产生交变的空载磁动势 $f_m=i_mN_1$，从而产生交变磁通，所以 i_m 也称为励磁电流。从图 4-6 还可以看出，磁通流过的路径有两条：铁芯和变压器油(或空气)。流过铁芯，并且穿过二次绕组的那部分交变磁通称为主磁通，用 ϕ_m 表示，其在一次绕组和二次绕组中分别感应出电动势 e_1 和 e_2，称为主电动势，主磁通流过的路径称为主磁路；流过变压器油(或空气)，且仅穿过一次绕组的磁通称为一次绕组的漏磁通，用 $\phi_{1\delta}$表示(此时二次绕组没有漏磁通)，其在一次绕组中感应出电动势 $e_{1\sigma}$，称为漏电动势。由于铁芯的磁导率远远大于变压器油(或空气)的磁导率，因此主磁通在数值上要远远大于漏磁通，约占总磁通的 99.8%～99.9%。

虽然主磁通 ϕ_m 和漏磁通 $\phi_{1\sigma}$都是由空载电流 i_m 产生的，但两者的性质却是完全不同的。由于铁磁材料所具有的饱和性，主磁通与产生它的空载电流之间的关系是非线形的，而漏磁通流通的路径是由变压器油(或空气)等非铁磁材料组成，所以其与空载电流呈线形关系，这是其一；其二，主磁通还与二次绕组交链，在二次绕组中也要感应出电动势 e_2，当二次绕组接上负载时，就可以向负载输出电功率，可见主磁通是联系一次绕组和二次绕组的纽带，是能量传递的桥梁，而漏磁通仅与一次绕组交链，不参与能量传递，只在一次绕组中起电压降的作用。

4.2.2 正方向的规定

由于变压器各电磁物理量都是交变的，其实际方向随着时间而变化，我们不可能根据它们的实际方向来列写方程。因此必须给所有物理量规定正方向(也称参考方向)，根据正方向来列写方程。当某一电磁物理量瞬时实际方向与规定的正方向一致时，这时该物理量就为正值，否则为负值。因此可以通过电磁物理量的正、负来判定其实际方向。

从原理上讲，正方向的规定是人为的、任意的。但是，如果正方向的规定不同，由此而得出的方程就有可能不同，就有可能出现计算结果相差一个负号的情况。虽然当把计算解答结果与规定的正方向对照时能够得出同样的瞬时值结果，但是不利于互相交流，而且有时也容易出错，因此统一规定空载时所有物理量的正方向如下(如图 4-6 所示)。

一次侧：

(1) 一次绕组所接交流电源电压 u_1 的正方向从上指向下。

(2) u_1 的正方向和一次绕组流过电流 i_m 的正方向一致，即从上流向下。

(3) i_m 和其产生的磁通 ϕ_m、$\phi_{1\sigma}$的正方向符合右手螺旋关系。

(4) ϕ_m 和其产生的主电动势 e_1 的正方向符合右手螺旋关系。

(5) $\phi_{1\sigma}$和其产生的漏电动势 $e_{1\sigma}$的正方向符合右手螺旋关系。

二次侧：

(1) ϕ_m 和其产生的主电动势 e_2 的正方向符合右手螺旋关系。

(2) 二次绕组端电压 u_{20}的正方向和电动势 e_2 的正方向相反。

可以看出，一次侧电压和电流正方向取关联方向，而二次侧电压和电流正方向取非关联方向。这是由于对于电网而言，变压器的一次侧相当于负载；而对于用电设备而言，变压器的二次侧相当于电源。

4.2.3 变压器空载运行时电压平衡方程式及相量图

要得出空载时电压平衡方程式，就需要先就以下几个物理量的关系进行讨论。

1. 感应电动势与主磁通

按图 4-6 所规定的正方向，根据基尔霍夫电压定律知

$$u_1 = -e_1 - e_{1\sigma} + i_m R_1 \tag{4-3}$$

式中，R_1 为一次绕组的电阻。

由于空载电流 i_m 很小，所以空载时一次绕组电阻上的压降很小；此外，由于漏磁通 $\phi_{1\sigma}$很小，所以由其感应出的漏电动势 $e_{1\sigma}$也很小。因此可以近似认为：$u_1 \approx -e_1$。如果 u_1 是按正弦规律变化，那么 e_1 和 ϕ_m 也必然是按正弦规律变化的。因此可以设：$\phi_m = \Phi_m \sin\omega t$，根据电磁感应定律有

$$e_1 = -N_1 \frac{d\phi_m}{dt} = -\omega N_1 \Phi_m \cos\omega t = \omega N_1 \Phi_m \sin(\omega t - 90°) \tag{4-4}$$

同理

$$e_2 = \omega N_2 \Phi_m \sin(\omega t - 90°) \tag{4-5}$$

从式(4-4)和式(4-5)可以看出，感应电动势 e_1 和 e_2 同相，在相位上均滞后于主磁通 ϕ_m 90°电角度，且它们的有效值分别是

$$E_1 = \frac{1}{\sqrt{2}}\omega N_1 \Phi_m = 4.44 f N_1 \Phi_m \tag{4-6}$$

$$E_2 = \frac{1}{\sqrt{2}}\omega N_2 \Phi_m = 4.44 f N_2 \Phi_m \tag{4-7}$$

由于 $u_1 \approx -e_1$，因此有

$$U_1 \approx E_1 = 4.44 f N_1 \Phi_m \tag{4-8}$$

此外，根据式(4-6)和式(4-7)可以得出

$$k=\frac{\dot{E}_1}{\dot{E}_2}=\frac{E_1}{E_2}=\frac{N_1}{N_2} \tag{4-9}$$

k 称为变压器匝比，也称变比。要注意的是变压器的匝比 k 和变压器的额定电压之比不是一回事。单相变压器的额定电压比和匝比相等，但是三相变压器的额定电压指的是线电压，因此额定电压比和匝比不一定相等。

2. 漏磁通、漏电动势和漏电抗

空载磁动势作用在一次侧漏磁路上，必然在一次侧绕组中产生了漏磁通，从而有

$$L_{1\sigma}=\frac{N_1\phi_{1\sigma}}{i_{\mathrm{m}}}=\frac{N_1\cdot(i_{\mathrm{m}}N_1\Lambda_{1\sigma})}{i_{\mathrm{m}}}=N_1^2\Lambda_{1\sigma} \tag{4-10}$$

式中，$L_{1\sigma}$为一次侧绕组的漏电感；$\Lambda_{1\sigma}$为漏磁路的磁导，它是一个常数。根据电磁感应定律，有

$$e_{1\sigma}=-N_1\frac{\mathrm{d}\phi_{1\sigma}}{\mathrm{d}t}=-L_{1\sigma}\frac{\mathrm{d}i_{\mathrm{m}}}{\mathrm{d}t}$$

由于电网电压为正弦波性，铁芯中的主磁通也为正弦波形。若铁芯不饱和，那么励磁电流也将是正弦波形。而对于电力变压器而言，其铁芯都是饱和的，因此励磁电流呈现尖顶波形。此外由于铁芯存在磁滞和涡流，因此励磁电流在相位上超前主磁通 α_{Fe} 角度，α_{Fe} 称为铁耗角。励磁电流可以基波分量和 3 次谐波、5 次谐波等一系列高次谐波分量，由于负载运行时励磁电流的谐波分量对变压器运行状态的影响很小，完全可以忽略。所以可以用一个有效值与之相等的正弦波性来代替尖顶波形的励磁电流，这样做可以简化分析，引起的误差也不大。因此，可以设 $i_{\mathrm{m}}=\sqrt{2}I_{\mathrm{m}}\sin\omega t$，从而有

$$e_{1\sigma}=-L_{1\sigma}\frac{\mathrm{d}i_{\mathrm{m}}}{\mathrm{d}t}=-\sqrt{2}\omega L_{1\sigma}I_{\mathrm{m}}\cos\omega t=\sqrt{2}\omega L_{1\sigma}I_{\mathrm{m}}\sin(\omega t+90^\circ)$$

$$\dot{E}_{1\sigma}=-\mathrm{j}\,\dot{I}_m X_{1\sigma} \tag{4-11}$$

式中，$X_{1\sigma}=\omega L_{1\sigma}$为表征漏磁通对一次绕组电磁效应的参数，称为一次绕组的漏电抗。可见 $x_{1\sigma}$也是一个常数，与电流 i_{m} 的大小无关。

3. 主磁通、主电动势和励磁阻抗

同样，可以引入一个参数来表示$\dot{E}_1$ 与 $\dot{I}_{\mathrm{m}}$(分别是 e_1 和 i_{m} 的相量形式)的关系。由于主磁通在铁芯中产生磁滞损耗和涡流损耗，因此，不能单纯地引入一个电抗，而应该引入一个阻抗 Z_{m}。这时，主电动势$\dot{E}_1$ 的作用可看做是电流 $\dot{I}_{\mathrm{m}}$ 流过 Z_{m} 所产生的负阻抗压降，即

$$\dot{E}_1=-\dot{I}_{\mathrm{m}}Z_{\mathrm{m}}=-\dot{I}_{\mathrm{m}}(R_{\mathrm{m}}+\mathrm{j}X_{\mathrm{m}}) \tag{4-12}$$

式中，Z_{m} 为变压器的励磁阻抗；X_{m} 为变压器的励磁电抗；R_{m} 为变压器的励磁电阻。

励磁电抗 X_{m} 是对应于主磁通的电抗，反映了主磁通对一次绕组的电磁效应，其存在下列关系：$X_{\mathrm{m}}\propto f_1N_1^2\Lambda_{\mathrm{m}}$，其中，$\Lambda_{\mathrm{m}}$ 为主磁路的磁导，其不是常数。励磁电阻 R_{m} 是反映铁芯损耗的虚拟电阻，实际上并不存在，设置它的目的是让励磁电流流过它所产生的有功功率与铁芯中的实际铁耗等效，即认为 $p_{\mathrm{Fe}}=I_{\mathrm{m}}^2R_{\mathrm{m}}$。

需要注意的是，励磁阻抗 Z_m 不是常数，而是外加电压的减函数。但是在实际运行中，电网电压波动很小，可以认为 Z_m 基本上保持不变。

以上几个问题介绍清楚后，可以得出变压器空载运行时相量形式的一次侧电压平衡方程式

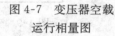

$$\begin{aligned}\dot{U}_1 &= -\dot{E}_1 - \dot{E}_{1\sigma} + \dot{I}_m R_1 \\ &= \dot{I}_m Z_m - (-\mathrm{j}\,\dot{I}_m X_{1\sigma}) + \dot{I}_m R_1 \\ &= \dot{I}_m Z_m + \dot{I}_m (R_1 + \mathrm{j}X_{1\sigma}) \\ &= \dot{I}_m Z_m + \dot{I}_m Z_1\end{aligned} \tag{4-13}$$

式中，Z_1 为一次绕组的漏阻抗。此外，二次侧电压平衡方程式为

$$\dot{U}_{20} = \dot{E}_2 = \frac{\dot{E}_1}{k} \tag{4-14}$$

相应的相量图如图4-7所示。

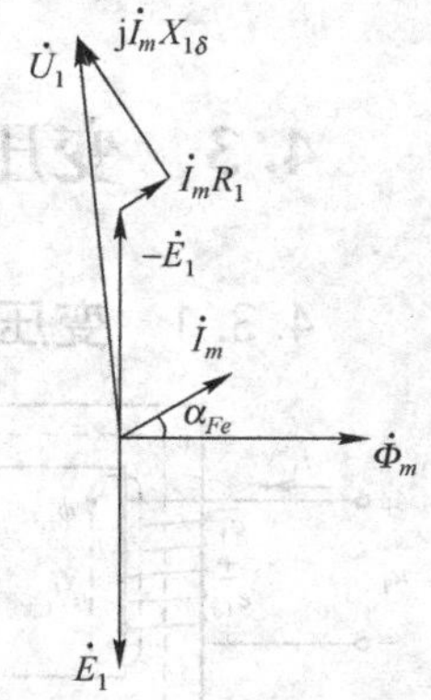

图4-7　变压器空载运行相量图

4.2.4　变压器空载运行时的等效电路

按式(4-13)可画出变压器空载运行时的等效电路图，如图4-8所示。等效电路表明，变压器空载运行时，一次绕组就是一个带铁芯的电感线圈，它的电抗值等于 $X_{1\sigma}+X_m$，它的电阻值等于 R_1+R_m；二次绕组相当于一个受一次绕组感应电动势 $\dot{E}_1$ 控制的电压源，其比例系数为 $1/k$。

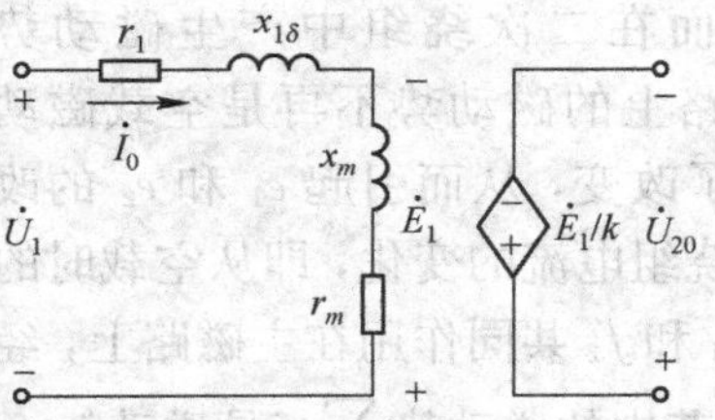

图4-8　变压器空载运行等效电路

【例4-1】 单相变压器的额定容量为6000kVA，额定频率为50Hz，额定电压为35kV/6.6kV，高压绕组匝数为1320匝，铁芯中最大磁通密度为1.4T，导线电流密度为 $3\mathrm{A/mm^2}$。试求：

(1) 高、低压绕组的额定电流；
(2) 低压绕组的匝数；
(3) 铁芯截面积；
(4) 绕组导线截面积。

解：(1)高压绕组额定电流为：$I_{1N}=\dfrac{S_N}{U_{1N}}=\dfrac{6000\times10^3}{35\times10^3}=171.43\mathrm{A}$

低压绕组额定电流为：$I_{2N}=\dfrac{S_N}{U_{2N}}=\dfrac{6000\times10^3}{6.6\times10^3}=909.09\mathrm{A}$

(2) 低压绕组的匝数为：$N_2=\dfrac{N_1}{k}=\dfrac{N_1U_{2N}}{U_{1N}}=\dfrac{1320\times6.6\times10^3}{35\times10^3}=249$ 匝

(3) 铁芯截面积为：

$$S_{Fe}\approx\frac{U_1}{4.44fN_1B_m}=\frac{35\times10^3}{4.4\times50\times1320\times1.4}=0.0853\mathrm{m^2}$$

(4) 高压绕组导线截面积为：

$$S_{Cu1}=\frac{I_1}{J}=\frac{171.43}{3}=57.14\mathrm{mm^2}$$

高压绕组导线截面积为：

$$S_{Cu2}=\frac{I_2}{J}=\frac{909.09}{3}=303.03\text{mm}^2$$

4.3　变压器的负载运行

4.3.1　变压器负载运行时的工作原理

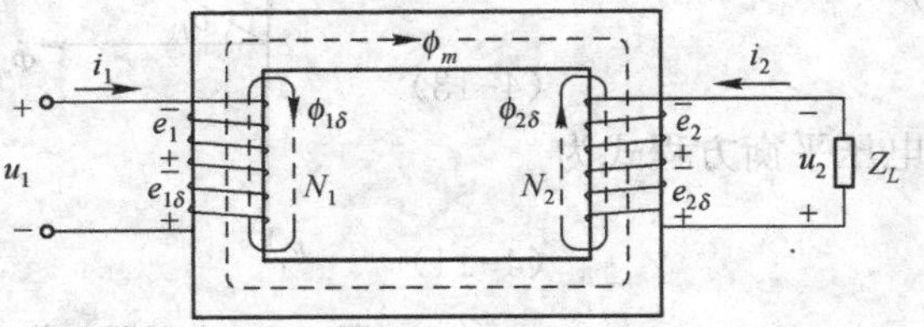

图 4-9　变压器的负载运行

变压器的负载运行是指变压器一次绕组接上交流电源，二次绕组接上负载 Z_L 的运行状态，如图 4-9 所示，而变压器的空载运行可以看成是一种特殊的负载运行状态：$Z_L=\infty$。

当变压器空载运行时，整个磁路的空载磁动势 f_m 是由一次绕组流过的空载电流 i_m 单独产生的。由 f_m 在铁芯中建立主磁通，并在一次、二次绕组中分别感应出主电动势 e_1 和 e_2。从一次绕组来看，外加电压 u_1 与 e_1 及漏阻抗压降 $e_{1\sigma}$ 相平衡，以维持空载电流 i_m，使整个变压器中的电磁关系处于平衡状态。当二次绕组接上负载，由于 e_2 的作用，二次绕组中流过电流 i_2，从而在二次绕组中产生磁动势 $f_2=N_2i_2$，该磁动势也作用在主磁路上。此时，作用在主磁路上的磁动势不再是空载磁动势，因此空载运行时所建立的电磁平衡状态被打破，ϕ_m 发生了改变，从而引起 e_1 和 e_2 的改变。在外加电压和漏阻抗不变的情况下，e_1 的变化引起了一次绕组电流的变化，即从空载时的 i_m 变为负载时的 i_1，它在一次绕组中产生磁动势 $f_1=N_1i_1$，f_1 和 f_2 共同作用在主磁路上，经过一个短暂的过渡过程，系统达到了新的平衡状态：变压器铁芯中的磁动势 $\sum f$ 是磁动势 f_1 和 f_2 的合成；$\sum f$ 产生变压器负载时的主磁通 ϕ_m（其数值和空载时稍有不同），再由 ϕ_m 产生 e_1 和 e_2。这时，在一次绕组中，外加电压 u_1 与 e_1 及 $e_{1\sigma}$ 相平衡；在二次绕组中，e_2 和 $e_{2\sigma}$ 及 u_2 相平衡，这种平衡关系如图 4-10 所示。这就是变压器负载运行时的工作原理。

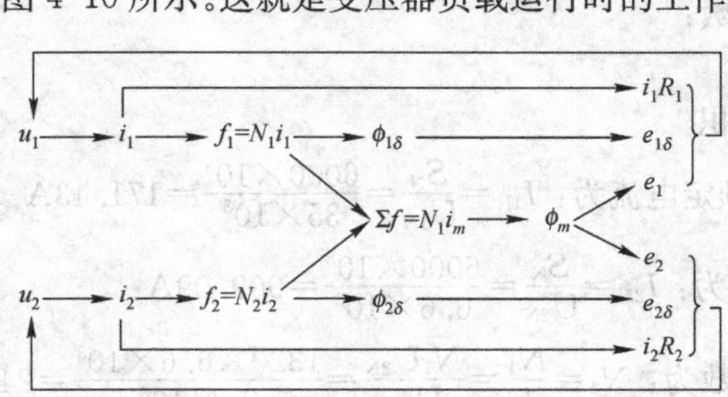

图 4-10　变压器负载运行时的电磁关系

4.3.2　正方向的规定

由于负载运行时变压器二次绕组中流过电流 i_2，建立起磁动势 $f=N_2i_2$，其在二次侧必然产生漏磁通 $\phi_{2\sigma}$，再由 $\phi_{2\sigma}$ 在二次绕组中产生漏电动势 $e_{2\sigma}$。这些量在变压器空载运行时都不存在，所以4.3.1节介绍正方向的规定原则时没有提及，但是分析变压器的负载运行规律时必须规定它们的正方向。i_2、$\phi_{2\sigma}$和$e_{2\sigma}$的正方向现补充规定如下，如图4-9所示。

(1) i_2 的正方向和 e_2 的正方向一致。

(2) i_2 和其产生的漏磁通 $\phi_{2\sigma}$的正方向符合右手螺旋关系。

(3) $\phi_{2\sigma}$和其产生的漏电动势 $e_{2\sigma}$的正方向符合右手螺旋关系。

其他各个电磁量的正方向的规定与4.3.1节雷同，这里不再赘述。

4.3.3 变压器负载运行时的磁动势平衡方程式

变压器负载运行时，从一次绕组来看，与空载的区别仅仅在于绕组中的电流不再是 i_m，而是 i_1，因此一次侧电压平衡方程式也变为

$$\dot{U}_1 = -\dot{E}_1 + \dot{I}_1 Z_1 \tag{4-15}$$

式中，$\dot{U}$为外加的电源电压，对于电力变压器而言，其大小一般不变；Z_1 是一次绕组的漏阻抗，也是常数。与空载运行时相比，由于 i_m 变为 i_1，负载时的$\dot{E}_1$ 与空载时的数值不会相同。但在电力变压器设计时，Z_1 一般被设计得很小，所以即使在额定负载下运行，一次绕组中电流为额定值 I_{1N}，其数值比空载电流 I_m 大很多倍，也仍然可以认为 $I_1|Z_1| \ll U_1$，$\dot{U}_1 \approx -\dot{E}_1$，从而仍然有：$U_1 \approx E_1 = 4.44fN_1\Phi_m$。可以看出，负载和空载运行时，其主磁通在数值上虽然有些差别，但差别不大，可以近似认为相等。主磁通不变，则变压器铁芯的饱和程度不变，主磁路的磁阻 R_m 不变。根据磁路的欧姆定律有：

$$\phi_m = \frac{f_m}{R_m} = \frac{\sum f}{R_m} \tag{4-16}$$

从而有

$$f_m = \sum f \tag{4-17}$$

再根据 i_1、i_2 的正方向以及磁路的基尔霍夫第二定律，有

$$\sum f = f_1 + f_2 = N_1 i_1 + N_2 i_2 \tag{4-18}$$

结合式(4-17)和式(4-18)有

$$N_1 i_m = N_1 i_1 + N_2 i_2 \tag{4-19}$$

若采用相量形式，式(4-19)可以表示为

$$N_1 \dot{I}_m = N_1 \dot{I}_1 + N_2 \dot{I}_2 \tag{4-20}$$

式(4-20)即为变压器负载时磁动势平衡方程式，它是分析变压器性能时经常用到的一个重要关系式。若将该式进一步作移项处理，可得

$$N_1 \dot{I}_1 = N_1 \dot{I}_m + (-N_2 \dot{I}_2) \tag{4-21}$$

进一步整理，可得

$$\dot{I}_1 = \dot{I}_m + \left(-\frac{N_2}{N_1}\dot{I}_2\right) = \dot{I}_m + \dot{I}_{1L} \tag{4-22}$$

$$N_1 \dot{I}_{1L} = -N_2 \dot{I}_2 \tag{4-23}$$

式(4-22)说明，变压器负载时一次绕组的电流$\dot{I}_1$ 可以认为由两个分量组成。一个分量是$\dot{I}_m$，其用来在变压器铁芯中产生主磁通，称为励磁分量；另一个分量是$\dot{I}_{1L}$，其产生的磁动势

$N_1\dot{I}_{1L}$ 恰好与负载电流 $\dot{I}_2$ 所产生的磁动势 $N_2\dot{I}_2$ 大小相等，方向相反，即两者互相抵消，所以称为负载分量。当变压器空载运行时，负载电流为零，所以一次绕组电流中的负载分量也为零，此时 $\dot{I}_2=\dot{I}_m$；当变压器接上负载时，二次绕组中流过负载电流，一次绕组中便自动流入负载分量电流，以平衡负载电流的去磁作用。

由于负载运行时励磁电流分量的有效值 $I_m \ll I_1$，所以 $\dot{I}_m$ 可以忽略不计，根据式(4-22)可得到

$$\dot{I}_1=-\frac{N_2}{N_1}\dot{I}_2 \tag{4-24}$$

$$\frac{I_1}{I_2}=\frac{N_2}{N_1}=\frac{1}{k} \tag{4-25}$$

式(4-25)表明了变压器负载运行时一次、二次绕组间的电流关系。这就是说，变压器二次绕组电流的增加或减少，必然同时引起一次绕组中电流的增加或减少，这就表明通过电磁作用，变压器能把电能从一次侧传递到二次侧，可见变压器是一个能量传递装置。

4.3.4 变压器负载运行时的电压平衡方程式

当变压器在某一负载下，处于相对平衡状态时，即所谓变压器的稳态运行时，其一次、二次绕组的电压平衡关系可以用相量形式的基本方程来表达。下面分别来讨论这些基本方程式。

1. 一次绕组电压平衡方程式

变压器负载运行时，铁芯中的主磁通仍然取决于励磁分量电流，故仍然可以用参数 Z_m 把励磁电流与主电动势联系起来，即

$$\dot{E}_1=-\dot{I}_mZ_m=-\dot{I}_m(R_m+jX_m) \tag{4-26}$$

此外，根据式(4-15)有：

$$\dot{U}_1=-\dot{E}_1+\dot{I}_1Z_1 \tag{4-27}$$

2. 二次绕组电压平衡方程式

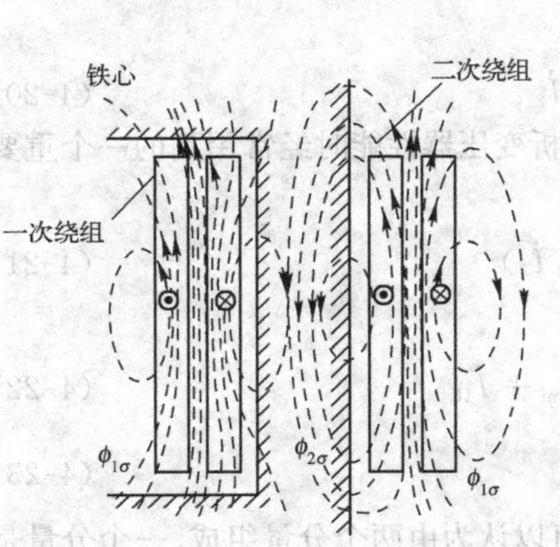

图 4-11 变压器一次、二次绕组的漏磁通

与一次侧类似，由负载电流在二次绕组中建立起来的磁动势会产生仅与本绕组交链且主要通过变压器油(或空气)而闭合的漏磁通，它通过的磁路如图 4-11 所示。该漏磁通又会在二次绕组中感应出漏电动势 $e_{2\sigma}$。这一点与 $e_{1\sigma}$的产生机理类似，所以可以利用 4.3.3 节的结论推导出

$$\dot{E}_{2\sigma}=-j\dot{I}_2X_{2\sigma} \tag{4-28}$$

式中，$X_{2\sigma}$为表征漏磁通对二次绕组电磁效应的参数，称为二次绕组的漏电抗。可以证明 $X_{2\sigma}=2\pi fN_2^2\Lambda_{2\sigma}$，其中 $\Lambda_{2\sigma}$二次侧漏磁路的磁导，是一个常数，与电流 i_2 的大小无关。

二次绕组的电阻用 R_2 表示，根据基尔霍夫电压定

律有

$$u_2 = e_2 + e_{2\sigma} - i_2 R_2 \tag{4-29}$$

根据式(4-28)，将式(4-29)用相量形式表示为

$$\begin{aligned}\dot{U}_2 &= \dot{E}_2 + \dot{E}_{2\sigma} - \dot{I}_2 R_2 \\ &= \dot{E}_2 + (-\mathrm{j}\,\dot{I}_2 X_{2\sigma}) - \dot{I}_2 R_2 \\ &= \dot{E}_2 - \dot{I}_2 (R_2 + \mathrm{j}X_{2\sigma}) \\ &= \dot{E}_2 - \dot{I}_2 Z_2\end{aligned} \tag{4-30}$$

式中，$Z_2 = R_2 + \mathrm{j}X_{2\sigma}$称为二次绕组的漏阻抗。此外还有

$$\dot{U}_2 = \dot{I}_2 Z_L \tag{4-31}$$

综上所述，可得变压器负载运行时的基本方程式为

$$\left.\begin{aligned}&N_1\,\dot{I}_1 + N_2\,\dot{I}_2 = N_1\,\dot{I}_{\mathrm{m}} \\ &\dot{U}_1 = -\dot{E}_1 + \dot{I}_1 Z_1 \\ &\dot{U}_2 = \dot{E}_2 - \dot{I}_2 Z_2 \\ &\dot{E}_1 = -\dot{I}_{\mathrm{m}} Z_{\mathrm{m}} \\ &\dot{U}_2 = \dot{I}_2 Z_L \\ &k = \frac{\dot{E}_1}{\dot{E}_2} = \frac{N_1}{N_2}\end{aligned}\right\} \tag{4-32}$$

4.4　变压器的等效电路及相量图

4.4.1　变量代换法

变压器负载运行时的基本方程式综合了变压器内部的电磁关系，利用这些方程式可以进行定量计算，从而能精确的研究和分析变压器的各种运行性能。例如，当给定$\dot{U}_1$、k 和参数 Z_1、Z_2、Z_{m} 以及负载阻抗 Z_{L} 时，就能从上述方程组中解出$\dot{E}_1$、$\dot{E}_2$、$\dot{U}_2$、$\dot{I}_1$、$\dot{I}_2$、$\dot{I}_m$ 等 6 个未知量。但是变压器的一次、二次绕组的匝数不等，甚至相差很大，即 $k \neq 1$，且 k 可能很小或很大，这就使这组方程的求解变得相当的烦琐。为了避免这些困难，一般不直接计算这方程组，而是引入一个新的方法，即变量代换法。

所谓变量代换，是指在进行定量计算时，用新的变量取代方程组中原来的部分变量，新的变量和被代换掉的变量之间存在一定的比例关系，从而使新的方程组中没有了 k 这个量，方程得到了简化，最终方便了计算。需要注意的是，采用变量代换法对方程组进行简化计算后，得到的分析结果还只是新变量的值，必须按比例关系反变换到原变量，才可以得到实际的各物理量的值。新的变量的符号比被代换掉的变量的符号上多一个上标“′”以示区别。下面详细介绍变量代换法。

将变压器负载运行时的基本方程式(4-32)中的第 1 式和第 6 式进行整理，可得

$$\dot{I}_1+\frac{1}{k}\dot{I}_2=\dot{I}_m,\dot{E}_1=k\dot{E}_2$$

令$\dot{E}'_2=k\dot{E}_2$、$\dot{I}'_2=\dot{I}_2/k$，代入式(4-32)及上式，则有

$$\dot{I}_1+\dot{I}'_2=\dot{I}_m,\dot{E}_1=\dot{E}'_2 \tag{4-33}$$

$$\dot{U}_2=\frac{\dot{E}'_2}{k}-k\dot{I}'_2Z_2,\dot{U}_2=k\dot{I}'_2Z_L \tag{4-34}$$

再令$\dot{U}'_2=k\dot{U}_2$、$Z'_L=k^2Z_L$、$Z'_2=k^2Z_2$，代入式(4-34)，则有

$$\dot{U}'_2=\dot{E}'_2-\dot{I}'_2Z'_2\quad \dot{U}'_2=\dot{I}'_2Z'_L \tag{4-35}$$

根据式(4-32)、式(4-33)、式(4-34)、式(4-35)，可得

$$\left.\begin{aligned}&\dot{I}_1+\dot{I}'_2=\dot{I}_m\\&\dot{U}_1=-\dot{E}_1+\dot{I}_1Z_1\\&\dot{E}_1=-\dot{I}_mZ_m\\&\dot{U}'_2=\dot{E}'_2-\dot{I}'_2Z'_2\\&\dot{U}'_2=\dot{I}'_2Z'_L\\&\dot{E}_1=\dot{E}'_2\end{aligned}\right\} \tag{4-36}$$

将式(4-36)和式(4-32)相比较，可以看出若令$\dot{E}'_2=k\dot{E}_2$、$\dot{I}'_2=\dot{I}_2/k$、$\dot{U}'_2=k\dot{U}_2$、$Z'_L=k^2Z_L$、$Z'_2=k^2Z_2$，则新方程组中将消去k；又由于$\dot{E}_1=\dot{E}'_2$，所以实际上变压器负载时的基本方程式的方程个数由6个减为5个。基于这两方面的因素，方程组明显得到简化，计算量大大降低，计算结果的精确度也得到提高。

需要说明的是，上面所进行的变量代换都是将二次绕组的物理量用新变量代换掉，而一次绕组的物理量均不变，这种代换称为将二次侧折算到一次侧，或者将二次绕组折算到一次绕组，此时新的变量是用被代换掉的变量的符号上加上标“′”来表示。当然也可以将一次绕组的物理量用新变量代换掉，二次绕组的物理量不变。此时新的变量是用被代换掉的变量的符号上加上标“″”来表示，这种代换称为将一次侧折算到二次侧，或者将一次绕组折算到二次绕组。一次侧折算到二次侧后的基本方程式读者可以通过模仿上面的过程自己推导出来，这里不再赘述。

4.4.2　T形等效电路及相量图

在研究变压器的运行问题时，希望有一个既能正确反映变压器内部电磁关系，又便于工程计算的等效电路来代替具有电路、磁路和电磁感应联系的实际变压器。而利用变量代换后的基本方程式恰好可以导出这样的等效电路。

根据式(4-36)中的第2式、第4式和第5式，可以画出一次、二次绕组的等效电路，如图4-12(a)、(c)所示；然后根据第3式画出励磁部分的等效电路，如图4-12(b)所示；最后根据第1式和第6式，将图4-12(a)、(b)、(c)3部分电路连接在一起，即可得到变压器的等效电路，如图4-13所示。又因为电路参数Z_1、Z_m和Z'_2连接形式如同英文大写字母“T”，故常称它为T形等效电路。T形等效电路只适合变压器对称、稳定运行。如果工作在不对称、动态乃至故障状态，如匝间短路等，就不能简单地应用T形等效电路了。

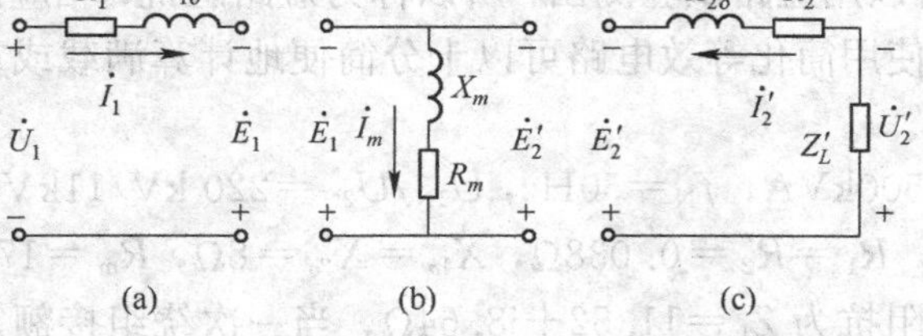

图 4-12 根据折算后的基本方程式画出的部分等效电路

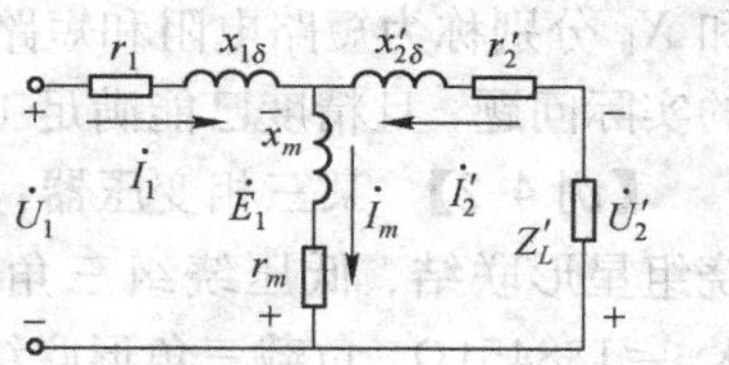

图 4-13 变压器的 T 形等效电路

这里强调一下，式(4-36)中基本方程式和图 4-13 所示的 T 形等效电路都是指一相的值。等效电路和基本方程式其实是互相关联的，因此完全可以记住等效电路的画法，然后根据等效电路列写出所有的基本方程式。

变压器的电磁关系，除了可用基本方程式和等效电路表示外，还可以用相量图表示。根据式(4-36)可以画出变压器接感性负载时的相量图，如图 4-14 所示。相量图能比较直观地表达各物理量的相位关系，但作图时难以精确地绘出各相量的长度和角度，因此相量图一般仅作为定性分析时的辅助工具。

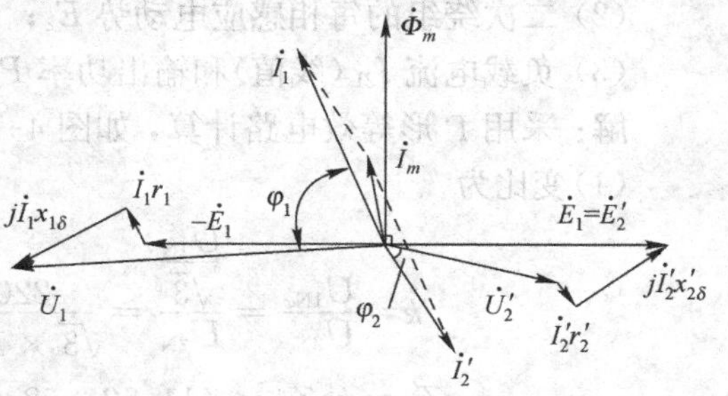

图 4-14 感性负载时变压器的相量图

4.4.3 Γ 形等效电路和简化等效电路

T 形等效电路虽然能准确地反映变压器运行时内部的电磁关系，但它含有串联、并联支路，运算较为复杂。对于一般的电力变压器，额定负载时有 $I_{1N}Z_1 < 0.08U_{1N}$，励磁电流 $I_m < 0.03I_{1N}$，对于大型变压器甚至有 $I_m < 0.01I_{1N}$。因此，把 T 型等效电路的励磁支路从电路的中间移到电源端，对变压器的运行计算不会带来明显的误差。这样就可得到图 4-15 所示的等效电路。又因为电路元件 Z_1、Z_m 和 Z_2' 连接形式如同希腊字母“Γ”，故常称它为 Γ 形等效电路。

由于励磁电流远小于额定电流，所以在分析变压器满载或重载时，可以进一步忽略励磁电流，即可把励磁支路断开，那么等效电路可以进一步简化成一个串联电路，如图 4-16 所示，此电路就称为简化等效电路。

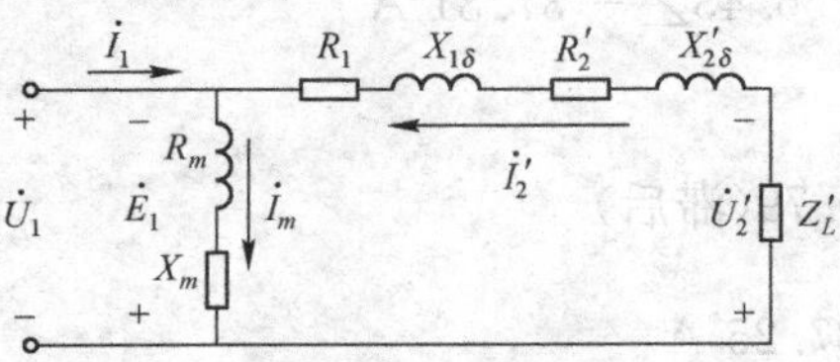

图 4-15 变压器的 Γ 形等效电路

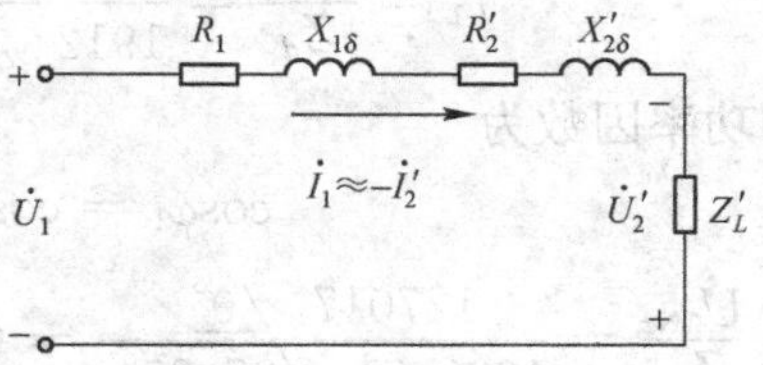

图 4-16 变压器的简化等效电路

在简化等效电路中，可将一次、二次绕组的漏阻抗合并，得到

$$\left.\begin{aligned} R_k &= R_1 + R_2' \\ X_k &= X_{1\sigma} + X_{2\sigma}' \\ Z_k &= Z_1 + Z_2' = R_k + jX_k \end{aligned}\right\} \tag{4-37}$$

通过 4.5 节的学习可以知道，Z_k 可以用短路试验测出，所以称为短路阻抗；相应的，R_k 和 X_k 分别称为短路电阻和短路电抗。使用简化等效电路可以十分简便地计算满载或重载时的实际问题，且精度已能满足工程要求。

【例 4-2】 某三相变压器：$S_N=31500\text{kVA}$，$f_N=50\text{Hz}$，$U_{1N}/U_{2N}=220\text{ kV}/11\text{kV}$，高压绕组星形联结、低压绕组三角形联结，$R_1=R_2'=0.038\Omega$，$X_{1\sigma}=X_{2\sigma}'=8\Omega$，$R_m=17711\Omega$，$X_m=138451\Omega$，负载三角形联结，每相阻抗为 $Z_L=11.52+\text{j}8.64\Omega$。当一次绕组接额定电压时，试求（用 Γ 形等效电路计算）：

(1) 一次侧相电流 I_1 和功率因数 $\cos\varphi_1$；

(2) 二次绕组的每相感应电动势 E_2；

(3) 负载电流 I_{2L}（线值）和输出功率 P_2。

解： 采用 Γ 形等效电路计算，如图 4-15 所示。

(1)变比为

$$k=\frac{U_{1N\varphi}}{U_{2N\varphi}}=\frac{\frac{U_{1N}}{\sqrt{3}}}{U_{2N}}=\frac{220}{\sqrt{3}\times 110}=11.55$$

$$Z_L'=k^2Z_L=(11.52+\text{j}8.64)\times 11.55^2=1536.8+\text{j}1152.6\Omega$$

$$Z_{1L}=Z_1+Z_2'+Z_L'=(0.038+\text{j}8)\times 2+1536.8+\text{j}1152.6$$

$$=1536.88+\text{j}1168.6=1930.71\ \underline{/37.25^\circ}\ \Omega$$

$$Z_m=17711+\text{j}138451=139579\ \underline{/82.71^\circ}\ \Omega$$

从一次侧看进去的等效阻抗为

$$Z_d=Z_{1L}\ /\!/\ Z_m=\frac{Z_{1L}Z_m}{Z_{1L}+Z_m}$$

$$=\frac{1930.71\ \underline{/37.25^\circ}\times 139579\ \underline{/82.71^\circ}}{140940.1\ \underline{/82.15^\circ}}=1912\ \underline{/37.81^\circ}\ \Omega$$

以一次绕组相电压为参考相量，即令

$$\dot{U}_{1N\varphi}=U_{1N\varphi}\ \underline{/0^\circ}=\frac{220\times 10^3}{\sqrt{3}}\ \underline{/0^\circ}=127017\ \underline{/0^\circ}\ \text{V}$$

一次侧相电流为

$$\dot{I}_1=\frac{\dot{U}_{1N\varphi}}{Z_d}=\frac{127017\ \underline{/0^\circ}}{1912\ \underline{/37.81^\circ}}=66.43\angle-37.81^\circ\text{A}$$

一次侧的功率因数为

$$\cos\varphi_1=\cos 37.81^\circ=0.79(\text{滞后})$$

(2) $\dot{I}_2'=\dfrac{\dot{U}_{1N\varphi}}{Z_{1L}}=\dfrac{127017\ \underline{/0^\circ}}{1930.71\ \underline{/37.25^\circ}}=65.81\angle-37.25^\circ\text{A}$

$$\dot{E}_2'=\dot{I}_2'(Z_L'+Z_2')$$

$$=65.81\angle-37.25^\circ\times(0.38+\text{j}8+1536.8+\text{j}1152.6)=126739.5\angle-0.19^\circ\text{V}$$

二次绕组的每相感应电动势为

$$E_2=\frac{E_2'}{k}=\frac{126739.5}{11.55}=10973.1\text{V}$$

(3) 负载电流为

$$I_{2L}=\sqrt{3}I_2=\sqrt{3}kI_2'=\sqrt{3}\times 11.55\times 65.81=1316.5\text{A}$$

$$\dot{U}_2'=\dot{I}_2'Z_L'=65.81\angle -37.25°\times 1921\ \underline{/36.87°}=126421\angle -0.38°\text{V}$$

输出功率为

$$P_2=3U_2'I_2'\cos\varphi_2=3\times 126421\times 65.81\times \cos(-0.38+37.25)°=19967.4\text{kW}$$

4.5 变压器的参数测定

在计算分析一台变压器的运行情况时，首先需要知道变压器的参数，如 k、Z_1、Z_2、Z_m。这些参数是由变压器使用的材料、结构形状及几何尺寸决定的，可以在变压器设计时根据材料及结构尺寸计算出来。但是，对于变压器的使用者来说，在变压器的产品目录和铭牌上通常是没有这些参数的，而且对变压器具体的材料型号和尺寸大小也不清楚，所以它们只能通过试验测定法来测定这些参数。试验测定法在工程实践中有着重要的实际意义。下面将分别介绍这些参数的试验测定方法。

4.5.1 变压器的空载试验

根据变压器的空载试验可以测定空载时二次侧的输出电压 U_2、空载损耗 p_0、空载电流 I_m，从而计算出励磁阻抗 Z_m 和变比 k，接线如图 4-17 所示，图 4-17(a)适用于单相变压器，图 4-17(b)适用于三相变压器。

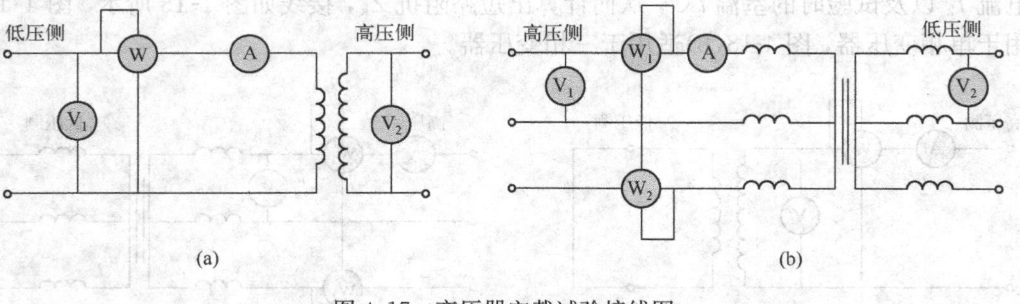

图 4-17 变压器空载试验接线图

空载试验可以在任何一边进行，两边测量所求得的励磁阻抗 Z_m 相差 k^2 倍。由于试验场合所能提供的电源的电压不高、测量仪表的量程也有限，此外还有人身安全方面的考虑，所以空载试验一般都在低压侧进行，即将低压侧作为一次侧，变压器作升压运行。试验时，将高压侧开路，低压侧加上额定频率的低压绕组的额定电压 U_{1N}，测量空载损耗 p_m、空载电流 I_m 以及空载时二次侧的输出电压 U_2。

以单相变压器空载试验为例。根据图 4-13 所示的变压器的等效电路，可以看出在空载试验时，变压器并没有输出有功功率，而其本身却消耗了一定的功率。这部分功率由以下两部分构成：一次绕组的铜耗 $p_{Cu}=I_m^2R_1$、变压器的铁芯损耗 $p_{Fe}=I_m^2R_m$。由于 $R_1\ll R_m$ 很小，所以 $p_{Cu}\ll p_{Fe}$，从而有

$$p_0=p_{Cu}+p_{Fe}\approx p_{Fe} \tag{4-38}$$

即近似认为空载试验时变压器输入的有功功率 p_0 就等于变压器的铁损 p_{Fe}。

根据试验测量的结果及单相变压器空载试验时的等效电路有

$$k=\frac{U_{1N}}{U_2} \tag{4-39}$$

$$|Z_m|=\frac{E_1}{I_m}\approx\frac{U_{1N}}{I_m} \tag{4-40}$$

$$R_m=\frac{p_{Fe}}{I_m^2}\approx\frac{p_0}{I_m^2} \tag{4-41}$$

$$X_m=\sqrt{|Z_m|^2-R_m^2} \tag{4-42}$$

对于三相变压器，试验测定的电压、电流都是线值，需要根据绕组的联结方式先换算成相值，测出的功率也是三相的总功率，需要除以 3 取一相的功率。这样就与单相变压器一样了，按上面的方法可计算出变比 k 及励磁参数值。需要提醒一下，变压器的励磁电阻 R_m 不是真实电阻，而是用来等效变压器铁耗的模拟电阻，因此不存在随温度变化的问题，当然也就不需要进行温度折算了。

刚才的测量是在低压侧进行的，因此计算所得到的值都是折算到低压侧的值。如果要得到折算到高压侧的值，只需要将刚才计算得到的值乘以 k^2，其中 k 为上面计算所得到的变压器变比。

4.5.2　变压器的短路试验

根据变压器的短路试验可以测定额定短路电流时所加的电源电压 U_k、短路损耗 p_k、短路电流 I_k 以及试验时的室温 t℃，从而计算出短路阻抗 Z_k，接线如图 4-18 所示，图 4-18(a) 适用于单相变压器，图 4-18(b) 适用于三相变压器。

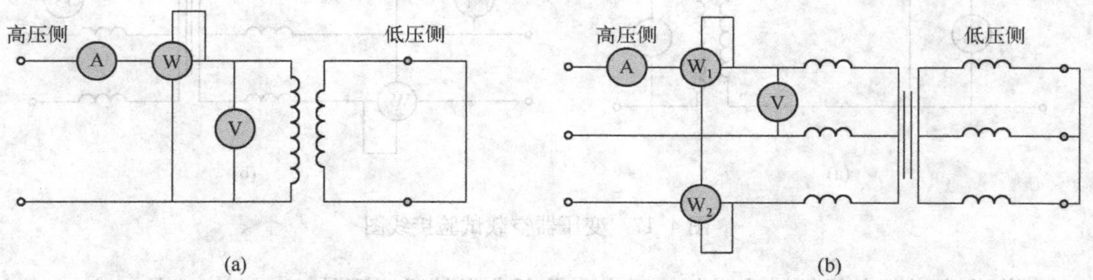

图 4-18　变压器短路试验接线图

同样，短路试验也可以在任何一边进行，两边测量所求得的短路阻抗 Z_k 也相差 k^2 倍。由于试验场合所能提供的试验所需电源的耐流值以及测量仪表的量程有限，所以短路试验一般都在高压侧进行，即将高压侧作为一次侧，变压器做降压运行。试验时，将低压侧短路，高压侧加上额定频率的电源。为了防止短路电流过大而烧毁变压器，电源电压要能从零开始逐渐调节，缓慢升压，当达到高压绕组的额定电流时，立即停止升压，并同时记录高压绕组的电流 I_k、此时所加的电源电压 U_k、短路损耗 p_k 以及试验时的环境温度 t℃。

还是以单相变压器短路试验为例。根据近似等效电路可以看出在短路试验时，变压器本身消耗的功率由以下两部分构成。

变压器绕组的铜耗

$$p_{Cu} = I_1^2R_1 + I_2^2R_2 = I_1^2R_1 + I'^2_2R'_2 \tag{4-43}$$

变压器的铁芯损耗

$$p_{Fe} = I_m^2R_m \tag{4-44}$$

由于短路试验时所加的电源电压 U_k 很小，$U_k \approx 0.15U_{1N}$，因而变压器的铁芯处于严重不饱和状态，主磁通比正常运行时小很多，所以励磁电流极小，因此励磁电流和铁耗都完全可以忽略不计，从而可以近似认为空载试验时变压器输入的有功功率就等于变压器绕组的铜耗，即

$$p_k \approx p_{Cu} \tag{4-45}$$

此外，还可以得出

$$I_k = I_1 = I'_2 \tag{4-46}$$

根据试验测量的结果及简化等效电路有

$$|Z_k| = \frac{U_k}{I_k} \tag{4-47}$$

$$R_k = \frac{p_k}{I_k^2} \tag{4-48}$$

$$X_k = \sqrt{|Z_k|^2 - R_k^2} \tag{4-49}$$

一次、二次绕组参数一般不需要分开，若一定要分开，例如画T形等效电路等，可以认为：$R_1 \approx R'_2$、$X_{1\sigma} \approx X'_{2\sigma}$、$Z_1 \approx Z'_2$。

按照技术标准规定，在计算变压器的性能时，油浸电力变压器绕组的电阻要换算到75℃时的数值(对A、E、B级绝缘，参考温度为75℃，对其他绝缘为115℃)。对铜线的变压器，换算公式为

$$R_{k75℃} = R_k \frac{234.5 + 75}{234.5 + t} \tag{4-50}$$

式中，t 为试验时的室温。对铝线的变压器，换算公式为

$$R_{k75℃} = R_k \frac{225 + 75}{225 + t} \tag{4-51}$$

75℃时的阻抗为

$$|Z_{k75℃}| = \sqrt{R_{k75℃}^2 + X_k^2} \tag{4-52}$$

上述计算方法同样适用于三相变压器，但要注意算式中的电压、电流及功率都是每相的值，而算出的值也是指每相的值。

在进行变压器的短路试验时，当绕组中的电流达到额定值，加在高压绕组上的短路电压应是

$$U_k = I_k|Z_{k75℃}| = I_{1N}|Z_{k75℃}| \tag{4-53}$$

此电压称为阻抗电压或短路电压。若用高压绕组额定电压的百分数来表示，则为

$$\Delta U_k = \frac{U_k}{U_{1N}} \times 100\% = \frac{I_{1N}|Z_{k75℃}|}{U_{1N}} \times 100\% \tag{4-54}$$

阻抗电压是变压器的一个很重要的参数，它通常标明在变压器的铭牌上。阻抗电压的大小反映了变压器在额定负载下运行时漏抗压降的大小。从运行的观点看，希望阻抗电压小一些，这样变压器输出电压受负载波动的影响要小一些；但阻抗电压若太小，变压器在发生短

路故障时的电流必然很大，可能会烧坏变压器，这就要求设计制造部门必须慎重考虑，兼顾到两方面的限制条件。一般中、小型电力变压器的阻抗电压为 4%～10.5%，大型变压器的阻抗电压约为 12.5%～17.5%。

【例 4-3】 三相变压器额定容量为 2500kVA，额定电压为 60kV/6.3kV，Yd 形联结，室温为 25℃时测得试验数据见表 4-1，试求 T 形等效电路参数。

表 4-1 例 4-3 的试验数据

试验项目	电压(V)	电流(A)	功率(W)	备注
空载试验	6300	11.46	7700	在低压侧测量
短路试验	4800	24.06	26500	在高压侧测量

解：高压绕组 Y 形联结，额定线电压为：$U_{1N}=60000V$

额定相电压为：$U_{1N\varphi}=\frac{U_{1N}}{\sqrt{3}}=\frac{60000}{\sqrt{3}}=34640V$

低压绕组三角形联结，额定相电压等于额定线电压，为：$U_{2N\varphi}=U_{2N}=6300V$

变比为：$k=\frac{U_{1N\varphi}}{U_{2N\varphi}}=\frac{34640}{6300}=5.5$

(1) 空载试验在低压侧测量，线电流为 11.46A，低压绕组三角形联结，所以相电流为

$$I_{20\varphi}=\frac{I_{20l}}{\sqrt{3}}=\frac{11.46}{\sqrt{3}}=6.62A$$

励磁电阻为 $r_m=\frac{p_0}{3I_{20\varphi}^2}=\frac{7700}{3\times6.62^2}=58.57\Omega$

励磁阻抗为 $|Z_m|\approx\frac{U_{2N\varphi}}{I_{20\varphi}}=\frac{6300}{6.62}=951.66\Omega$

励磁电抗为 $X_m=\sqrt{|Z_m|^2-R_m^2}=\sqrt{951.66^2-58.57^2}=949.86\Omega$

折算到高压侧的值为：

$$|Z'_m|=k^2|Z_m|=5.5^2\times951.66=28787.72\Omega$$

$$R'_m=k^2R_m=5.5^2\times58.57=1771.74\Omega$$

$$X'_m=k^2X_m=5.5^2\times949.86=28733.27\Omega$$

(2) 短路试验在高压侧测量，高压侧 Y 形联结，相电流等于线电流为 24.06A，线电压为 4800V。

短路阻抗为 $|Z_k|=\frac{U_k}{\sqrt{3}I_k}=\frac{4800}{\sqrt{3}\times24.06}=115.18\Omega$

短路电阻为 $R_k=\frac{p_k}{3I_k^2}=\frac{26500}{3\times24.06^2}=15.26\Omega$

短路电抗为 $X_k=\sqrt{|Z_k|^2-R_k^2}=\sqrt{115.18^2-15.26^2}=114.26\Omega$

R_k 为 $t=25℃$时测得的数据，应该折算到 75℃，即

$$R_{k75℃}=R_k\frac{234.5+75}{234.5+t}=15.26\times\frac{234.5+75}{234.5+25}=18.20\Omega$$

折算到 75℃时的短路阻抗为

$$|Z_{k75℃}| = \sqrt{R_{k75℃}^2 + X_k^2} = \sqrt{18.20^2 + 114.16^2} = 115.60\Omega$$

4.6　标幺值

在工程计算中，各物理量(如电压、电流、功率、阻抗等)除了用实际值来表示和计算之外，有时也用标幺值来表示和计算。所谓标幺值，就是某一物理量的实际数值与选定的同一单位的固定数值的比值，而选定的同单位的固定数值叫做该物理量的基值。标幺值的计算公式为

$$\text{标幺值} = \frac{\text{实际值(任意单位)}}{\text{基值(与实际值同单位)}} \tag{4-55}$$

由于标幺值是两个具有相同单位的物理量之比，所以它没有量纲，其除以 100，便是百分值。为了在实际应用中与实际值的书写有所区别，标幺值用在原来符号的右上角加上一个星号“＊”来表示，而基值用在原来符号增加下标“b”来表示。例如，电压 U 的标幺值记做 U^*，其基值记为 U_b。

例如，有两个电压：$U_1=150V$、$U_2=250V$，如果选用 100V 作为两电压的基值，即 $U_{1b}=U_{2b}=100V$，那么它们的标幺值分别为

$$U_1^* = \frac{U_1}{U_{1b}} = \frac{150}{100} = 1.5, U_2^* = \frac{U_2}{U_{2b}} = \frac{250}{100} = 2.5$$

从上面两式还可以看出，当把基值 100V 看成是 1，那么 U_1 就是 1.5，而 U_2 就是 2.5。所以标幺值实质上是基值标为一(幺即为一)后，该物理量的相对值。

在应用标幺值时，首先要选定基值。基值对于标幺值得计算非常重要，它不是随便选取的，而是遵循着一定的原则。

第一个原则：选取的基值之间则必须遵循各种电路定律。

对于单相电路的计算而言，四个基本物理量 U、I、S、$|Z|$ 中，有两个物理量的基值可以任意选定，其余两个量的基值则必须遵循下面的关系

$$U_b = I_b|Z|_b, S_b = U_bI_b \tag{4-56}$$

这里功率的基值既是指视在功率的基值，也是指有功功率和无功功率的基值；阻抗模的基值和电阻以及电抗的基值也相同。如果不满足式(4-56)所规定的关系，那么就无法将方程式表示成标幺值的形式。

若为对称三相电路，可以将所有三相的值转化为单相的值，从而利用上面的原则选取基值进行计算。

第二个原则：一般取各物理量的额定值作为基值。

例如，单相变压器一次侧各物理量的基值为

$$U_{1b} = U_{1N}, I_{1b} = I_{1N}, |Z_1|_b = \frac{U_{1N}}{I_{1N}} \tag{4-57}$$

而三相变压器一次侧各物理量的基值可以按如下方法选择(用下标“φ”表示相值)

星形联结

$$U_{1b\varphi} = \frac{U_{1N}}{\sqrt{3}}, I_{1b\varphi} = I_{1N}, |Z_1|_b = \frac{U_{1N}}{\sqrt{3}I_{1N}}, S_b = \frac{1}{3}S_N \tag{4-58}$$

三角形联结

$$U_{1b\varphi}=U_{1N}, I_{1b\varphi}=\frac{I_{1N}}{\sqrt{3}}, |Z_1|_b=\frac{\sqrt{3}U_{1N}}{I_{1N}}, S_b=\frac{1}{3}S_N \tag{4-59}$$

第三个原则：对于同一电路中的同类物理量要用同一个基值。

例如，单相变压器一次侧物理量 U_1、E_1、$E_{1\sigma}$都用 U_{1N} 做基值；$|Z_1|$、$|Z_m|$、R_1、R_m、$X_{1\sigma}$、X_m 都用$|Z_1|_b$ 做基值；I_1、I_m 都用 I_{1N}做基值。

第四个原则：不同侧电路的物理量要用不同的基值。

变压器的一次侧物理量的基值用一次侧的额定值，二次侧物理量的基值用二次侧的额定值。需要注意的是，二次绕组向一次绕组折算后，就和一次绕组属于同一侧电路，因此要根据第三个原则选取基值。例如，U_2' 的基值也是 U_{1N}，而 I_2' 的基值和 I_1 的基值一样，都是 I_{1N}；反之，若一次绕组向二次绕组折算，则所有的物理量都要取二次侧的额定值。再如，U_1'' 的基值也是 U_{2N}，而 I_1''、I_m'' 的基值和 I_2 的基值一样，都是 I_{2N}。

采用标幺值有以下优点：

(1) 采用标幺值表示电压、电流时，可以直观地看出变压器的运行情况。例如，一台变压器运行时，其一次侧电压、电流分别为 9kV、6A，在不知道它的额定值的情况下，是无法判定其运行工况的。但是，如果给出它们的标幺值分别为 $U_1^*=1$、$I_1^*=0.5$，可知该变压器处于额定电压下，一半额定电流运行。通常，称 $I_1^*=1$ 时的运行为满载运行，$I_1^*=0.5$ 时的运行为半载运行，$I_1^*=0.25$ 时的运行为 1/4 负载运行。

(2) 不论变压器容量是大是小，用标幺值表示时，各个参数和典型的性能数据通常都在一定的范围以内，因此便于比较和分析。例如，对于电力变压器，漏阻抗模的标幺值为$|Z_k|^*\approx 3\%\sim10\%$；空载电流的标幺值 $I_m^*\approx2\%\sim5\%$。

(3) 用标幺值表示时，不管是一次绕组向二次绕组折算，还是二次绕组向一次绕组折算，同一物理量的标幺值相同。例如，

$$U_2^*=\frac{U_2}{U_{2N}}=\frac{kU_2}{kU_{2N}}=\frac{U_2'}{U_{1N}}=U_2'^* \tag{4-60}$$

因此，用标幺值计算时不必进行绕组折算。

(4) 某些物理量的标幺值将具有相同的数值。例如，

$$|Z_k|^*=\frac{|Z_k|}{|Z_1|_b}=\frac{|Z_k|}{\dfrac{U_{1b\varphi}}{I_{1b\varphi}}}=\frac{|Z_k|}{\dfrac{U_{1N\varphi}}{I_{1N\varphi}}}=\frac{I_{1N\varphi}|Z_k|}{U_{1N\varphi}}=\frac{U_k}{U_{1N\varphi}}=U_k^* \tag{4-61}$$

即短路阻抗模的标幺值$|Z_k|^*$等于短路电压的标幺值 U_k^*。

【例 4-4】 一台单相变压器，额定容量为 1000kVA，额定电压为 66kV/6.3kV。在高压侧进行短路试验，测得 $R_k=61\Omega$，$X_k=204.98\Omega$；在低压侧进行空载试验，测得 $R_m=13.71\Omega$，$X_m=329.55\Omega$。试求各参数的标幺值。

解： 短路试验是在高压侧进行的，测得的参数均为折算到高压侧的值，所以应该以高压侧的基值来计算参数的标幺值。

高压侧阻抗基值为 $|Z_1|_b=\dfrac{U_{1b}}{I_{1b}}=\dfrac{U_{1N}}{I_{1N}}=\dfrac{U_{1N}^2}{S_N}=\dfrac{66000^2}{1000\times10^3}=4356\Omega$

短路电阻标幺值为 $R_k^*=\dfrac{R_k}{|Z_1|_b}=\dfrac{61}{4356}=0.014$

短路电抗标幺值为 $X_k^* = \frac{X_k}{|Z_1|_b} = \frac{204.98}{4356} = 0.047$

空载试验是在低压侧进行的，测得的参数均为折算到低压侧的值，所以应该以低压侧的阻抗基值来计算参数的标幺值。

低压侧阻抗基值为 $|Z_2|_b = \frac{U_{2b}}{I_{2b}} = \frac{U_{2N}}{I_{2N}} = \frac{U_{2N}^2}{S_N} = \frac{6300^2}{1000\times10^3} = 36.69\Omega$

励磁电阻标幺值为 $R_m^* = \frac{R_m}{|Z_2|_b} = \frac{13.71}{36.69} = 0.345$

短路电抗标幺值为 $X_m^* = \frac{X_m}{|Z_2|_b} = \frac{329.55}{39.69} = 8.30$

4.7 变压器的运行特性

变压器负载运行时的性能一般用其运行特性来表征。变压器的主要运行特性有两个重要指标：外特性和效率。

4.7.1 外特性和电压变化率

保持一次绕组所接电压为额定电压 U_{1N}，二次绕组所接负载的功率因数 $\cos\varphi_2$ 为常数，当变压器二次绕组端电压与负载电流 I_2 的关系 $U_2=f(I_2)$，称为变压器的外特性。外特性是表征变压器运行性能的重要指标之一，其大小反映了变压器供电电压的稳定性。一般通过电压调整率 ΔU 来间接地描述变压器的外特性。电压调整率 ΔU 反映的是二次绕组端电压变化的大小。

当变压器一次绕组接额定电压、二次绕组开路时，二次绕组的空载电压 U_{20} 就是它的额定电压 U_{2N}。带上负载后，由于负载电流在变压器二次绕组内部产生漏阻抗压降，二次电压将不再是 U_{20}，而变为 U_2。所谓电压调整率，就是保持一次绕组所接电压为额定电压 U_{2N}，二次绕组所接负载的功率因数 $\cos\varphi_2$ 为常数，当变压器从空载到负载时二次绕组端电压变化的百分值，即

$$\Delta U = \frac{U_{20}-U_2}{U_{20}}\times100\% = \frac{U_{2N}-U_2}{U_{2N}}\times100\% = \frac{U_{1N}-U_2'}{U_{1N}}\times100\% \tag{4-62}$$

这是电压调整率的定义公式，其实用计算公式可以通过变压器的简化等效电路所对应的相量图推导出来。

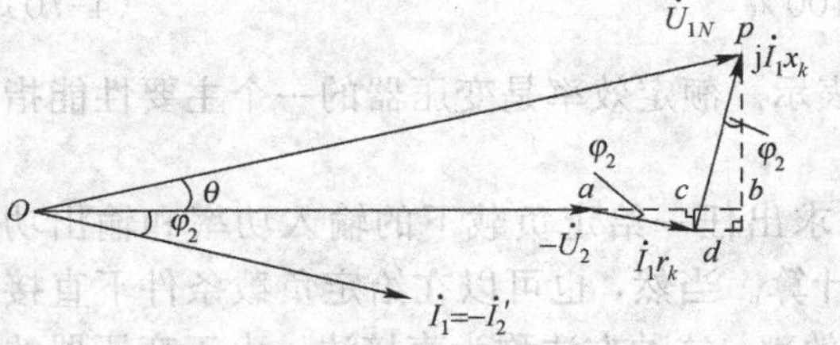

图 4-19 用简化等效电路及其相量图求电压调整率

图 4-19 表示变压器带感性负载时，其简化等效电路图所对应的相量图。从 d 点向线段 $\overline{oa}$ 的延长线作垂线，垂足为 c，从 p 点向线段 $\overline{oa}$ 的延长线作垂线，垂足为 b。

由于 θ 角很小，所以可以近似认为 $\overline{op}=\overline{ob}$。由于各物理量的大小可以用相应相量的长度来表示，所以，

$$U_{1N}-U_2' = \overline{op}-\overline{oa} = \overline{ab} \tag{4-63}$$

$$\overline{ab}=\overline{ac}+\overline{cb}=\overline{ad}\cos\varphi_2+\overline{pb}\sin\varphi_2 \tag{4-64}$$

$$\overline{ad}=I'_2 r_k \tag{4-65}$$

$$\overline{pb}=I'_2 x_k \tag{4-66}$$

从而有

$$U_{1N}-U'_2=I'_2 r_k\cos\varphi_2+I'_2 x_k\sin\varphi_2 \tag{4-67}$$

$$\begin{aligned}\Delta U&=\frac{U_{1N}-U'_2}{U_{1N}}\times 100\%\\&=\frac{I'_2 r_k\cos\varphi_2+I'_2 x_k\sin\varphi_2}{U_{1N}}\times 100\%\\&=\frac{I'_2}{I_{1N}}\times\frac{r_k\cos\varphi_2+x_k\sin\varphi_2}{\frac{U_{1N}}{I_{1N}}}\times 100\%\\&=I_2^*(r_k^*\cos\varphi_2+x_k^*\sin\varphi_2)\times 100\%\end{aligned} \tag{4-68}$$

式(4-68)即为电压调整率的实用计算公式。从该式可以看出，

(1) 当二次绕组所接负载为感性时，$\sin\varphi_2>0$，$\cos\varphi_2>0$，所以 $\Delta U>0$，即二次绕组端电压 U_2 下降。

(2) 当二次绕组所接负载为容性时，$\sin\varphi_2<0$，$\cos\varphi_2>0$，有可能出现 $\Delta U<0$ 的情形，即二次绕组端电压 U_2 可能会上升。

(3) 当负载的功率因数 $\cos\varphi_2$ 为常数时，电压调整率的实用计算公式其实就是 ΔU 与 I_2^* 的关系，即 $\Delta U=f(I_2^*)$。又因为有

$$\Delta U=\frac{U_{20}-U_2}{U_{20}}\times 100\% \tag{4-69}$$

所以电压调整率实质上反映了变压器的外特性，即 $U_2=f(I_2)$，如图 4-20 所示。

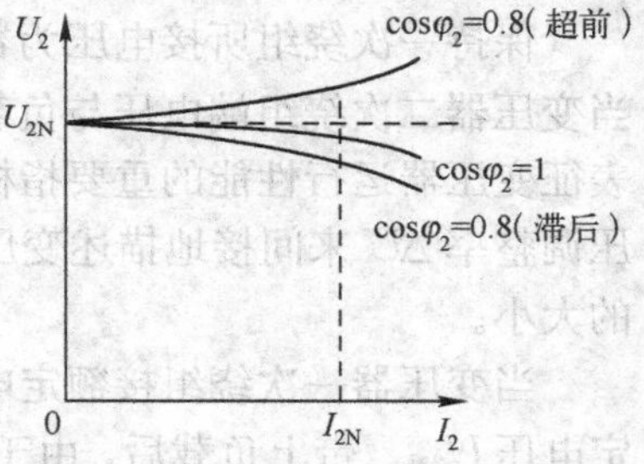

图 4-20 变压器的实际外特性

4.7.2 效率和效率特性

变压器是一种能量转换装置，在能量从一次侧向二次侧转换过程中不可避免的要产生损失。用效率这个指标来表征转换过程中能量的损失程度，它的大小反应了变压器运行的经济性。

所谓变压器的效率是指，变压器二次绕组输出的有功功率 P_2 与一次绕组输入的有功功率 P_1 的百分比，即

$$\eta=\frac{P_2}{P_1}\times 100\% \tag{4-70}$$

额定负载时变压器的效率称为额定效率，用 η_N 表示。额定效率是变压器的一个主要性能指标，通常电力变压器额定效率都在 95%以上。

如果变压器的参数已知，应用等效电路可以求出任一给定负载下的输入功率和输出功率，从而求出变压器的效率，但是这需要大量的计算。当然，也可以在给定负载条件下直接给变压器加载，实测输出功率和输入功率以确定效率，这种方法称为直接法。由于变压器的效率一般都很高，大多数在 95%以上，大型变压器的效率可达 99%以上，输入有功功率和输出有功功率之间差值极小，测量仪表的误差影响极大，难以得到准确的结果。所以工程上通

常采用间接法测定变压器的效率，即测出各种损耗以计算效率，所以式(4-70)可改为

$$\eta=\frac{P_1-\sum p}{P_1}\times 100\%=1-\frac{\sum p}{P_2+\sum p}\times 100\% \tag{4-71}$$

式中，$\sum p$ 为变压器的各种损耗，其包括铜耗和铁耗两类，每一类都包含基本损耗和杂散损耗。基本铜耗是指电流流过绕组时所产生的直流电阻损耗，杂散铜耗主要是指由于漏磁场引起的电流集肤效应，使绕组的有效电阻增大而增加的那部分铜耗，当然也包括漏磁场在结构部件中引起的涡流损耗。由于铜耗随着负载电流而变化，所以也称为可变损耗。基本铁耗是指变压器铁芯中的磁滞损耗和涡流损耗，杂散铁耗包括叠片之间的局部涡流损耗以及主磁通在结构部件中引起的涡流损耗等。铁耗与一次绕组的输入电压 U_1 有关，正常运行时 U_1 不变，所以铁耗被看成不变损耗。

假设一次绕组所接电源电压不变，二次绕组所接负载的功率因数 $\cos\varphi_2$ 不变，根据一次绕组向二次绕组折算的变压器简化等效电路，有

$$p_{Cu}=I_2^2R_{k75℃}^*=I_{2N}^2R''_{k75℃}\left(\frac{I_2}{I_{2N}}\right)^2=p_{kN}I_2^{*2} \tag{4-72}$$

式中，$p_{kN}=I_{2N}^2R''_{k75℃}$ 为额定负载时变压器的短路损耗。若再假设变压器的外特性较硬，即随着负载电流增大，二次绕组端电压变化很小，所以有

$$P_2=U_2I_2\cos\varphi_2\approx U_{2N}I_2\cos\varphi_2=U_{2N}I_{2N}\cos\varphi_2\frac{I_2}{I_{2N}}=I_2^*S_N\cos\varphi_2 \tag{4-73}$$

根据式(4-71)、式(4-72)和式(4-73)，有

$$\begin{aligned}\eta&=1-\frac{\sum p}{P_2+\sum p}\times 100\%\\&=1-\frac{p_{Fe}+p_{kN}I_2^{*2}}{I_2^*S_N\cos\varphi_2+p_{Fe}+p_{kN}I_2^{*2}}\times 100\%\\&=f(I_2^*)\end{aligned} \tag{4-74}$$

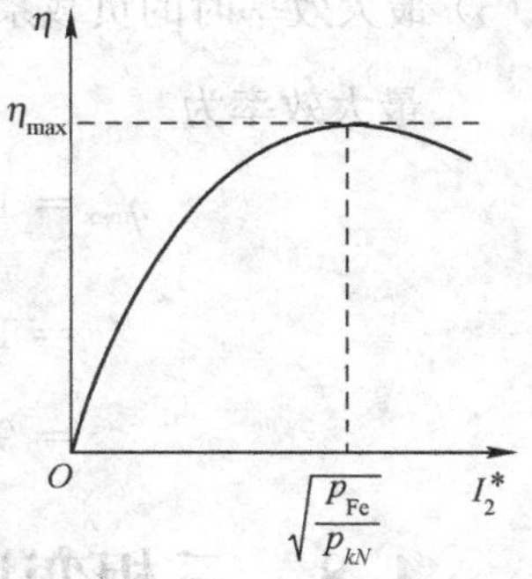

图 4-21 变压器的效率特性

将在一次绕组所接电源电压不变，二次绕组所接负载的功率因数 $\cos\varphi_2$ 不变的条件下，效率与负载电流的关系曲线 $\eta=f(I_2^*)$ 称为变压器的效率特性，如图 4-21 所示。

从图 4-21 所示的效率特性可以看出，当 $I_2^*=0$ 时，效率为0；此后效率随负载的增大先逐渐增大后逐渐减小。换言之，当负载达到某一数值时，效率将达到其最大值 η_{max}。将式(4-74)对负载电流标幺值 I_2^* 求导，并使 $d\eta/dI_2^*=0$，可得

$$p_{Fe}=p_{kN}I_2^{*2} \tag{4-75}$$

可见，当变压器的铜耗等于铁耗时，发生最大效率，此时负载电流的标幺值(也称为负载系数，用 β 表示)为

$$\beta=I_2^*=\sqrt{\frac{p_{Fe}}{p_{kN}}} \tag{4-76}$$

以上所有结论都是按单相变压器推导的，也适用于三相变压器，对三相变压器计算效率时，S_N、p_{Fe}、p_{kN} 都应该取三相值。

【例 4-5】 一台单相变压器，额定容量为 1000kVA，额定电压为 66kV/6.3kV。在高压侧进行短路试验，额定电流时测得 $p_k=14kW$，$R_k^*=0.014$，$X_k^*=0.047$；在低压侧进行空载试验，额定电压时测得 $p_0=5kW$，$R_m^*=0.345$，$X_m^*=8.30$。当一次侧电压为额定值，负载功率因数为 0.8 滞后时，试求：

(1) 变压器满载运行时的电压调整率。

(2) 变压器满载运行时的效率。

(3) 变压器的最大效率及对应的负载系数。

解：(1)用实用计算公式计算电压调整率，为

$$\begin{aligned}\Delta U &= \frac{I_2}{I_{2N}}(r_k^*\cos\varphi_2 + x_k^*\sin\varphi_2)\times 100\% \\ &= 1\times(0.014\times 0.8 + 0.047\times 0.6)\times 100\% \\ &= 3.94\%\end{aligned}$$

(2) 由间接法计算效率，为

$$\begin{aligned}\eta &= 1-\frac{p_{Fe}+p_{kN}I_2^{*2}}{I_2^* S_N\cos\varphi_2 + p_{Fe} + p_{kN}I_2^{*2}}\times 100\% \\ &= 1-\frac{5+14\times 1^2}{1\times 1000\times 0.8+5+14\times 1^2}\times 100\% \\ &= 97.7\%\end{aligned}$$

(3) 最大效率时的负载系数为 $\beta=\sqrt{\dfrac{p_0}{p_{kN}}}=\sqrt{\dfrac{5}{14}}=0.598$

最大效率为

$$\begin{aligned}\eta_{max} &= 1-\frac{p_{Fe}+p_{kN}I_2^{*2}}{I_2^* S_N\cos\varphi_2 + p_{Fe} + p_{kN}I_2^{*2}}\times 100\% \\ &= 1-\frac{5+14\times 0.598^2}{0.598\times 1000\times 0.8+5+14\times 0.598^2}\times 100\% \\ &= 97.95\%\end{aligned}$$

4.8 三相变压器

与相同容量的单相和两相供电系统相比，三相供电系统用铜少，而且三相交流电动机的效率和运行可靠性要远远高于单相交流电动机或两相交流电动机，因此目前电力系统均采用三相制，因而三相变压器的应用极为广泛。三相变压器在对称负载下运行时，其各相的电压、电流大小相等，相位互差 120°，因此在运行原理的分析和计算时，可以取三相中的任一相来研究，即三相问题转化为单相问题。前面导出的基本方程、等效电路和相量图等都可以直接用于三相中的任一相，也就是说，这些分析方法和结论完全适用于三相变压器的对称运行。但是，三相变压器也有自己独特的地方，如三相变压器的磁路系统、电路的联结组等，这些问题将在下面两节予以讨论。

4.8.1 三相变压器的磁路系统

三相变压器的磁路系统可以分为各相磁路彼此独立和各相磁路彼此相关两类。

各相磁路彼此独立的三相变压器如图4-22所示。这种三相变压器是由三个完全相同的单相变压器按一定的绕组联结方式联结而成的，称为三相变压器组。三相变压器组的各相磁路彼此独立，各相主磁通以各自铁芯作为磁路。因为各相磁路的磁阻相同，当三相绕组接对称的三相电压时，各相的励磁电流也相等。

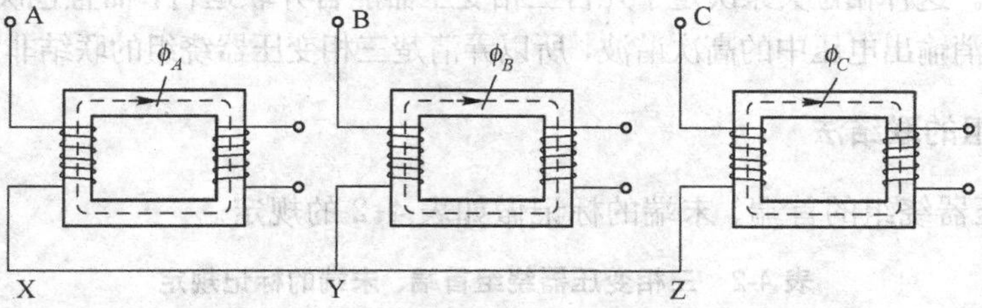

图4-22　三相变压器组的磁路系统

如果把图4-22所示的三个单相铁芯合并成图4-23(a)所示的结构，那么通过中间芯柱的磁通便等于三相磁通的总和。当外施电压为对称三相电压时，由于三相磁通也对称，那么在任意瞬间中间芯柱磁通为零，即

$$\dot{\Phi}_A + \dot{\Phi}_B + \dot{\Phi}_C = 0 \tag{4-77}$$

既然中间芯柱没有磁通流过，那么在结构上完全可以省去中间的芯柱，如图4-23(b)所示，这样对三相磁路不会产生任何影响。这时三相磁通的流通情况与星形联结的三相电路中电流的流通情况类似，即在任意瞬间各相磁通均以其他两相为回路。为了生产工艺的简便，在实际制作时常把三个芯柱排列在同一平面上，如图4-23(c)所示，由这种铁芯构成的三相变压器，称为三相芯式变压器。由于三相芯式变压器中间相的磁路较短，即使外施电压为三相对称电压，三相励磁电流也不会完全对称，其中间相的励磁电流较其余两相为小。但是与负载电流相比，励磁电流很小，所以这一微小的不对称对变压器对称负载运行的影响极小。

与三相变压器组相比较，三相芯式变压器的耗材少，价格便宜，占地面积也小，维护也比较方便；但是大型和超大型的变压器如果也采用三相芯式变压器的形式，那么体积必然非常庞大，不便于制造和运输，所以在这种情况下往往都采用三相变压器组的形式。

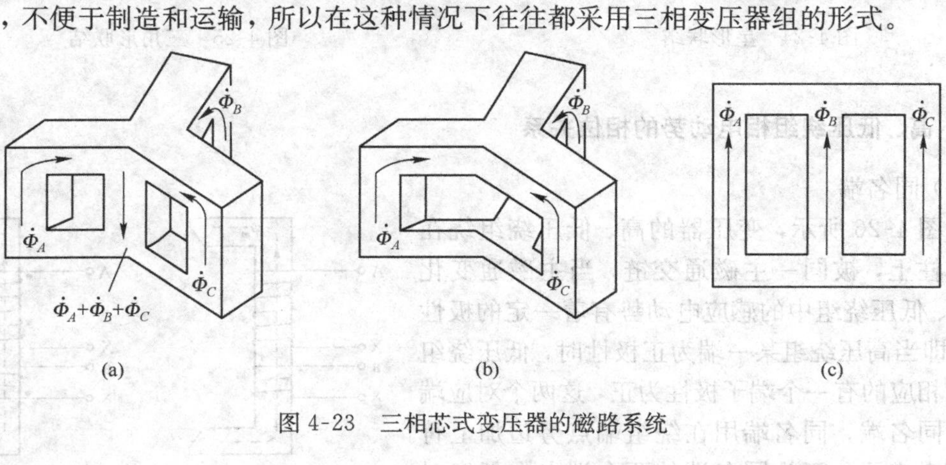

图4-23　三相芯式变压器的磁路系统

4.8.2 三相变压器的电路系统

三相变压器的电路系统指的是三相绕组。三相变压器的绕组有各种联结方式，这些联结方式不仅关系到一次、二次绕组电动势谐波的大小，而且还影响到三相变压器一次、二次绕组线电动势之间的相位关系。这种相位关系决定了几台三相变压器能否并联运行，而且也决定了多重化逆变器能否有效的抵消输出电压中的高次谐波，所以弄清楚三相变压器绕组的联结非常重要。

1. 三相绕组的联结法

对三相变压器绕组的首端、末端的标记做如表 4-2 的规定。

表 4-2 三相变压器绕组首端、末端的标记规定

绕组名称	首 端	末 端	中 性 点
高压绕组	A、B、C	X、Y、Z	O
低压绕组	a、b、c	x、y、z	o

不论高压绕组或是低压绕组，我国电力变压器标准规定都只采用星形联结或三角形联结。以高压绕组为例。把三相绕组的三个末端连在一起，而把首端引出，便是星形联结，如图 4-24 所示，以字母“Y”表示；如果把一相的末端和另一相的首端连在一起，顺序接成一个闭合电路，便是三角形联结法，如图 4-25 所示，以字母“D”表示。因此，三相变压器可以接成如下几种形式：①Y，y 或 YN，y 或 Y，yn；②Y，d 或 YN，d；③D，y 或 D，yn；④D，d。其中大写表示高压绕组接法，小写表示低压绕组接法，字母 N、n 是星形联结的中点引出标志。

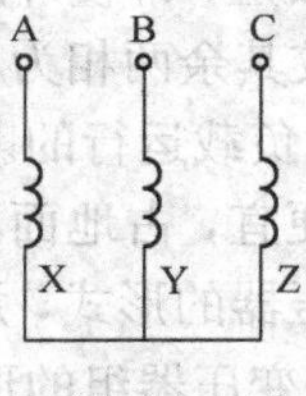

图 4-24 星形联结

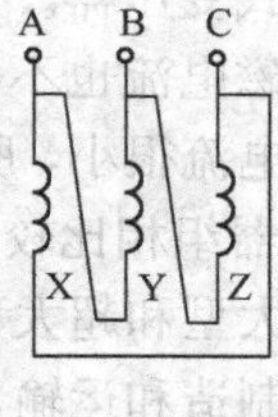

图 4-25 三角形联结

2. 高、低压绕组相电动势的相位关系

(1) 同名端

如图 4-26 所示，变压器的高、低压绕组绕在同一芯柱上，被同一主磁通交链，当主磁通变化时，高、低压绕组中的感应电动势有着一定的极性关系，即当高压绕组某一端为正极性时，低压绕组也必然相应的有一个端子极性为正，这两个对应端子称为同名端。同名端用在绕组端点旁边加上符号“·”来表示。互为同名端的两个端点在任意时刻极性都相同，且同名端总是成对出现的。这有两

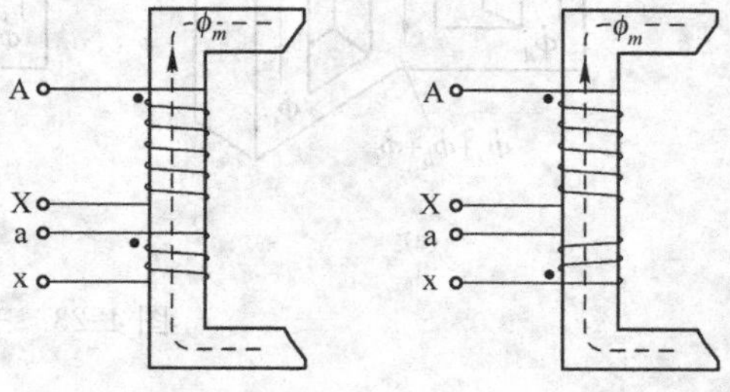

图 4-26 变压器绕组的同名端

层含义：其一，若A端与a端为同名端，则X端与x端也必为同名端；其二，若A端与a端不互为同名端，则A端与x端必互为同名端。

判断同名端的方法主要有以下两种：

① 观察法，即观察高、低压绕组的绕向。如果同一芯柱上两个绕组绕向相同，那么相对应的两个端点互为同名端；如果同一芯柱上两个绕组绕向相反，那么相对应的两个端点不互为同名端。所谓相对应的两个端点，指的是同一芯柱上的两个绕组的四个端点中，同是上面的或同是下面的那对端点。如图 4-26(a)所示，两个绕组绕向相同，而A端与a端位置相互对应，所以它们互为同名端；如图 4-26(b)所示，两个绕组绕向相反，而A端与a端位置相互对应，所以A端与a端不互为同名端，而是与x端互为同名端。

② 直流电流法，即假设分别从高、低压绕组的一个端点中流入直流电流，从而分别在铁芯中产生恒定磁通，如果两个恒定磁通的方向相同，都为顺时针或都为逆时针，那么这两个端点互为同名端，否则不是同名端。

(2) 高、低压绕组相电动势相位关系的确定

既然要判定相位，就必须规定各电动势的正方向。对于同一个相电动势，如果正方向规定的相反，其最终的相位必然相反。为了描述和分析问题的方便，将高、低压绕组相电动势的正方向统一规定为从绕组的首端指向末端，如图 4-27(a)和图 4-28(a)所示。

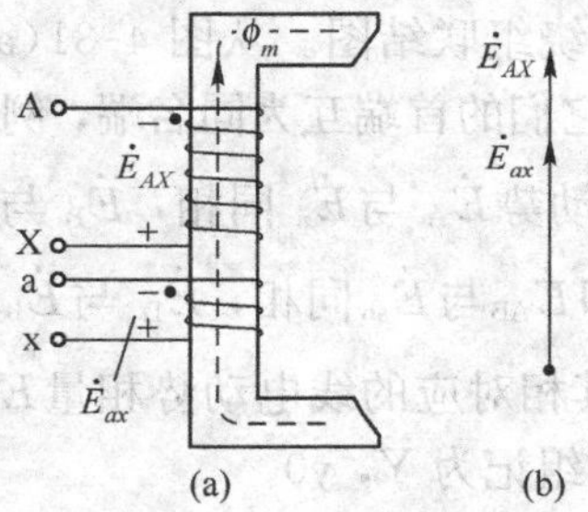

图 4-27 相电动势相位关系的确定（绕组绕向相同）

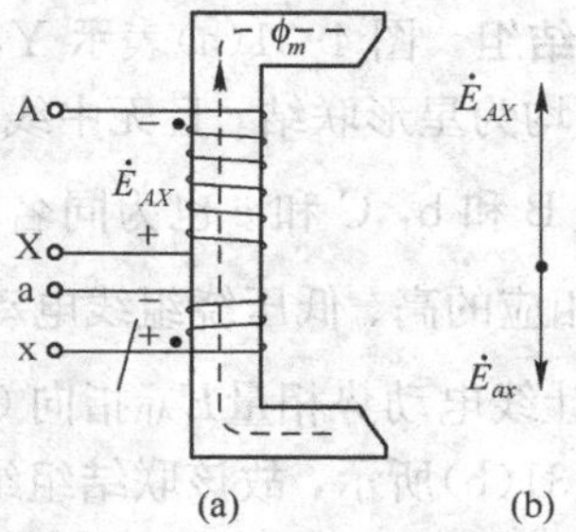

图 4-28 相电动势相位关系的确定（绕组绕向相反）

根据同名端的定义可以看出，若高、低压绕组的首端(或末端)互为同名端，则相电动势同相位；若高压绕组的首端(或末端)和低压绕组的末端(或首端)互为同名端，则相电动势反相位，如图 4-27(b)和图 4-28(b)所示。

(3) 相量图

以高压绕组为例，若其为星形联结，如图 4-24 所示。各相电动势和线电动势的相量图如图 4-29 所示。其特点是图中重合在一处的点是等电位的，如X、Y、Z，并且图中任意两点间的有向线段就表示两点的电动势相量，如$\overrightarrow{XA}$从A点到X点的电动势的相量$\dot{E}_{AX}$，为了简单起见，用$\dot{E}_A$表示；$\overrightarrow{BA}$从A点到B点的电动势的相量$\dot{E}_{AB}=\dot{E}_A-\dot{E}_B$。画这种相量图时必须注意要将等位点画在一起，此外还要注意逆时针为正相序，顺时针为负相序，不能搞反。

若其为三角形联结，如图 4-25 所示。按照上述注意点画出了各相电动势和线电动势的相量图，如图 4-30 所示。

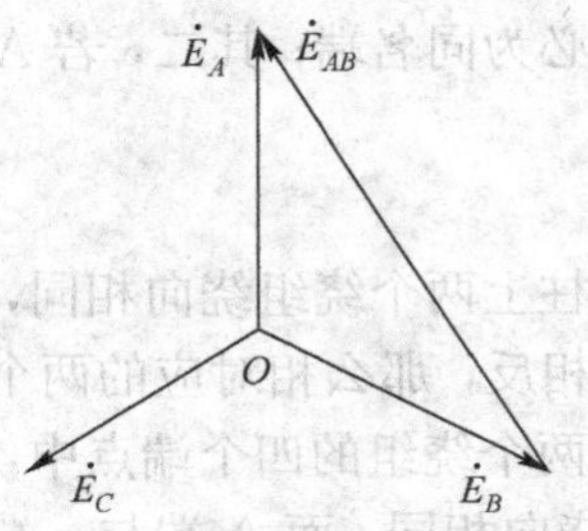

图 4-29 星形联结时的电动势

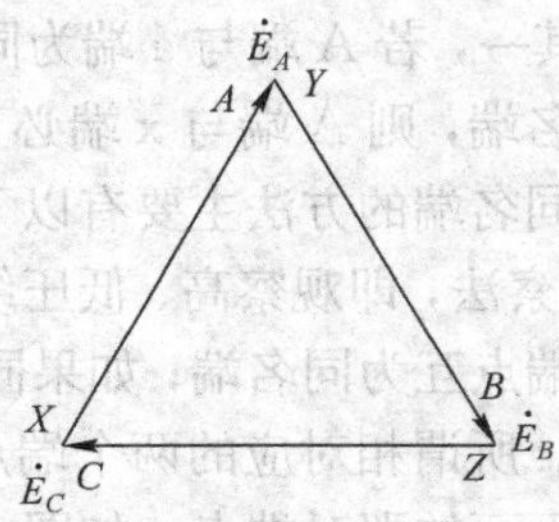

图 4-30 三角形联结时的电动势相量图

3. 高、低压绕组线电动势的相位关系

根据高、低压绕组的线电动势之间的相位关系，把变压器绕组的联结分成各种不同的组号，称为绕组的联结组。为了区别不同的联结组，采用时钟表示法，即将高压绕组线电动势相量作为长针指向 0 点，将低压绕组相应的线电动势相量作为短针，它指向的钟点就是联结组的组号。一般用联结法的符号加数字来表示联结组，如 Y，y10、Y，d9 等，联结法的符号表示该变压器高、低压绕组分别采取的联结方法，而后面的数字表示这种联结的组号。下面以 Y，y0 和 Y，d9 两种联结组为例来说明时钟表示法。

Y，y0 联结组　图 4-31(a)表示 Y，y0 联结组的绕组联结图。从图 4-31(a)中可以看出高、低压绕组均为星形联结，且无中线引出；此外，它们的首端互为同名端，例如，A 和 a 为同名端；同理 B 和 b，C 和 c 也为同名端，所以相电动势 $\dot{E}_A$ 与 $\dot{E}_a$ 同相，$\dot{E}_B$ 与 $\dot{E}_b$ 同相，$\dot{E}_C$ 与 $\dot{E}_c$ 同相，相应的高、低压绕组线电动势也同相，即 $\dot{E}_{AB}$ 与 $\dot{E}_{ab}$ 同相，$\dot{E}_{BC}$ 与 $\dot{E}_{bc}$ 同相，$\dot{E}_{CA}$ 与 $\dot{E}_{ca}$ 同相。若让线电动势相量 $\dot{E}_{AB}$ 指向 0 点，那么与其相对应的线电动势相量 $\dot{E}_{ab}$ 也必然指向 0 点，如图 4-31(b)所示，故该联结组组号为 0，联结组记为 Y，y0。

Y，d9 联结组　图 4-32(a)表示联结组 Y，d9 的绕组联结图。从图 4-32(a)中可以看出高压绕组为星形联结且无中线引出，而低压绕组按 a→z—c→y—b→x—a 接成三角形；此外，它们的首端互为同名端，例如，A 和 b 为同名端；同理 B 和 c，C 和 a 也为同名端，所以相电动势 $\dot{E}_A$ 与 $\dot{E}_b$ 同相，$\dot{E}_B$ 与 $\dot{E}_c$ 同相，$\dot{E}_C$ 与 $\dot{E}_a$ 同相。若让线电动势相量 $\dot{E}_{AB}$ 指向 0 点，那么与其相对应的线电动势相量 $\dot{E}_{ab}$ 必然指向 9 点，如图 4-32(b)所示，故该联结组组号为 9，联结组记为 Y，d9。

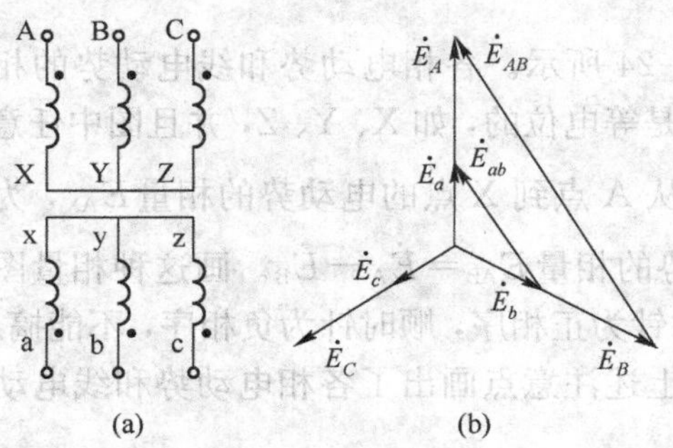

图 4-31　Y，y0 联结组

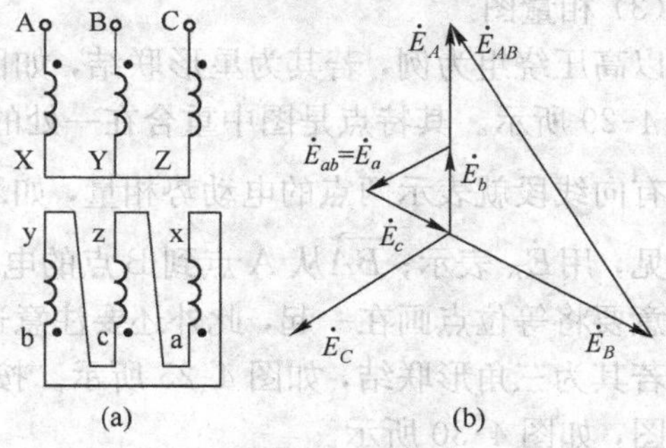

图 4-32　Y，d9 联结组

变压器联结组还有许多。对 Y，y 联结而言，可得 0，2，4，6，8，10 等 6 个偶数组号，对 Y，d 联结而言，可得 1，3，5，7，9，11 等 6 个奇数组号，总共可得 12 个组号。为了制造和运行的方便，我国规定了 Y，yn0、Y，d11、YN，d11、YN，y0、Y，y0 等 5 种标准联结组，其中最常用的是前 3 种。

Y，yn0 联结组应用于容量不大的三相配电变压器，二次侧为三相四线制，线电压为 400V，相电压为 230V 用以供电力和照明混合负载。

Y，d11 联结组应用于二次侧电压超过 400V 的线路中，其二次侧接成三角形，对运行有利。

YN，d11 联结组主要应用于高压输电线上，高压侧地中点可以直接接地或通过阻抗接地。

4.9 特种变压器

前面分析的都是普通的双绕组变压器，而实际应用中的变压器还有好多种类，如在电力系统中为了把 3 个电压等级不同的电网相互联结而采用的三绕组变压器，又如为了平衡三相负载不对称而采用的阻抗匹配平衡变压器，在企业中应用得比较多的还有焊接变压器、电炉变压器等。限于篇幅，这里不一一介绍。本节仅介绍较为常用的自耦变压器和仪用互感器的工作原理和特点。

4.9.1 自耦变压器

如果将一台普通双绕组变压器的高压绕组和低压绕组串联联结作为公共绕组，便构成了自耦变压器，如图 4-33 所示。自耦变压器结构上的本质特点就在于一次、二次绕组中有一部分是公共的。所以与普通双绕组变压器不同的是，自耦变压器一次、二次绕组间不仅有磁的耦合，还有电的直接联系。自耦变压器的一次、二次绕组中合用的那部分称为公共绕组，剩下的那部分则称为串联绕组。由于自耦变压器可以看做是普通双绕组变压器的特殊联结，所以可以用前面所讲的理论进行分析。

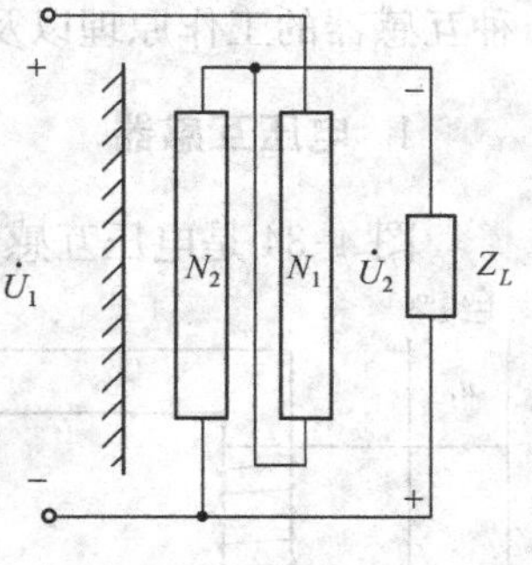

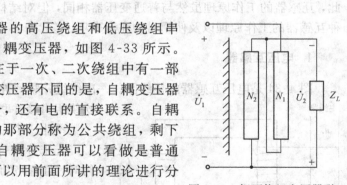

图 4-33 把两绕组变压器联结成自耦变压器

下面来分析，把普通的双绕组变压器改接成自耦变压器时，额定容量将有何变化。以图 4-33 所示的降压式自耦变压器为例，设双绕组变压器一次绕组和二次绕组的匝数分别为 N_1 和 N_2，额定电压为 U_{1N} 和 U_{2N}，额定电流为 I_{1N} 和 I_{2N}，电压比为 $k=N_1/N_2$，额定容量为 $S_N=I_NU_N$；改成自耦变压器后，额定电压为 U_{1aN} 和 U_{2aN}，额定电流为 I_{1aN} 和 I_{2aN}，额定容量为 S_{aN}，从而有

$$S_{aN}=U_{1Na}I_{1Na}=(U_{1N}+U_{2N})I_{1N}=S_N+S_c \tag{4-78}$$

$$\frac{U_1}{U_2}=\frac{N_1+N_2}{N_2}=k_a \tag{4-79}$$

式(4-78)说明自耦变压器的额定视在功率（即额定容量）由两部分组成：一部分功率为 $S_N=I_{1N}U_{1N}$，其与普通双绕组变压器一样是通过公共绕组部分的电磁感应作用由一次侧传递到二次侧的，称为感应功率；另一部分功率为 $S_c=I_{1N}U_{2N}$，它是通过串联绕组的电

流直接传导到负载的，称为传导功率。传导功率的存在，也说明自耦变压器的负载可以直接向电源吸收部分功率，这种情况是普通双绕组变压器所没有的，这是自耦变压器的特点。此外，传导容量是直接传到负载去的，没有经过绕组的电磁作用，因此不需要增加绕组容量。

从式(4-79)可以看出，改变公共绕组的匝数 N_2，就能得到不同的输出电压。如果副边端点 a 采用滑动的方法与原绕组各点接触，则可以平滑的改变公共绕组的匝数 N_2，从而改变输出电压，这种变压器即为自耦调压器。它在实验室中经常作为可变电压电源使用，有时也用做异步电动机的降压起动器。

4.9.2 电压互感器和电流互感器

电压互感器和电流互感器都是测量设备，它们的工作原理和变压器基本相同。采用互感器的目的有三个：一是为了工作人员和仪表的安全，将测量回路与高压电网隔离；二是扩大常规仪表的量程，即可以用低量程电压表测量高电压，用小量程电流表测量大电流；三是为各种控制系统和继电保护系统提供控制信号。

互感器有各种规格，但测量系统使用的电压互感器，其二次侧额定电压都统一设计成 100V；电流互感器二次侧额定电流都统一设计成 5A 或 1A。也就是说，配合互感器所使用的仪表量程，电压应该是 100V，电流应该是 5A 或 1A。

互感器主要性能指标是测量精度，要求仪表示数和被测量值之间有良好的线性关系。因此，互感器的工作原理虽然与普通变压器相同，但对结构的要求比较特殊。下面分别介绍两种互感器的工作原理以及使用时的注意事项。

1. 电压互感器

图 4-34 是电压互感器的接线图。一次绕组并联到被测量的高电压系统线路的两端，二次绕组直接并联到电压表的电压线圈。如果仪表的个数不止一个，则各仪表的电压线圈都应该并联。

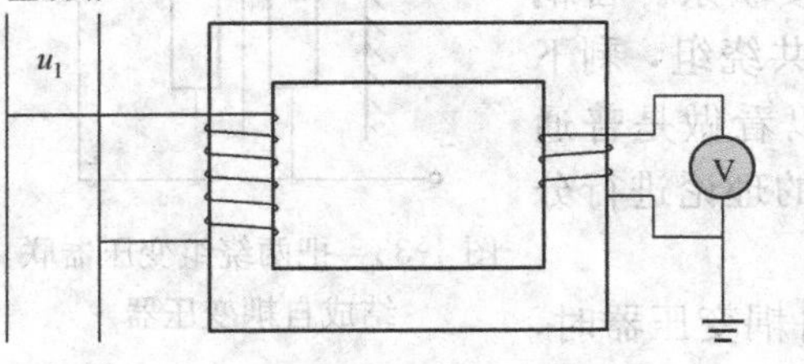

图 4-34 电压互感器的接线图

先来分析一种理想情况。当电压互感器空载运行时，且忽略励磁电流和漏阻抗压降，则有

$$\frac{U_1}{U_2}=\frac{E_1}{E_2}=\frac{N_1}{N_2} \tag{4-80}$$

$$U_1=U_2\frac{N_1}{N_2}=kU_2 \tag{4-81}$$

即被测量电压 U_1 和仪表示数 U_2 成线性关系，当然这只是一种理想状况。实际情况是，虽然电压表呈高阻抗，但毕竟不是无穷大，因此电压互感器不是运行在空载状态；而负载的大小又与所接电压表的数量有关且电压互感器总是存在励磁电流和漏阻抗压降的。因此 U_1 和 U_2 之间不严格的呈线性关系，而是存在一定的变比误差和相位误差。国家标准对电压互感器规定了 0.2、0.5、1、3 四个精度等级，供使用者选择。

在使用电压互感器时应特别注意两点：

(1) 电压互感器运行时二次侧绝对禁止短路。由于电压互感器短路阻抗很小，稳态短路电流为额定电流的100倍以上，因此一旦发生短路故障，由此引起的电动力、损耗可在瞬间损毁电压互感器。

(2) 为了保护人身安全，电压互感器的铁芯和二次绕组的一端必须可靠接地。

2. 电流互感器

电流互感器的主要结构也与普通变压器相似，不同的是一次绕组匝数较少，一般只有一匝或几匝，而二次绕组匝数较多，接线如图 4-35 所示。电流互感器在使用时，一次绕组一般串联在被测线路中，而二次绕组接到测量仪表的电流线圈。因为是测量电流，所以各测量仪表的电流线圈应该串联联结。由于电流线圈的电阻值很小，所以电流互感器可以看成是处于短路运行状态。

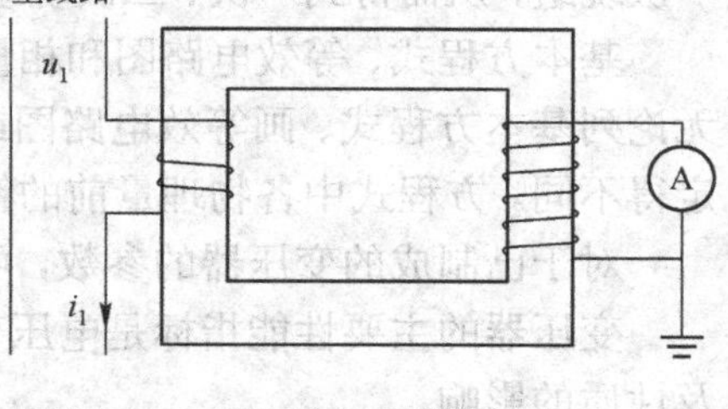

图 4-35 电压互感器的接线图

先来分析一种理想情况。当忽略励磁电流，根据磁动势平衡方程式应有：

$$\dot{I}_1 N_1 + \dot{I}_2 N_2 = 0 \tag{4-82}$$

$$I_1 = I_2 \frac{N_2}{N_1} = \frac{1}{k} I_2 \tag{4-83}$$

即被测量电流 I_1 和仪表示数 I_2 成线性关系，当然这只是一种理想状况。实际情况是，电流互感器总是存在励磁电流的。因此 I_1 和 I_2 之间不严格的呈线性关系，而是存在一定的变比误差和相位误差。国家标准按对电压互感器规定了 0.2、0.5、1、3、10 五个精度等级，供使用者选择。

在使用电流互感器时应特别注意两点：

(1) 在运行过程中或带电切换仪表时，电流互感器运行时二次侧绝对禁止开路。电流互感器的一次绕组电流由被测线路决定，在正常运行时，由于有二次绕组电流的去磁作用，励磁电流是很小的。假如二次绕组开路，则二次绕组电流的去磁作用不复存在，一次绕组的电流全部转成励磁电流，使磁通急剧增加，铁芯严重过饱和，铁耗急剧增大，引起电流互感器严重发热，将使电流互感器烧毁；又因为磁路进入过饱和状态，交变磁通趋于梯形波，在磁通过零时 $\mathrm{d}\phi/\mathrm{d}t$ 非常大，二次绕组的匝数又非常多，在二次绕组中必将感应出极其高的尖峰电压，对工作人员和绕组绝缘都是不利的。

(2) 为了防止绝缘被击穿所带来的不安全，电流互感器的铁芯和二次绕组的一端必须可靠接地。

小 结

变压器是把一个数值的交流电压变换成另一数值的交流电压的交流电能变换装置。变压器的基本工作原理是电磁感应定律，一次、二次绕组间的能量传递以磁场作为媒介。因此，变压器的关键部件是具有高导磁系数的闭合铁芯和套在铁芯柱上的一次、二次绕组。

变压器铭牌上给出额定容量、额定电压、额定电流以及额定频率等，应了解它们的定义以及它们之间的关系。

变压器的内部磁场分布比较复杂，为此将磁路中存在的磁通分为主磁通 ϕ 和漏磁通 $\phi_{1\sigma}$

两部分来处理。

变压器运行中既有电路问题又有磁路问题，即在变压器中存在着一次绕组和二次绕组各自的电动势平衡关系以及两绕组之间的磁动势平衡关系。为了分析方便，把它转化成单纯的电路问题，因而引入了励磁阻抗和漏电抗等参数，再利用变量替代法把二次绕组的量折算到一次绕组，从而得到一次、二次绕组有电流联系的等效电路。

基本方程式、等效电路图和相量图是分析变压器内部关系的三种方法，三者是统一的。无论列基本方程式、画等效电路图或相量图，都必须首先规定各物理量地正方向。正方向规定得不同，方程式中各物理量前的符号和相量图中各相量的方向也不同。

对于已制成的变压器的参数，可以通过空载试验和短路试验来测定。

变压器的主要性能指标是电压变化率 ΔU 和效率 η，其数值受变压器参数和负载的大小及性质的影响。

三相变压器的一次绕组和二次绕组可以接成星形，也可以接成三角形。三相变压器一次、二次绕组对应线电动势间的相位关系与它的联结组有关。通常用时钟表示法来表明联结组别。为了生产和使用的方便，规定了标准联结组。

自耦变压器一次、二次绕组间不仅有磁的联系，还有电的联系。其功率的传递包括两部分：一是通过电磁感应关系传递的感应功率；二是通过串联绕组的电流直接传导到负载的传导功率。

电压互感器和电流互感器是一种测量高压或大电流交流电能的变压器。电压互感器和电流互感器以误差来分等级。在使用时，二次绕组的一端及铁芯接地。在一次绕组接电源时，电压互感器的二次绕组不允许短路，而电流互感器的二次绕组不允许开路。

习　题

4.1　变压器铁芯的作用是什么？为什么要用涂绝缘漆的薄硅钢片来叠成？若在铁芯磁回路中出现较大的间隙，会对变压器有何影响？

4.2　为什么变压器采用视在功率来表示其容量？

4.3　变压器副边的额定电压是如何定义的？三相变压器原、副边的额定电压之比是否就是变比？

4.4　什么叫变压器的主磁通、漏磁通？它们有何区别？

4.5　有一台单相变压器，$f=50\text{Hz}$，高、低压侧的额定电压 $U_{1N}/U_{2N}=35\text{kV}/6\text{kV}$。铁芯的截面积为 1120cm^2，最大磁密为 $B_m=1.45\text{T}$。试求高、低压绕组的匝数和变比。

4.6　励磁电抗 X_m 的物理意义是什么？如果变压器磁路不用铁芯而用空气，则 X_m 是增大还是降低？

4.7　一台额定电压为 220V/110V 的变压器的低压绕组不慎接在 220V 的交流电源上，会导致什么后果？若低压绕组原来匝数为 40 匝，现在要改成多少匝数才能将低压绕组接在 220V 的交流电源上？

4.8　一台三相电力变压器，原、副边都是星形联结，额定容量 $S_N=160\text{kVA}$，额定频率 $f_N=50\text{Hz}$，额定电压 $U_{1N}/U_{2N}=6\text{kV}/0.4\text{kV}$，额定电流 $I_{1N}/I_{2N}=15.4\text{A}/231\text{A}$，$Z_1=2.18+\text{j}3.94\Omega$，$Z_m=1248+\text{j}9702\Omega$。当一次绕组接额定电压时，试求：

(1) 变压器励磁电流与原边额定电流的比值；(6.48%)

(2) 空载运行时的输入功率；(604)

(3) 原边相电动势和漏阻抗压降。(3458;6.2)

4.9 两台单相变压器 $U_{1N}/U_{2N}=220V/110V$，一次侧匝数相等，但空载电流 $I_{m1}=2I_{m2}$。现在将两变压器的一次绕组顺极性串联起来，接到 440V 的交流电源上，求两变压器空载时的输出电压。(73.3;146.7)

4.10 变压器负载电流增大，变压器的主磁通和漏磁通是否会因此而发生改变吗？

4.11 变压器的简化等效电路与 T 形等效电路相比，忽略了哪些因素？

4.12 利用 T 形等效电路计算得到的一次、二次侧电压、电流和损耗、功率等是否均为实际值？

4.13 一台三相变压器二次绕组为三角形联结，变比为 4，带每相阻抗 $Z_L=3+j0.9\Omega$ 的三相对称负载稳态运行时，若负载为三角形联结，则在向一次侧折算的变压器的等效电路中 Z'_L 应为多少？若负载为星形联结，Z'_L 又为多少？

4.14 有一台单相变压器，已知参数为：$R_1=2.19\Omega$，$X_{1\sigma}=15.4\Omega$；$R_2=0.15\Omega$，$X_{2\sigma}=0.964\Omega$；$R_m=1250\Omega$，$X_m=12600\Omega$；$N_1/N_2=867$ 匝/260 匝。当二次侧电压 $U_2=6000V$，电流 $I_2=180A$，且 $\cos\varphi_2=0.8$(滞后)时，试求：

(1) 画出折算到高压侧的 T 形等效电路；

(2) 用 T 形等效电路计算 $\dot{U}_1$ 和 $\dot{I}_1$。

4.15 一台三相电力变压器，原、副边都是星形联结，额定容量 $S_N=800kVA$，$f_N=50Hz$，额定电压 $U_{1N}/U_{2N}=10kV/0.4kV$，$R_1=R'_2=0.773\Omega$，$X_{1\sigma}=X'_{2\sigma}=2.704\Omega$，负载也是星形联结，每相负载阻抗为 $Z_L=0.20+j0.07\Omega$。当一次绕组接额定电压时，试求(用简化等效电路计算)：

(1) 变压器原、副边线电流；(45.49，1137.25)

(2) 副边线电压；(394)

(3) 输入及输出的有功功率。(785.57，775.62)

4.16 变压器空载试验和短路试验一般在哪一侧进行？为什么？

4.17 在变压器高压侧和低压侧分别加额定电压进行空载试验，所测得的铁耗是否一致？计算出来的励磁阻抗有何差别？为什么变压器的空载损耗可以近似看成铁损，短路损耗可近似看成铜损？负载时变压器真正的铁耗和铜耗与空载损耗和短路损耗有无差别？为什么？

4.18 三相变压器额定容量为 200kVA，额定电压为 10kV/0.4kV，Y，y0 联结，室温为 25℃时测得试验数据见表 4-3，试求 T 形等效电路参数。

表 4-3 习题 4-18 的试验数据

试验项目	电压(V)	电流(A)	功率(W)	备 注
空载试验	400	5.2	470	在低压侧测量
短路试验	400	11.55	3500	在高压侧测量

4.19 什么叫标幺值？使用标幺值计算变压器问题有何优点？

4.20 试证明：在额定电压时，变压器的空载电流标幺值等于励磁阻抗模的标幺值的倒数。

4.21 一台三相电力变压器铭牌数据为：$S_N = 1000$kVA，$U_{1N}/U_{2N} = 10$kV/6.3kV，$f_N = 50$Hz，高压侧星形联结，低压侧三角形联结。当外施额定电压时，变压器的空载损耗 $P_0 = 4.9$kW，空载电流为额定电流的 5%；当短路电流为额定值时，短路损耗 $P_k = 15$kW(已经换算到 75℃时的值)，短路电压为额定电压的 5.5%。试求励磁阻抗和漏阻抗的标幺值以及它们的实际值。(1.9599，19.904；0.015，0.052915；195.99，1990.4；1.5，5.2915)

4.22 变压器二次侧带什么性质的负载才有可能使电压调整率为零？为什么？

4.23 变压器效率的高低与负载性质有关系吗？

4.24 一台电力变压器，负载性质一定，当负载系数分别为 $\beta = 1$、$\beta = 0.8$、$\beta = 0.1$ 及空载时，其效率分别为 η_1、η_2、η_3、η_0，试比较各效率的大小。

4.25 变压器的额定效率是否就是最大效率？什么时候达到最大效率？

4.26 有一台 1000kVA，10kV/6.3kV 的单相变压器，额定电压下的空载损耗为 4900W，空载电流为 0.05(标幺值)，额定电流下 75℃时的短路损耗为 14000W，短路电压为 5.2%。设折算后一次绕组和二次绕组的漏阻抗相等，试求：

(1) 负载功率因数为 0.8(滞后)时，变压器额定负载所对应的电压调整率和额定效率；(2%，97.69%)

(2) 变压器的最大效率，发生最大效率时负载的大小($\cos\varphi_2 = 0.8$)。(97.903，0.57155)

4.27 有一台三相变压器，$S_N = 5600$kVA，$U_{1N}/U_{2N} = 10$kV/6.3kV，Yd 联结组。变压器的空载及短路试验数据见表 4-4。

表 4-4 习题 4-27 的试验数据

试验项目	电压(V)	电流(A)	功率(W)	备注
空载试验	6300	7.4	6800	在低压侧测量
短路试验	550	323	18000	在高压侧测量

试求：

(1) 满载且负载功率因数为 0.8(滞后)时，变压器的电压调整率和效率；

(2) 满载且负载功率因数为 0.8(滞后)时，二次侧相电压 U_2 和一次侧相电流 I_1。

4.28 有一台 5600kVA、Yd 联结、35kV/6.6kV 的三相变压器，从短路试验得 $X_k^* = 5.25\%$，$R_k^* = 1\%$。当 $U_1 = U_{1N}$时，在低压侧加额定负载 $I_2 = I_{2N}$，测得端电压恰好等于额定值，即 $U_2 = U_{2N}$。试求此时负载的功率因数角 φ_2 及负载性质。(−10.78°，容性负载)

4.29 为了在变压器原、副绕组方得到正弦波感应电动势，当铁芯不饱和时励磁电流呈何种波形？当铁芯饱和时情形又怎样？

4.30 变压器的初级、次级绕组如图 4-36 所示。试画出它们的电动势相量图，并判明其联结组号。设相序为 A、B、C。

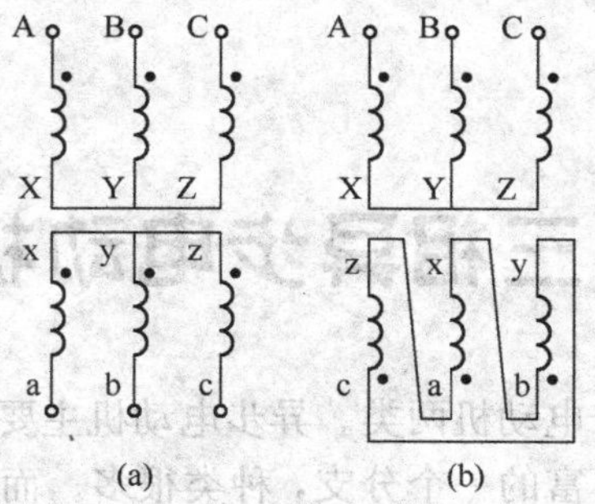

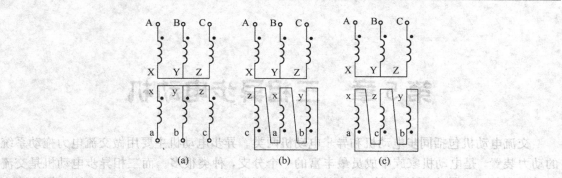

图 4-36　题 4-30 的三相绕组

4.31　电流互感器次级为什么不允许开路？电压互感器次级为什么不允许短路？

第 5 章　三相异步电动机

交流电动机包括同步电动机和异步电动机两类。异步电动机主要用做交流电力拖动系统的动力装置，是电动机家族中成员最丰富的一个分支，种类很多。而三相异步电动机是交流电动机中的一个最常见的类别，具有结构简单、制造经济、运行可靠、使用维护方便等诸多优势，且性能稳定、效率较高，是各行业应用广泛、品种较多、与日常工作联系较密切的电动机。三相异步电动机的主要缺点是调速性能不如直流电动机，而且需要从电网吸取滞后的电流，影响电网功率因数。随着电力电子技术的发展及其在电动机控制技术方面应用的深入，上述问题得到了较好的解决，使三相异步电动机的应用前景更加广阔。

本章主要介绍三相异步电动机的工作原理、结构、内部电磁情况及分析方法、运行特性等内容。

5.1　三相异步电动机的结构、类别、铭牌

5.1.1　三相异步电动机基本结构

三相异步电动机结构与其他旋转电动机的基本结构相似，有旋转和固定两大部分。固定不动部分，称为定子；旋转的部分，称为转子；定子、转子之间有一层小的空气隙，称为电动机气隙。三相异步电动机的外形与结构如图 5-1 所示。

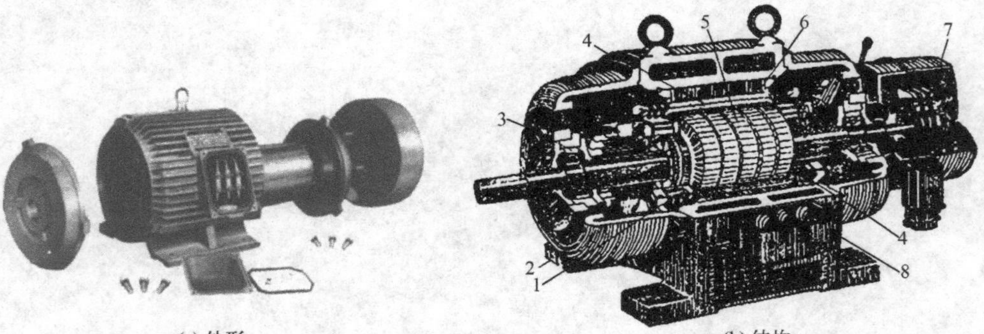

(a) 外形　　(b) 结构

1—转子绕组　2—端盖　3—轴承　4—定子绕组　5—转子　6—定子　7—集电环　8—出线盒

图 5-1　三相异步电动机外形与结构

1. 定子

三相异步电动机定子主要包括定子铁芯、定子绕组和机座 3 部分。为减少铁耗，定子铁芯由厚 0.5mm 的硅钢片叠压制成，形如一个空心圆筒。内圆周上冲有齿和槽，结构如图 5-2 所示。定子槽用以嵌放对称的三相定子绕组，其槽形分为半闭口槽、半开口槽、开口槽 3 种，

如图 5-3 所示。

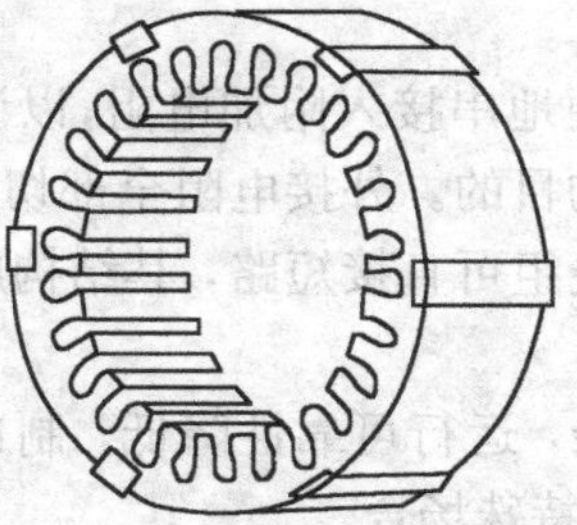

图 5-2　三相异步电动机的定子铁芯

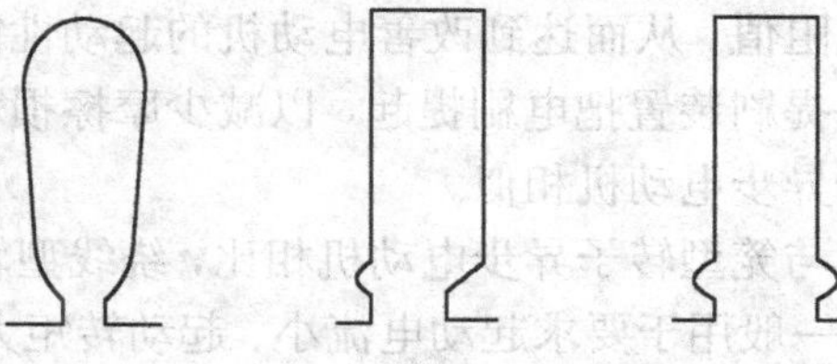

1—半闭口槽　2—半开口槽　3—开口槽

图 5-3　三相异步电动机定子槽的槽形

定子绕组是三相异步电动机的定子电路，由漆包线或用铜排包上绝缘纸制作而成，前者称为散嵌式线圈，后者称为成型线圈。绕组按一定规律放置于槽内，有单层、双层等不同形式。

三相异步电动机的机座用于固定定子铁芯和支撑电动机。其材料需要一定的机械强度和刚度，中小型异步电动机一般采用铸铁机座，较大容量异步电动机采用钢板焊接的机座，微型、分马力异步电动机有时也选用铝壳机座。

2. 转子

异步电动机转子部分主要包括转子绕组、转子铁芯和转轴。转子铁芯固定在转轴上，也是主磁路的一部分。转子铁芯也由厚 0.5mm 的硅钢片叠压制成，呈圆柱形。转子硅钢片外圆上冲有齿和槽，用于放置转子绕组，其槽形对电动机的性能，特别对笼型异步电动机的起动性能有较大影响。转子绕组是三相异步电动机的转子电路，分为笼型转子和绕线型转子两类。

(1) 笼型转子绕组

三相笼型转子结构如图 5-4 所示。转子绕组实际是一些导条，转子两端用端环将导条连接成闭合的环路，转子绕组的外形如同“鼠笼”，因此称为鼠笼转子或笼型转子。笼型转子导条通常用铝材制成。在大容量电机制造过程中，大型铸铝转子质量难以控制，因此，转子导条也有用铜材制成的。转子一般采用斜槽结构以改善异步电动机性能。

(2) 绕线型转子绕组

绕线型转子绕组结构是在转子铁芯槽内镶嵌绕制的多相对称绕组，相数通常与定子绕组相同，三相绕线转子异步电动机的转子绕组实际就是对称的三相绕组，一般为星形联结。三相绕线转子结构如图 5-5 所示。转子的转轴一端设置有3个集电环，各相转子绕组的3个

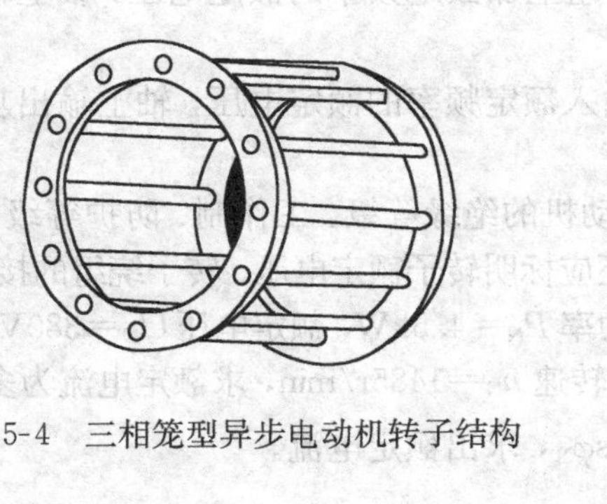

图 5-4　三相笼型异步电动机转子结构

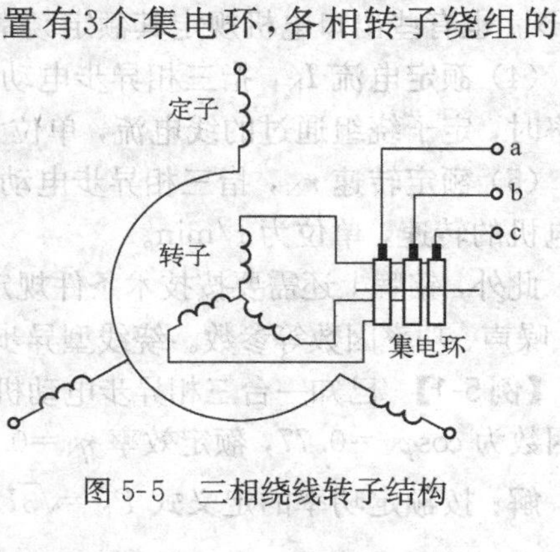

图 5-5　三相绕线转子结构

起始端分别与对应集电环相连接，集电环上设有固定的电刷与之保持导电接触，并把转子电路与外电路连通起来。

绕线转子绕组的特点是：可以在转子绕组回路中方便地串接入附加电阻，以调节转子电路电阻值，从而达到改善电动机的起动性能和调速性能的目的。外接电阻全部切除时，可用短路提刷装置把电刷提起，以减少摩擦损耗。此时转子绕组可直接短路，其结构原理与笼型转子异步电动机相似。

与笼型转子异步电动机相比，绕线型转子结构较复杂，运行可靠性降低，制造成本也较高，一般用于要求起动电流小、起动转矩大或需要调速的特殊场合。

5.1.2　三相异步电动机的铭牌数据

三相异步电动机铭牌上标明电机的型号、额定数据等。

1. 异步电动机的型号

电机型号一般由大写的汉语拼音字母和阿拉伯数字组成。型号中开始部分是汉语拼音字母，通常是在电机的名称中选择有代表意义的汉字，用该汉字的第一个拼音字母表示。例如三相异步电动机用 Y 来代表。字母后面的数字代表电机的其他特征。以 Y 系列异步电动机某一规格产品为例，其型号可表示为：

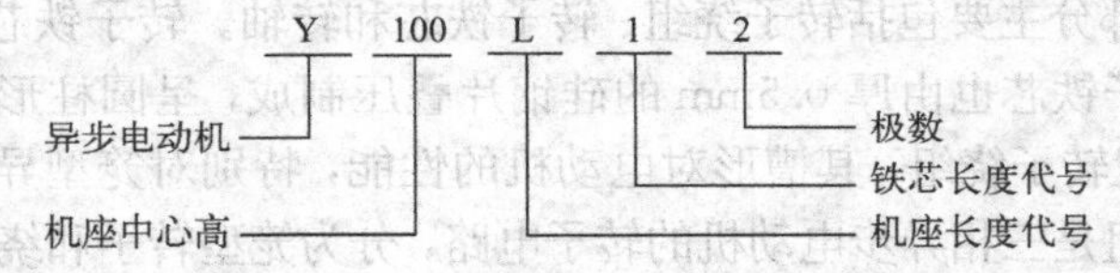

异步电动机系列很多，在基本系列基础上派生的不同系列常在“Y”字母后加其他字母表示，如“YZR”表示起重冶金绕线转子系列，“YCT”表示电磁调速系列等。

2. 三相异步电动机的额定值

三相异步电动机的额定值包含下列内容：

(1) 额定功率 P_N，指三相异步电动机在额定运行时轴上输出的机械功率，单位是 kW。

(2) 额定电压 U_N，指额定运行状态下加在三相异步电动机定子绕组上的线电压，单位为 V。

(3) 额定频率 f_N，指三相异步电动机定子输入电源的频率，我国规定工业用电的频率为 50Hz。也有些出口电机规定其额定频率为 60Hz。

(4) 额定电流 I_N，指三相异步电动机定子绕组上加额定频率的额定电压，轴上输出额定功率时，定子绕组通过的线电流，单位为 A。

(5) 额定转速 n_N，指三相异步电动机定子输入额定频率的额定电压，轴上输出功率额定时电机的转速，单位为 r/min。

此外，铭牌上还需要按技术条件规定标明电动机的绝缘等级、工作制、防护等级、连接方法、噪声、功率因数等参数。绕线型异步电动机还应标明转子额定电压、转子绕组的接法等。

【例 5-1】　已知一台三相异步电动机的额定功率 $P_N=4.5$kW，额定电压 $U_N=380$V，额定功率因数为 $\cos\varphi_N=0.77$，额定效率 $\eta_N=0.84$，额定转速 $n_N=1485$r/min，求额定电流为多少？

解： 按额定功率的定义式 $P_N=\sqrt{3}U_N I_N \eta_N \cos\varphi_N$，求出额定电流。

$$I_N=\frac{P_N}{\sqrt{3}U_N\eta_N\cos\varphi_N}=\frac{4.5\times 103}{\sqrt{3}\times 380\times 0.84\times 0.77}=10.57\text{A}$$

5.2　三相异步电动机的工作原理

三相异步电动机实质上是一种把三相交流电能转换成机械能的装置。机电能量的转换需要通过磁场媒介而实现，三相交流电动机的磁场是一种旋转磁场，它是在三相空间对称布置的定子绕组中通以三相对称电流而形成的。这是三相交流电动机与直流电动机的不同之处，也是三相交流电动机的重要特点。三相异步电动机的工作原理建立在旋转磁场的基础之上。

5.2.1　旋转磁场的产生原理

定子三相绕组是沿三相交流电动机的定子圆周空间对称放置的，如图 5-6 所示。图中每相绕组各由一个等效线圈代表，A、B、C 表示各相绕组首端而 X、Y、Z 表示各相绕组末端，三个线圈 A-X、B-Y、C-Z 空间相互间隔 120°。图中三相绕组在空间的位移顺序是 B 相由 A 相后移 120°，C 相由 B 相后移 120°，构成三相交流电机的对称三相绕组。

在对称三相绕组中通以对称的三相电流。各相电流随时间变化的规律如图 5-7 所示。如图所示，各相电流随时间的变化函数可以记为

$$i_A=I_m\cos\omega t,\ i_B=I_m\cos(\omega t-120°),\ i_C=I_m\cos(\omega t-240°) \tag{5-1}$$

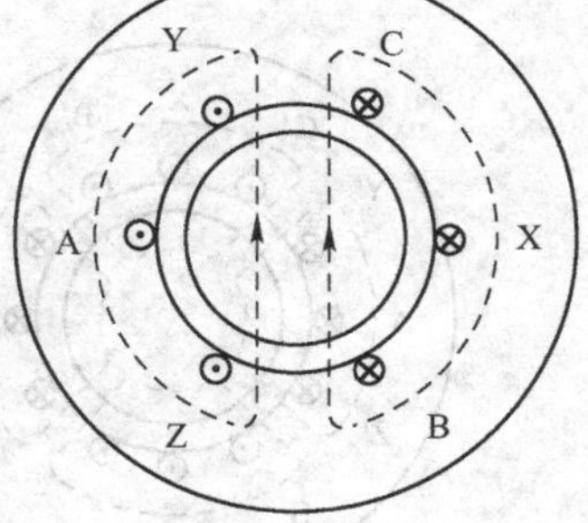

图 5-6　三相电动机的定子旋转磁场

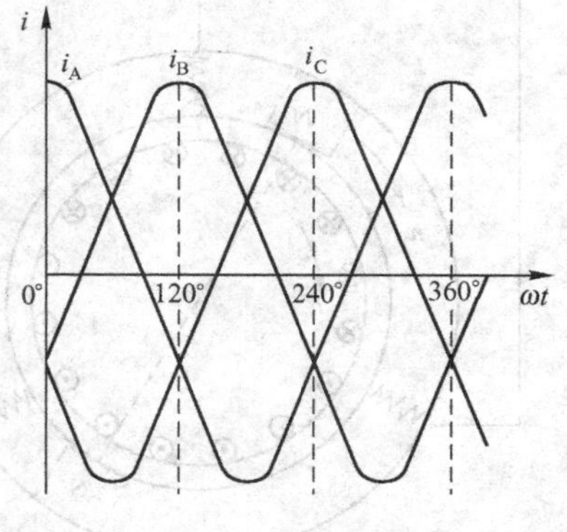

图 5-7　三相对称电流

下面分析三相电流通入对应三相绕组产生的磁场情况。

由于电流随时间连续变化，因此可通过几个特定状态瞬间的电磁情况分析来展现三相交流电动机磁场随时间的变化状况。为简化分析，选择 $\omega t=0°$、$\omega t=120°$、$\omega t=240°$、$\omega t=360°$ 四个特殊状态瞬间。规定电流为正值时从各相绕组的首端流出、末端流入；为负值时从各相绕组的末端流出、首端流入。在图上用符号⊙表示电流流出，⊗表示电流流入。

从图 5-7 可知，当 $\omega t=0°$时，A 相电流 i_A 为正，并达最大值，B、C 两相电流 i_B、i_C 为负，且两数值相等。将各相电流方向标在线圈剖面图上，如图 5-6 所示。根据右手螺旋定则，可确定各线圈的电流所产生的磁场方向。分析可知，三相线圈通三相电流的合成磁场左右对称，其磁力线的分布情况与一对磁极的磁力线情况相似，$\omega t=0°$时的磁场分布情况如图 5-6 所示。同理，$\omega t=120°$、$\omega t=240°$时的磁场方向如图 5-8、图 5-9 所示。可见，每经过 1/3T 的时间，合成磁场沿电动机圆周旋转 1/3 圈，至 $\omega t=360°$时间经过一个周期，磁场分布情况回到

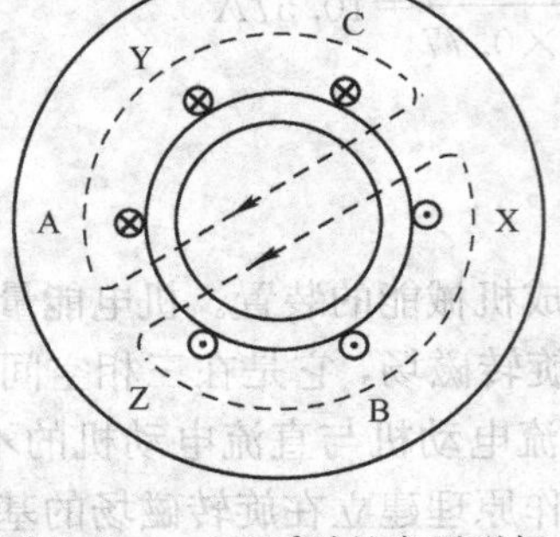

图 5-8　$\omega t=120°$时的定子磁场

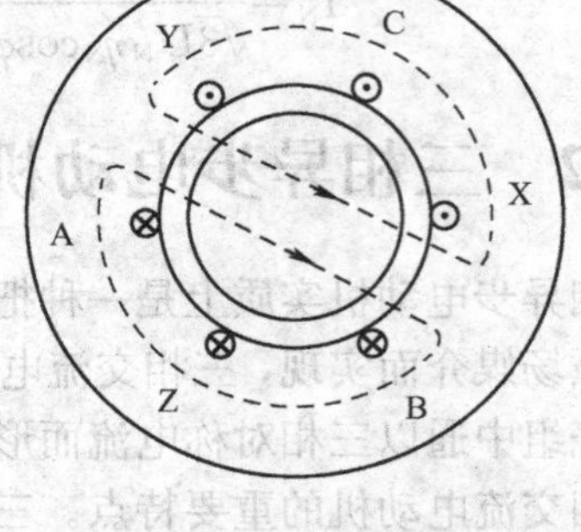

图 5-9　$\omega t=240°$时的定子磁场

图 5-6，即磁场也旋转了一圈。该过程从时间上分析，电流变化了一次；从空间上分析，磁场旋转了一圈。这种对应关系表明，磁场的旋转速度取决于电流的频率。三相电流通入三相绕组中产生一对磁极旋转磁场的情况可用图 5-10 的简图来示意。其旋转方向是由电流相序和绕组空间位置次序决定的。

若设三相绕组的每相由两个线圈 A-X、A′-X′，B-Y、B′-Y′，C-Z、C′-Z′串联组成，三相绕组排列如图 5-11 所示。

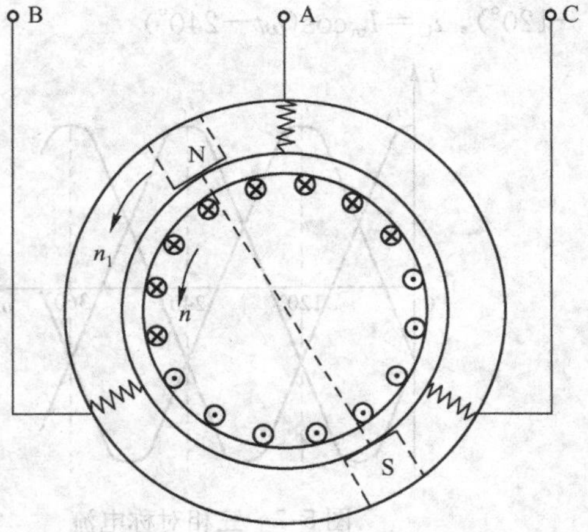

图 5-10　三相电流通入三相绕组中产生一对磁极旋转磁场

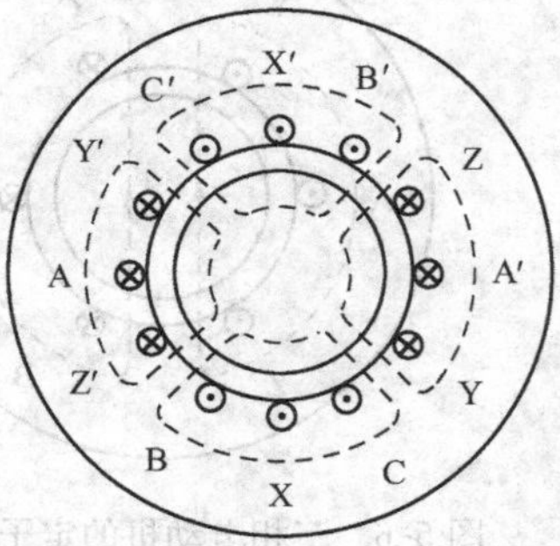

图 5-11　三相绕组排列

图中每个线圈的跨距为 1/4 圆周，此时三相电流通入三相绕组所建立的合成磁场将具有两对磁极。按前述一对磁极时所用的分析方法可得，此时所建磁场仍然是一个幅值不变，而磁极随时间旋转的旋转磁场。与前述一对磁极的旋转磁场不同的是，当电流变化一次，旋转磁场仅转过 1/2 圈。

依此类推，若绕组按确定规律连接，将可以获得 3 对、4 对乃至 p 对磁极的旋转磁场。这样若电流变化一次，磁场将转过 $1/p$ 转。若三相对称交流电源的频率为 f_1，即电流每秒变化 f_1 次，则极对数为 p 的旋转磁场的转速为

$$n_1=\frac{f_1}{p}(\mathrm{r/s})=\frac{60f_1}{p}(\mathrm{r/min}) \tag{5-2}$$

式中，n_1 表示旋转磁场的转速，也称为三相异步电动机的同步转速。可见，在对称三相绕组

中通入对称三相电流，将产生一种旋转的合成磁场。磁场旋转的方向由三相电流相序及三相绕组的空间排列顺序确定。而转速主要取决于电流频率及电动机极数。对于制成电动机，定子三相绕组的排列是确定的，则转子转向仅与通入定子绕组的电流相序有关。改变输入电流的相序就可以改变电动机转向。

5.2.2 三相异步电动机的基本工作原理

三相异步电动机的工作原理可用图 5-12 示意。图中，外圆周表示固定的异步电动机定子，定子中对称嵌放着三相绕组 A-X、B-Y、C-Z；内圆旋转部分为电动机转子，转子内圆周上的小圆圈表示转子导体；中间阴影圆圈是电动机转轴。

三相异步电动机定子绕组通入三相交流电后，电动机上产生旋转磁场，转速 n_1，转向设为顺时针方向，如图 5-12 所示。该磁场同时交链定子绕组和转子绕组，电动机转子转速初始为零，旋转磁场与转子绕组之间有相对运动，转子绕组中将产生感应电动势，方向用右手定则确定。由于转子导条构成一个闭合电路，因而转子绕组中将有感应电流流过，从而在旋转磁场中将受到电磁力的作用，方向用左手定则确定，如图 5-12 所示为其工作原理。该电磁力对转轴形成了电磁转矩，克服阻力矩驱动转子旋转。由图 5-12 可见，转子顺着旋转磁场的旋转方向旋转。若在三相异步电动机轴上加机械负载，电动机将带动机械负载旋转，从而将输入定子绕组的电能转换为轴上输出的机械能。

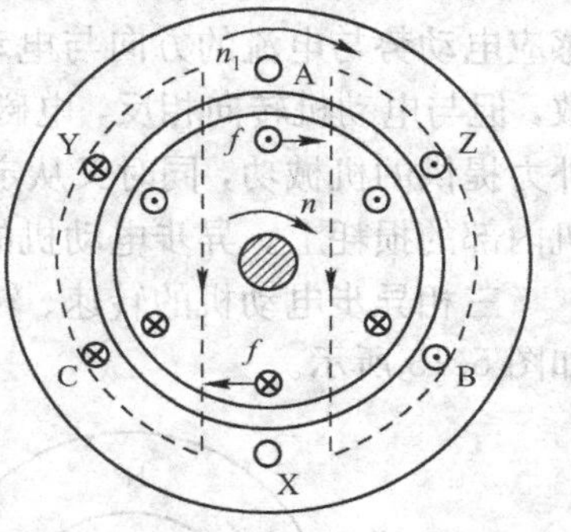

图 5-12 三相异步电动机工作原理

三相异步电动机与直流电动机不同，直流电动机依靠输入直流电流与固定磁场的相互作用产生电磁力，驱动电枢旋转；而三相异步电动机依靠转子上的感应电流与旋转磁场相互作用产生电磁力驱动转子旋转，其能量是由静止的定子部分通过电磁感应传递到运动的转子部分的，因此三相异步电动机也称为感应电动机。

分析三相异步电动机时应特别注意两种转速及其联系。一是旋转磁场的转速 n_1，称同步转速，此转速受定子绕组上通入的交流电流频率影响；二是电动机的转速 n，即转子的实际旋转速度。为保证电动机运行的转子上有感应电流，电动机的转子绕组与旋转磁场之间必须保持有相对运动，因此异步电动机电动运行时，转子转速总是小于同步转速，与旋转磁场异步转动，以保证转子绕组中持续产生感应电动势和感应电流，形成电磁转矩驱动负载运转，所以称为“异步”电动机。这也是交流电动机同步、异步的分类原则。

异步关系可用式(5-3)描述

$$s=\frac{n_1-n}{n_1} \tag{5-3}$$

式中，s 为异步电动机转差率。

5.2.3 三相异步电动机的运行状态

三相异步电动机有 3 种运行状态，如图 5-13 所示。

1. 电动机运行

电动机转速小于同步转速，且两者同方向，此时 $0<s<1$。因其间有相对运动，转子上感

应出电流并产生电磁转矩，驱动电动机旋转，如图 5-13(b)所示。

2. **发电机运行**

用原动机拖动三相异步电动机，使其转速超过同步转速，即 $n>n_1$，$s<0$，此时电磁力及电磁转矩方向与电动机的转向相反，电磁转矩起制动作用，如图 5-13(c)所示。实质是由原动机对异步电动机输入机械功率，再通过电磁感应由电动机定子输出电功率，电动机处于发电机运行状态。

3. **电磁制动运行**

用外力转矩使电动机转子逆着旋转磁场的方向旋转，即 $n<0$，$s>0$，此时转子导条中的感应电动势与电流的方向与电动机运行时一致，产生的电磁转矩方向也与旋转磁场方向一致，但与电动机转向相反，电磁转矩也是制动性质。如图 5-13(a)所示。电动机从轴上吸取外力提供的机械功，同时又从定子侧吸取电网输送的电功率，这两部分功率一起消耗在电动机内部的损耗上。异步电动机的这种运行状态称为“电磁制动”状态。

三相异步电动机的转速、转差率、电磁转矩与运行状态的关系以及机电能量转换的情况如图 5-13 所示。

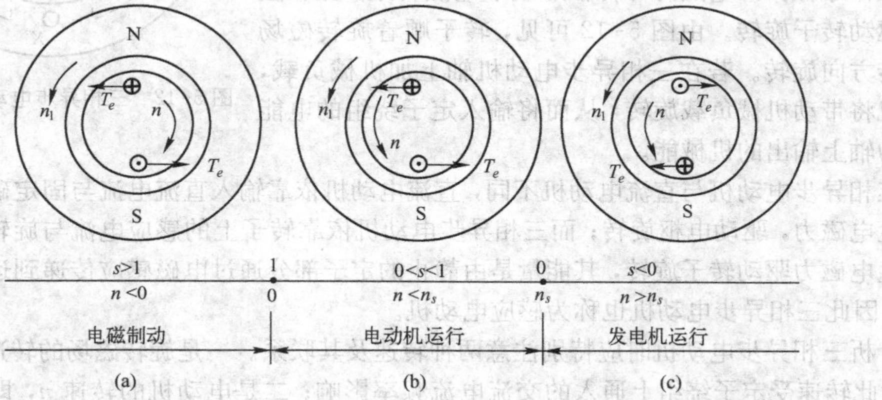

图 5-13 感应电机的 3 种运行状态(图中 · 和×为转子感应电流的方向)

5.3 三相异步电动机的绕组

5.3.1 交流绕组的构成原则

三相异步电动机的机电能量转换过程，是通过在三相定子绕组中通入三相电流而产生的旋转磁场为媒介来实现的。要了解三相交流电动机的性能及运行情况，需要详细分析三相交流绕组的构成。三相异步电动机的绕组可根据构成的特点，如绕组层数、每极每相槽数和绕组绕制方法进行多种分类，其连接遵循以下基本原则。

(1) 三相绕组形成的电动势和磁动势应对称，绕组各相电阻、电抗平衡，合成电动势和合成磁动势的波形尽可能接近于正弦波形，幅值尽量大；

(2) 尽量节省绕组的用铜量，减少定子绕组铜耗；

(3) 绕组结构上要保证绝缘可靠，机械强度足够，散热条件好，制造维修方便。

为说明绕组的组成，首先介绍几个相关的描述用术语。

1. 电角度与机械角度

交流电动机铁芯内圆的机械角度是 360°，或 2π 弧度。若在此圆内有 p 对磁极，导体经过每对磁极的磁场(N 极和 S 极)，切割磁场感应电动势的变化呈现出一个周期，因此把磁场一对极所占有的空间，记为占有 360°电角度。若电动机铁芯内圆共有两对极，整个电动机圆周应为 2×360°电角度，如图 5-14 所示为机械角与电角度。若电动机有 p 对极，则电动机铁芯内圆周上的电角度为

$$电角度=p\times机械角度 \tag{5-4}$$

2. 相带

三相异步电动机的磁场是旋转磁场，磁场的每个磁极在圆周上占有相同的等分。把每个磁极等分中，每相绕组所占的区域称为相带，用电角度表示。为了获得三相对称绕组，一种方法是使每个极面下每相所对应的槽均匀占有相等范围，则每极每相占 180°/3＝60°电角度，称为 60°相带；另一种方法是把每对极下每相所对应的槽分为三等分，使每相占有 360°/3＝120°电角度。由于绕组的分布性可抑制谐波并改善电动机性能，一般采用 60°相带，如图 5-15 所示。

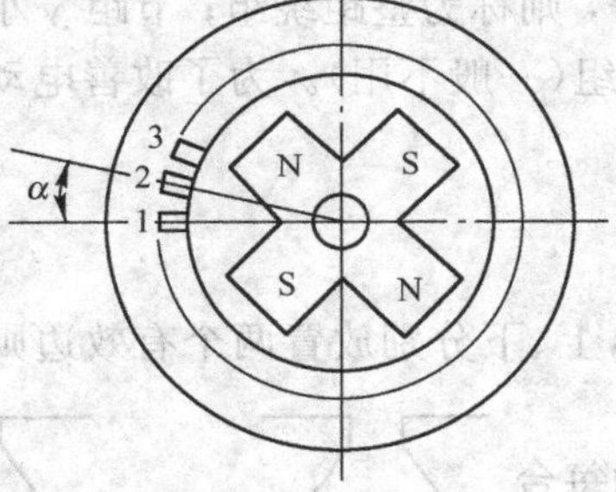

图 5-14　机械角与电角度

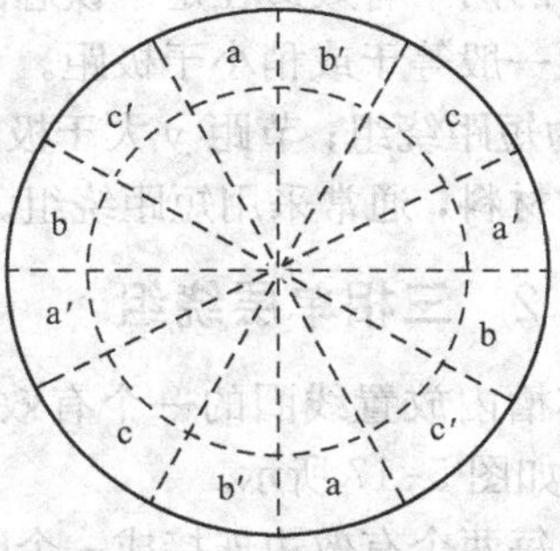

图 5-15　60°相带的划分(p=2)

3. 每极每相槽数

三相电动机中，为了使三相电动势对称，每相绕组在每极下应占有相等的槽数，该槽数称为每极每相槽数。用符号 q 表示

$$q=\frac{Z}{2pm} \tag{5-5}$$

式中，Z 为总槽数；p 为极对数；m 为相数。

q=1 为集中绕组，$q\neq1$ 为分布绕组，q 为整数称整数槽绕组，q 为分数称分数槽绕组，本书介绍整数槽绕组。

4. 槽距角与槽电动势星形图

相邻两个槽在铁芯内圆周上相距的电角度 α 称为槽距角，如图 5-14 所示。有

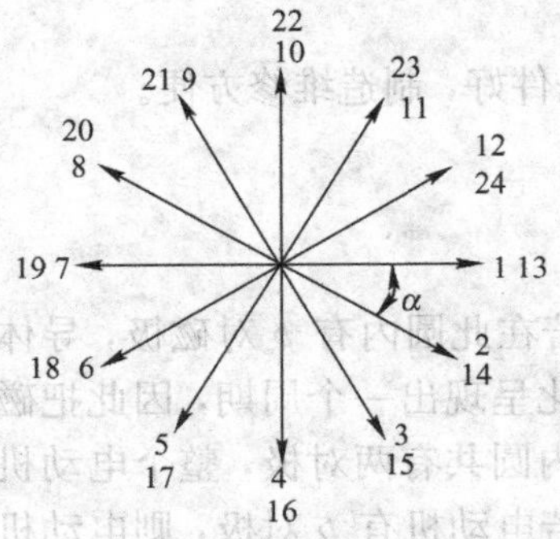

图 5-16 槽导体电动势星形图
（$Z=24$，$p=2$，$\alpha=30°$）

$$\alpha=\frac{p\times 360°}{Z} \tag{5-6}$$

由于相邻槽内导体空间位置错开 α 电角度，在切割同一正弦分布的主磁场时，因同一瞬间不同位置的磁场大小不同，因而各相邻槽内导体的感应电动势在时间相位上会相差 α 电角度。把各槽中导体的电动势相量画在一起形成的电动势图称为槽电动势星形图。图 5-16 所示为 $Z=24$，$p=2$ 的电动机槽导体电动势星形图。

5. 极距

相邻两磁极的对应两点位置之间的圆周距离称为极距，一般用每极所对应的槽数来表示，即

$$\tau=\frac{Z}{2p} \tag{5-7}$$

6. 线圈及其节距

线圈是构成交流电动机绕组的基本单元，线圈的直线部分置于铁芯槽内，"切割"气隙磁场而感应电动势，称为有效边。其余的端接线部分位于铁芯槽外的两端，将有效边连接起来。线圈的两个有效边在定子铁芯圆周上所跨的槽数称为该线圈的节距，用符号 y 表示。线圈的节距一般等于或稍小于极距。节距 y 与极距 τ 相等，则称为整距绕组；节距 y 小于极距 τ，则称为短距绕组；节距 y 大于极距 τ，则称为长距绕组(一般不用)。为了改善电动势波形以及节省材料，通常采用短距绕组。

5.3.2 三相单层绕组

铁芯槽内放置线圈的一个有效边则称为单层绕组，上、下分别放置两个有效边则称为双层绕组，如图 5-17 所示。

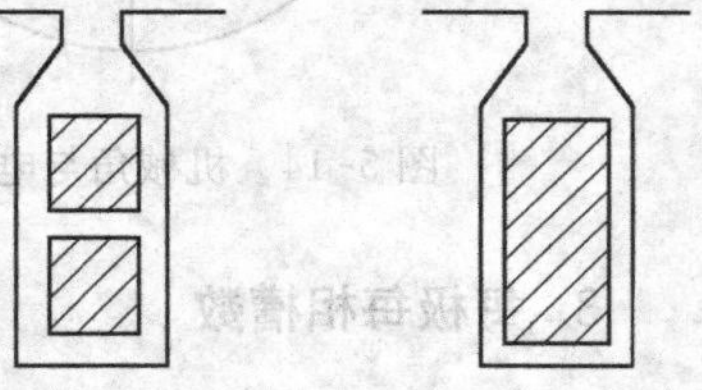

图 5-17 单层绕组和双层绕组

由于每两个有效边连接成一个线圈，故单层绕组的每台电动机，线圈总数应为槽数的一半。按绕组基本单元——线圈的连接方式不同，可分为单层叠绕组、单层同芯绕组、单层链式绕组等形式。下面将以单叠绕组为例说明单层绕组的连接规律。

设有一台三相交流电动机，槽数 $Z=24$，极数 $2p=4$，要求按 60°相带连接，节距取为极距。三相单层叠绕组构成步骤如下。

1. 基本参数计算

极距 $\tau=\frac{Z}{2p}=\frac{24}{4}=6$(槽)

每极每相槽数 $q=\frac{Z}{2pm}=\frac{24}{4\times 3}=2$

槽距角 $\alpha=\frac{p\times360^\circ}{Z}=\frac{2\times360^\circ}{24}=30^\circ$

节距 $y=\tau=6$

2. 画槽电动势星形图，分相带，作 A 相绕组展开图

首先，编定定子槽号，画槽电动势星形图如图 5-16 所示。根据 $q=2$ 可将每对极下全部槽分成 6 个相带，并依次命名为 A、Z、B、X、C、Y，因此两对极下 A_1、X_1 和 A_2、X_2 共 4 个相带的导体都属于 A 相。A 相绕组的连接，是将此全部属于 A 相的导体连接组成一相绕组。

根据绕组的节距，并按照使合成电动势最大的原则，确定线圈连接。以 A 相为例，由于 $q=2$，故每极下 A 相应有两个槽，A 相定子绕组共占 8 个槽。第一个 N 极下选取 1 号、2 号两个槽作为 A 相带，根据节距 $y=6$，在第一个 S 极下选取 7 号、8 号两个槽作为 X 相带。因 1 号、2 号槽为相邻槽，相量间的夹角最小，所以合成电动势最大；7 号、8 号槽分别与 1 号、2 号槽相隔 180°电角度，反向串接以后，合成电动势值也为最大。再在第二对极下取 13 号、14 号槽作为 A 相带，19 号、20 号槽作为 X 相带，如表 5-1 所示。将导体 1—7、2—8、13—19、14—20 分别作为各个线圈的对应有效边，连接组成 4 个线圈。

表 5-1　各个相带的槽号分配(60°相带)

相　带	A	Z	B	X	C	Y
槽　号	1,2,13,14	3,4,15,16	5,6,17,18	7,8,19,20	9,10,21,22	11,12,23,23

其次，将每对极下的线圈按线圈电动势相加的原则连接成线圈组，如图 5-18 可得到 a_1x_1、a_2x_2 两个线圈组。单层绕组需将每对极下有效边连成一个线圈组，单层绕组的线圈组数与极对数 p 相等。

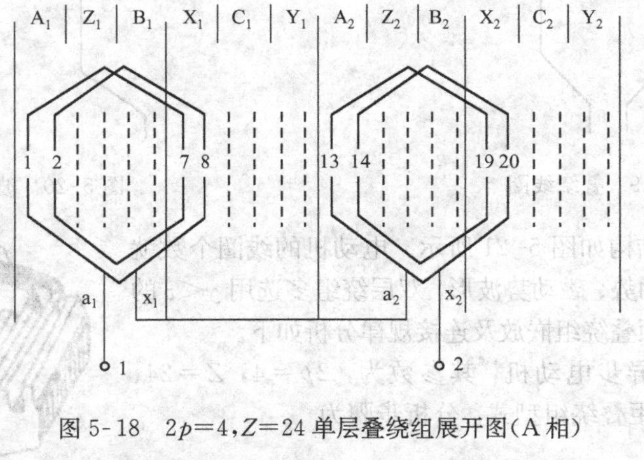

图 5-18　$2p=4, Z=24$ 单层叠绕组展开图(A 相)

再次，按电动机电流、电压的需要将线圈组进行串联或并联形成相绕组。根据电动机的槽电动势星形图，各线圈组的电动势的幅值以及相位均相同，p 个线圈组可以全部串联以获得较大电动势，此时电动机为一条支路，记为支路数 $a=1$；A 相绕组的连接如图 5-18 所示。同理，p 个线圈组也可以并联连接，并联时，按等电位点相并联的办法进行，此时电动机将允许有较大的电流。单层绕组允许的最大并联支路数与电动机极对数相等，即 $a_{max}=p$。

3. 分别连接 B、C 相绕组，形成完整的三相绕组展开图

按照 A 相绕组连接形成的规律，可将 B_1、Y_1，B_2、Y_2 4 个相带的导体组成 B 相绕组；将 C_1、Z_1、C_2、Z_2 4 个相带的导体组成 C 相绕组。与 A 相绕组相比，其线圈结构、槽数都相同，而组成 B、C 相的导体与 A 相的对应导体空间上相距 120°或 240°电角度。三相绕组空间对称。

三相单层绕组连接规律小结如下：

(1) 电动机相电动势的大小取决于属于该相带的全部导体有效边的电动势相量和。因相量和的结果与各相量的相加先后顺序无关，故可通过改变线圈端接及连接方式改变线圈形状，以简化工艺、节省材料。

(2) 单层绕组可按线圈的形状以及端接连接方式的不同分类。线圈实际节距可能大于或小于极距 τ，但电动机相绕组电动势仍为各相带全部有效边导体电动势相量和，为使合成电动势有最大值，各类型的单层绕组本质上是整距绕组。

(3) 单层绕组的线圈数相对较少，槽内无层间绝缘，因而槽满率即槽面积利用率高。但电动机的磁动势、电动势的波形较差，通常用于小型异步电动机。

5.3.3 三相双层绕组

为改善电动机的性能并使绕组端部结构整齐、便于嵌线，三相交流异步电动机普遍使用双层绕组。根据线圈的形状和连接规律，常见的双层绕组分为叠绕组和波绕组两种，其线圈形式示意图如图 5-19 和图 5-20 所示。下面将以双层叠绕组为例，说明双层绕组的连接规律。

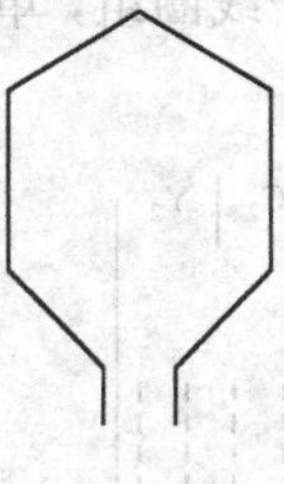

图 5-19 叠绕线圈

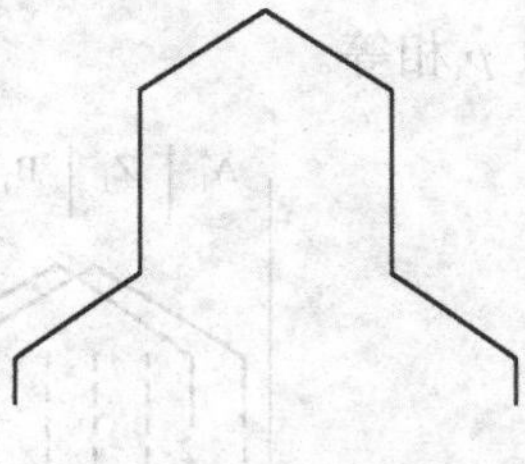

图 5-20 波绕线圈

双层叠绕组的结构如图 5-21 所示。电动机的线圈个数就是槽数。为改善电动势、磁动势波形，双层绕组多选用 $y<\tau$ 的短距线圈。双层短距叠绕组嵌放及连接规律分析如下。

设有一台三相异步电动机，其参数为，$2p=4$，$Z=24$、$m=3$，采用双层短距叠绕组型式。分析步骤为

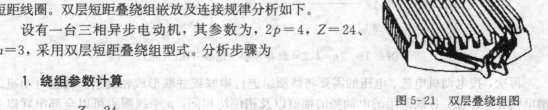

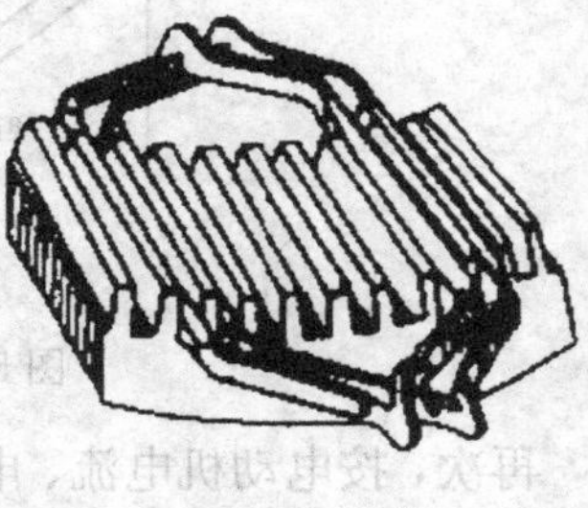

图 5-21 双层叠绕组图

1. 绕组参数计算

极距 $\tau=\dfrac{Z}{2p}=\dfrac{24}{4}=6$

每极每相 $q=\dfrac{Z}{2pm}=\dfrac{24}{4\times3}=2$

槽距角 $\alpha=\frac{p\times 360^{\circ}}{Z}=\frac{2\times 360^{\circ}}{24}=30^{\circ}$

取 $y=\frac{5}{6}\tau=5$

2. 画电动势星形图、划分相带

图 5-16 所示的电动势星形图，可看成是双层绕组电动机槽内某一层边导体的槽电动势星形图。但双层绕组的线圈电动势相量是其上、下层边电动势的相量和。所以，双层绕组线圈的电动势相量，实际上是图 5-16 的星形图所表示的上层边电动势相量依序加上相距某一角度的相应下层边相量，其合相量仍构成星形图，也可用图 5-16 表示，只是应转过一个角度。所以，若用图 5-16 所示的星形图中各矢量来表示各线圈的电动势，则该图即可认为是构成双层绕组的各个线圈的电动势星形图。

双层绕组也多采用 60°相带，各槽编完号后，可将每对极下的槽编号 6 等分，按 A、Z、B、X、C、Y 标记，就得到了各相带所占槽号。

3. 作 A 相绕组展开图

连成线圈时，下层边槽应距上层边槽一个节距，构成线圈。在双层绕组展开图中，用实线表示上层线圈边，用虚线表示下层线圈边，每个线圈都由一根实线和一根虚线组成。若线圈的节距 $y_1=5$，则 1 号线圈的一条线圈边嵌放在 1 号槽的上层，另一线圈边应在 6 号槽的下层。同理，2 号线圈的一边嵌放在 2 号槽的上层，另一边则在 7 号槽的下层，依此类推，如图 5-22 所示。

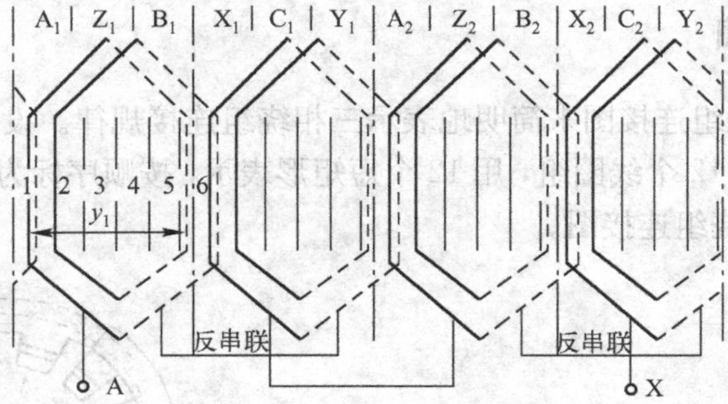

图 5-22　三相双层短距叠绕组

在叠绕组中，属同一个相带的 q 个线圈，依次串联起来构成一个线圈组（工程上也称极相组）。因此双层绕组共有 $2p$ 个线圈组，即电动机的线圈组数与极数相等。从图 5-22 中可以看出，线圈 1、2 串联起来，13、14 串联起来，分别组成两个对应于 A 相带（N 极下）的线圈组；线圈 7、8 串联起来，19、20 串联起来，分别组成两个对应于 X 相带（S 极下）的线圈组。

不同磁极下的各个线圈组按电动机的要求可以串联也可并联形成相绕组。相邻极下的线圈组，处于异性极下，其感应电动势的方向不同，在进行串联时，为得到电动势相加的结果，二者应为“反串联”。例如，线圈组 A 的电动势方向与线圈组 X 的电动势、电流方向是相反的，两线圈组串联时，应把 A 组和 X 组反向串联，即首—首相连把尾端引出，或尾—尾相连把首端引出。图 5-22 中，2 号线圈的尾端应与 8 号线圈的尾端相连，14 号线圈的尾端应与 20 号线圈的尾端相连。

若整个绕组仅为一条支路，只要把 7 号线圈的首端与 13 号线圈的首端相连，把 1 号线圈的首端引出作为 A 相绕组的首端 A，20 号线圈的尾端引出作为 A 相绕组的尾端 X 即可。此时，A 相绕组内的 8 个线圈串联顺序如图 5-22 所示。本例中，三相 4 极 24 槽异步电动机的 A 相 4 个线圈组串联构成双层叠绕组的连接顺序，如图 5-23 所示。

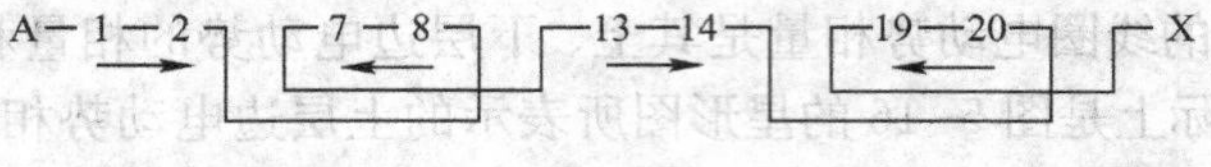

图 5-23　A 相 4 个线圈组串联构成双层叠绕组的连接顺序

若要求两条支路并联，则只需把 A_1、X_1 组作为一条支路，A_2、X_2 组作为另一条支路，然后把这两条支路的首端与首端(即 1 号线圈与 7 号线圈的首端)相连，作为 A 相绕组的首端 A，尾端与尾端(即 13 号线圈与 19 号线圈的首端)相连，作为 A 相绕组的尾端 X 即可。此时整个 A 相绕组的连接如图 5-24 所示。双层绕组的最大优点是并联支路数与线圈组数相等。

4. 连接 B 相、C 相绕组，形成三相完整绕组

三相绕组是对称放置的。按绕组 60°相带的分相办法，B 相、C 相可对称分得各相所占槽号。它们在空间上依次距 A 相的相应槽 120°和 240°电角度。采用与 A 相绕组相同的连接规律，连接 B 相、C 相绕组，可得完整的三相绕组展开图。

三相绕组通常可以连接成星形(Y)或三角形(△)两种接法。

5. 实用绕组连接图

工程上经常采用绕组连接图来简明地表示三相绕组连接规律。设电机极数为 $2p=4$，每极下有 3 个线圈组，共 12 个线圈组，用 12 个短矩形表示，按顺序标为 A、Z、B、X、C、Y…，如图 5-25 所示为实用绕组连接图。

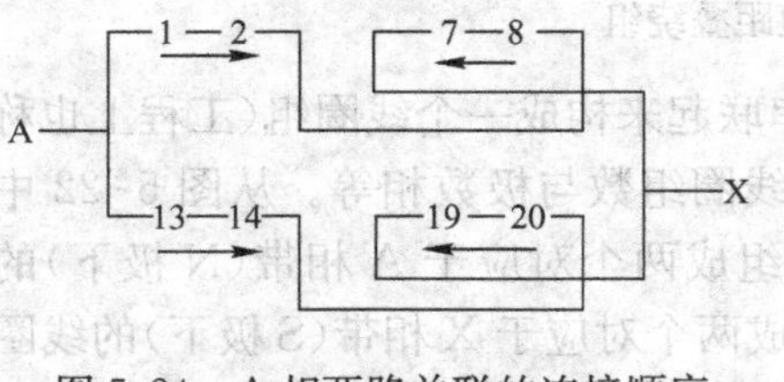

图 5-24　A 相两路并联的连接顺序

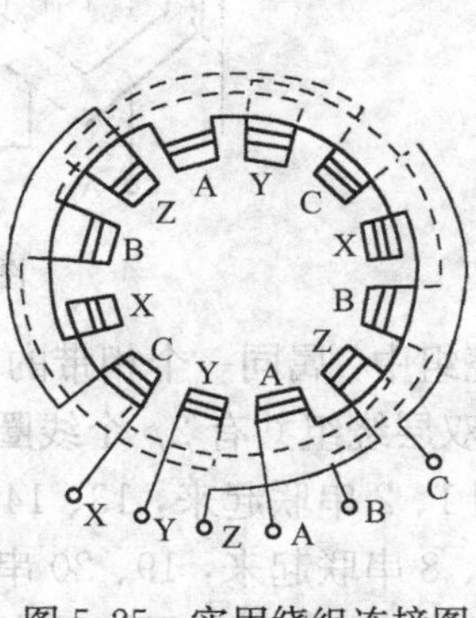

图 5-25　实用绕组连接图

相邻线圈组上的电动势、电流方向相反，用反向箭头来表示，按箭头指向顺序连接接线，可得到一路串联的叠绕组。同理，也可多条支路并联。

5.4　三相异步电动机的磁动势

三相异步电动机的磁动势是一种旋转磁动势，它是在对称三相绕组中通过对称三相电流而形成的。本节讨论电动机磁动势的大小、波形及特性。由于绕组的结构是按线圈、线圈组、相绕组、三相绕组的顺序构成的，因而磁动势分析的思路是，从分析一个线圈的磁动势开始，进而分析一个线圈组以及一个相绕组的磁动势，最后把3个相绕组的磁动势叠加起来，以得出三相绕组的合成磁动势。

5.4.1　整距线圈的磁动势

由于整距线圈的磁动势比短距线圈磁动势简单，首先考虑分析将交流电流通在一个整距线圈内所产生的磁动势。图5-26所示是一台电动机的整距线圈的磁动势，在电动机的定子上放置了一个整距线圈，当线圈中通过电流时，将产生两极磁场。由全电流定律，有：

$$\oint_l H\mathrm{d}l = \sum I \tag{5-8}$$

若线圈匝数为 N_y，导体中流过的电流为 i_y，由图5-26(a)可见，每条磁力线路径所包围的安培导体数应等于 $N_y i_y$。考虑到铁芯材料的导磁性远优于空气，所以可忽略铁芯上的磁压降，而认为磁动势全部降落在两段气隙中，每段气隙上磁动势的大小为 $N_y i_y/2$。若规定此时电流的正方向为由 x 流入、经 a 流出，规定以磁力线方向为磁动势的正方向。因此，图5-26(a)中上半部气隙磁动势为正，下半部气隙磁动势为负。将电动机从 a 点切开，以线圈中心线为原点，并展成直线，则可得到图5-26(b)所示的磁动势波形图。从图中可以看到，整距线圈的磁动势在空间上的分布是一个矩形波，其幅值为 $N_y i_y/2$。

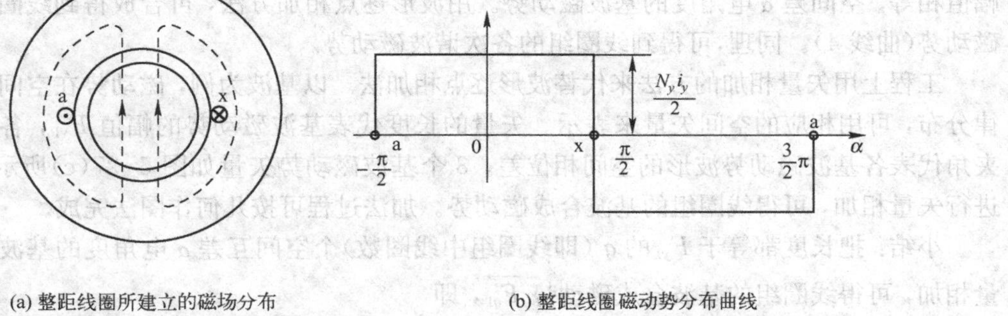

(a) 整距线圈所建立的磁场分布　　(b) 整距线圈磁动势分布曲线

图5-26　整距线圈的磁动势

如图5-26(b)所示，气隙中的磁动势为：

$$f_y(\alpha)=\begin{cases}\dfrac{1}{2}N_y i_y\left(-\dfrac{\pi}{2}<\alpha<\dfrac{\pi}{2}\right)\\[2ex]-\dfrac{1}{2}N_y i_y\left(\dfrac{\pi}{2}<\alpha<\dfrac{3}{2}\pi\right)\end{cases} \tag{5-9}$$

由于电流随时间按正弦规律变化，因此矩形波的幅值也将随时间按照正弦规律变化。当电流达到最大值时，矩形波的幅值也达到最大值；当电流为零时，矩形波的幅值也为零；如果电流反向，则磁动势也随之反向，但是其空间位置不变。这种空间位置不变，而幅值随时间变化的磁动势称为脉振磁动势。

对图 5-26(b)所示的磁动势矩形波用傅里叶级数进行分解，可以得到基波和高次谐波。设坐标原点取在线圈中心线上，横坐标表示空间位置 α，单位是电角度，纵坐标是磁动势，则磁动势的表达式为

$$f(\alpha)=\frac{N_y i_y}{2}\frac{4}{\pi}\left(\cos\alpha-\frac{1}{3}\cos3\alpha+\frac{1}{5}\cos5\alpha-\cdots\right)$$

设线圈流过的电流为

$$i_y=I_{ym}\cos\omega t=\sqrt{2}I_y\cos\omega t$$

则有

$$f(\alpha,t)=\frac{\sqrt{2}N_y I_y}{2}\frac{4}{\pi}\left(\cos\alpha-\frac{1}{3}\cos3\alpha+\frac{1}{5}\cos5\alpha-\cdots\right)\cos\omega t$$

说明脉振磁动势可分解为一个基波和若干个 3 次、5 次等奇次谐波。

5.4.2　整距线圈的线圈组磁动势

三相异步电动机的定子绕组沿圆周分布镶嵌，不论是单层绕组还是双层绕组，组成线圈组的各线圈相互间隔一个槽距角 α，各线圈串联连接成线圈组。下面讨论由分布的整距线圈组成的线圈组磁动势。

图 5-27 表示一个 $q=3$ 的整距线圈的线圈组磁动势，电流在各整距线圈中形成 3 个磁动势矩形波。线圈组中各线圈的匝数相等，通过电流相同，线圈空间彼此相隔 α 电角度，因此 3 个磁动势矩形波的幅值相同，空间位置差 α 电角度。按傅里叶级数分解，各矩形磁动势波分解成基波及各高次谐波。可以对基波和谐波分别处理。图 5-27(b)中曲线 1、2、3 代表 3 个幅值相等、空间差 α 电角度的基波磁动势。用波形逐点相加方法，可合成得到线圈组的基波磁动势(曲线 4)。同理，可得到线圈组的各次谐波磁动势。

工程上用矢量相加的方法来代替波形逐点相加法。以基波为例，磁动势在空间按正弦规律分布，可用相应的空间矢量来表示。矢量的长度代表基波磁动势的幅值 F_{y1}，各矢量间的夹角代表各基波磁动势波形的空间相位差。3 个基波磁动势矢量如图 5-27(c)所示，对它们进行矢量相加，可得线圈组的基波合成磁动势。加法过程可按几何作图法完成。

小结：把长度都等于 F_{y1} 的 q（即线圈组中线圈数）个空间互差 α 电角度的基波磁动势矢量相加，可得线圈组的基波合成磁动势 $\overrightarrow{F_{q1}}$，即

$$\overrightarrow{F_{q1}}=F_{y1}\angle 0^\circ+F_{y1}\angle\alpha^\circ+\cdots+F_{y1}\angle(q-1)\alpha^\circ \tag{5-10}$$

按几何原理，可以求出 q 个整距线圈组成的线圈组的基波合成磁动势的幅值为

$$F_{q1}=2R\sin\frac{q\alpha}{2} \tag{5-11}$$

每个基波磁动势矢量的幅值为

$$F_{y1}=2R\sin\frac{\alpha}{2} \tag{5-12}$$

消去式(5-11)和式(5-12)中的 R，可得

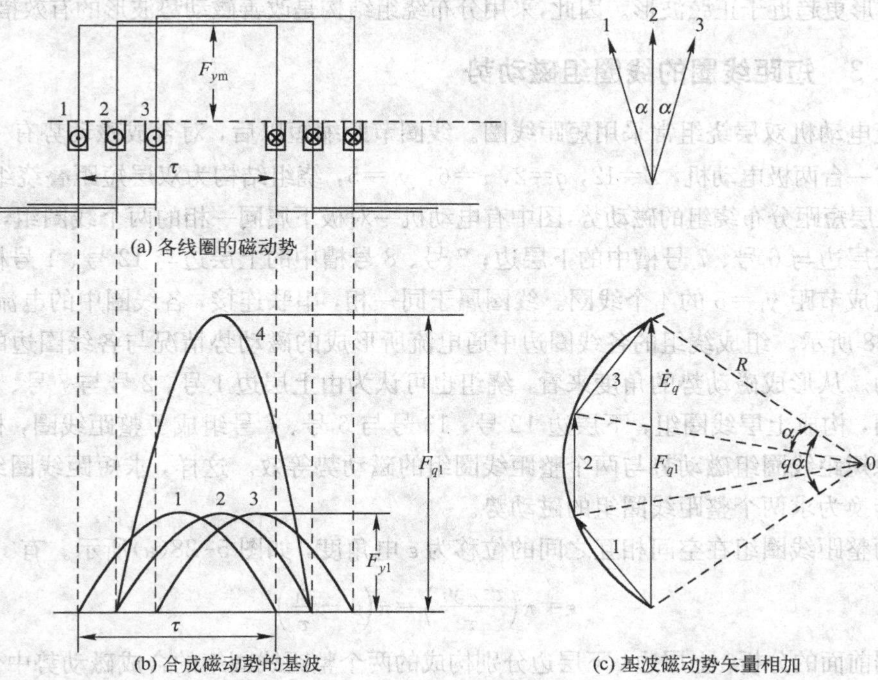

图 5-27　整距线圈的线圈组磁动势(q=3)

$$F_{q1}=qF_{y1}\frac{\sin\frac{q\alpha}{2}}{q\sin\frac{\alpha}{2}}=qF_{y1}k_{q1}=q\frac{4}{\pi}\frac{\sqrt{2}}{2}N_yIk_{q1} \tag{5-13}$$

式中，k_{q1} 称为基波磁动势的分布系数，它表示分布绕组的基波合成磁动势比集中绕组（q 个线圈集中在一个槽内的绕组）的基波磁动势减小的系数，也可理解为把绕组中的各线圈分布排列后所引起的基波磁动势减小的折扣，表示为

$$k_{q1}=\frac{q\text{ 个分布线圈各线圈基波磁动势矢量的几何和}}{q\text{ 个分布线圈各线圈基波磁动势矢量的代数和}}=\frac{\sin\frac{q\alpha}{2}}{q\sin\frac{\alpha}{2}}$$

由于 q 个矢量的矢量和总是小于或等于单个矢量的 q 倍(即代数和)，因而恒有 $k_{q1}\leqslant 1$。

同理可得，线圈组高次谐波磁动势的幅值为

$$F_{q\nu}=qF_{y\nu}=q\frac{1}{\nu}\frac{4}{\pi}\frac{\sqrt{2}}{2}N_yIk_{q\nu} \tag{5-14}$$

高次谐波磁动势的分布系数为

$$k_{q\nu}=\frac{\sin\frac{q\nu\alpha}{2}}{q\sin\frac{\nu\alpha}{2}} \tag{5-15}$$

高次谐波分布系数通常比基波分布系数小，这说明绕组采用分布结构，基波的削弱程度小于谐波，即分布绕组的合成磁动势中的谐波含量比集中绕组小，也就是说，采用分布绕组可以使磁动势波形更趋近于正弦波形。因此，采用分布绕组结构是改善磁动势波形的有效措施。

5.4.3 短距线圈的线圈组磁动势

交流电动机双层绕组常采用短距线圈。线圈节距缩短以后，对合成磁动势有一定影响。

设有一台两极电动机，$Z=12$，$q=2$，$\tau=6$，$y_1=5$，绕组结构为双层短距叠绕组。图 5-28 所示为双层短距分布绕组的磁动势，图中有电动机一对极下属同一相的两个线圈组，1 号、2 号槽中的上层边与 6 号、7 号槽中的下层边；7 号、8 号槽中的上层边与 12 号、1 号槽中的下层边分别组成节距 $y_1=5$ 的 4 个线圈。线圈属于同一相，串联连接，各线圈中的电流相同，方向如图 5-28 所示。组成绕组的各线圈边中通电流所形成的磁动势情况与各线圈边的连接顺序是无关的。从形成磁动势的角度来看，绕组也可认为由上层边 1 号、2 号与 7 号、8 号组成了整距线圈，构成上层线圈组；下层边 12 号、13 号与 6 号、7 号组成了整距线圈，构成下层线圈组。原短距线圈组磁动势与两个整距线圈组的磁动势等效。这样，求短距线圈组磁动势的问题就转换为求两个整距线圈组的磁动势。

设两整距线圈组在空间相互之间的位移为 ε 电角度，如图 5-28(a)所示。有

$$\varepsilon=\pi\left(\frac{\tau-y_1}{\tau}\right)=\pi\left(1-\frac{y_1}{\tau}\right) \tag{5-16}$$

根据前面的分析，上层边、下层边分别构成的两个整距线圈组的合成磁动势中包含有基波和各次谐波，其基波磁动势的幅值均为 F_{q1}，相互间的位移为 ε 角；而 v 次谐波磁动势的幅值为 F_{qv}，相互间的位移为 $v\varepsilon$ 角。用曲线 1、2 分别表示上层、下层整距线圈的线圈组的基波磁动势，如图 5-28(b)所示，按矢量相加的方法，可得出两个线圈组的合成总磁动势，对应的磁动势矢量图如图 5-28(c)所示，这也是短距线圈组的总合成磁动势。基波合成磁动势的幅值 $F_{\phi1}$ 为

$$F_{\phi1}=2F_{q1}\cdot\cos\frac{\varepsilon}{2}=2F_{q1}k_{y1} \tag{5-17}$$

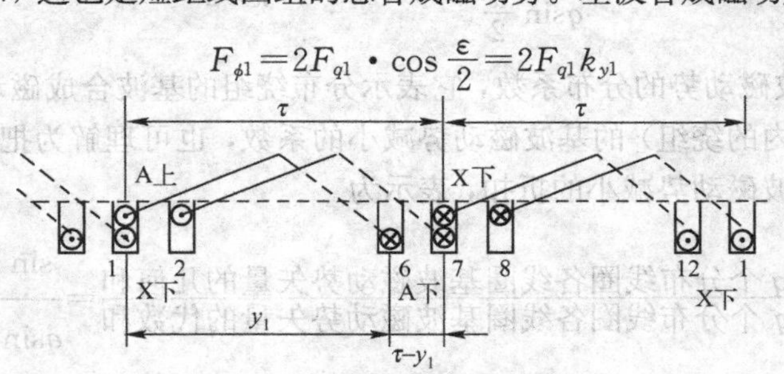

(a) 双层短距绕组在槽内的布置

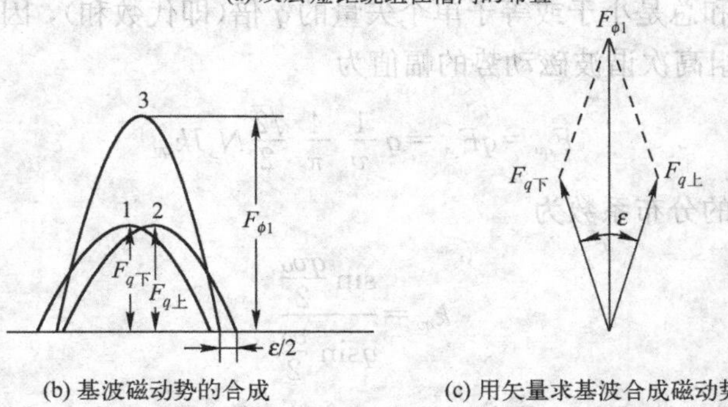

(b) 基波磁动势的合成　　(c) 用矢量求基波合成磁动势

图 5-28　双层短距分布绕组的磁动势

式中，k_{y1}为基波磁动势的短距系数，其表达式为

$$k_{y1}=\cos\frac{\varepsilon}{2}=\cos\frac{1}{2}\left(180°-\frac{y_1}{\tau}180°\right)=\sin\frac{y_1}{\tau}90° \tag{5-18}$$

短距系数k_{y1}和分布系数k_{q1}物理意义相似，代表的是由于采用短距线圈，使电动机中形成的磁动势比采用整距线圈时的磁动势要打的折扣。即

$$k_{y1}=\frac{\text{各整距线圈线圈组基波磁动势的几何和}}{\text{各整距线圈线圈组基波磁动势的代数和}}=\cos\frac{\varepsilon}{2}$$

由于两短距线圈的线圈组的基波合成磁动势矢量是两个整距线圈的线圈组基波磁动势矢量的矢量和，因此它应小于等于两个整距线圈的线圈组基波磁动势矢量的代数和，线圈采用整距结构时，图 5-28(c)中矢量夹角为零，$k_{y1}=1$，而采用短距时$k_{y1}<1$。

同理可得，对于高次谐波，其合成磁通势的幅值$F_{\phi v}$为：

$$F_{\phi v}=2F_{qv}\cdot k_{yv} \tag{5-19}$$

谐波磁动势的短距系数k_{yv}为

$$k_{yv}=\sin v\frac{y_1}{\tau}90°=\cos v\frac{\varepsilon}{2} \tag{5-20}$$

若使k_{yv}为零，则可消除v次谐波磁动势，从而可消除或削弱磁动势中各高次谐波，改善了磁动势波形。

5.4.4 单相绕组的磁动势

通过前述线圈和线圈组磁动势的分析，可知当绕组由整距的、集中的改为短距的、分布的时，基波合成磁动势应打折扣$k_{q1}k_{y1}$。即由短距线圈组成的分布绕组的基波合成磁动势幅值等于具有相同匝数的整距集中绕组的基波合成磁动势幅值乘以系数$k_{q1}k_{y1}$。分布系数k_{q1}与短距系数k_{y1}的乘积称为基波绕组系数，以k_{w1}表示，有

$$k_{w1}=k_{q1}k_{y1} \tag{5-21}$$

同理，对v次谐波，则有

$$k_{wv}=k_{qv}k_{yv} \tag{5-22}$$

相绕组是由线圈组构成的。在明确了线圈和线圈组的磁动势的基础上，可推导出相绕组的合成磁动势。值得注意的是，一相绕组的总安匝数是按极对数来平均分配的，每一对极的磁动势和磁阻组成一个对称的分支磁路，相绕组的磁动势并不是该相绕组所有安匝数的总和，而是指一对极下该相绕组的合成磁动势。所以，单相绕组基波合成磁动势的幅值是指相绕组在一对极下的线圈中电流所形成磁动势的基波幅值。同理，谐波磁动势的幅值也是按其极对数vp来考虑的。

设电机极对数为p，每极每相槽数为q，每个线圈的匝数为N_y，相绕组的串联总匝数为N，绕组是双层短距结构。可知每个线圈组应有q个线圈，则一个相绕组每对极下线圈匝数是$2qN_y$,则有

$$\frac{N}{p}=2qN_y \tag{5-23}$$

其基波合成磁动势幅值为

$$F_{\phi 1}=2F_{q1}\cdot k_{y1}=\frac{4}{\pi}\frac{\sqrt{2}}{2}(2qN_y)Ik_{q1}k_{y1}=0.9\frac{Nk_{w1}}{p}I\ (\text{安匝/极}) \tag{5-24}$$

v 次谐波磁动势的幅值为

$$F_{\phi v}=\frac{4}{\pi}\times\frac{\sqrt{2}}{2}\times\frac{1}{v}\frac{Nk_{wv}}{p}I=0.9\frac{1}{v}\frac{Nk_{wv}}{p}I\ (\text{安匝/极}) \tag{5-25}$$

相绕组一对极下的基波合成磁动势幅值所在的轴线，应与该相绕组在该对极下的轴线重合，从一对极电动机角度看，该轴线即相绕组的轴线。如果空间坐标原点取在相绕组的轴线处，按照式(5-25)，单相绕组的磁动势表达式为

$$f_{\phi1(x,t)}=0.9\frac{NI}{p}\left(k_{w1}\cos\frac{\pi}{\tau}x-\frac{1}{3}k_{w3}\cos\frac{\pi}{\tau}x+\frac{1}{5}k_{w5}\cos5\frac{\pi}{\tau}x-\frac{1}{7}k_{w7}\cos7\frac{\pi}{\tau}x+\cdots\right)\cos\omega t \tag{5-26}$$

综上所述，单相绕组的磁动势有如下性质：

(1) 单相绕组的磁动势是一种空间位置固定而幅值随时间按正弦规律变化的脉振磁动势。

(2) 单相绕组磁动势可分解为基波磁动势及各谐波磁动势，基波磁动势幅值位于该相绕组的轴线上。基波及谐波磁动势分量的幅值均随时间以绕组中电流的变化频率脉振。

(3) 单相绕组脉振磁动势中基波磁动势的幅值为 $F_{\phi1}=0.9\frac{Nk_{w1}}{p}I$；谐波磁动势幅值$F_{\phi v}=0.9\frac{1}{v}\frac{Nk_{wv}}{p}I$，高次谐波的幅值与其次数成反比。

(4) 绕组采取分布式和适当短距的措施可以减少谐波成分，使磁动势的波形近似正弦波。

5.4.5 三相绕组的磁动势

3 个单相脉振磁动势合成为三相旋转磁动势，在电动机气隙中建立旋转磁场。下面分析三相合成磁动势的性质。

3 个单相绕组通三相对称电流 i_a、i_b、i_c，电流表达式如下所示

$$i_a=\sqrt{2}I\cos\omega t;\ i_b=\sqrt{2}I\cos(\omega t-120°);\ i_c=\sqrt{2}I\cos(\omega t-240°)$$

3 个单相绕组的轴线在空间依次相隔 120°电角度，按单相绕组的磁动势的性质，各单相基波磁动势波形在空间分布关系上也应当依次相隔 120°电角度。若取 A 相绕组的轴线为空间纵坐标轴，以顺着 A—B—C 相绕组放置的方向作为空间角度(以电角度计)的正方向。A 相绕组产生的基波磁动势幅值在 A 相绕组的轴线上，即幅值在 $x=0$ 处，其幅值随时间按 A 相电流的时间变化规律脉振。则 A 相的基波磁动势可表示为

$$f_{A1}=F_{\phi1}\cos x\cos\omega t \tag{5-27}$$

同理，B 相的基波磁动势可表示为

$$f_{B1}=F_{\phi1}\cos(x-120°)\cos(\omega t-120°) \tag{5-28}$$

C 相的基波磁动势可表示为

$$f_{C1}=F_{\phi1}\cos(x-240°)\cos(\omega t-240°) \tag{5-29}$$

三相基波合成磁动势为

$$f_1=f_{A1}+f_{B1}+f_{C1} \tag{5-30}$$

按三角学中积化和差公式，则 3 个单相基波磁动势可以化为

$$f_{A1}=F_{\phi1}\cos x\cos\omega t=\frac{1}{2}F_{\phi1}[\cos(x-\omega t)+\cos(x+\omega t)] \tag{5-31}$$

$$f_{B1}=F_{\phi1}\cos(x-120^\circ)\cos(\omega t-120^\circ)=\frac{1}{2}F_{\phi1}[\cos(x-\omega t)+\cos(x+\omega t-240^\circ)] \quad (5\text{-}32)$$

$$f_{C1}=F_{\phi1}\cos(x-240^\circ)\cos(\omega t-240^\circ)=\frac{1}{2}F_{\phi1}[\cos(x-\omega t)+\cos(x+\omega t-480^\circ)] \quad (5\text{-}33)$$

$$=\frac{1}{2}F_{\phi1}[\cos(x-\omega t)+\cos(x+\omega t-120^\circ)]$$

三式相加，可得

$$\begin{aligned}f_1&=f_{A1}+f_{B1}+f_{C1}\\&=\frac{3}{2}F_{\phi1}\cos(x-\omega t)+\frac{1}{2}F_{\phi1}[\cos(x+\omega t)+\cos(x+\omega t-240^\circ)+\cos(x+\omega t-120^\circ)] \quad (5\text{-}34)\\&=\frac{3}{2}F_{\phi1}\cos(x-\omega t)=1.35\frac{IN_1}{p}k_{w1}\cos(x-\omega t)=F_1\cos(x-\omega t)\end{aligned}$$

式中，F_1 为三相合成基波磁动势的幅值。

若 x 代表距离原点的位移量，以空间角度计为 $\pi x/\tau$，三相绕组的基波合成磁动势可记为

$$f_1(x,t)=F_1\cos\left(\omega t-\frac{\pi}{\tau}x\right) \quad (5\text{-}35)$$

可见，三相基波合成磁动势既是时间函数也是空间函数，其波形如图 5-29 所示。

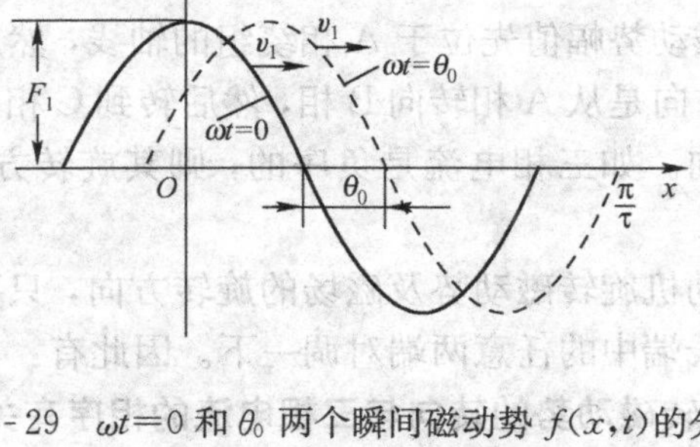

图 5-29　$\omega t=0$ 和 θ_0 两个瞬间磁动势 $f(x,t)$ 的分布

由此可得：

旋转磁动势性质 1：三相基波合成磁动势是一个旋转磁动势，正弦分布，幅值 F_1 恒定为各单相磁动势幅值的 3/2 倍，幅值的旋转轨迹是一个圆。

可以通过计算波形上的特殊点(如波的幅值点)的转速来确定三相合成磁动势的转速。三相合成磁动势基波的幅值恒为 F_1，由式(5-35)可知，要 $f_1(x,t)=F_1$，应有 $\cos\left(\omega t-\frac{\pi}{\tau}x\right)=1$，即

$$\omega t-\frac{\pi}{\tau}x=0,\quad x=\frac{\omega t\tau}{\pi} \quad (5\text{-}36)$$

可见波幅点的旋转线速度为

$$v=\frac{dx}{dt}=\frac{\omega\tau}{\pi}\ (\text{槽数/s})$$

因此，波幅点的旋转角速度为

$$\Omega_1=\frac{\pi v}{\tau}=\omega \text{（电角度/s）} \tag{5-37}$$

该点转速也就是磁动势基波的转速。三相电动机旋转磁动势转速为

$$n_1=\frac{60\Omega_1}{2\pi p}=\frac{60\cdot 2\pi f_1}{2\pi p}=\frac{60f_1}{p} \text{ (r/min)} \tag{5-38}$$

它与旋转磁场的转速一致。可见旋转磁场主要是由旋转磁动势的基波分量建立的。因此有：

旋转磁动势性质 2：三相基波合成磁动势旋转转速为 $60f_1/p$，其速度与前述的交流电动机同步转速一致。

当 $\omega t=0$ 时，A 相电流达到最大值，根据式(5-35)，旋转磁动势为

$$f_1=F_1\cos\left(\omega t-\frac{\pi}{\tau}x\right)=F_1\cos\frac{\pi}{\tau}x \tag{5-39}$$

此时幅值位于 $x=0$ 处，即位于 A 相绕组的轴线上。

当 $\omega t=\frac{2}{3}\pi$ 时，B 相电流达到最大值，旋转磁动势为

$$f_1=F_1\cos\left(\frac{2\pi}{3}-\frac{\pi}{\tau}x\right)$$

此时幅值位于 $x=\frac{2\tau}{3}$处，即位于 B 相绕组的轴线上。同理，当 $\omega t=\pi$ 时，C 相电流达到最大值，幅值位于 C 相绕组的轴线上。因此，在三相绕组依次对称放置的条件下，如三相电流是正序的，三相基波合成磁动势幅值先位于 A 相绕组的轴线，然后依次位于 B 相、C 相绕组的轴线，磁动势基波旋转方向是从 A 相转向 B 相，然后转到 C 相。说明基波合成磁动势的旋转方向就是电流的相序方向。如三相电流是负序的，则其旋转方向为由 A 相到 C 相、再到 B 相。

如要改变三相异步电动机旋转磁动势及磁场的旋转方向，只要改变通入电流的相序，即把电动机定子绕组 3 个出线端中的任意两端对调一下。因此有：

旋转磁动势性质 3：旋转磁动势的转向与三相电流的相序有关，当某相电流达到最大值，旋转磁动势的幅值就将转到该相绕组的轴线处。

A 相脉振磁动势

$$f_{A1}=F_{\phi1}\cos\frac{\pi}{\tau}x\cos\omega t=\frac{1}{2}F_{\phi1}\cos\left(\omega t-\frac{\pi}{\tau}x\right)+\frac{1}{2}F_{\phi1}\cos\left(\omega t+\frac{\pi}{\tau}x\right) \tag{5-40}$$

其中，$\frac{1}{2}F_{\phi1}\cos\left(\omega t-\frac{\pi}{\tau}x\right)$为正向旋转磁动势波，$\frac{1}{2}F_{\phi1}\cos\left(\omega t+\frac{\pi}{\tau}x\right)$为反向旋转磁动势波。B、C 两相脉振磁动势也是如此。可见，空间正弦分布的幅值为 $F_{\phi1}$ 的一个脉振波可以分解为两个幅值相等、但转向相反的旋转磁动势波，其幅值均为$\frac{1}{2}F_{\phi1}$，转速均为同步转速 n_1。

将 A、B、C 3 个脉振磁动势分解以后，按式(5-34)合成，3 个反相旋转磁动势波互相抵消而消失，3 个正向旋转磁动势互相叠加而加强。因此，三相合成基波磁动势成为一个正向旋转，幅值等于 $3\times\frac{1}{2}F_{\phi1}$ 的旋转磁动势。因此有：

旋转磁动势性质 4：单相脉振磁动势可以分解成两个转向相反、幅值相等的旋转磁动势。

根据分析，旋转磁动势中应当还有高次谐波磁动势。设 γ 为谐波磁动势次数，谐波合成磁动势为旋转磁动势，转速为 $n_{1v}=n_1/\gamma$。但不应包括 3 次或 3 的倍数次谐波。以 3 次谐波为例，其表达式为

$$f_{A3}=F_{\phi3}\cos3\frac{\pi}{\tau}x\cos\omega t$$

$$f_{B3}=F_{\phi3}\cos3\left(\frac{\pi}{\tau}x-120^\circ\right)\cos(\omega t-120^\circ)=F_{\phi3}\cos3\frac{\pi}{\tau}x\cos(\omega t-120^\circ) \quad (5\text{-}41)$$

$$f_{C3}=F_{\phi3}\cos3\left(\frac{\pi}{\tau}x-240^\circ\right)\cos(\omega t-240^\circ)=F_{\phi3}\cos3\frac{\pi}{\tau}x\cos(\omega t-240^\circ)$$

上式说明，三相绕组各相的 3 次谐波脉振磁动势 f_{A3}、f_{B3}、f_{C3} 在空间互差 $3\times120^\circ=360^\circ$ 和 $3\times240^\circ=720^\circ$，即空间上相互重合；而在时间上相差 120°。合成可得

$$f_3(x,t)=F_{\phi3}\cos3\frac{\pi}{\tau}x[\cos\omega t+\cos(\omega t-120^\circ)+\cos(\omega t-240^\circ)]=0$$

即 3 次谐波合成磁动势等于零。因此有

旋转磁动势性质 5：旋转磁动势中应含有高次谐波磁动势。但不包括 3 次谐波或 3 的倍数次谐波。

5.5　三相异步电动机的电动势

旋转磁场切割定、转子绕组，将在定子、转子绕组中产生感应电动势。讨论绕组的感应电动势也可按绕组的组成方式，从讨论一根导体的感应电动势，逐步分析导体所组成的线圈、线圈组、相绕组乃至整个绕组的感应电动势情况。

5.5.1　导体中的感应电动势

为了简明和直观，可用旋转的磁极来模拟气隙中的旋转磁场，如图 5-30(a)所示。用 A—X 表示定子 A 相绕组中的一个线圈，设电动机气隙磁场为 4 极，沿圆周以同步转速 n_1 旋转，基波旋转磁场沿圆周空间正弦分布，展开后如图 5-30(b)所示。磁场切割线圈的导体边 A 时，导体边中将产生感应电动势，下面从电动势的波形、频率和数值大小等方面来分析该导体中的感应电动势。

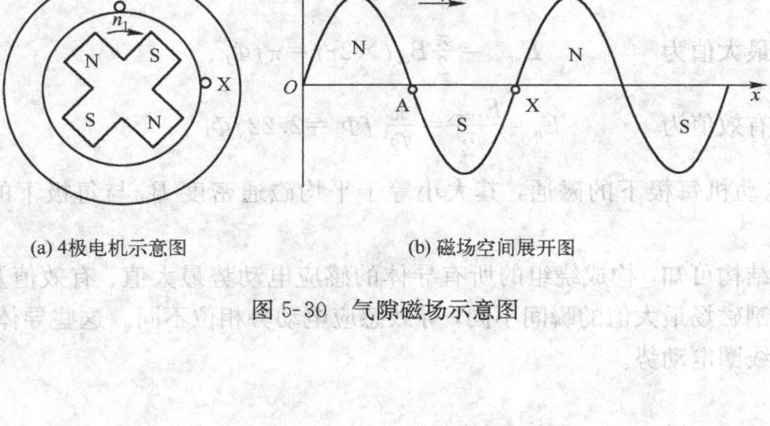

图 5-30　气隙磁场示意图

1. **感应电动势波形**

根据电磁感应定律，定子导体中感应电动势的瞬时值为

$$e_n = Blv \tag{5-42}$$

若电动机已制成，导体的长度 l 以及旋转磁场相对导体的切割速度 v 都确定，导体中的感应电动势应与导体所切割的磁通密度 B 成正比。由于磁场在空间是正弦分布，导体在不同瞬间切割不同位置的磁通，因而磁通密度在空间的分布规律就转化为导体中感应电动势随时间的变化规律，即导体中的感应电动势也将随时间正弦变化。

2. **感应电动势的频率**

由图 5-30 可见，电动机磁场转过一对极空间，导体中的感应电动势也正好变化一个周期。若旋转磁场为 p 对极，在空间旋转一圈，则导体中的感应电动势变化了 p 个周期。旋转磁场转速是 n_1，单位是 r/min，则每秒钟导体中的电动势将变化 $pn_1/60$ 个周期，导体中感应电动势的频率为：

$$f = \frac{pn_1}{60}\ \text{(Hz)} \tag{5-43}$$

式(5-43)可从式(5-2)直接变换得到，这种变换的可逆性实质上也反映了电磁感应在空间与时间意义上的关系。

3. **感应电动势数值大小**

设气隙磁通密度空间分布的幅值为 B_δ，根据式(5-42)可知，导体切割最大磁通密度时可得感应电动势的最大值

$$E_{n\max} = B_\delta lv\ \text{(V)} \tag{5-44}$$

式中，切割的相对线速度

$$v = \frac{\pi D n_1}{60} = 2\frac{\pi D}{2p} \times \frac{pn_1}{60} = 2\tau f$$

其中，D 为定子铁芯内径；τ 为极距，单位 m；B_δ 的单位 T。

由于磁通密度在空间正弦分布，其最大值 B_δ 与平均值 B_{av} 之间的关系应为

$$B_\delta = \frac{\pi}{2} B_{av} \tag{5-45}$$

则电动势最大值为

$$E_{n\max} = \frac{\pi}{2} B_{av} l \times 2\tau f = \pi f \Phi_1 \tag{5-46}$$

其电动势有效值为

$$E_n = \frac{E_{n\max}}{\sqrt{2}} = \frac{\pi}{\sqrt{2}} f\Phi_1 = 2.22 f\Phi_1 \tag{5-47}$$

式中，Φ_1 为电动机每极下的磁通，其大小等于平均磁通密度 B_{av} 与每极下的面积的乘积，即 $\Phi_1 = B_{av}\tau l$。

从电动机结构可知，构成绕组的所有导体的感应电动势最大值、有效值及频率均相同。只是各导体切割磁场最大值的瞬间不同，导致感应电动势相位不同。这些导体电动势合成了交流电动机的线圈电动势。

5.5.2　线圈的电动势

每匝线圈由两根导体有效边连接而成。

1. 单匝整距线圈的电动势

单匝整距线圈的两根导体间隔一个极距，空间相隔 180°电角度。图 5-31 所示为线匝电动势计算。若一根导体边在 N 极的最大磁密处，另一根导体边则位于 S 极的最大磁密处，如图 5-31(a)所示。因此，两根导体边中的感应电动势大小相等而方向相反。

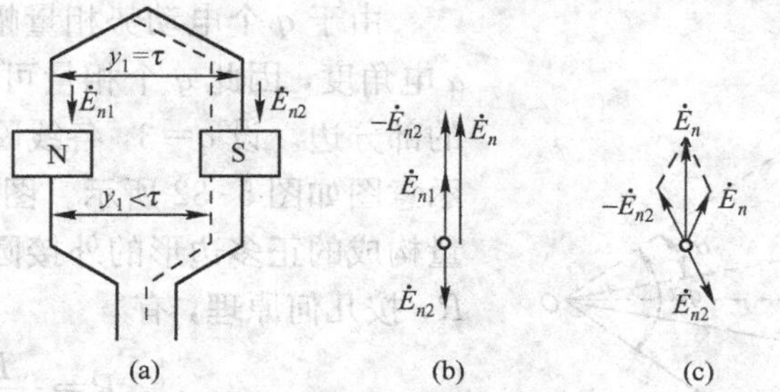

图 5-31　线匝电动势计算

导体中的感应电动势随时间按正弦规律变化，可用电动势相量 $\dot{E}_{n1}$ 和 $\dot{E}_{n2}$ 来表示。单匝整距线圈的感应电动势为

$$\dot{E}_{n(y_1=\tau)}=\dot{E}_{n1}-\dot{E}_{n2}=2\,\dot{E}_{n1} \tag{5-48}$$

其有效值为

$$E_{n(y_1=\tau)}=2E_{n1}=\sqrt{2}\,\pi f\Phi_1 \tag{5-49}$$

2. 单匝短距线圈的电动势

跨距 $y_1<\tau$ 的短距线匝，两个有效边的感应电动势相量幅值相等，相位差为

$$\gamma=\frac{y_1}{\tau}\pi \tag{5-50}$$

短距线匝的电动势为

$$\dot{E}_{n(y_1<\tau)}=\dot{E}_{n1}-\dot{E}_{n2} \tag{5-51}$$

由图 5-31(c)所示的相量几何关系可得，每匝短距线圈电动势有效值为

$$E_{n(y_1<\tau)}=2E_{n1}\cos\frac{180°-\gamma}{2}=2E_{n1}\sin\frac{y_1}{\tau}90°=4.44fk_{y1}\Phi_1 \tag{5-52}$$

式中，k_{y1} 即为前述的线圈短距系数，其物理意义也可认为是因短距而使电动势打的折扣，即

$$k_{y1}=\frac{E_{n(y_1<\tau)}}{E_{n(y_1=\tau)}}=\sin\frac{y_1}{\tau}90° \tag{5-53}$$

3. 多匝线圈的电动势

设多匝线圈的线圈匝数为 N_y，组成线圈的各个线匝在同一槽内，可认为所处磁场位置

一致，则各匝电动势幅值相等、相位相同，整个线圈的电动势有效值为

$$E_y = N_y E_n = 4.44 N_y k_{y1} \Phi_1 \tag{5-54}$$

5.5.3 线圈组的电动势

组成线圈组的 q 个线圈均布在相邻的 q 个槽内，空间相距 α 槽距角，因此 q 个线圈的电动势时间上的相位差应为 α 电角度，线圈组电动势的计算如图 5-32 所示，线圈组电动势应为 q 个串联线圈电动势的相量和，即

$$\dot{E}_q = \dot{E}_y \angle 0^\circ + \dot{E}_y \angle \alpha^\circ + \cdots + \dot{E}_y \angle (q-1)\alpha \tag{5-55}$$

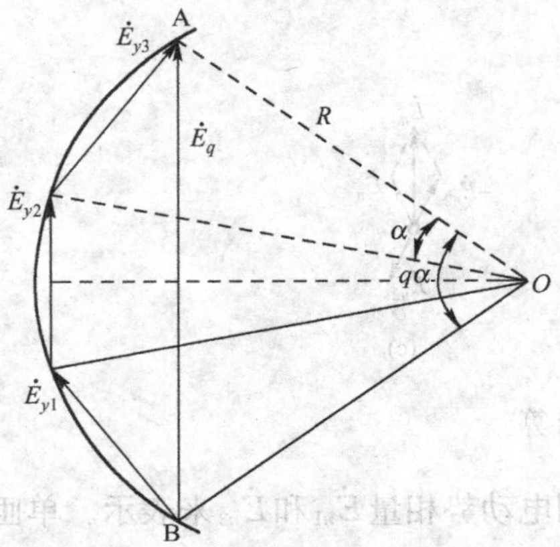

图 5-32 线圈组电动势的计算

由于 q 个电动势相量幅值相等，相位依次相差 α 电角度，因此 q 个相量可以认为是一个正多边形的部分边。设 $q=3$，各线圈电动势相量及其相量和示意图如图 5-32 所示。图中 O 为各线圈电动势相量构成的正多边形的外接圆圆心，设外接圆半径为 R，按几何原理，有

$$R = \frac{E_y}{2\sin\frac{\alpha}{2}} \tag{5-56}$$

q 个线圈串联的线圈组电动势有效值为

$$E_q = \overline{AB} = 2R\sin\frac{q\alpha}{2} \tag{5-57}$$

消去半径 R，线圈组电动势有效值为

$$E_q = qE_y \frac{\sin\frac{q\alpha}{2}}{q\sin\frac{\alpha}{2}} = qE_y k_{q1} \tag{5-58}$$

式中，$k_{q1} = \dfrac{\sin\frac{q\alpha}{2}}{q\sin\frac{\alpha}{2}}$ 是绕组分布系数。

短距分布的线圈组电动势的有效值为

$$E_q = 4.44 q N_y k_{y1} k_{q1} f \Phi_1 = 4.44 q N_y k_{w1} f \Phi_1 \tag{5-59}$$

式中，绕组系数可认为代表线圈组电动势由于短距和分布而减小的程度。

5.5.4 相电动势和线电动势

相绕组是由 $2p$ 个（双层绕组）或 p 个（单层绕组）线圈组串联、并联而成。各线圈组结构相同，处于磁场各极下的相应位置，因此各线圈组电动势相量的幅值相等、相位相同。若由线圈组串联为一条支路，相电动势应是各线圈组电动势的代数和；若各线圈组并联为多条支路，则相电动势应为支路电动势。

1. 单层绕组的相电动势

单层绕组的交流电动机，每对极下有一个线圈组，共 p 个线圈组，设线圈组串联、并联

组成相绕组的支路数为 a 条，则有相电动势有效值定义式

$$E_{\Phi 1}=\frac{p}{a}E_q=4.44f_1\frac{pqN_y}{a}k_{w1}\Phi_1=4.44f_1Nk_{w1}\Phi_1 \tag{5-60}$$

式中，N 为各相串联匝数，单层绕组 $N=\frac{pqN_y}{a}$。

2. **双层绕组的相电动势**

双层绕组的交流电动机，每个极下有一个线圈组，即线圈组共有 $2p$ 个，设支路数为 a 条，则相电动势有效值为：

$$E_{\Phi 1}=\frac{2p}{a}E_q=4.44f_1\frac{2pqN_y}{a}k_{w1}\Phi_1=4.44f_1Nk_{w1}\Phi_1 \tag{5-61}$$

式中，N 为各相串联匝数，双层绕组 $N=\frac{2pqN_y}{a}$。

5.5.5 电动势中的谐波分量

交流电动机的气隙磁场实际分布不完全呈正弦形状，气隙磁通密度波形可按傅里叶级数分解为基波磁场和各高次谐波磁场，基波和各高次谐波磁场均旋转切割绕组，因此，定子绕组中不仅感应基波电动势，还感应谐波电动势。

谐波磁场与基波磁场是以同一速度旋转的，但其极对数为基波磁场的 v 倍，即为 vp，因此，v 次谐波电动势的频率为

$$f_v=p_v\frac{n_1}{60}=vp\frac{n_1}{60}=vf_1 \tag{5-62}$$

按感应电动势计算公式，相电动势中 v 次谐波电动势有效值为

$$E_{\Phi v}=4.44f_vNk_{wv}\Phi_v \tag{5-63}$$

式中，f_v 为 v 次谐波电动势的频率；k_{wv} 为 v 次谐波电动势的绕组系数；Φ_v 为 v 次谐波磁场的每极磁通。

定子绕组电动势中的高次谐波，将导致电动机的附加损耗、附加转矩增加，电动机效率降低、温升增高，并可对邻近的通信线路或电子装置产生干扰，引起输电线路的电感和电容发生谐振，产生过电压等，对电动机的使用和运行产生不利影响，应采取措施抑制和削弱。

削弱交流电动机绕组相电动势中的谐波含量，常用的方法是采用短距和分布的绕组结构，其原理与合成磁动势中削弱谐波含量的原理一致。利用短距和分布使电动势各次谐波在相位上不同和改变，以削弱或相互抵消。其原理可用图 5-33 说明，两个互差一个角度的平顶电动势波，叠加后得到的合成电动势波形较原来波形更接近于正弦波；若两个平顶电动势波形相位相同，叠加后得到的电动势波形则难以得到改善。

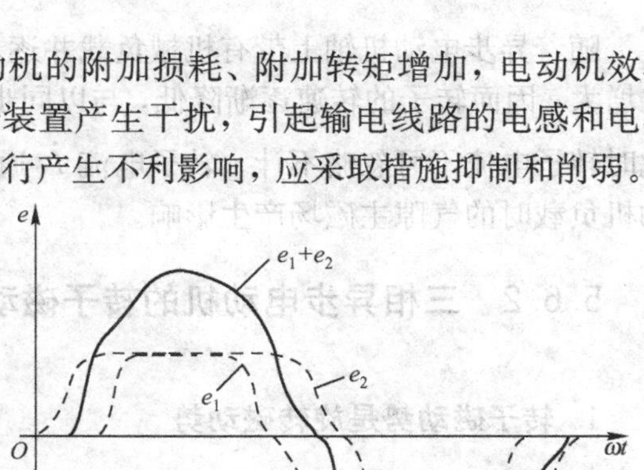

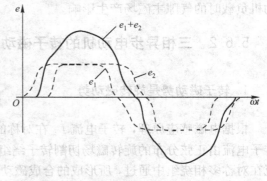

图 5-33　两个互差一个角度的平顶波的合成波形

此外常用的方法还有，利用三相对称绕组的连接消除线电动势中的 3 次及其倍数次奇次谐波电动势；通过在电磁设计和制造过程中的措施，如采用斜槽或分数槽绕组以削弱齿谐波电动势等，使气隙磁场尽量接近正弦分布，削弱电动势中的高次谐波。

5.6 三相异步电动机的电磁分析

5.6.1 三相异步电动机空载时的电磁关系

三相异步电动机对称分布的定子三相绕组接对称三相电源，流过对称的三相交流电流。在不计谐波磁动势和齿槽影响条件下，气隙内将形成正弦分布的，转速为同步转速 n_1 的定子旋转磁动势 f_{10}，该磁动势建立旋转主磁场 B_m。旋转磁场切割定子、转子绕组，在定子、转子绕组内分别感应对称三相定子电动势和对称三相转子电动势。因转子绕组为闭合电路，转子绕组中流过对称三相电流。在气隙磁场的作用下，电动机转子将受到电磁力作用并形成电磁转矩，驱动转子旋转。若轴上没有机械负载，电动机为空载运行。此时，电动机的电磁转矩仅需克服摩擦、风阻等阻转矩。因阻转矩一般很小，所以电动机空载时产生的电磁转矩很小，需要的转子电流也很小，转子电流近似为零。因此，在异步电动机空载运行时，气隙磁场的 B_m 励磁磁动势 f_{m0} 只是由定子侧绕组通电建立的。异步电动机空载运行时的电磁关系，可用图 5-34 来描述。需要注意的是，图中的电参量是一相相量，而磁参量指三相合成量。定子电动势与转子电动势频率不同，用下标“s”区分。

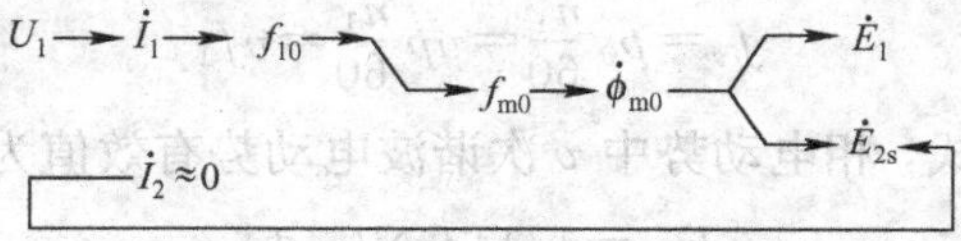

图 5-34 异步电动机空载运行时的电磁关系

随着异步电动机轴上带有机械负载并逐步增加，需要转子电流 $\dot{I}_2$、感应电动势 $\dot{E}_{2s}$ 也随之增大，因而转子的转速逐渐降低，与以同步转速 n_1 旋转的气隙主磁场的转速差不断增大，此时转子电流不可忽略不计。转子电流 $\dot{I}_2$ 通在转子绕组中将形成转子磁动势 f_2，它将对电动机负载时的气隙主磁场产生影响。

5.6.2 三相异步电动机的转子磁动势

1. 转子磁动势是旋转磁动势

根据电磁感应原理，转子电流 $\dot{I}_2$ 在对称的转子绕组中将形成转子磁动势，记为矢量 $\overrightarrow{F_2}$。转子电流由正弦分布的旋转磁场切割转子绕组感应而产生，是三相对称电流。而对称多相电流在对称多相绕组中通过，所形成的合成磁动势应是旋转磁动势。因此 $\overrightarrow{F_2}$ 是旋转磁动势，空间分布近似正弦，也就是笼型转子的磁动势，如图 5-35 所示。

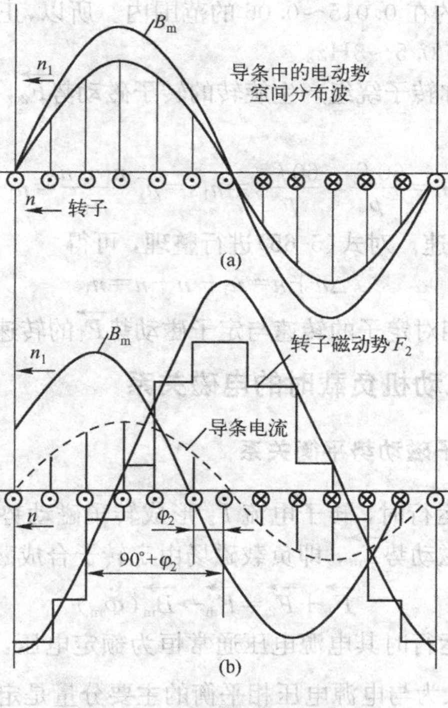

图 5-35　笼型转子的磁动势

2. 转子磁动势的转向

设三相异步电动机定子电流相序为 A—B—C，产生的旋转磁场逆时针旋转，转子绕组的相序如图 5-36 所示。因电动机的转速小于磁场转速，即 $n<n_1$，则磁场切割对称转子绕组所产生的感应电动势相序应为 a—b—c，转子电流的相序也是 a—b—c。该转子电流通在转子绕组内产生旋转磁动势$\vec{F}_2$。按前述旋转磁场转向性质分析，$\vec{F}_2$的旋转方向也按 a—b—c 的顺序，即图 5-36 所示的逆时针方向。因此，转子磁动势$\vec{F}_2$与定子磁动势$\vec{F}_1$的旋转方向相同。

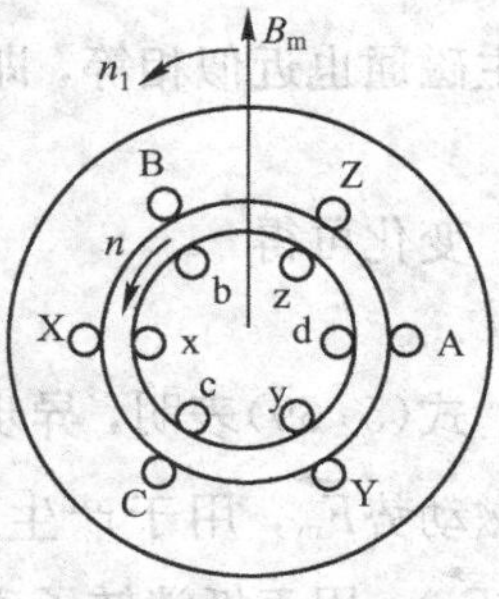

图 5-36　转子绕组的相序

3. 转子磁动势的转速

在三相异步电动机中，定子、转子电流的频率与所产生的旋转磁场的相对转速有对应关系；反之，磁场切割定子、转子绕组得到感应电动势及电流的频率大小与磁场和绕组的相对切割速度大小之间也有同样的确定关系。

设转子电流频率为 f_2，异步电动机转子转速为 n，旋转磁场的转速为 n_1，两者旋转方向相同，旋转磁场切割转子绕组的相对转速为 n_1-n，旋转磁场的切割速度与所感应的转子电流频率间有

$$f_2=\frac{p(n_1-n)}{60}=\frac{pn_1}{60}\cdot\frac{n_1-n}{n_1}=sf_1 \tag{5-64}$$

从式(5-64)可以看出，异步电动机转子中电动势和电流的频率与转差率成正比。当转子不转时($n=0$，$s=1$)，$f_2=f_1$；若转子达到了同步转速，则 $f_2=0$。在额定负载时，异步电动

机的转差率 s_N 很小，通常约在 0.015～0.06 的范围内。所以，正常运行时，转子电动势的频率很低，在额定负载时只有 0.5～3Hz。

对称转子电流通入对称转子绕组产生旋转的转子磁动势$\overrightarrow{F_2}$，旋转方向与$\overrightarrow{F_1}$相同，设$\overrightarrow{F_2}$相对转子的转速为 Δn，即

$$\Delta n=\frac{60f_2}{p}=\frac{60f_1}{p}s=n_1s=n_1\ \frac{n_1-n}{n_1}=n_1-n \tag{5-65}$$

式中，n 是电动机转子的转速。对式(5-65)进行整理，可得

$$\Delta n+n=n_1-n+n=n_1 \tag{5-66}$$

可见，转子磁动势$\overrightarrow{F_2}$相对定子的转速与定子磁动势$\overrightarrow{F_1}$的转速相同，即$\overrightarrow{F_2}$与$\overrightarrow{F_1}$相对静止。

5.6.3 三相异步电动机负载时的电磁关系

1. 负载时的定子、转子磁动势平衡关系

三相异步电动机负载运行时，转子电流 $\dot{I}_2$ 形成转子磁动势$\overrightarrow{F_2}$，与定子磁动势$\overrightarrow{F_1}$相对静止，因此$\overrightarrow{F_2}$与$\overrightarrow{F_1}$合成励磁磁动势$\overrightarrow{F_m}$，即负载磁场由定转子合成磁动势共同产生，表示为

$$\overrightarrow{F_1}+\overrightarrow{F_2}=\overrightarrow{F_m}\rightarrow\overrightarrow{B_m}(\dot{\Phi}_m) \tag{5-67}$$

三相异步电动机正常运行时其电源电压通常恒为额定电压，而与感应电动势相比，定子漏阻抗压降数量很小，可认为与电源电压相平衡的主要分量是定子绕组内的感应电动势 $\dot{E}_1$。因此，电动势 $\dot{E}_1$ 可近似认为不变。按感应电动势的定义式，可以推断电动机负载与空载时的主磁通也近似相等，即 $\dot{\Phi}_m\approx\dot{\Phi}_{m0}$。进而可得空载与负载时的磁动势相似，则有

$$\overrightarrow{F_m}\approx\overrightarrow{F_{m0}} \tag{5-68}$$

变化可得

$$\overrightarrow{F_1}=\overrightarrow{F_m}+(-\overrightarrow{F_2}) \tag{5-69}$$

式(5-69)表明，异步电动机负载时的定子磁动势$\overrightarrow{F_1}$可认为包含两个分量。一个分量是励磁磁动势$\overrightarrow{F_m}$，用于产生气隙主磁通 $\dot{\Phi}_m$，并在绕组中感应出电动势；另一个是平衡分量$(-\overrightarrow{F_2})$，用于抵消转子磁动势$\overrightarrow{F_2}$的影响，其大小和$\overrightarrow{F_2}$相等，而方向与$\overrightarrow{F_2}$相反。这就是三相异步电动机负载时的定子、转子磁动势平衡关系。

2. 相矢图分析法

异步电动机负载时的磁动势关系也可以直观地用相矢图表示。相矢图分析方法用以同步角速度 ω_1 旋转的矢量来表示旋转磁动势、磁场等空间参量，而用相量表示与这些磁动势对应的电流等时间参量。通常矢量关系应表示在矢量图中，而相量关系表示在相量图中。根据三相基波合成磁动势的性质，旋转磁动势与对应相电流有确定的时间与空间关系，即当某一相的电流到达最大值时，三相基波合成磁动势的幅值正好应在这一相绕组的轴线上。由于时间相量的旋转角速度 ω 数值上与磁场的旋转同步角速度 ω_1 相等，为直观表现电动机的各电、磁参量间的关系，将相量图与矢量图重合画在一起，称为相量—矢量图，也称为时空矢量图或相矢图。

以一台 2 极异步电动机为例，其相矢图如图 5-37 所示。

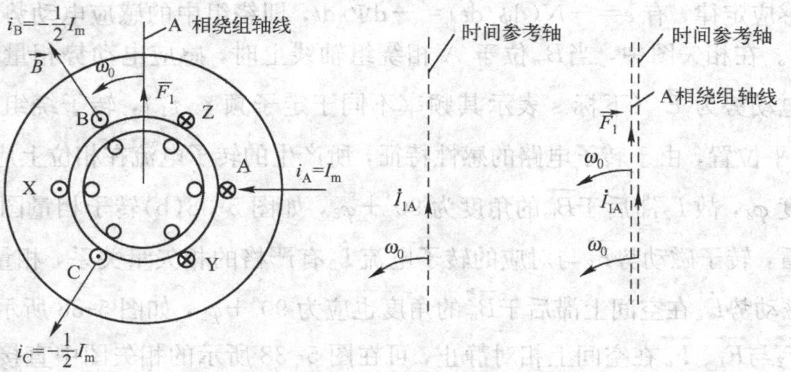

图 5-37　2 极异步电动机相矢图

图 5-37 所示瞬间为 A 相电流达最大值时刻，在矢量图中，定子磁动势矢量$\vec{F}_1$标在 A 相绕组轴线上。这时在相量图中，定子 A 相电流 $\dot{I}_{1A}$相量应位于时间参考轴上。因为矢量和相量以相同的角速度旋转，则到任何瞬间，两者各自转过的电角度都相等。将相量图与矢量图合并，把时间参考轴放在空间对应参考轴即 A 相绕组的轴线上，则$\vec{F}_1$与 $\dot{I}_{1A}$始终重合，就可以直观地表现出交流电机$\vec{F}_1$与 $\dot{I}_{1A}$的性质。应注意，在相矢图中电相量所表示的是三相对称电量某一相的量，而磁动势矢量表示的是三相的合成量。

选定旋转主磁场矢量$\vec{B}_m$在 A 相绕组轴线上这个瞬间，负载时定子、转子磁动势和电流的相矢图如图 5-38 所示。A 相等效线圈的轴线在垂直位置，电流由 A 相流入、X 相流出，矢量$\vec{B}_m$应位于线圈 A—X 轴线上，由右手定则可确定磁力线方向向上。按磁路性质，考虑到磁滞和涡流损耗，电动机主磁场$\vec{B}_m$及其励磁磁动势$\vec{F}_m$空间矢量位置不重合，磁密波幅值应滞后励磁磁动势幅值。如图 5-38 所示，当$\vec{B}_m$在 A 相绕组轴线上时，$\vec{F}_m$应超前$\vec{B}_m$一个代表铁耗的电角度 α_{Fe}。此时，与 A 相绕组交链的主磁链为最大值。因 $\Psi_m=N_1k_{W1}\Phi_m$，其中 N_1k_{W1}是定子绕组每相的有效串联匝数，对于制成的电动机应确定不变，所以通过 A 相绕组的主磁通 Φ_m 也有最大值。磁密波为正弦空间函数，可用矢量表示，磁链与磁通是正弦时间函数，用相量表示，$\vec{B}_m$的空间位移量与 Ψ_m 和 Φ_m 的时间相位差应对应一致，因此在相矢图中可把 Ψ_m 及 Φ_m 与$\vec{B}_m$重合画在一起。

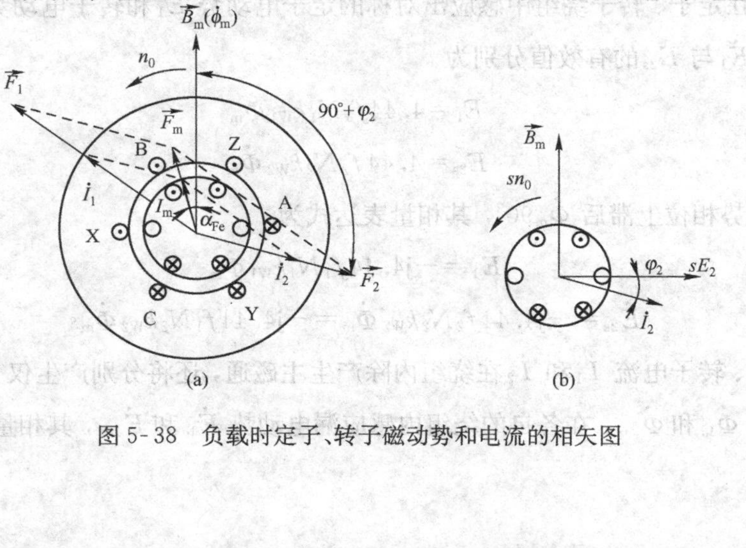

图 5-38　负载时定子、转子磁动势和电流的相矢图

按电磁感应定律，有 $e=-N(\mathrm{d}\phi/\mathrm{d}t)=-\mathrm{d}\Psi/\mathrm{d}t$，即绕组中的感应电动势相位上应滞后绕组磁链 90°。在相矢图中，当$\overrightarrow{B_\mathrm{m}}$位于 A 相绕组轴线上时，感应电动势相量应位于水平位置。设转子电动势为 $\dot{E}_{2\mathrm{s}}$(下标 s 表示其频率不同于定子频率 f_1)，转子绕组 a 相的电动势 $\dot{E}_{2\mathrm{s}}$也应在水平位置，由于转子电路的感性特征，所产生的转子电流在相位上应滞后于 $\dot{E}_{2\mathrm{s}}$一个阻抗电角度 φ_2，故 $\dot{I}_2$滞后于$\overrightarrow{B_\mathrm{m}}$的角度为 $90°+\varphi_2$，如图 5-38(b)转子相量图所示。从转子的相矢关系看，转子磁动势$\overrightarrow{F_2}$与对应的转子电流 $\dot{I}_2$有严格的相矢量关系，相量 $\dot{I}_2$应与$\overrightarrow{F_2}$重合，则转子磁动势$\dot{F}_2$在空间上滞后于$\overrightarrow{B_\mathrm{m}}$的角度也应为 $90°+\varphi_2$，如图 5-38 所示。

考虑到$\overrightarrow{F_2}$与$\overrightarrow{F_1}$、$\overrightarrow{F_\mathrm{m}}$在空间上相对静止，可在图 5-38 所示的相矢图中直接画出$\overrightarrow{F_2}$，再在图上把($-\overrightarrow{F_2}$)与$\overrightarrow{F_\mathrm{m}}$进行矢量加法处理就可得出$\overrightarrow{F_1}$，即符合

$$\overrightarrow{F_\mathrm{m}}+(-\overrightarrow{F_2})=\overrightarrow{F_1} \tag{5-70}$$

再根据定子电流相量和定子磁动势的确定相矢关系，可在相矢图上画出定子电流相量 $\dot{I}_1$。

3. 三相异步电动机负载时的电磁分析

异步电动机负载时，定子磁动势$\overrightarrow{F_1}$与转子磁动势$\overrightarrow{F_2}$合成电机励磁磁动势$\overrightarrow{F_\mathrm{m}}$，形成负载磁动势平衡关系。异步电动机的负载电磁关系如图 5-39 所示。

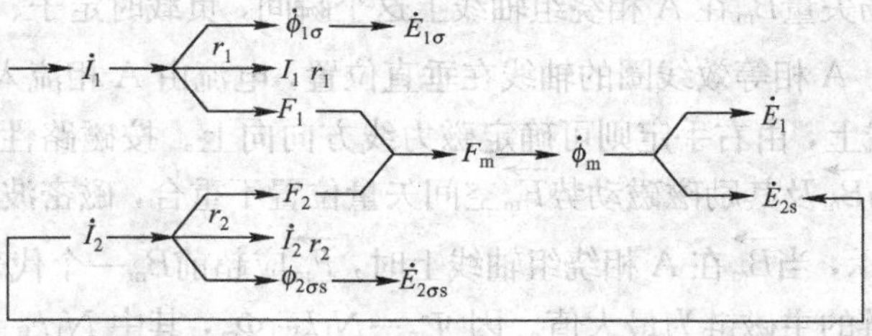

图 5-39　异步电动机负载运行时的电磁关系

由定子、转子合成励磁磁动势$\overrightarrow{F_\mathrm{m}}$建立起气隙主磁场$\overrightarrow{B_\mathrm{m}}$，其主磁通 $\dot{\Phi}_\mathrm{m}$与定子、转子绕组相交链，分别在定子、转子绕组中感应出对称的定子电动势 $\dot{E}_1$和转子电动势 $\dot{E}_{2\mathrm{s}}$。按感应电动势的定义，$\dot{E}_1$与 $\dot{E}_{2\mathrm{s}}$的有效值分别为

$$E_1=4.44f_1N_1k_{W1}\dot{\Phi}_\mathrm{m} \tag{5-71}$$

$$E_{2\mathrm{s}}=4.44f_2N_2k_{W2}\dot{\Phi}_\mathrm{m} \tag{5-72}$$

感应电动势相位上滞后 $\dot{\Phi}_\mathrm{m}90°$，其相量表达式为

$$\dot{E}_1=-\mathrm{j}4.44f_1N_1k_{W1}\dot{\Phi}_\mathrm{m} \tag{5-73}$$

$$\dot{E}_{2\mathrm{s}}=-\mathrm{j}4.44f_2N_2k_{W2}\dot{\Phi}_\mathrm{m}=-\mathrm{j}4.44f_1N_2k_{W2}\dot{\Phi}_\mathrm{m}s \tag{5-74}$$

由于定子、转子电流 $\dot{I}_1$和 $\dot{I}_2$在绕组内除产生主磁通，还将分别产生仅交链自身的定子、转子的漏磁通 $\dot{\Phi}_{1\sigma}$和 $\dot{\Phi}_{2\sigma\mathrm{s}}$，在各自的绕组内感应漏电动势 $\dot{E}_{1\sigma}$和 $\dot{E}_{2\sigma\mathrm{s}}$，其相量表达式分别为

$$\dot{E}_{1\sigma}=-\mathrm{j}4.44f_1N_1k_{W1}\dot{\Phi}_{1\sigma} \tag{5-75}$$

$$\dot{E}_{2\sigma s}=-\mathrm{j}4.44f_2N_2k_{W2}\dot{\Phi}_{2\sigma s}=-\mathrm{j}4.44f_1N_2k_{W2}\dot{\Phi}_{2\sigma s}s \tag{5-76}$$

此外，定子电流 $\dot{I}_1$和转子电流 $\dot{I}_2$在各自绕组电阻上产生电压降 $\dot{I}_1r_1$、$\dot{I}_2r_2$。

5.6.4　三相异步电动机负载时的方程式

与变压器一次侧、二次侧绕组相似，三相异步电动机的定子、转子绕组实际也是两个没有直接联系的电路，靠磁场媒介把它们连为一个整体。因此，可用与处理变压器相似的方法来分析。首先可列出表达三相异步电动机运行时内部电磁关系的基本方程式，再求解这些方程式，以确定其运行时的主要物理量及它们之间的相互关系。

图 5-39 已表明了三相异步电动机的绕组参量正方向，电路的电动势、电压、电流等参数的正方向可按关联参考方向设置，以 Y 接法的定子、转子绕组电路为例，其相电路正方向设置如图 5-40(a)、(b)所示。三相电路的相、线关系可按电路原理确定。电机磁动势、磁通的正方向，规定为从定子侧穿过气隙进入转子。确定各个参量的正方向后，可分析列出三相异步电动机中存在的磁平衡、电动势平衡等基本方程。

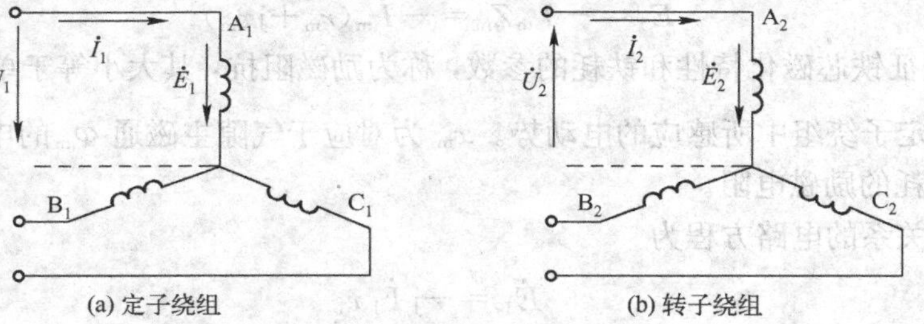

图 5-40　三相异步电动机绕组参量正方向

1. 磁动势平衡方程式

根据三相异步电动机负载时磁动势平衡关系，有

$$\overrightarrow{F_m}=\overrightarrow{F_1}+\overrightarrow{F_2} \tag{5-77}$$

按磁动势定义，设 m_1、m_2 为定子、转子绕组的相数，由于磁动势矢量的方向与对应电流相量方向一致，式(5-77)中的定子、转子磁动势及电动机的励磁磁动势可表示为

$$\overrightarrow{F_1}=0.9\frac{m_1}{2}\frac{N_1k_{W1}}{p}\dot{I}_1 \tag{5-78}$$

$$\overrightarrow{F_m}=0.9\frac{m_1}{2}\frac{N_1k_{W1}}{p}\dot{I}_m \tag{5-79}$$

$$\overrightarrow{F_2}=0.9\frac{m_2}{2}\frac{N_2k_{W2}}{p}\dot{I}_2 \tag{5-80}$$

磁动势平衡方程式为

$$0.9\frac{m_1}{2}\frac{N_1k_{W1}}{p}\dot{I}_1+0.9\frac{m_2}{2}\frac{N_2k_{W2}}{p}\dot{I}_2=0.9\frac{m_1}{2}\frac{N_1k_{W1}}{p}\dot{I}_m \tag{5-81}$$

式(5-81)变形得

$$\dot{I}_1+\frac{1}{k_i}\dot{I}_2=\dot{I}_m \text{或} \dot{I}_1=\dot{I}_m+\left(-\frac{1}{k_i}\dot{I}_2\right) \tag{5-82}$$

式中，$k_i=\dfrac{m_1N_1k_{W1}}{m_2N_2k_{W2}}$为定子、转子绕组的电流变比。

式(5-82)表示异步电动机负载时的定子电流可认为由两部分组成：一部分称为励磁分量 $\dot{I}_m$，用于产生电机的气隙主磁通 $\dot{\Phi}_m$；另一部分称为负载分量$\left(-\frac{1}{k_i}\dot{I}_2\right)$，用于抵消转子电流产生的磁动势所带来的磁效应影响。

2. 电动势平衡方程式

根据基尔霍夫定律，可得异步电动机负载时定子、转子绕组电路的电动势平衡方程式

$$\dot{U}_1=(-\dot{E}_1)+(-\dot{E}_{1\sigma})+\dot{I}_1r_1 \tag{5-83}$$

$$\dot{E}_{2s}=(-\dot{E}_{2\sigma s})+\dot{I}_2(r_2+R_\Omega) \tag{5-84}$$

式中，R_Ω 为转子绕组中的外串电阻。

描述励磁关系的励磁电路方程为

$$\dot{E}_1=-\dot{I}_mZ_m=-\dot{I}_m(r_m+jx_m) \tag{5-85}$$

式中，Z_m 为表征铁芯磁化特性和铁耗的参数，称为励磁阻抗，其大小等于单位励磁电流所产生的主磁通在定子绕组中所感应的电动势。x_m 为对应于气隙主磁通 $\dot{\Phi}_m$的电抗，称为励磁电抗，r_m 反映铁耗的励磁电阻。

描述漏磁关系的电路方程为

$$\dot{E}_{1\sigma}=-j\dot{I}_1x_1 \tag{5-86}$$

$$\dot{E}_{1\sigma s}=-j\dot{I}_2x_{2s}$$

式中，x_1 为表征定子绕组漏磁通磁路特性的参数，称为定子漏抗；x_{2s}为表征转子绕组漏磁通磁路特性的参数，称为转子漏抗。

若要求 $f_2=f_1$，则有 $s=1$，$n=0$，即转子静止。按电动势定义，异步电动机旋转时的转子电动势有效值 E_{2s}与静止时转子电动势有效值 E_2 的关系为

$$E_{2s}=4.44sf_1N_2k_{W2}\Phi_m=sE_2 \tag{5-87}$$

$$E_{2s}\propto s$$

转子静止时转子绕组内漏电动势 $E_{2\sigma}$的有效值应为

$$E_{2\sigma}=4.44f_1N_2k_{W2}\Phi_{2\sigma}$$

而转子旋转时的漏电动势 $E_{2\sigma s}$为

$$E_{2\sigma s}=-j4.44f_2N_2k_{W2}\Phi_{2\sigma}=-j4.44sf_1N_2k_{W2}\Phi_{2\sigma} \tag{5-88}$$

即

$$E_{2\sigma s}\propto s$$

表征其物理意义的是转子漏电抗，转子旋转时的 x_{2s}与转子静止时的 x_2之间的关系为

$$x_{2s}=2\pi f_2L_{2\sigma}=2\pi sf_1L_{2\sigma}=sx_2 \tag{5-89}$$

对于制成的异步电动机，其 x_2 不变，所以电动机的转子漏抗与转差率也成正比，即

$$x_{2s}\propto s$$

转子静止的转子电动势 $\dot{E}_2$ 与定子电动势 $\dot{E}_1$ 间有下列关系

$$\dot{E}_2=-\mathrm{j}4.44f_1N_2k_{W2}\dot{\Phi}_m=-\mathrm{j}4.44f_1N_1k_{W1}\dot{\Phi}_m\frac{N_2k_{W2}}{N_1k_{W1}}=\frac{N_2k_{W2}}{N_1k_{W1}}\dot{E}_1=\frac{1}{k_e}\dot{E}_1 \tag{5-90}$$

式中，k_e 称为三相异步电动机的电动势比。

将漏电抗 x_1、x_2 等参数代入式(5-85)，可得

$$\dot{U}_1=-\dot{E}_1+\dot{I}_1(r_1+\mathrm{j}x_{1\sigma}) \tag{5-91}$$

$$\dot{E}_{2s}=\dot{E}_2s=\dot{I}_2(r_2+R_\Omega)+\mathrm{j}\dot{I}_2x_2s$$

综上所述，异步电动机负载时的基本方程式包括以下 5 个方程式：

$$\dot{U}_1=-\dot{E}_1+\dot{I}_1(r_1+\mathrm{j}x_{1\sigma})=-\dot{E}_1+\dot{I}_1Z_1$$

$$\dot{E}_{2s}=\dot{E}_2s=\dot{I}_2(r_2+R_\Omega)+\mathrm{j}\dot{I}_2x_2s=\dot{I}_2Z_2$$

$$\dot{E}_1=-\dot{I}_m(r_m+\mathrm{j}x_m)=-\dot{I}_mZ_m$$

$$\dot{I}_1+\frac{1}{k}\dot{I}_2=\dot{I}_m$$

$$\dot{E}_2=\frac{1}{k_e}\dot{E}_1 \tag{5-92}$$

式中，Z_1、Z_2 称为定子、转子相绕组的漏阻抗。

5.7　三相异步电动机的等效电路及相量图

通过 5.6 节分析，得出了定子、转子电动势及电流的基本关系式。但是直接利用这些方程式去求解，仍然是比较复杂的。在实际分析计算时一般都采用等效电路的方法。为此，借鉴变压器的分析思路，把转子侧折算至定子侧，然后再将折算后的转子电路与定子绕组电路直接连接起来，得到完整的、可以描述异步电动机运行特性的电路。该电路称为三相异步电动机的等效电路。获得等效电路后，分析三相异步电动机的过程就转化为一个电路的分析过程。

由于异步电动机的定子、转子绕组两个电路之间频率不同，且定子、转子绕组的有效匝数也不同。因此，三相异步电动机的折算包括频率折算和绕组折算两个方面。

5.7.1　定子、转子交流耦合电路之间的频率折算

异步电动机的转子频率 f_2 与定子频率 f_1 不同，要将两个电路统一在一个电路内，首先应进行频率折算。即在保证电动机整体的电磁性能不变的条件下，把转子频率的参数及相关物理量折算成为定子频率的参数及有关物理量，也就是用一个具有定子频率的“等效”转子电路去替代实际转子电路。由于 $f_2=sf_1$，两频率相等的条件就是保持转子不动，所以新的“等效”转子实际是一个静止的转子，其“等效”含义有两个方面的要求。

一方面，要求替代前后的转子电路对定子电路的电磁效应不变。因转子电路对定子电路的影响是通过转子磁动势实现的，“等效”的含义即替代前后转子磁动势不变；另一方面，要求替代前后的转子电路自身的电磁性能不变，即转子电路的有功功率、无功功率、损耗等不变。

转子磁动势不变，即其转速、幅值及空间相位角不变。

从转子磁动势的转速看，实际转子磁动势相对定子是同步转速。而静止的转子电路替代实际转子电路后，转子电流频率为 f_1，产生的转子磁动势相对转子的转速为同步转速 n_1，即转子磁动势相对定子的转速与替代前相同。转子电路的代换，没有造成转子磁动势转速的变化。

从转子磁动势的幅值与空间位移角看，根据磁动势性质，合成磁动势与对应相电流之间，存在着严格的关系，转子磁动势的幅值与空间位移角的数值取决于对应转子相电流的有效值与时间相位角。因此，替代前后的转子磁动势幅值与空间位移角是否等效，取决于转子电流相量 $\dot{I}_2$ 的有效值和相位角是否改变。根据式(5-92)，设 $R_\Omega=0$，有

$$\dot{I}_2=\frac{s\dot{E}_2}{r_2+\mathrm{j}sx_2}$$

将上式的分子分母都除以 s，则上式化为

$$\dot{I}''_2=\frac{\dot{E}_2}{\frac{r_2}{s}+\mathrm{j}x_2} \tag{5-93}$$

式中，$\dot{E}_2$、x_2 表示的是静止转子电路中的电动势和漏电抗。如认为 r_2/s 是静止转子电路的电阻，式(5-93)就描述了替代后的静止转子电路的电动势平衡关系。式中，是 $\dot{I}''_2$ 静止转子电路的相电流，其有效值为

$$\dot{I}''_2=\frac{E_2}{\sqrt{\left(\frac{r}{s}\right)^2+x_2^2}}=\frac{sE_2}{\sqrt{r_2^2+(sx_2)^2}}=\dot{I}_2$$

可见，$\dot{I}''_2$ 的有效值与 $\dot{I}_2$ 相等。而 $\dot{I}''_2$ 的相位角为

$$\varphi''_2=\tan^{-1}\frac{x_2}{\frac{r_2}{s}}=\tan^{-1}\frac{sx_2}{r_2}=\varphi_2$$

$\dot{I}''_2$ 的相位角也与 $\dot{I}_2$ 的相位角相等。这说明用转子电阻为 r_2/s 的静止转子电路代替转子电阻为 r_2 的实际转子电路，转子磁动势的幅值与空间位移角上与实际转子电路等效。但是，r_2 变为 r_2/s 使电动机转子电路的铜损耗发生变化，需要分析该变化是否影响了功率等效。

三相异步电动机做电动机运行时，$0<s<1$，此时若转子电阻由 r_2 变为 r_2/s，相当于在转子中串入了一个附加电阻 $(1-s)r_2/s$，静止转子比实际转子多出了该电阻的铜损耗 $I_2^2(1-s)r_2/s$。而实际转子旋转，应比静止等效转子多出了旋转机械功率部分，这两部分功率之间存在联系。静止转子所增铜耗的表达式是 $I_2^2(1-s)r_2/s$，表明所增铜耗是电动机转差率的函数。根据异步电动机的工作原理，其运行状态与转差率直接相关，当异步电动机做电动机运行时，$0<s<1$，电动机实际输出机械功率，而附加铜耗 $I_2^2(1-s)r_2/s$ 也是正值。当 $-\infty<s<0$ 时，异步电动机做发电机运行，电动机实际输入机械功率，而 $I_2^2(1-s)r_2/s$ 为负值。这说明静止转子电路中的增加的附加电阻铜耗实质表征了旋转异步电动机的机械功率。因此，用静止的转子去代替实际旋转转子，在功率和损耗方面等效。

综上所述，用静止的转子去代替实际的转子，在转子对定子的电磁效应及转子自身功率

这两方面等效。从定子角度无法区别替代过程中转子是实际转子，还是一个串联了附加电阻 $(1-s)r_2/s$ 的静止等效转子。频率折算后的异步电动机如图5-41所示。

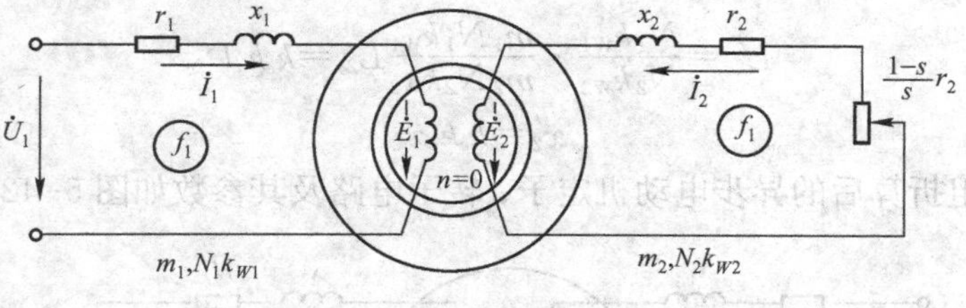

图5-41　频率折算后的异步电动机

5.7.2　定子、转子交流耦合电路之间的绕组折算

从图5-41中可见，经过频率折算后的异步电动机，定子、转子绕组匝数尚不一致。若要把定子、转子电路合成连接为一个等效电路，应进行绕组折算，使定子、转子电动势相等，即 $\dot{E}_1=\dot{E}_2$，再按电路原理，将等电位点直接相连，可得到一个完整的描述电动机运行的等效电路。

绕组的折算过程就是用一个相数、每相串联匝数以及绕组系数均和定子绕组一样的等效转子绕组去代替经过频率折算的相数为 m_2、每相串联匝数为 N_2 以及绕组系数为 k_{W2} 的转子绕组。"等效"的含义是折算前后的转子，其电磁性能包括转子磁动势、转子视在功率、转子铜耗及转子漏磁场储能等指标以及对定子的电磁效应均不变。用在某物理量符号右上角加"'"来表示是经折算后的物理量。

转子磁动势不变，即

$$0.9\frac{m_1}{2}\ \frac{N_1k_{W1}}{p}I_2'=\frac{m_2}{2}\ 0.9\ \frac{N_2k_{W2}}{p}\dot{I}_2 \tag{5-94}$$

可得折算后的转子电流有效值为

$$I_2'=\frac{m_2N_2k_{W2}}{m_1N_1k_{W1}}I_2=\frac{1}{k_i}I_2 \tag{5-95}$$

转子视在功率保持不变，即

$$m_1E_2'I_2'=m_2E_2I_2 \tag{5-96}$$

可得折算后的转子电动势有效值为

$$E_2'=\frac{N_1k_{W1}}{N_2k_{W2}}E_2=k_eE_2 \tag{5-97}$$

由式(5-90)及式(5-97)，得

$$E_2'=k_eE_2=k_e\frac{1}{k_e}E_1=E_1$$

转子铜耗和漏磁场的储能不变，即

$$m_1I_2'^2r_2'=m_2I_2^2r_2 \tag{5-98}$$

$$\frac{1}{2}m_1I_2'^2L_{2\sigma}'=\frac{1}{2}m_2I_2^2L_{2\sigma} \tag{5-99}$$

则折算后的转子电阻为

$$r'_2 = \frac{N_1 k_{W1}}{N_2 k_{W2}} \cdot \frac{m_1 N_1 k_{W1}}{m_2 N_2 k_{W2}} r_2 = k_e k_i r_2 \tag{5-100}$$

折算后的转子漏抗为

$$L'_{2\sigma} = \frac{N_1 k_{W1}}{N_2 k_{W2}} \cdot \frac{m_1 N_1 k_{W1}}{m_2 N_2 k_{W2}} L_{2\sigma} = k_e k_i L_{2\sigma} \tag{5-101}$$

$$x'_2 = k_e k_i x_2 \tag{5-102}$$

经频率和绕组折算后的异步电动机定子、转子电路及其参数如图 5-42 所示。

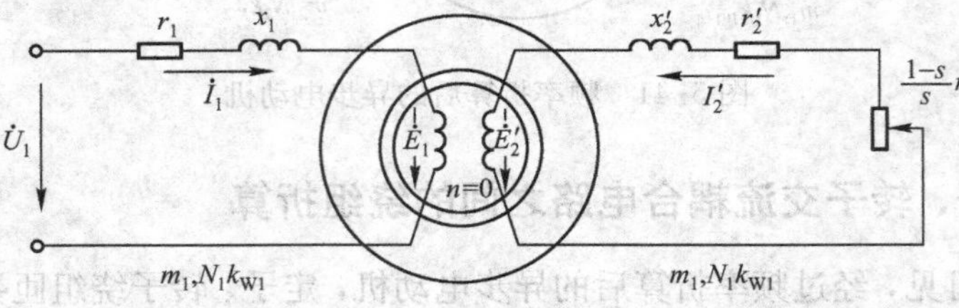

图 5-42　转子绕组折算后的异步电动机的定子、转子电路及其参数

5.7.3　三相异步电动机的等效电路和相量图

经频率和绕组的折算后，异步电动机转子绕组的频率、相数以及每相的有效串联匝数与定子绕组一致，可以得到三相异步电动机的等效电路。

1. T 形等效电路

推导经折算后的 5 个基本方程式可获得异步电动机的 T 形等效电路图。

折算后的定子和转子的电动势平衡、磁平衡方程、励磁支路的电动势平衡等 5 个基本方程式为

$$\dot{U}_1 = -\dot{E}_1 + \dot{I}_1(r_1 + jx_1) = -\dot{E}_1 + \dot{I}_1 Z_1$$

$$\dot{E}'_2 = \dot{I}'_2 r'_2\left(\frac{1-s}{s}\right) + \dot{I}'_2(r'_2 + jx'_2) = \dot{I}'_2 r'_2\left(\frac{1-s}{s}\right) + \dot{I}'_2 Z'_2$$

$$\dot{E}'_1 = \dot{E}'_2$$

$$\dot{I}_m = \dot{I}_1 + \dot{I}'_2$$

$$\dot{E}_1 = -\dot{I}_m(r_m + jx_m) = -\dot{I}_m Z_m$$

消去 $\dot{E}_1$、$\dot{E}'_2$、$\dot{I}'_2$、$\dot{I}_m$，可得

$$\dot{U}_1 = \dot{I}_1\left[Z_1 + \frac{Z_m\left(Z'_2 + \frac{1-s}{s}r'_2\right)}{Z_m + \left(Z'_2 + \frac{1-s}{s}r'_2\right)}\right] \tag{5-103}$$

式(5-103)表明了异步电动机可用阻抗的串联、并联来表现，描述异步电动机的相应电路如图 5-43 所示。该电路称为异步电机的 T 形等效电路。图中，r_1、x_1 为定子绕组的电阻和漏抗，r'_2、x'_2 为经折算后的转子绕组电阻和漏抗，r_m 代表与定子铁耗相对应的等效电阻，x_m 代表与主磁通相对应的励磁电抗。

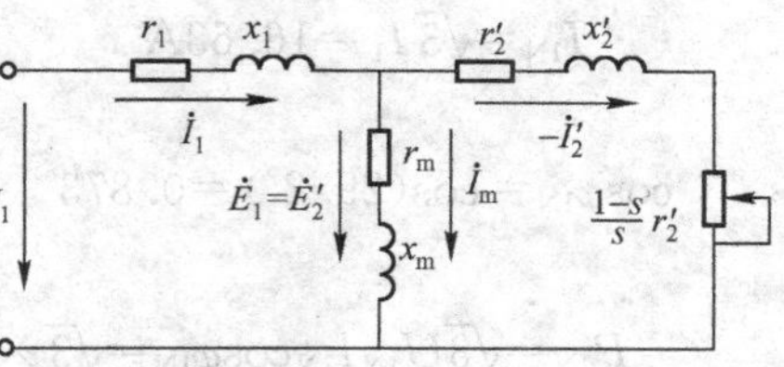

图 5-43　异步电动机的 T 形等效电路

比较图 5-43 和图 5-42 可见，三相异步电动机的等效电路也可在图 5-42 的基础上将等电位点相连而得到。需要指出的是，等效电路中的电压、电流、阻抗等参数均为相参量，而三相异步电动机的铭牌额定电压、电流指的是线参量。

2. 等效电路的简化

T 形等效电路是一个复联电路，其计算和分析过程比较复杂。若不计电动机的负载对励磁的影响，可将励磁支路移到输入端，如图 5-44 所示。这样，T 形复联电路就简化为并联电路。这种等效电路称为异步电动机的近似等效电路。按近似等效电路算出的定子、转子电流值比按 T 形等效电路算出值稍大一些，但电动机容量越大则偏差越小。

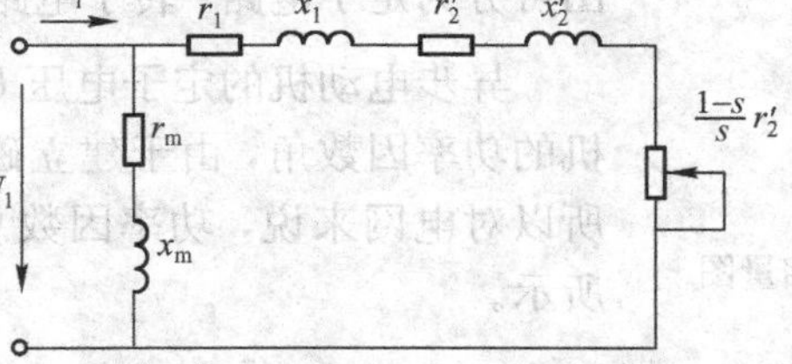

图 5-44　异步电动机的近似等效电路

【例 5-2】　一台三相异步电动机，其额定数据为 $P_N=8\text{kW}$，$U_N=380\text{V}$，$n_N=1455\text{r/min}$，$f_N=50\text{Hz}$，定子和转子每相参数为：$r_1=2.13\Omega$，$x_1=3.43\Omega$，$r_2'=1.2\Omega$，$x_2'=6.4\Omega$，$r_m=7\Omega$，$x_m=120\Omega$。定子绕组为三角形接法，试求电动机在额定运行时的定子电流、功率因数及效率。

解： 应用 T 形等效电路来求解。

(1) 定子电流根据旋转磁场同步速 n_1 与转子转速 n 十分接近这一概念可知，这是一台 4 极电动机，同步速为 $n_1=1500\text{r/min}$，因此

转差率
$$s=\frac{n_1-n}{n_1}=\frac{1500-1455}{1500}=0.03$$

定子阻抗
$$Z_1=r_1+\text{j}x_1=2.13+\text{j}3.43\Omega$$

转子阻抗
$$Z_2'=\frac{r_2'}{s}+\text{j}x_2'=\frac{1.2}{0.03}+\text{j}6.4=40+\text{j}6.4\Omega$$

励磁阻抗
$$Z_m=r_m+\text{j}x_m=7+\text{j}120\Omega$$

根据 T 形等效电路，取 $\dot{U}_1=380\angle 0°$ 为参考相量，则定子相电流为

$$I_1=\frac{U_1}{Z_1+\dfrac{Z_mZ_2'}{Z_m+Z_2'}}=\frac{380\angle 0°}{2.13+\text{j}3.43+\dfrac{(7+\text{j}120)(40+\text{j}6.4)}{(7+\text{j}120)+(40+\text{j}6.4)}}=9.6\angle-29.2°\ \text{A}$$

定子线电流
$$I_{1N}=\sqrt{3}I_1=16.63\text{A}$$

(2) 额定功率因数

$$\cos\varphi_{1N}=\cos(29.2°)=0.873$$

额定时的效率

$$P_{1N}=\sqrt{3}U_{1N}I_{1N}\cos\varphi_{1N}=\sqrt{3}\times380\times16.63\times0.873=9.56\text{kW}$$

$$\eta_N=\frac{P_N}{P_{1N}}=\frac{8}{9.56}=83.68\%$$

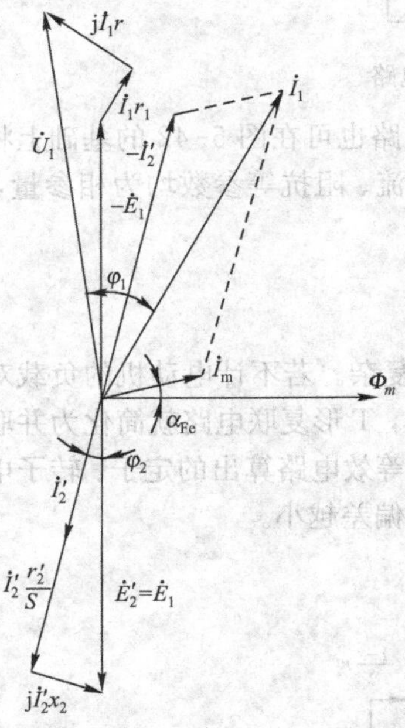

图 5-45 异步电动机的相量图

3. 异步电动机的相量图

相量图是简便直观地表示异步电动机各物理量间相位关系的一种方法。经过折算，定子、转子参数的频率相同，则相量图的旋转角速度相同，因而定子、转子相量图可以合标于一张相量图上。根据折算后的异步电动机的电动势和磁动势等基本方程式，可画出与T形等值电路相应的相量图，如图5-45所示。从相量图上，可以直观地了解异步电动机的电磁量数值和相位间的关系。相量图可分为定子电路、转子电路、磁路及其平衡3个部分。

异步电动机的定子电压 $\dot{U}_1$ 与定子电流的夹角为电动机的功率因数角，由于建立磁场要从电网吸收无功功率，所以对电网来说，功率因数总是滞后的，如相量图5-45所示。

5.8 三相异步电动机的功率和转矩

1. 能量传递与功率关系

异步电动机稳态运行时的功率变换与能量传递过程，可按等效电路来说明。电源提供给电动机的电功率为 $P_1=m_1U_1I_1\cos\varphi_1$，三相对称电流通入定子绕组将在定子电阻产生铜耗，即 $p_{Cu1}=m_1I_1^2r_1$，旋转磁场在定子铁芯内将产生铁耗，其大小为 $p_{Fe}=m_1I_m^2r_m$，在转子铁芯内产生转子铁耗。因异步电动机的转速与旋转磁场的同步转速差距较小，主磁场切割转子铁芯的速度较低，一般感应电动势频率只有几赫兹左右，所以转子铁耗较小，通常可忽略不计。输入电功率扣除定子铜耗和铁耗后，所余功率通过电磁感应经磁场媒介传送给转子，这部分功率称为电磁功率 P_M。由等效电路可得

$$P_M=P_1-p_{Cu1}-p_{Fe}=m_1I_2'^2\left(r_2'+\frac{1-s}{s}r_2'\right)=m_1I_2'^2\frac{r_2'}{s}=m_1E_2'I_2'\cos\varphi_2 \tag{5-104}$$

式中，φ_2 为转子电路的功率因数角。

电磁感应使转子上感应电流，表明转子接收到磁场传来的电磁功率 P_M。转子电流在转子电阻上产生转子铜耗 $p_{Cu2}=m_1I_2'^2r_2'$。电磁功率扣除转子铜耗后称为电动机的总机械功率

P_m，用于机电能量转换。

$$P_m = m_1 I_2'^2 r_2' \frac{1-s}{s} \tag{5-105}$$

总机械功率实质是转子感应电流与气隙主磁场相互作用，产生的电磁转矩驱动转子旋转所对应的功率。由等效电路，总机械功率 P_m 与电磁功率 P_M 间有

$$P_m = P_M - p_{Cu2} = m_1 I_2'^2 r_2' \frac{1-s}{s} = (1-s) m_1 I_2'^2 \frac{r_2'}{s} = (1-s) P_M \tag{5-106}$$

总机械功率 P_m 等于电磁功率 P_M 与 sP_M 之差。sP_M 称为异步电动机的转差功率，数值上与转子铜耗相等，即

$$P_M = m_1 I_2'^2 \frac{r_2'}{s} = \frac{1}{s} p_{Cu2} \tag{5-107}$$

可见，s 越大、转速越低，则转子铜耗越大。当 $s>1$ 时，转子铜耗将大于电磁功率。此时，定子传送到转子的电磁功率以及电动机轴上传入的机械功率两者都将消耗为转子铜耗，异步电动机运行于电磁制动状态。

总机械功率 P_m 扣除由风阻、机械摩擦等产生的机械损耗 p_m 和电动机杂散附加损耗 P_s 之后，输出给轴上拖动的机械负载，即异步电动机的机械输出功率 P_2 为

$$P_2 = P_m - p_m - p_s$$

综上可见，输入电动机的电功率减去定子铜耗、定子铁耗、转子铜耗、机械损耗和附加损耗 5 类损耗就得到电动机轴上机械输出功率，即

$$P_2 = P_1 - p_{Cu1} - p_{Fe} - p_{Cu2} - p_m - p_s \tag{5-108}$$

异步电动机的功率流程如图 5-46 所示。

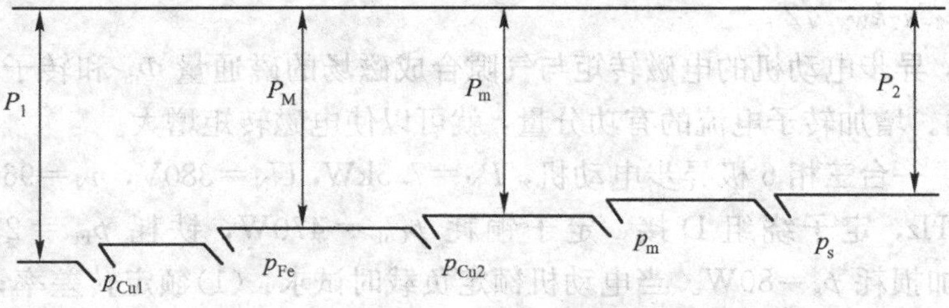

图 5-46 异步电动机的功率流程

2. 转矩平衡方程式

由异步电动机的功率方程式，可得出其转矩平衡关系。按机械功率的平衡方程式

$$P_m = P_2 + p_m + p_s \tag{5-109}$$

因为机械功率就是作用在旋转物体上的转矩与机械角速度的乘积。上式两边同除以转子机械角速度 Ω，有

$$\frac{P_m}{\Omega} = \frac{P_2}{\Omega} + \frac{p_m + p_s}{\Omega}$$

化简得

$$T = T_2 + T_\Omega + T_s = T_2 + T_0 \tag{5-110}$$

式中，T 为旋转主磁场与转子感应电流相互作用而产生的电磁转矩；T_2 为异步电动机转轴上的输出转矩；T_Ω 为机械摩擦、风阻损耗相应的阻力转矩；T_s 为附加损耗相应的阻力转矩；T_0 为异步电动机的空载转矩，$T_0=T_\Omega+T_s$，描述了电动机稳态运行时的转矩关系。电磁转矩也可从另一方面推出，按电磁功率、机械功率及转差功率关系

$$P_m=P_M-p_{Cu2}=P_M-sP_M=(1-s)P_M$$

将上式两边除以 Ω，得

$$\frac{P_m}{\Omega}=\frac{(1-s)P_M}{(1-s)\Omega_1}$$

式中，磁场转速对应的同步角速度为 $\Omega_1=2\pi f_1/p$。

可得

$$T=\frac{P_M}{\Omega_1}=\frac{P_\Omega}{\Omega} \tag{5-111}$$

式(5-111)说明异步电动机电磁转矩有两方面含义：一方面可从转子角度看，认为是转子总机械功率与转子转速之比；另一方面也可从磁场角度看，认为是磁场蕴涵的电磁功率与旋转磁场的同步转速之比。据此可以推导出异步电动机电磁转矩的物理表达式。

考虑到电磁功率 $P_M=m_1E_2'I_2'\cos\varphi_2$，$E_2'=\sqrt{2}\pi f_1N_1k_{W1}\Phi_m$，$I_2'=\dfrac{m_2N_2k_{W2}}{m_1N_1k_{W1}}I_2$，$\Omega_1=2\pi f_1/p$，把这些关系代入到式(5-111)，经过整理，可得

$$T=\frac{1}{\sqrt{2}}pm_2N_2k_{W2}\Phi_mI_2\cos\varphi_2=C_T\Phi_mI_2\cos\varphi_2$$

式中，$C_T=pm_2N_2k_{W2}/\sqrt{2}$。

上式说明，异步电动机的电磁转矩与气隙合成磁场的磁通量 Φ_m 和转子电流的有功分量 $I_2\cos\varphi_2$ 成正比。增加转子电流的有功分量，就可以使电磁转矩增大。

【例 5-3】 一台三相 6 极异步电动机，$P_N=7.5$kW，$U_N=380$V，$n_N=960$r/min，$\cos\varphi_{1N}=0.827$，$f_1=50$Hz，定子绕组 D 接。定子铜耗 $p_{Cu1}=470$W，铁耗 $p_{Fe}=234$W，机械损耗 $p_m=45$W，附加损耗 $p_s=80$W。当电动机额定负载时试求：(1)额定转差率；(2)转子电流频率；(3)总机械功率；(4)转子铜耗；(5) 额定效率；(6)定子电流；(7)输出转矩。

解：(1) 根据 $n_N=960$r/min 可以判断出同步速为 $n_1=1000$r/min，因此转差率

$$s_N=\frac{n_1-n}{n_1}=\frac{1000-960}{1000}=0.04$$

(2) 转子频率

$$f_2=s_Nf_1=0.04\times50=2\text{Hz}$$

(3) 总机械功率

$$P_m=P_N+p_m+p_s=7500+45+80=7625\text{W}$$

(4) 转子铜耗

$$p_{Cu2}=\frac{s_N}{1-s_N}P_m=\frac{0.04}{1-0.04}\times7625=317.71\text{W}$$

(5) 额定效率

$$P_1 = P_m + p_{Cu1} + p_{Fe} + p_{Cu2} = 7625 + 470 + 234 + 317.71 = 8646.71\text{W}$$

$$\eta_N = \frac{P_N}{P_1} = \frac{7500}{8646.71} = 86.74\%$$

(6) 定子额定电流 I_{1N}

$$I_{1N} = \frac{P_1}{\sqrt{3}U_N\cos\varphi_{1N}} = \frac{8646.71}{\sqrt{3}\times 380\times 0.827} = 15.9\text{A}$$

(7) 额定输出转矩

$$T_{2N} = 9550\,\frac{P_N}{n_N} = 9550\times\frac{7.5}{960} = 74.61\text{N}\cdot\text{m}$$

5.9　三相异步电动机的参数测定

三相异步电动机的等效电路可以准确描述电动机的运行状况，等效电路中的参数可以通过下列试验来确定。

1. 空载试验

通过空载试验测定异步电动机的空载电流和空载功率，再经运算可以得到其励磁阻抗 r_m 和 x_m 等参数。异步电动机空载试验接线图如图 5-47 所示。空载试验时，电动机轴上不带任何机械负载，将电动机接到额定频率的三相对称电源上，从 $1.2U_N$ 逐渐向下调节定子电压，直到电动机的转速发生明显变化，记录各输入电压时的三相空载电流、空载功率及转速等原始数据，计算并绘出异步电动机空载特性曲线，如图 5-48 所示。

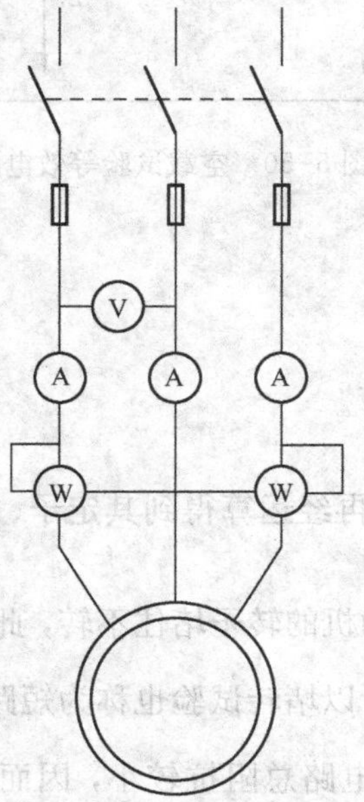

图5-47　异步电动机空载试验接线图

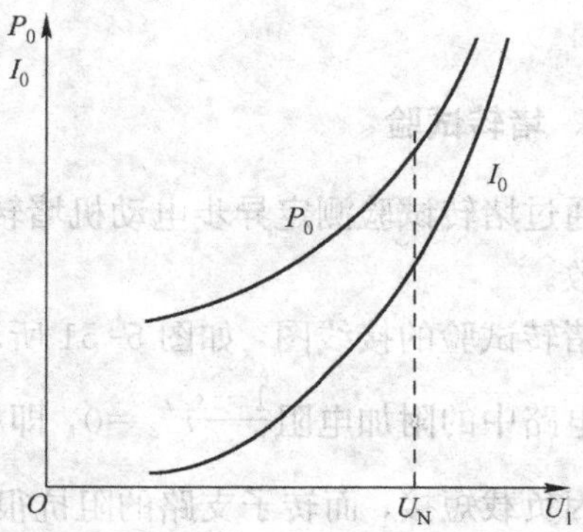

图 5-48　三相异步电动机的空载特性曲线

因空载时的转子电流很小，可忽略转子损耗，则空载输入功率 P_0 完全转化在定子铜耗 p_{Cu1}，铁耗 p_{Fe} 和机械损耗 p_m 上，即

$$P'_0=P_0-p_{Cu1}=p_m+p_{Fe} \tag{5-112}$$

铁耗近似与输入电压 U_1 的平方成正比，当输入电压为零时，$p_{Fe}=0$；机械损耗 p_m 与 U_1 无关，与电动机转速有关，在空载试验进行过程中转速基本不变，因此 p_m 近似为常数。若以 U_1^2 为横坐标，作 $P'_0=f(U_1^2)$ 的曲线，将曲线延长至与纵坐标相交，过交点 Q 作横轴的平行线，该平行线将铁耗 p_{Fe} 和机械损耗 p_m 分离。可用该平行线和 $P'_0=f(U_1^2)$ 曲线之间的纵轴长度表示铁耗 p_{Fe}，而用平行线和横轴间的垂直长度表示机械损耗 p_m，机械损耗的分离如图 5-49 所示。

求得 $U_1=U_N$ 时的铁芯损耗后，可得励磁电阻

$$r_m=\frac{p_{Fe}}{3I_0^2} \tag{5-113}$$

式中，p_{Fe} 为三相定子铁耗，I_0 为空载的定子某相电流。

空载时 $s\approx0$，转子电路相当于开路，其等效电路如图 5-50 所示，可得电动机空载时的等效阻抗为

$$Z_0=\frac{U_1}{I_0} \tag{5-114}$$

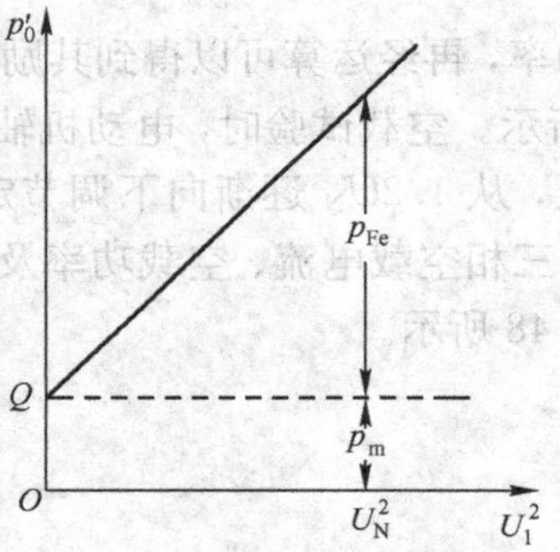

图 5-49　机械损耗的分离

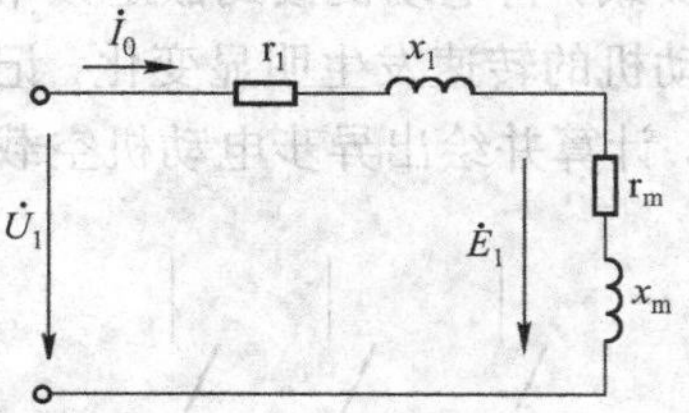

图 5-50　空载试验等效电路

因 $Z_m\gg Z_1$，则 $Z_0\approx Z_m$，可得励磁电抗为

$$x_m=\sqrt{Z_m^2-r_m^2} \tag{5-115}$$

2. 堵转试验

通过堵转试验测定异步电动机堵转时的电流和功率，再经运算得到其定子、转子漏阻抗等参数。

堵转试验的接线图，如图 5-51 所示。试验时，将电动机的转子堵住不转，此时 $s=1$，则等效电路中的附加电阻 $\frac{1-s}{s}r'_2=0$，即相当于负载短接，所以堵转试验也称为短路试验。

因负载短接，而转子支路的阻抗很小，使电动机等值电路总阻抗较小，因而短路时的电动机定子电流很大，可造成电动机温升过高、损坏电动机绝缘等后果。为使短路试验时的电流不致太大，试验时通常在定子绕组上加 $0.4U_N$ 以下的三相对称电压 U_k。调节该电压，可

测出不同 U_k 下的电流 I_k 和功率 P_k，绘出短路特性，如图 5-52 所示。进而在特性曲线上找出额定电流值对应的短路电压和功率。

堵转试验时，转子支路的阻抗远小于励磁阻抗，励磁支路可近似认为开路，则等效电路如图 5-53 所示。因为定子电压很低，铁耗可忽略不计。因此输入功率全部消耗在定子和转子的铜耗上。

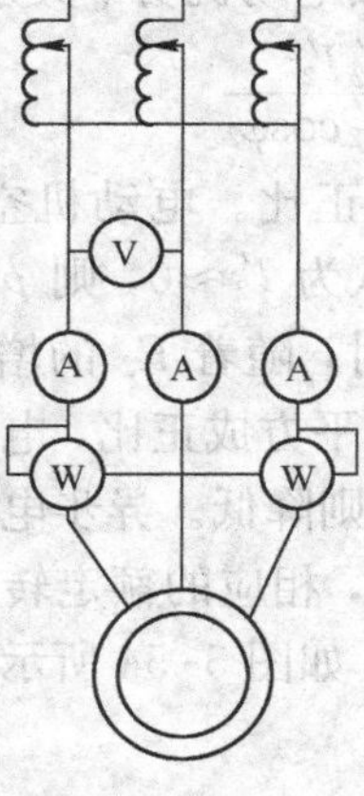

图 5-51　堵转试验接线图

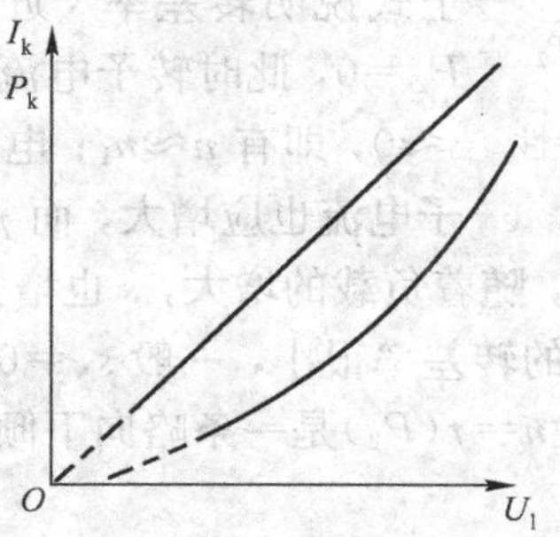

图 5-52　短路特性

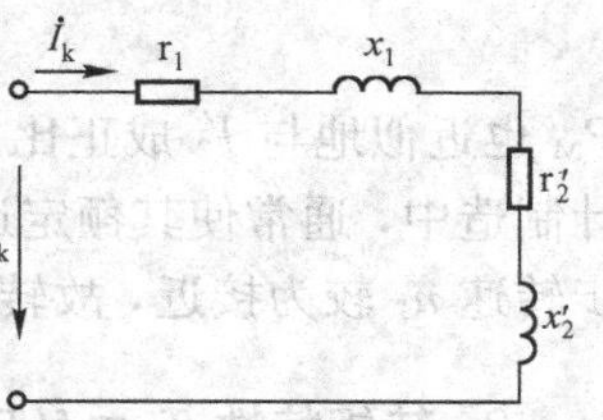

图 5-53　堵转试验时的等效电路

由短路等效电路，短路参数为

$$Z_k=\frac{U_k}{I_k} \tag{5-116}$$

$$r_k=\frac{P_k}{3I_k^2} \tag{5-117}$$

$$r_k=r_1+r_2' \tag{5-118}$$

$$x_k=\sqrt{Z_k^2-r_k^2} \tag{5-119}$$

$$x_k=x_1+x_2 \tag{5-120}$$

式中，Z_k 为短路阻抗，r_k 为短路电阻。

其中，定子绕组电阻 r_1 可以用电桥法直接测得。对大中型电动机，可认为 $x_1=x_2'=x_k/2$。

值得指出的是，若堵转试验在常温 t℃时进行，则短路电阻应折算至电动机正常运行温度时的数值，以基准工作温度 75℃为例，其电阻值为

$$r_{k75℃}=\frac{235+75}{235+t}\times r_k$$

75℃时的阻抗为

$$Z_{k75℃}=\sqrt{r_{k75℃}^2+x_k^2} \tag{5-121}$$

5.10　三相异步电动机的工作特性

异步电动机的工作特性是指电动机在额定电压和频率运行时，其转速 n、输出转矩 T_2、

定子 I_1、功率因数 $\cos\varphi_1$、效率 η 与输出功率 P_2 之间的关系曲线，三相异步电动机的工作特性曲线如图 5-54 所示。

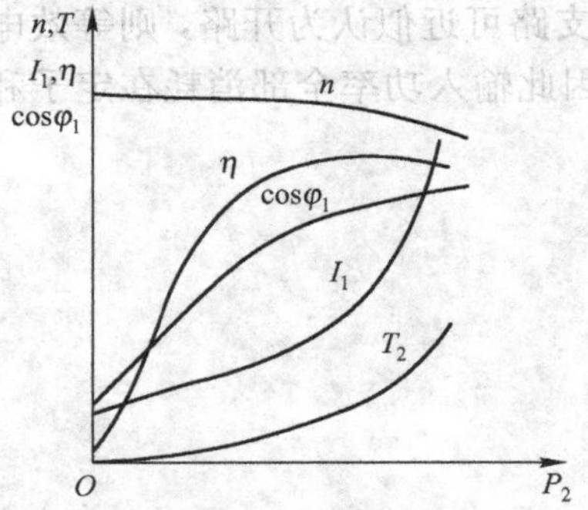

图 5-54 三相异步电动机的工作特性

1. **转速特性 $n=f(P_2)$**

当三相异步电动机输入电源的电压和频率确定时，电动机转速 n 与输出功率 P_2 之间的关系称为转速特性，即函数 $n=f(P_2)$ 代表的曲线。按电动机功率关系，有

$$s=\frac{p_{Cu2}}{P_M}=\frac{m_1 r_2' I_2'^2}{m_1 E_2' I_2' \cos\varphi_2}$$

上式说明转差率 s 近似与 I_2 成正比。电动机空载时，$P_2=0$，此时转子电流很小，可认为 $I_2'\approx 0$，则 $p_{Cu2}\approx 0$，$s\approx 0$，即有 $n\approx n_1$；电动机负载时，随着 P_2 的增加，转子电流也应增大，而 p_{Cu2} 与 I_2' 的平方成正比，电磁功率 P_M 也近似地与 I_2' 成正比。因此，随着负载的增大，s 也增大，转速 n 则降低。异步电动机设计制造中，通常使其额定运行时的转差率很小，一般 $s_N=0.01\sim0.06$，相应的额定转速与同步转速 n_1 较为接近，故转速特性 $n=f(P_2)$ 是一条略向下倾斜的曲线，如图 5-54 所示。

2. **转矩特性 $T_2=f(P_2)$**

当三相异步电动机输入电源的电压和频率确定时，输出转矩 T_2 与输出功率 P_2 之间的关系称为转矩特性，即 $T_2=f(P_2)$。输出转矩表达式为

$$T_2=\frac{P_2}{\Omega}=\frac{P_2}{2\pi\dfrac{n}{60}} \tag{5-122}$$

空载时可认为 $I_2'\approx 0$，此时输出转矩 $T_2=0$；负载时，随着输出功率 P_2 的增加，转速略有下降。由式(5-122)可知，T_2 上升速度略快于 P_2 的上升速度，故 $T_2=f(P_2)$ 为一条过零点而稍向上翘的曲线。由于从空载到满载，n 变化很小，故 $T_2=f(P_2)$ 可近似看成为一条直线，如图 5-54 所示。

3. **定子电流特性 $I_1=f(P_2)$**

当三相异步电动机电源的电压和频率确定时，异步电动机定子电流 I_1 与输出功率 P_2 之间的关系称为定子电流特性，即 $I_1=f(P_2)$。

由磁动势平衡方程式可知，空载时 $I_2'\approx 0$，故 $\dot{I}_1\approx\dot{I}_0$，即定子电流几乎完全用于励磁。负载时，随着输出功率 P_2 的增加，转子电流增大，于是定子电流的负载分量也随之增大，所以 I_1 将随 P_2 的增大而增大，如图 5-54 所示。到额定运行时，定子电流中的负载分量成为其主要部分。

4. **定子功率因数特性 $\cos\varphi_1=f(P_2)$**

当三相异步电动机电源的电压和频率确定时，异步电动机的定子功率因数 $\cos\varphi_1$ 与输出

功率 P_2 之间的关系称为定子功率因数特性，即 $\cos\varphi_1=f(P_2)$。

根据三相异步电动机原理，电动机运行时总是需要从电网吸取感性无功功率来建立旋转磁场，所以异步电动机对电网来说是一种感性负载，其功率因数总是滞后的。

电动机空载运行时，定子电流中主要是无功励磁电流分量，此时功率因数很低，通常为 0.2 左右；负载运行时，随着负载的增加，定子电流中的有功负载电流分量逐渐增加，因而功率因数逐渐上升。但当负载超过额定值后，转速将下降较多，此时转差率 s 迅速增大，转子漏电抗也将迅速增大。按

$$\varphi_2=\arctan\frac{sx_2'}{r_2'}$$

转子功率因数 $\cos\varphi_2$ 将迅速下降，转子电流无功分量增大，相应地，平衡转子磁动势的定子电流无功分量也增大，因此定子功率因数 $\cos\varphi_1$ 将下降，如图 5-54 所示。通常通过电动机的电磁设计，可使功率因数在额定负载附近达最高值。

5. 效率特性 $\eta=f(P_2)$

当三相异步电动机电源的电压和频率确定时，电动机的效率 η 与输出功率 P_2 之间的关系称为效率特性，即 $\eta=f(P_2)$。

根据电动机效率的定义，三相异步电动机的效率可以表示为

$$\eta=\frac{P_2}{P_1}=1-\frac{\sum p}{P_2+\sum p} \tag{5-123}$$

在额定运行范围内，负载变化时主磁通和转速变化很小，故电动机铁耗 p_{Fe} 和机械损耗 p_Ω 可认为是不变损耗；而定子、转子铜耗 p_{Cu1} 和 p_{Cu2}，附加损耗 p_Δ 则随负载而变，称为可变损耗。电动机空载运行时，$P_2=0$，则 $\eta=0$。电动机负载运行时，随着输出功率的增加，效率也开始逐渐增加。由于可变损耗增加较慢，故效率增加较快。与直流电动机的效率特性类似，当负载增大到可变损耗与不变损耗相等时，效率达到最高值。此时若负载继续增加，则可变损耗增加很快，故效率将相应降低，如图 5-54 所示。

一般中小型异步电动机的最大效率值出现在 3/4 的额定负载工况点附近范围内，异步电动机的额定效率是其重要指标，必须达到技术标准的规定下限，电动机容量越大，其额定效率就越高。由于额定负载附近的功率因数及效率均较高，因此电动机应尽可能使其运行在额定负载附近。若电动机轻载运行，效率及功率因数均低，很不经济，超载运行，将降低电动机寿命，且同样效率不高。所以在选用电动机时，应注意其额定容量与实际负载相匹配。

小　结

三相异步电动机的工作原理是：三相对称电流在三相对称定子绕组中产生旋转磁场，以转差速率切割转子导体，于是在转子导体中感应出电动势，产生电流，转子导体中的电流与旋转磁场相作用而产生电磁转矩，驱动转子旋转，实现机电能量转换。转子转速与磁场转速“异步”。根据转差率 s 可以计算异步电动机的转速，推断感应电动机的运行状态。

三相定子绕组是交流电动机的主要电路，其构成原则是力求获得较大的基波电动势，并

保证三相电动势对称，同时还应考虑节省材料和工艺方便。三相定子绕组大都采用60°相带，三相槽数相同，彼此间隔120°电角度，其绕组节距可以是整距的，也可以是短距的。相带分配表和绕组展开图是分析交流电动机的重要工具，它们直观地描述了各相绕组的绕组连接。交流电动机的绕组有多种形式。双层绕组的磁动势波形和电动势波形较好，通常用于大、中型电动机。单层绕组嵌线方便，槽利用率比较高，多用于小型异步电动机。

了解单相和三相绕组磁动势的性质、大小和分布等问题是分析交流电动机的基础，尤其是基波磁动势。由于不同性质的磁场对电动机的运行有重大的影响，所以应清楚了解脉振磁动势和旋转磁动势的共同点和不同点。

由于旋转磁场与定子、转子绕组之间存在相对运动，将在绕组中产生感应电动势，电动势计算采用 $e=Blv$，逐步计算导体电动势、元件电动势、元件组电动势及相电动势，并引入短距系数、分布系数和绕组系数。

通过研究正常运行时异步电动机内部的电磁过程，导出了三相异步电动机的电动势平衡方程式、磁动势平衡方程式、转矩平衡方程式、等效电路和相量图。它们是电动机的基本理论，是深入分析三相异步电动机各种性能的理论基础。基本方程式、等效电路和相量图是同一内容的3种不同表示方式，是相辅相成的。工程计算时用得最多的是等效电路，所以它是分析感应电动机稳态运行性能的有力工具。

异步电动机的工作特性是指电源电压和频率均为额定值时，其转速、定子电流、功率因数、电磁转矩及效率与输出功率的关系。从使用的观点看，效率和功率因数是重要的节能指标，通过损耗分析和运行参数分析，以提高异步电动机的经济运行水平，达到节能的目的。

习　题

5.1　交流电动机的频率、极数和同步转速之间有什么关系？试求下列交流电动机的同步转速或极数。

(1) $f=50\text{Hz}$，$2p=2$，$n=?$

(2) $f=50\text{Hz}$，$n=750\text{r/min}$，$2p=?$

5.2　交流绕组和直流绕组的基本区别在哪里？为什么直流绕组必须用闭合绕组，而交流绕组却常接成开启绕组？

5.3　感应电动机额定电压、额定电流，额定功率的定义是什么？

5.4　试述短距系数和分布系数的物理意义，为什么这两个系数总是小于或等于1？若采用长距线圈 $y_1>\tau$，其短矩系数是否会大于1？

5.5　为什么采用短矩和分布绕组能削弱谐波电动势？若要削弱5次谐波和7次谐波电动势，节距选多大比较合适？

5.6　试计算24槽4极电动机中，当选取不同节距，$y_1=\frac{4}{6}\tau$，$y_1=\frac{5}{6}\tau$，$y_1=\tau$，$y_1=\frac{7}{6}\tau$，$y_1=\frac{6}{8}\tau$ 时的短矩系数。

5.7　一台交流电动机，$Z=36$，$2p=4$，$y=7$，$2a=2$，试画出：

(1) 槽电动势星形图，并标出60°相带分相情况；

(2) 三相双层叠绕组展开图。

5.8 一台4极，$Z=36$的三相交流电动机，采用双层叠绕组，并联支路数$2a=1$，$y=\frac{7}{9}\tau$，每个线圈匝数$N_C=20$，每极气隙磁通$\Phi=7.5\times10^{-3}$ Wb，试求每相绕组的感应电动势？

5.9 总结交流电动机单相磁动势的性质、它的幅值大小、幅值位置、脉动频率各与哪些因素有关？

5.10 一个单相整距线圈流过正弦电流产生的磁动势有什么特点？请分别从空间分布和时间上的变化特点予以说明。

5.11 一个脉振的基波磁动势可以分解为两个磁动势行波，试说明这两个行波在幅值、转速和相互位置关系上的特点。

5.12 一个单相整距绕组中流过的正弦电流频率发生变化，而幅值不变，这对气隙空间上的脉振磁动势波有什么影响？

5.13 总结交流电动机三相合成基波圆形旋转磁动势的性质、幅值大小、幅值空间位置、转向和转速各与哪些因素有关？

5.14 比较单相交流绕组和三相交流绕组所产生的基波磁动势的性质的区别。

5.15 怎样使旋转磁场反转，怎样改变旋转磁场的转速？

5.16 一台50Hz的交流电动机，现通入60Hz的三相对称交流电流，设电流大小不变，问此时基波合成磁动势的幅值大小、转速和转向将如何变化？

5.17 若在对称的两相绕组（空间位置差90°电角度）中通入对称的两相交流电流$i_A=I_m\cos\omega t$，$i_B=I_m\sin\omega t$试用数学分析法和物理图解法分析其合成磁动势的性质？

5.18 异步电动机的转子有哪两种类型，各有何特点？

5.19 转子静止与转动时，转子边的电量和参数有何变化？

5.20 感应电动机转速变化时，为什么定子、转子磁动势之间没有相对运动？

5.21 用等效静止的转子来代替实际旋转的转子，为什么不会影响定子边的各种参数？定子边的电磁过程和功率传递关系会改变吗？

5.22 三相异步电动机铭牌上的额定功率指的是什么功率？额定运行时的电磁功率、机械功率和转子铜耗之间有什么数量关系？当电动机定子接电源而转子短路且不转时，这台电动机是否还有电磁功率、机械功率或电磁转矩？

5.23 已知一台三相异步电动机的额定功率$P_N=4$kW，额定电压$U_N=380$V，额定功率因数$\cos\varphi=0.77$，额定效率$\eta_N=0.84$，额定转速$n_N=960$r/min，求该电动机的额定电流I_N。

5.24 一个三角形联结的定子绕组，当绕组内有一相断线时，产生的磁动势是什么磁动势？当异步电动机运行时，定子电动势的频率是多少？转子电动势的频率为多少？由定子电流产生的旋转磁动势以什么速度切割定子，又以什么速度切割转子？由转子电流产生的旋转磁动势以什么速度切割转子，又以什么速度切割定子？它与定子旋转磁动势的相对速度是多少？

5.25 说明异步电动机轴机械负载增加时，定子、转子各物理量的变化过程怎样？

5.26 异步电动机等效电路中的附加电阻$\frac{1-s}{s}r_2'$的物理意义是什么？能否用电感或电

容来代替，为什么？

5.27 一台异步电动机，$P_N=7.5kW$，$U_N=380V$，$n_N=975r/min$，$I_N=18.5A$，$\cos\varphi=0.87$，$f_N=50Hz$。试问：(1)电动机的极数是多少？(2)额定负载下的转差率 s 是多少？(3)额定负载下的效率 η 是多少？(6,0.025,0.9)

5.28 一台三相异步电动机，$P_N=10kW$，$U_N=380V$，$n_N=1455r/min$，$r_1=1.33\Omega$，$r_2'=1.12\Omega$，$r_m=7\Omega$，$X_1=2.43\Omega$，$X_2'=4.4\Omega$，$X_m'=90\Omega$。定子绕组为三角形接法，试计算额定负载时的定子电流、转子电流、励磁电流、功率因数、输入功率和效率。(9.68,11.48,4.21,0.86,11239,89.0%)

5.29 一台三相6极异步电动机，额定电压为 $U_N=380V$，Y接法，频率 $f_N=50Hz$，额定功率 $P_N=28kW$，额定转速 $n_N=950r/min$，额定负载时的功率因数 $\cos\varphi_N=0.88$，定子铜耗及铁耗共为2.2kW，机械损耗为1.1kW。忽略附加损耗，计算在额定负载时的(1)转差率；(2)转子铜耗；(3)效率；(4)定子电流；(5)转子电流的频率。(0.05,1.532,85.3%,56.68,2.5)

5.30 一台三相4极异步电动机，额定功率 $P_N=5.5kW$，$f_N=50Hz$，在某运行情况下，从定子方面输入的功率为6.32kW，$p_{Cu1}=341W$，$p_{Cu2}=237.5W$，$p_{Fe}=167.5W$，$p_m=45W$，$p_s=29W$。试绘出该电动机的功率流程图，标明电磁功率、总机械功率和输出功率的大小，并计算在该运行情况下的效率、转差率、转速及空载转矩、输出转矩和电磁转矩 。

5.31 一台三相2极异步电动机，额定数据为：$P_N=10kW$，$U_N=380V$，$n_N=2932r/min$，$I_N=19.5A$，$\cos\varphi_{1N}=0.89$，$f_1=50Hz$，定子绕组D接 。空载试验数据：$U_1=380V$，$p_0=824W$，$I_0=5.5A$，机械损耗 $p_m=156W$。短路试验数据：$U_{1k}=89.5V$，$I_{1k}=19.5A$，$p_{1k}=605W$。$t=75℃$时，$r_1=0.963\Omega$。试计算：(1)额定输入功率；(2)定子、转子铜耗；(3)电磁功率和总机械功率；(4)效率 η；(5)画出等值电路图，并计算参数 r_2'、X_1、X_2'、r_m、X_m。

5.32 一台三相4极笼型异步电动机，有关数据为：$P_N=10kW$，$U_N=380V$，$I_N=19.8A$，定子绕组Y接法，$r_1=0.5\Omega$。空载试验数据：$U_1=380V$，$p_0=425W$，$I_0=5.4A$，$p_m=80W$。短路试验数据为：$U_k=130V$，$I_k=19.8A$，$p_k=1100W$。假设附加损耗忽略不计，短路特性为线性，且 $x_1\approx x_2'$，试求 r_2'、X_1、X_2'、r_m、X_m 的值。(0.435,1.835,1.835,3.44,38.665)

第 6 章　三相异步电动机的电力拖动

由三相异步电动机组成的电力拖动系统要解决的一个基本问题就是其机械特性与所带负载转矩特性的配合问题。关于负载的转矩特性已在第 1 章做了介绍，与直流拖动系统一样，研究三相异步电动机的机械特性及其各种运转状态是为了使异步电动机更好地与负载相匹配，组成一个满足负载转矩特性需要的电力拖动系统。

6.1　三相异步电动机的机械特性

三相异步电动机的机械特性是指在定子电压、频率和参数固定的条件下，电磁转矩 T 与转速 n（或转差率 s）之间的函数关系，即 $T=f(n)$ 或 $T=f(s)$。

6.1.1　机械特性的参数表达式

电磁转矩与转子电流的关系为

$$T=\frac{m_1(I'_2)^2r'_2/s}{2\pi n_1/60}=\frac{m_1(I'_2)^2r'_2/s}{2\pi f_1/p}$$

异步电动机等效电路中，由于励磁阻抗比定子、转子漏阻抗大得多，把 T 形等效电路中励磁阻抗这一段电路认为是开路来计算 I'_2，误差很小。故

$$I'_2=\frac{U_1}{\sqrt{(r_1+r'_2/s)^2+(x_1+x'_2)^2}}$$

代入上面电磁转矩公式中去，得到

$$T=\frac{m_1U_1^2r'_2/s}{\dfrac{2\pi n_1}{60}[(r_1+r'_2/s)^2+(x_1+x'_2)^2]}=\frac{m_1pU_1^2r'_2/s}{2\pi f_1[(r_1+r'_2/s)^2+(x_1+x'_2)^2]} \quad (6\text{-}1)$$

式中，电动机参数 r_1、r'_2、x_1、x'_2 是固定不变的，定子绕组相数 m_1 也是固定不变的，当定子电压 U_1、频率 f_1 和极对数 p 保持不变时，即为异步电动机机械特性的参数表达式。根据上式可作出异步电动机的转矩－转差率曲线（即 $T-s$ 曲线），如图 6-1 所示。

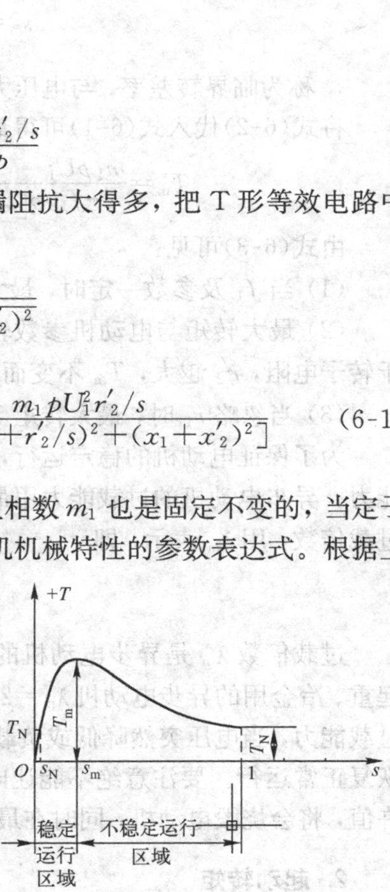

图 6-1　异步电动机的 $T-s$ 曲线

在电动机工作状态 $0<s\leqslant 1$ 的区间，$T-s$ 曲线变化规律分析如下。

在转差率 s 很小时，r'_2/s 比 r_1 和 $x_1+x'_2$ 大得多，此时 $I'_2\approx sE'_2/r'_2\propto s$，而且 $\cos\varphi_2\approx 1$ 以及

$$T=\frac{m_1pU_1^2r'_2/s}{2\pi f_1[(r_1+r'_2/s)^2+(x_1+x'_2)^2]}\approx\frac{m_1pU_1^2s}{2\pi f_1r'_2}\propto s$$

以上所述表明，转差率 s 较小时，转子电流随 s 线性增加，转子功率因数 $\cos\varphi_2\approx 1$ 为恒定值，则电磁转矩 T

与转差率 s 成线性关系，所以 $T-s$ 的关系近似为一条直线。

当转差率很大时，则 $r'_2/s \ll x'_2$，此时 $I'_2 \approx E'_2/x'_2=$常数，$\cos\varphi_2 \approx r'_2/(sx'_2) \propto 1/s$ 以及

$$T=\frac{m_1 p U_1^2 r'_2/s}{2\pi f_1[(r_1+r'_2/s)^2+(x_1+x'_2)^2]} \approx \frac{m_1 p U_1^2 r'_2/s}{2\pi f_1(x_1+x'_2)^2} \propto 1/s$$

上述表明，当 s 较大时，转子电流趋于极限值而保持不变，转子功率因数 $\cos\varphi_2$ 和转子有功电流分量 $I'_2\cos\varphi_2$ 将与 s 成反比关系，因此电磁转矩 T 与 s 关系曲线近似于反比关系，即近似为一条双曲线。

当转差率 s 介于上述两者之间时，根据数学分析可知，$T-s$ 曲线首先是一条连续曲线；其次，$T-s$ 曲线必有一个拐点，即存在一个最大转矩点。因此，$T-s$ 曲线中近似双曲线和近似线性曲线之间必然是平滑连接的。

观察异步电动机的 $T-s$ 曲线，有如下特点。

1. 最大转矩 T_m 及其对应的转差率 s_m

根据数学分析可知，利用电磁转矩的参数表达式对转差率 s 求导，并令 $dT/ds=0$，以及考虑一般情况下 $r_1 \ll x_1+x'_2$，即可求出对应于 T_m 时的转差率，即

$$s_m=\frac{r'_2}{\sqrt{r_1^2+(x_1+x'_2)^2}} \approx \frac{r'_2}{x_1+x'_2} \tag{6-2}$$

s_m 称为临界转差率，与电压大小无关，与漏电抗$(x_1+x'_2)$成反比。

将式(6-2)代入式(6-1)可得最大转矩为

$$T_m=\frac{m_1 p U_1^2}{2\pi f_1}\frac{1}{2[r_1+\sqrt{r_1^2+(x_1+x'_2)^2}]} \approx \frac{m_1 p U_1^2}{2\pi f_1}\frac{1}{2(x_1+x'_2)} \tag{6-3}$$

由式(6-3)可见：

(1) 当 f_1 及参数一定时，最大转矩与外施电压 U_1 的平方成正比，与极对数 p 成正比。

(2) 最大转矩与电动机参数转子电阻 r'_2 大小无关，但 T_m 所对应的临界转差率 s_m 正比于转子电阻，r'_2 越大，T_m 不变而 s_m 越大。

(3) 当忽略 r_1 时，最大转矩 T_m 随频率增加而减少，且正比于$(U_1/f_1)^2$。

为了保证电动机的稳定运行，不至于因短时过载而停止运转，要求电动机有一定的过载能力。异步电动机的过载能力用最大转矩 T_m 与额定转矩 T_N 之比来表示，称为过载能力或过载倍数，用 λ_m 表示，即

$$\lambda_m=\frac{T_m}{T_N} \tag{6-4}$$

过载倍数 λ_m 是异步电动机的主要性能技术指标，一般三相异步电动机 $\lambda_m=1.6\sim2.2$，起重、冶金用的异步电动机 $\lambda_m=2.2\sim2.8$。应用于不同场合的三相异步电动机都有足够大的过载能力，当电压突然降低或负载转矩突然增大时，电动机转速变化不大，待干扰消失后又恢复正常运行。要注意绝不能让电动机长期工作在最大转矩处，这样电流过大，温度超出允许值，将会烧毁电动机，同时在最大转矩处运行也不稳定。

2. 起动转矩

异步电动机起动时 $n=0$、$s=1$ 的电磁转矩称为起动转矩，将 $s=1$ 代入式(6-1)中，得到

起动转矩 T_{st} 为

$$T_{st}=\frac{m_1 p U_1^2}{2\pi f_1}\frac{r'_2}{[(r_1+r'_2)^2+(x_1+x'_2)^2]} \tag{6-5}$$

式(6-5)表明：

(1) 当 f_1 和电动机参数一定时，起动转矩 T_{st} 与外施电压的平方成正比，漏电抗越大，起动转矩 T_{st} 越小。

(2) 起动转矩 T_{st} 与转子电阻 r'_2 的大小有关，当 $r'_2 \approx x_1+x'_2$ 时，起动转矩 T_{st} 为最大，等于最大转矩 T_m。

起动转矩 T_{st} 与额定转矩 T_N 的比值称为起动转矩倍数，用 K_{st} 表示，有

$$K_{st}=\frac{T_{st}}{T_N} \tag{6-6}$$

起动转矩倍数 K_{st} 也是异步电动机的重要性能指标之一。起动时，$T_{st}>(1.1\sim1.2)$倍的负载转矩就可顺利起动，一般异步电动机起动转矩倍数 $K_{st}=0.8\sim1.2$。

3. 额定转矩点

当 $s=s_N$ 时得到的电磁转矩，即为 T_N，将 s_N 代入式(6-1)即得 T_N 的值。

4. 理想空载点

理想空载时，$n=n_1$，$s=0$，电磁转矩 $T=0$，转子电流 $I_2=0$，定子电流 $I_1=I_0$，实际上，异步电动机不可能运行于理想空载点。

5. 稳定运行区域

异步电动机的机械特性分为两个区域，即

(1) 转差率$(0\sim s_m)$区域。此区域中，T 与 s 近似成正比关系，s 增大时，T 也随之增大，根据第 1 章所述电力拖动稳定运行的条件判定，可知该区域是异步电动机的稳定区域。只要负载转矩小于电动机的最大转矩 T_m，电动机就能在该区域中稳定运行。

(2) 转差率$(s_m\sim1)$区域。此区域中，T 与 s 近似成反比关系，s 增大时，T 反而减小，拖动恒转矩负载不能稳定运行。但拖动泵类负载时，满足 $T=T_L$ 处的条件，即可以稳定运行，由于这时候转速低，转差率大，转子电动势 $E_{2s}=sE_2$ 比正常运行时大很多，造成转子电流、定子电流均很大，因此不能长期运行，所以该区域为异步电动机的不稳定区域。

上述表明，三相异步电动机在$(0\sim s_m)$区域内稳定运行，在$(0\sim s_N)$区域内可以长期稳定运行。

6.1.2　机械特性的实用表达式

三相异步电动机的参数必须通过试验求得，在应用现场难以做到。因此，式(6-1)使用不便，在实际电力拖动系统运行时，往往只需要了解稳定运行范围内的机械特性，这样就可利用产品样本中给出的技术数据，如过载能力 λ_m、额定转速和额定功率等参数，来得到异步电动机的电磁转矩 T 与转差率 s 之间的关系式，这样基本满足了工程上的要求。

1. 实用表达式

将式(6-1)和式(6-3)中的 r_1 忽略不计，得到

$$T=\frac{m_1 pU_1^2}{2\pi f_1}\frac{r'_2/s}{(r'_2/s)^2+(x_1+x'_2)^2}$$

$$T_m=\frac{m_1 pU_1^2}{2\pi f_1}\frac{1}{2(x_1+x'_2)}$$

将上述两式相除得到

$$\frac{T}{T_m}=\frac{2}{\frac{r'_2/s}{x_1+x'_2}+\frac{x_1+x'_2}{r'_2/s}}=\frac{2}{\frac{s_m}{s}+\frac{s}{s_m}} \tag{6-7}$$

式(6-7)便是异步电动机机械特性的实用表达式。

2. 如何使用实用表达式

式(6-7)中，最大转矩 T_m 和临界转差率 s_m 可以通过产品样本中给出的数据来求取。

当 P_N、n_N 已知时，额定输出转矩 $T_{2N}=9550P_N/n_N$。在实际应用中，忽略空载转矩，近似认为 $T_N=T_{2N}=9550P_N/n_N$，过载能力可从产品样本中查到，故 $T_m=\lambda_m T_N$ 便可确定。

又 $s_N=\frac{n_1-n_N}{n_1}$，将 s_N、T_m 代入式(6-7)得到

$$\frac{T_N}{T_m}=\frac{2}{\frac{s_m}{s}+\frac{s}{s_m}}=\frac{1}{\lambda_m}$$

$$s_m=s_N(\lambda_m+\sqrt{\lambda_m^2-1}) \tag{6-8}$$

这样确定了 T_m 和 s_m，就求得了异步电动机机械特性的实用表达式

$$T=\frac{2T_m}{\frac{s_m}{s}+\frac{s}{s_m}} \tag{6-9}$$

当异步电动机所带的负载在额定转矩范围之内时，它的转差率小于额定转差率($s_N=0.01\sim0.05$)，式(6-9)还可进一步简化。此时，$s\ll s_m$，则 $s/s_m\ll s_m/s$，从而可忽略 s/s_m，式(6-9)可简化为

$$T=\frac{2T_m}{s_m}s \tag{6-10}$$

式(6-10)即为机械特性的简化实用表达式，又称机械特性的直线表达式。但需注意的是，式中 s_m 的计算应采用如下公式

$$s_m=2\lambda_m s_N \tag{6-11}$$

直线表达式用起来更为简单，但是必须注意：

(1) 必须能确定运行点处于机械特性的直线段($0<s<s_N$)，或 $s\ll s_m$。否则只能用实用表达式。

(2) 直线表达式中的 s_m 不能用式(6-8)计算，否则误差很大。

【例 6-1】 一台三相 6 极笼型异步电动机，额定功率 $P_N=7.5$kW，额定电压$U_N=380$V，额定频率 $f_1=50$Hz，额定转速 $n_N=950$r/min，过载能力 $\lambda_m=2$。试求：

(1) 电动机在 $s=0.03$ 时的电磁转矩 T。

(2) 如不采用其他措施，能否带动 $T_L=60\text{N}\cdot\text{m}$ 的负载转矩？

解： 根据额定转速 n_N 的大小可以判断出同步转速 $n_1=1000\text{r/min}$，因此额定运行时，则有

$$s_N=\frac{n_1-n_N}{n_1}=\frac{1000-950}{1000}=0.05$$

$$s_m=s_N(\lambda_m+\sqrt{\lambda_m^2-1})=0.05\times(2+\sqrt{2^2-1})=0.187$$

$$T_N=9550\times\frac{P_N}{n_N}=\left(9550\times\frac{7.5}{950}\right)\text{N}\cdot\text{m}=75.4\text{N}\cdot\text{m}$$

$$T_m=\lambda_m T_N=2\times75.4=150.8\text{N}\cdot\text{m}$$

(1) 当 $s=0.03$ 采用实用表达式时

$$T=\frac{2T_m}{\frac{s_m}{s}+\frac{s}{s_m}}=\left(\frac{2\times150.8}{\frac{0.187}{0.03}+\frac{0.03}{0.187}}\right)\text{N}\cdot\text{m}=47.2\text{N}\cdot\text{m}$$

如用直线表达式计算，则 $s_m=2\lambda_m s_N=2\times2\times0.05=0.2$

$$T=\frac{2T_m}{s_m}s=\left(\frac{2\times150.8}{0.2}\times0.03\right)\text{N}\cdot\text{m}=45.2\text{N}\cdot\text{m}$$

(2) 由于 $T_N=75.4(\text{N}\cdot\text{m})$，$T_L=60(\text{N}\cdot\text{m})$，如不采用其他措施，也能带动负载。

6.1.3　三相异步电动机的固有机械特性

三相异步电动机电压、频率均为额定值不变，定子绕组按规定方式连接，定子、转子回路不外接任何电路元件条件下的机械特性，称为固有机械特性，其方程式为

$$T=\frac{m_1 pU_{1N}^2 r'_2/s}{2\pi f_{1N}[(r_1+r'_2/s)^2+(x_1+x'_2)^2]}$$

根据上式绘制的三相异步电动机固有机械特性曲线如图 6-2 所示。其中，虚线表示的是异步电动机电源改变相序后的机械特性，即反向的固有机械特性曲线。

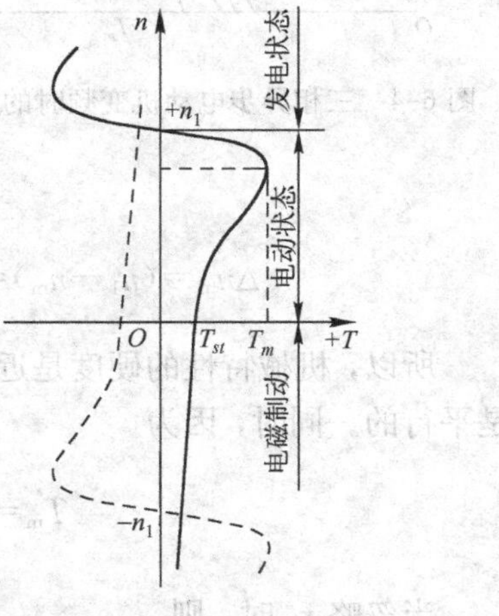

图 6-2　三相异步电动机固有机械特性曲线

从图 6-2 中看出三相异步电动机固有机械特性不是一条直线，它具有以下特点：

(1) 在 $0<s\leqslant1$，即 $0<n\leqslant n_1$ 的范围内，特性在第Ⅰ象限，电磁转矩 T 和转速 n 都为正，电动机在这个范围是电动状态。

(2) 在 $s<0$ 范围内，$n>n_1$，特性在第Ⅱ象限，转速 n 为正；电磁转矩 T 为负值，是制动性转矩，电磁功率也是负值，向电网反馈电能，是发电状态。其电磁量方向如图 6-3(a)所示。

(3) 在 $s>1$ 范围内，$n<0$，特性在第Ⅳ象限，转速 n 为负；电磁转矩 T 为正，也是一种制动转矩，是电磁制动状态。其电磁量方向如图 6-3(b)所示。

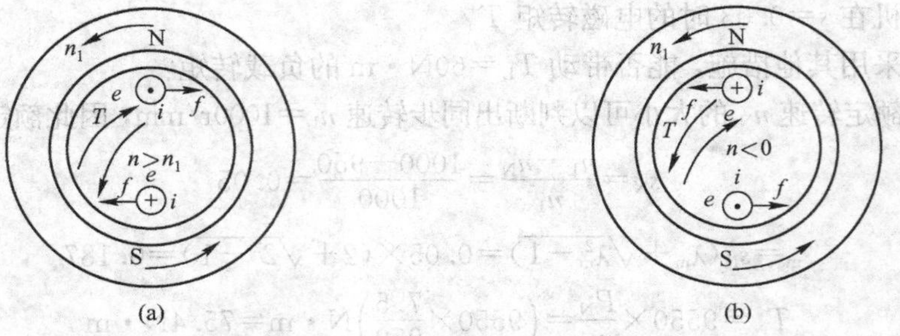

图 6-3　三相异步电动机制动电磁转矩

6.1.4　三相异步电动机的人为机械特性

由参数表达式(6-1)可以看出，当改变定子电压 U_1、电源频率 f_1、定子极对数 p 及定子和转子电路参数 r_1、r'_2、x_1、x'_2 中任一个或两个数据时，异步电动机的机械特性就发生了变化，而成为人为机械特性。

1. 改变电源频率的人为机械特性

分两种情况讨论。

(1) 电源频率 f_1 从 $f_N=50\text{Hz}$ 向下调节。由式 $U_1\approx E_1=4.44f_1W_1k_{W1}\Phi_m$ 可知

$$\Phi_m=\frac{U_1}{4.44f_1W_1k_{W1}} \tag{6-12}$$

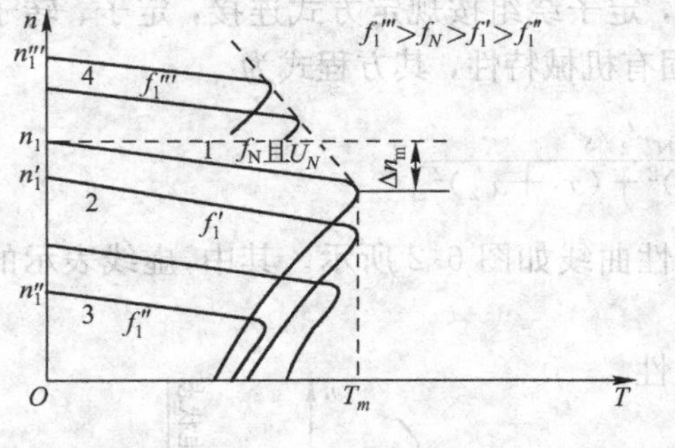

图 6-4　三相异步电动机变频时的人为机械特性

式(6-12)说明，当 f_1 减小时，Φ_m 将增大。因为在设计时电动机的额定磁通接近磁路饱和值，如果增大，电动机磁路将过饱和，导致励磁电流剧增，功率因数变小，铁损增加，电动机过热，电动机寿命将大大缩短。因此，一般在减小 f_1 的同时也减小电压 U_1，使 Φ_m 基本恒定，此时，其人为机械特性曲线如图 6-4 所示。

因为频率改变时，对应于最大转矩 T_m 时的转速降为

$$\Delta n_m=(n_1-n_m)=s_mn_1=\frac{r'_2}{x_1+x'_2}\frac{60f_1}{p}=\frac{r'_2}{2\pi(L_1+L'_2)}\frac{60}{p}=\text{常数}$$

所以，机械特性的硬度是近似不变的，即变频时人为机械特性曲线与固有机械特性曲线是平行的。同时，因为

$$T_m=\frac{m_1pU_1^2}{2\pi f_1}\frac{1}{2[r_1+\sqrt{r_1^2+(x_1+x'_2)^2}]}$$

当忽略 r_1 时，则

$$T_m=\frac{m_1pU_1^2}{2\pi f_1}\frac{1}{2(x_1+x'_2)}=\frac{m_1p}{8\pi^2(L_1+L'_2)}\left(\frac{U_1}{f_1}\right)^2\propto\left(\frac{U_1}{f_1}\right)^2$$

所以，当 U_1/f_1 为常数时，T_m 也为常数。这个结论在频率 f_1 较高时，可近似认为是正确的，但是当频率 f_1 较低时，定子电压 U_1 也很低，则此时定子电阻 r_1 的压降 I_1r_1 大小已不能再忽略，此时上述结论就不正确了。因此，变频时 T_m 将要下降，也即电动机过载能力 λ_m 下降。实际上，E_1/f_1＝＝常数时，ϕ_m 才能严格保持恒定。

(2) 电源频率 f_1 从 $f_N=50\text{Hz}$ 向上调节，如果仍要保持气隙磁通 ϕ_m 不变，维持 U_1/f_1 为常数，则当 f_1 增大时，U_1 也必然要增大，因而使电压超过额定电压，这是不允许的。因此，频率向上调节时，将保持 U_1 不变，根据式(6-12)可知，ϕ_m 将随之减小。所以，电磁转矩 T 将减小，最大转矩 $T_m\propto(1/f_1)^2$，也随频率 f_1 增大而减小。频率调高时的人为机械特性曲线如图 6-4 的 f'''_1 所示。

2. 降低定子电压的人为机械特性

式(6-1)中除了自变量与因变量外，保持其他量都不变，只改变定子电压 U_1 的大小，讨论这种情况下的机械特性。由于异步电动机的磁路在额定电压下已有点饱和了，故不宜再升高电压。下面只讨论降低定子端电压 U_1 时的人为机械特性。

由式(6-1)可知，异步电动机的电磁转矩 T 与 U_1^2 成正比。当降低电压 U_1 时，对应同一转速的电磁转矩将与 U_1^2 成正比下降；而同步转速 $n_1=60f_1/p$ 与电压 U_1 毫无关系，可见不管 U_1 变为多少，不会改变 n_1 的大小，也就是说，不同电压的人为机械特性都得通过 n_1 点；最大转矩 T_m 随 U_1 的降低而按 U_1 平方规律减小，但最大转矩对应的临界转差率 $s_m\approx r'_2/(x_1+x'_2)$ 与电压 U_1 无关保持不变。则降低定子电压时的人为机械特性是一组过同步运行点、保持 s_m 不变的曲线簇，如图 6-5 所示。

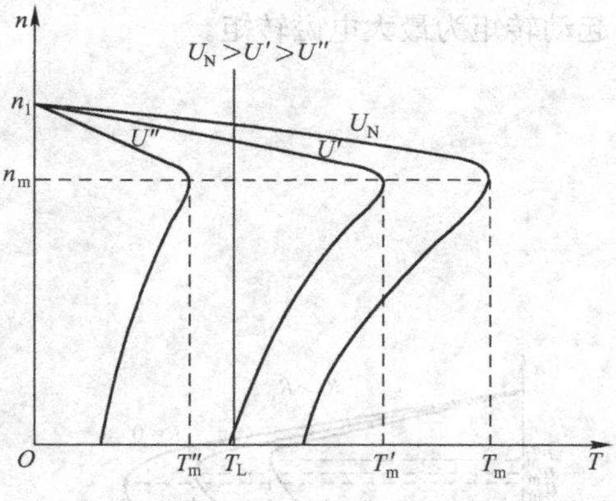

图 6-5　改变定子电压 U_1 的人为机械特性

由图 6-5 可见，降压后的人为特性硬度变软，转差率增大。若降压后负载转矩保持不变，则电动机稳定运行时，电磁转矩等于负载转矩，即 $T=T_L=\dfrac{m_1}{\Omega_1}I'^2_2\dfrac{r'_2}{s}$，由于降压后 s 增大对应 I'_2 增大，I_1 增大。所以，此时电动机若仍带额定负载运行，则电动机电流将大于额定值，长期运行会烧毁电动机。此外，降压后 T_m 显著减小了，因此电动机的过载能力 λ_m 也随之大大降低。

3. 定子回路串接三相对称电阻的人为机械特性

在其他量不变条件下，仅改变异步电动机定子回路电阻，如串入三相对称电阻 R。显然，定子回路串入电阻，不影响同步转速，但是，从式(6-3)、式(6-5)和式(6-2)看出，最大电磁转矩 T_m、起动转矩 T_{st} 和临界转差率 s_m 都随着定子回路电阻值增大而减小，这时公式中的 r_1 认为是定子回路总的电阻值(每相)。

定子串入三相对称电阻人为机械特性如图 6-6 所示。

4. 定子回路串入三相对称电抗的人为机械特性

定子回路串入三相对称电抗的人为机械特性与串电阻的相似，n_1 不变，T_m、T_{st} 及 s_m 均减小了。这种情况下电抗不消耗有功功率，串入电阻时电阻消耗有功功率。

5. 转子回路串入三相对称电阻的人为机械特性

绕线式三相异步电动机通过集电环，可以把三相对称电阻串入转子回路，而后三相再短路。

从式(6-3)可知，最大电磁转矩与转子每相电阻值无关，即转子串入电阻后，T_m 不变。从式(6-2)可知，临界转差率 $s_m \propto r'_2 \propto r_2$，这里的 r_2 是指转子回路一相的总电阻，包括了外边串入的电阻 R。为了更清楚起见，可以写为 $s_m \propto (r_2+R)$。

转子回路串入电阻并不改变同步转速 n_1，则转子回路串入三相对称电阻后的人为机械特性如图 6-7 所示。从图中看出，转子回路串入电阻后机械特性变软，最大转矩不变，起动转矩增大。当串入电阻合适时，可以使

$$s_m = \frac{r'_2 + R'}{x_1 + x'_2} = 1; T_{st} = T_m$$

即起动转矩为最大电磁转矩。

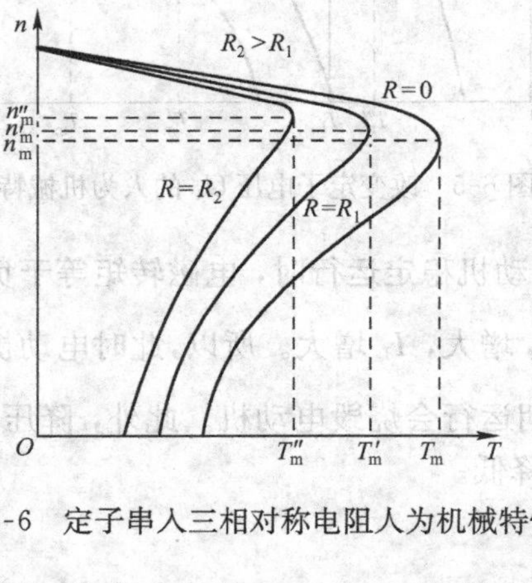

图 6-6　定子串入三相对称电阻人为机械特性

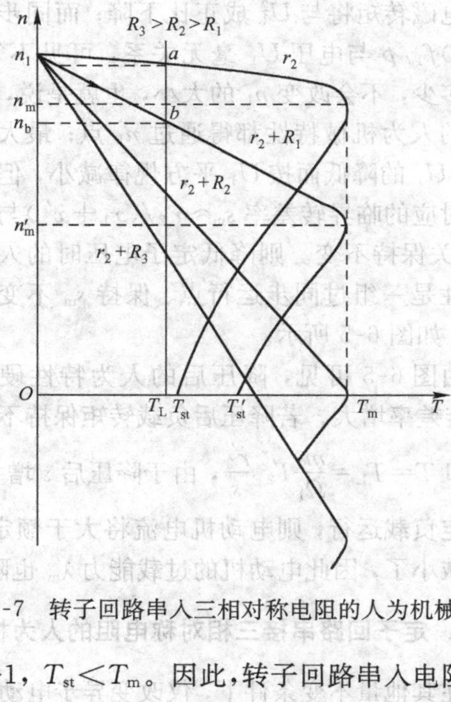

图 6-7　转子回路串入三相对称电阻的人为机械特性

但是若串入转子回路的电阻再增加，则 $s_m > 1$，$T_{st} < T_m$。因此，转子回路串入电阻增大起动转矩，并非是电阻越大越好，而是有一个限度。

6.2　三相笼型异步电动机的起动

异步电动机起动性能的主要指标是起动转矩倍数 T_{st}/T_N 和起动电流倍数 I_{st}/I_N。在电

力拖动系统中，一方面要求电动机具有足够大的起动转矩，使拖动系统能尽快地达到正常运行状态；另一方面要求起动电流不要太大，过大的起动电流将使电动机发热，使用寿命降低，同时电机绕组的端部在电动力作用下会发生变形，可能造成短路而烧坏电机。另外，当供电变压器的容量相对电动机的容量不是很大时，会使其输出电压短时大幅度下降。这不仅使正在起动的电动机起动转矩下降很多，造成起动困难，同时也使同一电网上其他用电设备不能正常工作。此外，还要求所用起动设备尽可能简单、经济、便于操作和维护。下面将分别介绍三相笼型异步电动机的起动特点以及改善起动的方法，由于三相笼型异步电动机不能在转子回路中串入电阻，所以仅有直接起动和降压起动两种方法。

6.2.1　直接起动

直接起动的方法就是将笼型异步电动机的定子绕组直接接到额定电压的电源上。由于起动时，$s=1$，根据异步电动机的 Γ 形近似等效电路可知，$(1-s)r'_2/s=0$，则起动瞬时的起动电流为

$$I_{st}=\frac{U_1}{\sqrt{(r_1+r'_2)^2+(x_1+x'_2)^2}} \tag{6-13}$$

由式(6-13)可知，起动电流仅受电动机短路阻抗的限制。起动时，电动机漏阻抗较小，所以起动电流很大，可达$(4\sim7)I_N$。但起动时，因定子漏阻抗压降很大，约为额定电压的一半，而使定子电动势 E_1 和主磁通 ϕ_m 减少，约为额定值的一半。同时，起动时转子功率因数很低，$\cos\varphi_2=r'_2/\sqrt{r'^2_2+x'^2_2}\approx0.2$ 左右($r'_2\ll x'_2$)。因此，根据电磁转矩的物理表达式可知起动转矩很小。一般情况下，$T_{st}=(0.8\sim1.3)T_N$。

直接起动的方法简单方便，笼型异步电动机一般在设计时已考虑到直接起动时的电磁力和发热对电动机的影响，因此负载对起动过程要求不高。其主要缺点是起动电流较大，所以电动机能否采用直接起动，主要取决于供电电网的容量大小。当电网容量足够大，异步电动机的起动使线路端电压下降不超过 5%～10%时，应尽量采用直接起动。通常 7.5kW 以下的小容量异步电动机都可直接起动。可参考下列经验公式来确定电动机能否直接起动，即

$$\frac{I_{st}}{I_N}\leqslant\frac{1}{4}\left[3+\frac{\text{电源总容量(kV·A)}}{\text{起动电动机功率(kW)}}\right] \tag{6-14}$$

式中，左边为电动机的起动电流倍数，右边为电源允许的起动电流倍数。所以，只要电源允许的起动电流倍数大于电动机的起动电流倍数时才能直接起动。

【例 6-2】　一台 20kW 电动机，起动电流是额定电流的 6.5 倍，其电源变压器容量为 560kVA，能否直接起动？另有一台 75kW 电动机，其起动电流是额定电流的 7 倍，能否直接起动？

解：对于 20kW 的电动机

根据经验公式　$\frac{1}{4}\left[3+\frac{\text{电源总容量}}{\text{起动电动机功率}}\right]=\frac{1}{4}\left[3+\frac{560}{20}\right]=7.75>6.5$

该机的直接起动电流倍数小于电源允许的起动电流倍数，所以允许直接起动。

对于 75kW 的电动机

根据经验公式　$\frac{1}{4}\left[3+\frac{\text{电源总容量}}{\text{起动电动机功率}}\right]=\frac{1}{4}\left[3+\frac{560}{75}\right]=2.26<7$

该机的直接起动电流倍数大于电源允许的起动电流倍数，所以不允许直接起动。

由上例可知，如不满足式(6-14)，则不能直接起动，需要采用降压起动，把起动电流限制到允许的数值。

6.2.2 降压起动

降压起动是指采用某种方法使加在电动机定子绕组上的电压 U_1 降低，其目的是减小起动电流，由于起动转矩的大小与电压 U_1 的平方成正比，减压起动时起动转矩将大大减小，这种起动方法对电网有利而对负载不利。对于某些机械负载在起动时要求带满负载起动，就不宜采用这种方法起动；但对于起动转矩要求不高的设备，如离心泵、通风机械的驱动电动机等，这种方法是适用的。常用降压起动方法有：①定子串入三相对称电阻或电抗降压起动；②Y-△起动；③自耦变压器降压起动；④延边三角形起动。

1. 定子串入三相对称电阻或电抗降压起动

定子串入电阻、串入电抗降压起动都能减小起动电流，但大型电动机串入电阻起动能耗太大，一般采用串入电抗降压起动。如图 6-8 所示，电动机在起动时，接通接触器触头 KM1，断开触头 KM2，定子电路内接入电抗器；待起动一段时间后，再接通接触器触头 KM2 而把电抗器切除，进入正常运行。选用合适的电抗值，就可以得到允许的起动电流值。

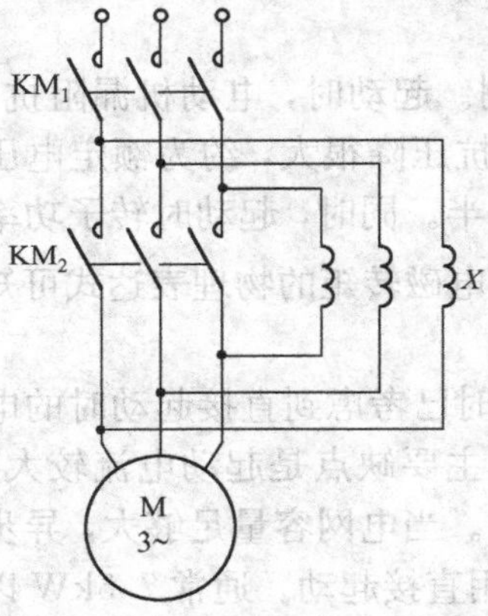

图 6-8 定子串入电抗降压起动原理图

三相异步电动机直接起动时，其每相等效电路如图 6-9(a)所示，电源电压 $\dot{U}_1$ 直接加在短路阻抗 $z_k = r_k + jx_k$ 上。定子边串入电抗 X 起动时，每相等效电路如图 6-9(b)所示。$\dot{U}_1$ 加在 $(jX + z_k)$ 上，而 z_k 上的电压是 $\dot{U}'_1$。定子边串入电抗起动可以理解为定子边电抗值增大，也可以理解为降低了电动机实际所加电压，其目的是减小起动电流。根据图 6-9 定子串入电抗起动时的等效电路，可以得出

$$\dot{U}_1 = \dot{I}'_{1st}(z_k + jX)$$

$$\dot{U}'_1 = \dot{I}'_{1st} z_k$$

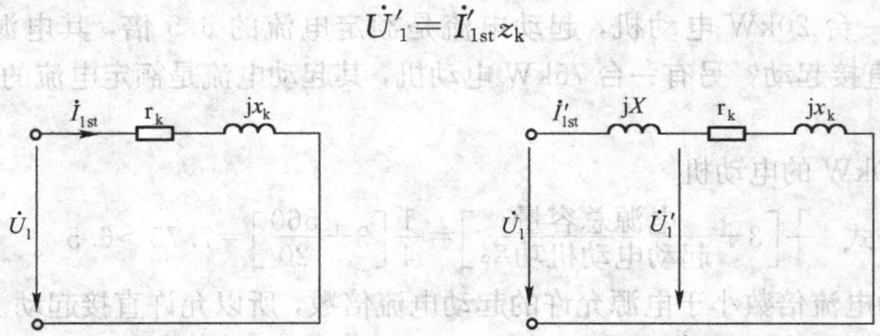

(a) 直接起动　　(b) 定子串入电抗起动

图 6-9 定子串入电抗起动时的等效电路

三相异步电动机直接起动时转子功率因数很低，这是由于电动机设计时，短路阻抗 $z_k=r_k+jx_k$ 中 $x_k\approx z_k$ 所致，一般 $x_k>0.9z_k$。因此，串入电抗起动时，可以近似把 z_k 看成是电抗性质的，把 z_k 的模直接与 X 相加，而不考虑阻抗角，误差不大。设串入电抗时电动机定子电压与直接起动时电压比值为 $u(u<1)$，则

$$\frac{U_1'}{U_1}=u=\frac{z_k}{z_k+X}$$

$$\frac{I_{1st}'}{I_{1st}}=\frac{U_1'}{U_1}=u=\frac{z_k}{z_k+X}$$

$$\frac{T_{st}'}{T_{st}}=\left(\frac{U_1'}{U_1}\right)^2=u^2=\left(\frac{z_k}{z_k+X}\right)^2$$

三相异步电动机直接起动的起动电流大，对供电电网冲击大，采用降压起动可减小起动电流。将上面三个关系式中的电压、电流由相值换成线值，电动机端电压线值从 U_N 降到 U'，起动电流线值从 I_{st}降成 I_{st}'。这样上面三式变为

$$\left.\begin{aligned}\frac{U'}{U_N}&=u=\frac{z_k}{z_k+X}\\ \frac{I_{st}'}{I_{st}}&=u=\frac{z_k}{z_k+X}\\ \frac{T_{st}'}{T_{st}}&=u^2=\left(\frac{z_k}{z_k+X}\right)^2\end{aligned}\right\}\tag{6-15}$$

显然，定子串入电抗起动，起动电流下降到 uI_{st}，降低了起动电流，但却付出了较大的代价，起动转矩下降到了 u^2T_{st}，起动转矩降低的更多。因此，定子串入电抗起动，只能用于空载或轻载起动。

工程实际中，往往先给定允许电动机起动电流的大小 I_{st}'，要求计算电抗 X 的大小。计算公式推导如下

$$\frac{I_{st}'}{I_{st}}=u=\frac{z_k}{z_k+X}$$

$$uz_k+uX=z_k$$

$$X=\frac{1-u}{u}z_k\tag{6-16}$$

其中短路阻抗为

定子绕组 Y 接法 $$z_k=\frac{U_N}{\sqrt{3}I_{st}}=\frac{U_N}{\sqrt{3}K_I I_N}$$

定子绕组三角形接法 $$z_k=\frac{U_N}{I_{st}/\sqrt{3}}=\frac{\sqrt{3}U_N}{K_I I_N}$$

式中，K_I 为起动电流倍数。

【例 6-3】 一台笼型三相异步电动机的额定数据为：$P_N=60\text{kW}$，$U_N=380\text{V}$，$I_N=136\text{A}$，起动电流倍数 $K_I=6.5$，起动转矩倍数 $K_{st}=1.1$，定子绕组 Y 接，供电变压器限制该电动机最大起动电流为 500A。

(1) 若空载起动，定子串入电抗器起动，求每相串入的电抗最小应是多大？

(2) 若拖动 $T_L=0.3T_N$ 恒转矩负载，可不可以采用定子串入电抗器方法起动？若可以，计算每相串入的电抗值的范围是多少？（要求起动时电动机的最小起动转矩为负载转矩

的1.1倍)

解:(1)空载起动每相串入电抗值计算

直接起动的起动电流 $I_{st}=K_I I_N=6.5136=884\text{A}$

串入电抗(最小值)时的起动电流与 I_{st} 的比值 $u=\dfrac{I'_{st}}{I_{st}}=\dfrac{500}{884}=0.566$

短路阻抗 $$z_k=\frac{U_N}{\sqrt{3}I_{st}}=\frac{380}{\sqrt{3}\times 884}=0.248\Omega$$

每相串入电抗最小值为 $X=\dfrac{1-u}{u}z_k=\dfrac{(1-0.566)\times 0.248}{0.566}=0.190\Omega$

(2) 拖动 $T_L=0.3T_N$ 恒转矩负载起动的计算

串入电抗起动时最小起动转矩为 $T'_{st1}=1.1T_L=1.1\times 0.3T_N=0.33T_N$

该起动转矩与直接起动转矩之比值 $\dfrac{T'_{st1}}{T_{st}}=\dfrac{0.33T_N}{K_{st}T_N}=\dfrac{0.33}{1.1}=0.3=u_1^2$

串入电抗器起动电流与直接起动电流比值 $\dfrac{I'_{st1}}{I_{st}}=u_1=\sqrt{0.3}=0.548$

起动电流 $I'_{st1}=u_1 I_{st}=0.548\times 884=484.4\text{A}<500\text{A}$

因此,可以串入电抗起动。每相串入的电抗最大值为

$$X_1=\frac{1-u_1}{u_1}z_k=\frac{(1-0.548)\times 0.248}{0.548}=0.205\Omega$$

每相串入的电抗最小值为 $X=0.190\Omega$ 时,起动转矩 $T'_{st}=u^2K_{st}T_N=0.352T_N>T'_{st1}$。因此,电抗值的范围为(0.190~0.205)Ω。

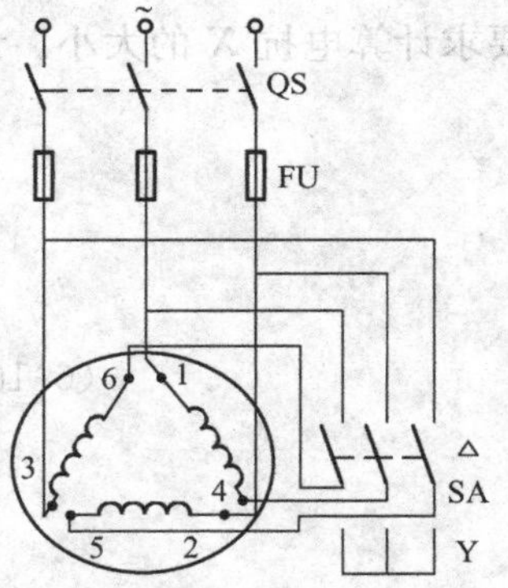

图 6-10 Y-△起动接线图

2. Y-△起动

对于运行时定子绕组接成三角形并有 6 个出线端子的三相笼型异步电动机,为了减小起动电流,可以采用 Y-△降压起动方法。即起动时,定子绕组 Y 接,起动后换成三角形接法,其接线图如图 6-10 所示。开关 QS 闭合接通电源后,开关 SA 合到下边,电动机定子绕组 Y 接,电动机开始起动;当转速升高到一定程度后,开关 SA 从下边断开合向上边,定子绕组三角形接法,电动机进入正常运行。

电动机直接起动时,定子绕组三角形接法,如图 6-11(a)所示,每一相绕组起动电压大小为 $U_1=U_N$,每相起动电流为 $I_\triangle$,线上的起动电流为 $I_{st}=\sqrt{3}I_\triangle$。采用 Y-△起动,起动时定子绕组 Y 接,如图 6-11(b)所示,每相起动电压为

$$U'_1=\frac{U_1}{\sqrt{3}}=\frac{U_N}{\sqrt{3}}$$

每相起动电流为 I_Y,则

$$\frac{I_Y}{I_\triangle}=\frac{U'_1}{U_1}=\frac{U_N/\sqrt{3}}{U_N}=\frac{1}{\sqrt{3}}$$

线起动电流为 I'_{st},则

$$I'_{st}=I_Y=\frac{1}{\sqrt{3}}I_\triangle$$

$$\frac{I'_{st}}{I_{st}}=\frac{\frac{1}{\sqrt{3}}I_\triangle}{\sqrt{3}I_\triangle}=\frac{1}{3} \tag{6-17}$$

式(6-17)说明，Y-△起动时，尽管相电压和相电流与直接起动时相比只降低到原来的 $1/\sqrt{3}$，但是对供电变压器造成冲击的起动电流则降低到直接起动时的 1/3，限流效果好。

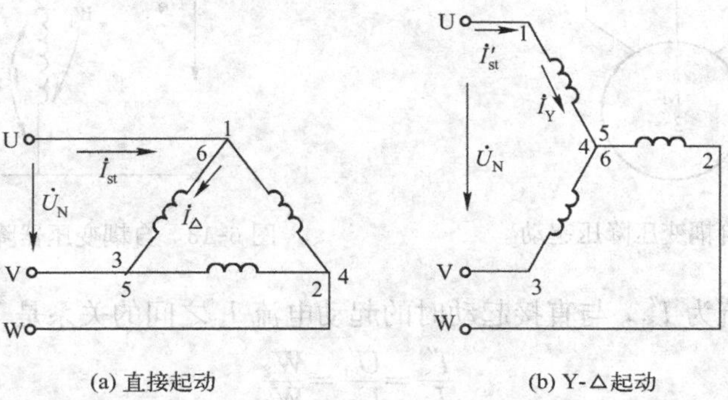

图 6-11　Y-△起动的起动电流

直接起动时起动转矩为 T_{st}，Y-△起动时起动转矩为 T'_{st}，则

$$\frac{T'_{st}}{T_{st}}=\left(\frac{U'_1}{U_1}\right)^2=\frac{1}{3} \tag{6-18}$$

式(6-17)与式(6-18)表明，起动转矩与起动电流降低的倍数一样，都是直接起动的 1/3。显然，当需要限制起动电流不得超过直接起动电流的 1/3 时，Y-△起动的起动转矩是定子串入电抗的起动转矩的 3 倍。Y-△起动可用于拖动 $T_L\leqslant\frac{T'_{st}}{1.1}=\frac{T_{st}}{1.1\times3}=0.3T_{st}$ 的轻负载。

Y-△起动方法简单，只需一个 Y-△转换开关(做成 Y-△起动器)，价格便宜，因此在轻载起动条件下，应该优先采用。但是 Y-△起动的电动机定子绕组 6 个出线端都要引出来，对于高电压电动机有一定困难。因此，一般采用 Y-△起动方法的电动机额定电压都是 380V，绕组都是三角形接法。

3. 自耦变压器降压起动

三相笼型异步电动机采用自耦变压器降压起动接线图如图 6-12 所示，图中 T 为自耦变压器。起动时开关 Q 投向起动一边，自耦变压器原边加上额定电压，由绕组抽头决定的副边电压加到定子绕组上，电机在低电压下起动。当转速升高接近稳定转速时，开关 Q 投向运行边，切除自耦变压器，定子绕组直接接在电源上，起动结束，电动机进入正常运行。

自耦变压器降压起动时，一相电路如图 6-13 所示，电动机起动电压下降为 U'_1，与直接起动时电压 U_N 的关系为

$$\frac{U'_1}{U_N}=\frac{W_2}{W_1}$$

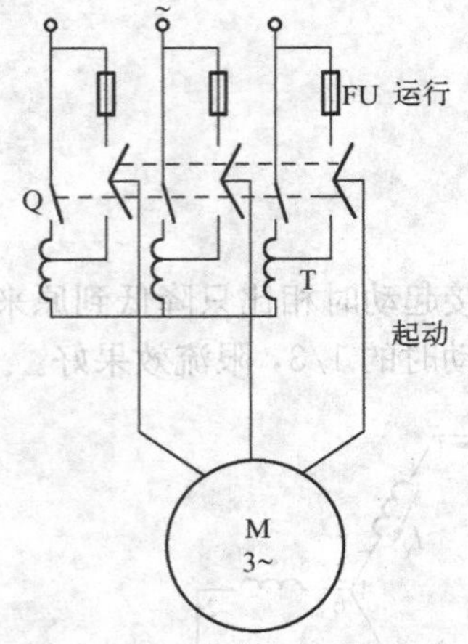

图 6-12 自耦变压降压起动

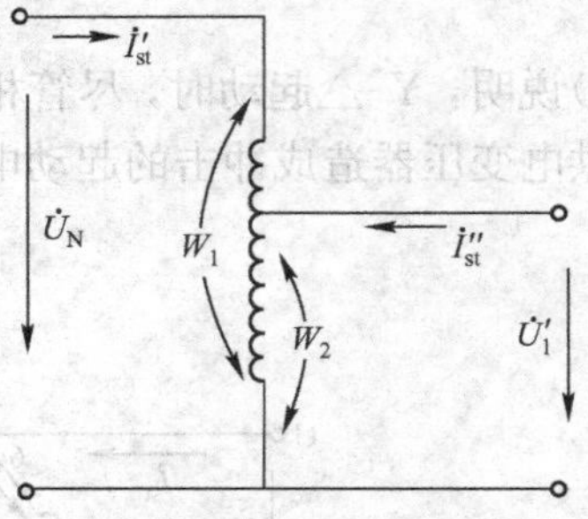

图 6-13 自耦变压器降压起动的一相电路

电动机降压起动电流为 I''_{st}，与直接起动时的起动电流 I_{st}之间的关系是

$$\frac{I''_{st}}{I_{st}}=\frac{U'_1}{U_N}=\frac{W_2}{W_1}$$

自耦变压器原边的起动电流为 I'_{st}，与 I''_{st}之间关系为

$$\frac{I'_{st}}{I''_{st}}=\frac{W_2}{W_1}$$

降压起动与直接起动相比，供电变压器提供的起动电流的关系为

$$\frac{I'_{st}}{I_{st}}=\left(\frac{W_2}{W_1}\right)^2 \tag{6-19}$$

自耦变压器降压起动时的起动转矩为 T'_{st}，与直接起动时起动转矩 T_{st}之间的关系为

$$\frac{T'_{st}}{T_{st}}=\left(\frac{U'_1}{U_N}\right)^2=\left(\frac{W_2}{W_1}\right)^2 \tag{6-20}$$

式(6-19)和式(6-20)表明，采用自耦变压器降压起动时，与直接起动相比较，电压降低到 W_2/W_1 倍，起动电流与起动转矩降低到$(W_2/W_1)^2$ 倍。

实际起动用的自耦变压器，二次绕组一般备有几个抽头，用户可根据电网允许的起动电流和机械负载所需的起动转矩进行选配。如 QJ2 型有 55%(即 $W_2/W_1=55\%$)、64%、73%(出厂时接在 73%抽头上)3 个抽头；QJ3 型有 40%、60%、80%(出厂时接在 60%抽头上)3 个抽头。

自耦变压器降压起动，与定子串电抗降压起动比较，如果电网限制的起动电流相同，将获得较大的起动转矩；与 Y-△起动相比，有几种抽头供选用较灵活；并且 W_2/W_1 较大时，可以拖动较大些的负载起动，尤其适用于大容量、低电压电动机的降压起动中。但自耦变压器体积大，价格高，需维护。

4. 延边三角形起动

延边三角形起动用于三相定子绕组三角形接法的笼型异步电动机降压起动。电动机定子每相绕组有 3 个出线端：首端、尾端与中间抽头，如图 6-14(a)所示，其中出线端 1、2、3 为首端，4、5、6 为尾端，7、8、9 为中间抽头。起动时，电源电压为额定值，三相绕组的 1—7、2—8、3—9 部分为 Y 接法，7—4、8—5、9—6 部分为三角形接法，如图 6-14(b)所示，整个绕组像每个边都延长了的三角形，故称延边三角形。待电机转速上升到接近稳定值时，三相绕组改为图 6-14(a)所示的三角形接法，电动机正常运行，起动结束。

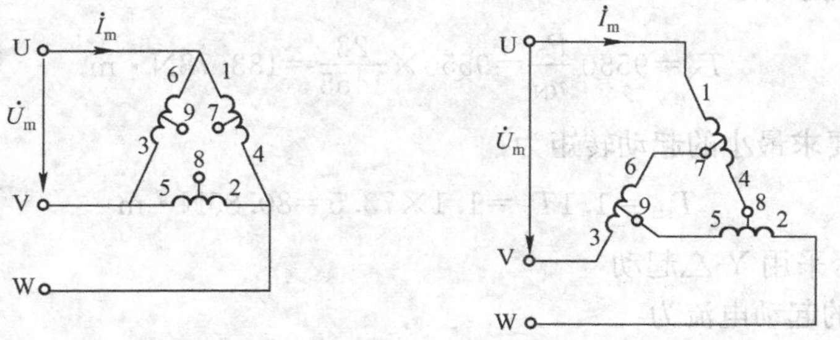

(a) 直接起动　(b) 延边三角形起动

图 6-14　延边三角形起动

当电源电压一定时，电动机绕组 Y 接法比三角形接法每相绕组电压低(相差$\sqrt{3}$倍)，一部分绕组 Y 接法时的延边三角形接法，每相绕组电压也要比三角形接法低一些，抽头越靠近尾端，Y 接法部分比例越大，每相绕组电压越低。因此，延边三角形起动实质上也是一种降压起动方法，起动电流、起动转矩都随着电压降低而减小。当抽头在每相绕组中间时，起动电流 $I'_{st}=0.5I_{st}$，起动转矩 $T'_{st}=0.45T_{st}$。抽头位置越靠近尾端，起动电流与起动转矩降低得越多。

采用延边三角形起动的笼型异步电动机，除了简单的绕组接线切换装置外，不需其他专门的起动设备。但是，电动机的定子绕组不但为三角形接法，有抽头，而且需要专门设计，制成后抽头又不能随意变动，因此限制了此法的应用。

电动机各种降压起动方法与直接起动的优劣比较，见表 6-1。

表 6-1　降压起动与直接起动对比表

起动方法	起动电压相对值(电动机相电压)	起动电流相对值(电源线电流)	起动转矩相对值	起动设备
直接起动	1	1	1	最简单
串入电阻或电抗起动	u	u	u^2	一般
Y-△起动	$1/\sqrt{3}$	1/3	1/3	简单，只用于三角形接法的 380V 电机
自耦变压器	u	u^2	u^2	较复杂，有三种抽头可选
延边三角形	中心抽头	0.5	0.45	简单，但要专门设计电机

在确定起动方法时，应根据电网允许的最大起动电流、负载对起动转矩的要求及起动设备的复杂程度、价格等条件综合考虑。

【例 6-4】　一台三相笼型异步电动机 $P_N=28kW$，三角形接法，$U_N=380V$，$I_N=58A$，$\cos\varphi_N=0.88$，$n_N=1455r/min$，起动电流倍数 $K_I=6$，起动转矩倍数 $K_{st}=1.1$，过载倍数

$\lambda_m=2.3$。供电变压器要求起动电流 $I_{st}\leqslant 150\text{A}$，负载转矩为 73.5(N·m)。请选择一个合适的降压起动方法：能采用 Y-△起动方法时，应优先采用；若采用定子串电抗器起动，要求算出电抗的具体数值；若采用自耦变压器降压起动，需从 55%、64%及 73%这 3 种抽头中，确定其中一种。

解： 电动机额定转矩

$$T_N=9550\frac{P_N}{n_N}=9550\times\frac{28}{1455}=183.78\text{N}\cdot\text{m}$$

保证正常起动时要求最小的起动转矩为

$$T_{st1}=1.1T_L=1.1\times 73.5=80.85\text{N}\cdot\text{m}$$

(1) 校验能否采用 Y-△起动

Y-△起动时的起动电流为

$$I'_{st}=\frac{1}{3}I_{st}=\frac{1}{3}\times 6\times 58=116\text{A}<I_{st1}=150\text{A}$$

Y-△起动时的起动转矩为

$$T'_{st}=\frac{1}{3}T_{st}=\frac{1}{3}\times 1.1\times 183.78=67.39\text{N}\cdot\text{m}<T_{st1}$$

故不能采用 Y-△起动。

(2) 校验能否采用定子串电抗起动

限定的最大起动电流 $I_{st1}=150\text{A}$，则串电抗起动的最大起动转矩为

$$T''_{st}=\left(\frac{I_{st1}}{I_{st}}\right)^2T_{st}=\left(\frac{150}{6\times 58}\right)^2\times 1.1\times 183.78=37.4\text{N}\cdot\text{m}<T_{st1}$$

故不能采用串电抗降压起动。

(3) 校验能否采用自耦变压器降压起动

当抽头为 55%时，其起动电流与起动转矩为

$$I'_{st1}=0.55^2I_{st}=0.55^2\times 6\times 58=105.27\text{A}<I_{st1}$$

$$T'_{st1}=0.55^2T_{st}=0.55^2\times 1.1\times 183.78=61.15\text{N}\cdot\text{m}<T_{st1}$$

不能采用。

当抽头为 64%时，其起动电流与起动转矩为

$$I'_{st2}=0.64^2I_{st}=0.64^2\times 6\times 58=142.5\text{A}<I_{st1}$$

$$T'_{st2}=0.64^2T_{st}=0.64^2\times 1.1\times 183.78=82.8\text{N}\cdot\text{m}>T_{st1}$$

能采用 64%的抽头。

当抽头为 73%时，其起动电流为

$$I'_{st3}=0.73^2I_{st}=0.73^2\times 6\times 58=185.45\text{A}>I_{st1}$$

不能采用，起动转矩不必计算了。

6.2.3 三相笼型异步电动机起动性能的改善

普通三相笼型异步电动机起动转矩较小，起动电流很大，为了限制起动电流而采用降压起动，又使起动转矩更小，使电动机只能在空载或轻载场合下起动。为了改善笼型异步电动

机的起动性能，可从转子槽形着手，利用“集肤效应”使起动时转子电阻增加，以增大起动转矩并减小起动电流；在正常运行时转子电阻又能自动减小，具有普通笼型异步机的优良性能。实际应用中常用深槽式和双笼式两种槽型，下面分别予以介绍。

1. 深槽式笼型异步电动机

深槽式笼型异步电动机的主要特点是转子的槽型深而窄，其深度与宽度之比约为10～12，如图 6-15(a)所示，而普通笼型异步电动机的比值不超过 5。槽内嵌放整根铜条或由铝熔液浇注而成，电动机运行时，转子导条中有电流通过，其槽漏磁通分布如图 6-15(a)所示。设沿槽高把转子导条分成若干并联小导体，沿槽高方向上，各小导体交链的漏磁通是不相同的，槽底的小导体交链的漏磁通比槽口小导体多得多，因此槽底小导体漏电抗比槽口小导体大。

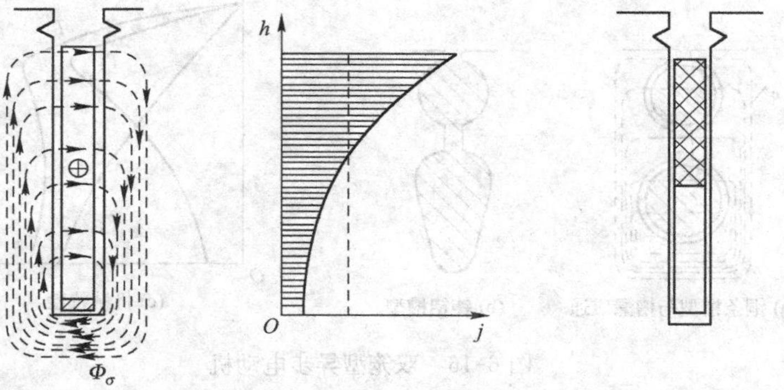

(a) 转子的槽形及漏磁通　(b) 导条中电流密度分布　(c) 导条有效截面

图 6-15　深槽式笼型异步电动机

起动时，$s=1$，转子电流频率 $f_2=f_1$ 较高，转子漏电抗大，各并联小导体的电流分配主要取决于漏电抗。这时转子电流 I_2 主要从漏电抗小的槽口处小导体通过，转子导条沿槽高的电流密度分布如图 6-15(b)所示。这种当频率较高时交流电流集中到导条槽口的现象称为集肤效应或趋表效应。其实际效果相当于转子导体的截面积减小，如图 6-15(c)所示，这样便使转子电阻增大，令起动电流减小而起动转矩增加。随着转速升高，s 减小，f_2 减小，集肤效应越来越不明显，转子电阻逐渐减小。当起动完毕，$f_2=1\sim3$(Hz)，集肤效应消失，转子导条内的电流均匀分配，转子电阻自动变回到正常运行值。

与普通笼型异步电动机相比，由于深槽式电动机转子漏磁通大，使正常运行时的转子漏抗大，因此电动机的功率因数及过载能力要降低些。所以，深槽式电动机起动性能的改善是靠牺牲某些性能指标而取得的。

2. 双笼型异步电动机

双笼型异步电动机的转子上装有两套并联的笼，如图 6-16(a)所示。其上笼导条截面积较小，且由电阻率较高的黄铜或铝青铜等制成，电阻较大；下笼导条截面积较大，用电阻率较低的紫铜制成，电阻较小。电动机运行时，导条有交流电流通过，下笼漏磁链多、漏电抗大；上笼漏磁链少、漏电抗小。如果上下笼都是铸铝而成的，则上笼截面积远比下笼的小得多，如图 6-16(b)所示，因而上笼电阻比下笼大得多。

当电机起动时，转子电流的频率高，电流分配主要取决于漏电抗。下笼电抗大、电流小；上笼电抗小、电流大，这也是集肤效应。上笼电阻大又流过较大电流，因而产生较大的起动转矩，在起动中起主要作用，故又称为起动笼。当起动结束进入正常运行时，转子电流频率很低，两笼漏电抗小，电流分配主要取决于电阻。下笼电阻小、电流大；上笼电阻大、电流小。转子电流主要从下笼导条中通过，下笼在正常运行时起主要作用，故又称为运行笼。双笼型异步电动机的机械特性是上、下笼机械特性的合成，如图 6-16(c)所示。改变上、下笼导条的材料和截面，可以得到不同的合成机械特性，从而满足不同的负载要求。显然，双笼型异步电动机起动转矩较大。

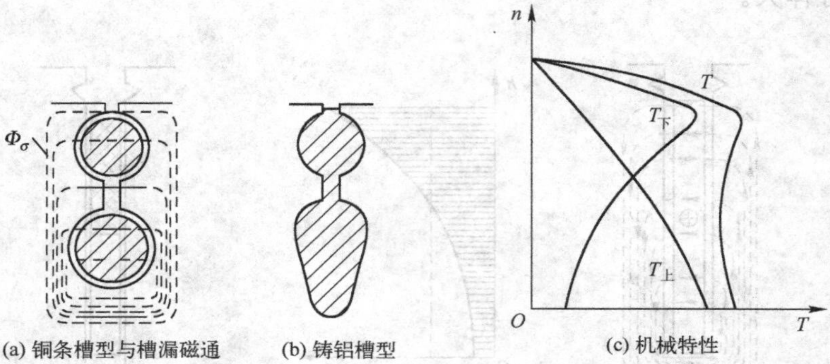

(a) 铜条槽型与槽漏磁通　(b) 铸铝槽型　(c) 机械特性

图 6-16　双笼型异步电动机

双笼型异步电动机与深槽式异步电动机一样有很好的起动性能，可以满载起动，但前者的运行特性好于后者，多用于起动转矩要求较高的生产机械上。不过深槽式电动机制造简单，也比较便宜。

6.3 绕线型三相异步电动机的起动

绕线型三相异步电动机转子回路可以外串三相对称电阻，以减小起动电流及增大起动转矩；起动结束后，切除外串电阻，电动机的效率不受影响，所以它可应用在重载和频繁起动的生产机械上。主要有下述两种起动方法。

6.3.1 转子串频敏变阻器起动

对于单纯为了限制起动电流、增大起动转矩的绕线型异步电动机，可采用转子串频敏变阻器起动。频敏变阻器是由板厚 30～50mm 钢板叠成铁芯，在铁芯柱上套有线圈的电抗器，外观很像一台没有二次绕组而一次侧 Y 联结的三相芯式变压器，但其铁耗比普通变压器大得多，如图 6-17(a)所示。转子串频敏变阻器每一相的等效电路与变压器空载运行时的等效电路相似，如图 6-17(b)所示。其中，r_p 是频敏变阻器每相绕组本身的电阻，其值较小；R_{mp}是反映频敏变阻器铁芯损耗的等效电阻；X_{mp}是频敏变阻器 50Hz 时的每相电抗。

电动机起动时，接触器 KM 断开，定子绕组接入电源，转子串入频敏变阻器，如图 6-17(a)所示。此时 $s=1$，$f_2=f_1$ 较高，由于频敏变阻器中磁密较高，铁芯处于饱和状态，励磁电流较大，因此电抗 sX_{mp} 较小；且频敏变阻器铁芯由厚钢板叠成，磁滞涡流损耗都很大，因而对应的等效电阻 R_{mp} 很大。相当于在转子回路中串入一个较大的起动电阻 R_{mp}，使起动电流减小而起动转矩增大，获得了较好的起动性能；但由于电抗 X_{mp} 的存在，电动机最大转矩稍有下降。随着转速的升高，s 减小使转子频率 f_2 变小，铁耗随频率的二次方成正比下降，频率低，损耗小，使 R_{mp} 也减小，同时电抗 X_{mp} 也变小；相当于随转速升高，自动且连续地减小起动电阻值 R_{mp} 和电抗 X_{mp}。当转速接近额定值时，s_N 很小，即 f_2 极低，所以，R_{mp} 及 sX_{mp} 都很小，近似为零，相当于将起动电阻全部切除。频敏变阻器自动不起作用，此时可以闭合接触器 KM 予以切除，使电动机运行于固有特性上，起动过程结束。

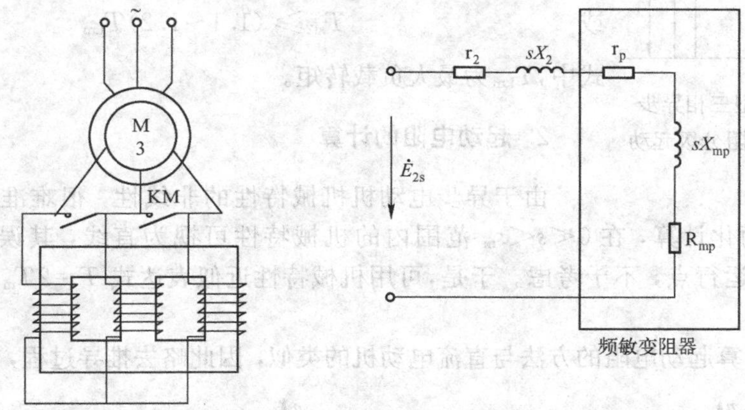

(a) 频敏变阻器的结构及接线　　(b) 串入频敏变阻器的转子等效电路

图 6-17　绕线型异步电动机转子串频敏变阻器起动

可见，绕线型异步电动机转子串频敏变阻器起动，具有减小起动电流又增大起动转矩的优点，同时还具有等效起动电阻随着转速的升高，自动且连续地减小的优点，所以起动的平滑性优于转子串电阻分级起动。但功率因数低，与转子串电阻起动相比起动转矩小，最大转矩略有下降，适合于需要频繁起动的生产机械。

6.3.2　转子回路串电阻分级起动

为了使整个起动过程中尽量保持较大的起动转矩，绕线型异步电动机可以采用逐级切除起动电阻的转子串电阻分级起动。

1. 转子串电阻分级起动原理

如图 6-18 所示为绕线型三相异步电动机转子串电阻分级起动的原理接线图。其分级起动的过程与直流电动机完全相似。刚起动时，接触器触点 KM1、KM2、KM3 全部断开，全部起动电阻都接入，这时转子回路每相电阻为 $R_3=R_{st3}+R_{st2}+R_{st1}+r_2$，对应的人为机械特性如图 6-19(a)的 $\overline{Aa}$ 所示，其中 $s_{m3}>1$，且对应的最大起动转矩 $T_{st1}=0.85T_m$。当转速沿 $\overline{Aa}$ 加速到 b 点，电磁转矩降为切换转矩 T_{st2} 时，为提高整个起动过程的平均起动转矩，使电动机

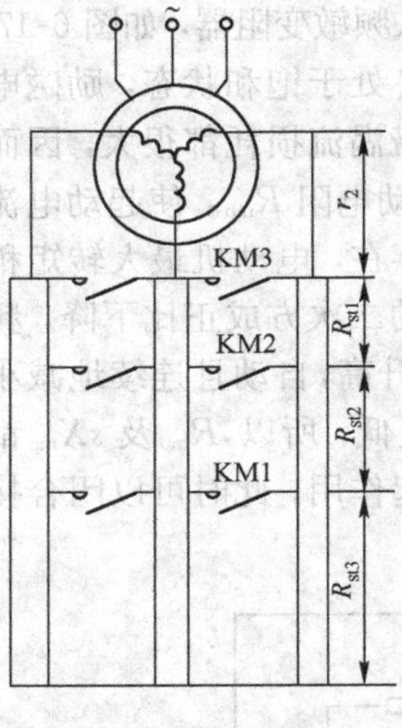

图 6-18 绕线型三相异步电动机转子串电阻分级起动

有较大的加速度，缩短起动时间，则闭合 KM1，切除(短接)R_{st3}使电动机从 b 点跳至$R_2=R_{st2}+R_{st1}+r_2$ 所对应的人为机械特性$\overline{Ac}$上的 c 点，且该点的转矩正好等于最大起动转矩 T_{st1}；然后再逐级闭合 KM2、KM3，切除 R_{st2}、R_{st1}。上述全部过程如图6-19(a) 所示的 $a\to b\to c\to d\to e\to f\to g$，最后将稳定运行于固有机械特性的 h 点，对应的加速过程如图6-19(b) 所示。起动过程中，转子回路外串入电阻分三级切除，故称为三级起动。T_{st1}为最大起动转矩，T_{st2}为最小起动转矩或切换转矩。

切换转矩 T_{st2}可以用下式来选取

$$T_{st2}\geqslant(1.1\sim1.2)T_N$$

或

$$T_{st2}\geqslant(1.1\sim1.2)T_{Lm} \tag{6-21}$$

式中，T_{Lm}为最大负载转矩。

2. 起动电阻的计算

由于异步电动机机械特性的非线性，很难准确算出各级起动电阻值。为简化计算，在 $0<s<s_m$ 范围内的机械特性可视为直线，其误差并不大；而$s>s_m$ 区无稳定运行点，不予考虑。于是，可用机械特性近似表达式 $T=2T_m s/s_m$，计算各级起动电阻。

用分析法计算起动电阻的方法与直流电动机的类似，因此略去推导过程，只给出结论。

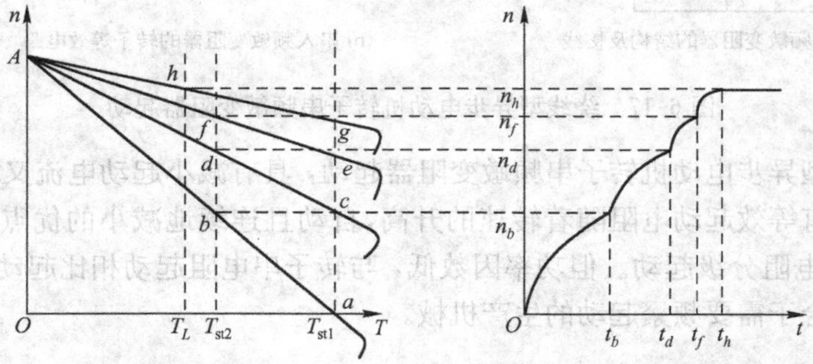

图 6-19 绕线型三相异步电动机转子串电阻分级起动特性曲线

(1) 已知起动级数 m，根据生产要求选取最大起动转矩 T_{st1}，通常取 $T_{st1}\leqslant0.85\ T_m$，计算起动电阻方法是：

设 $T_{st1}/T_{st2}=\lambda$，为起动转矩比，则

① 计算

$$\lambda=\sqrt[m]{\frac{T_N}{s_N T_{st1}}} \tag{6-22}$$

② 校验切换转矩 T_{st2}是否满足式(6-21)，不合适则需修改 T_{st1}，甚至 m；并重新计算，再校核 T_{st2}，直至 T_{st2}大小合适为止，再以此计算各级起动电阻。

③ 按照下式计算各起动级总电阻

$$\left.\begin{aligned}R_1&=\lambda r_2\\R_2&=\lambda R_1=\lambda^2 r_2\\R_3&=\lambda R_2=\lambda^3 r_2\\&\cdots\\R_m&=\lambda R_{m-1}=\lambda^m r_2\end{aligned}\right\}\tag{6-23}$$

式中，R_m 为第 m 级起动时转子回路的总电阻；r_2 为转子每相电阻，当转子绕组 Y 接时，其值为

$$r_2=\frac{E_{2N}}{\sqrt{3}I_{2N}}s_N\tag{6-24}$$

其中，E_{2N}为额定运行时的转子额定(线)电动势，I_{2N}为转子额定(线)电流。

每相的各级分段起动电阻按下式计算 λ

$$\left.\begin{aligned}R_{st1}&=R_1-r_2=(\lambda-1)r_2\\R_{st2}&=R_2-R_1=\lambda(\lambda-1)r_2\\R_{st3}&=R_3-R_2=\lambda^2(\lambda-1)r_2\\&\cdots\\R_{stm}&=R_m-R_{m-1}=\lambda^{m-1}(\lambda-1)r_2\end{aligned}\right\}\tag{6-25}$$

若已知 m，给定 T_{st2}时，计算步骤相似。先按下式计算

$$\lambda=\sqrt[m+1]{\frac{T_N}{s_N T_{st2}}}\tag{6-26}$$

再校验是否 $T_{st1}\leqslant 0.85\ T_m$，不合适则修改 T_{st2}甚至 m，直到合适为止。

(2) 起动级数 m 未知，已知 T_{st1}和 T_{st2}，计算起动电阻的方法是：

① 按 T_{st1}或 T_{st2}及 λ 由式(6-22)或式(6-26)计算 m，其结果往往不是整数，取接近的整数。

② 根据取定的 m，重算 λ，再校验 T_{st2}或 T_{st1}，直至合适为止。

③ 按式(6-23)、式(6-25)计算各级起动电阻。

绕线型三相异步电动机转子串电阻分级起动的优点是：可以获得最大的起动转矩，起动时功率因数高，起动电阻可兼做调速电阻。但如要求起动转矩尽量大，则起动级数就要多，将使起动设备增多，投资增大，维修不方便。

【例 6-5】 某生产机械用绕线型三相异步电动机拖动，有关数据为：$P_N=40\text{kW}$，$n_N=1460\text{r/min}$，$E_{2N}=420\text{V}$，$I_{2N}=61.5\text{A}$，$\lambda_m=2.6$。起动时负载转矩 $T_L=0.75T_N$，求转子串电阻三级起动的电阻值。

解: 额定转差率　$s_N=\dfrac{n_1-n_N}{n_N}=\dfrac{1500-1460}{1500}=0.027$

转子每相电阻　$r_2\approx\dfrac{s_N E_{2N}}{\sqrt{3}I_{2N}}=\dfrac{0.027\times 420}{\sqrt{3}\times 61.5}=0.106\Omega$

最大起动转矩　$T_{st1}\leqslant 0.85\lambda_m T_N=0.85\times 2.6T_N=2.21T_N$

取　$T_{st1}=2.21\ T_N$

起动转矩比　$\lambda=\sqrt[m]{\dfrac{T_N}{s_N T_{st1}}}=\sqrt[3]{\dfrac{T_N}{0.027\times 2.21T_N}}=2.56$

校验切换转矩　$T_{st2}=T_{st1}/\lambda=2.21T_N/2.56=0.863T_N$

$$1.1\ T_L = 1.1 \times 0.75\ T_N = 0.825\ T_N$$

$T_{st2} > 1.1T_L$，合适。

各级转子回路总电阻

$$\left.\begin{aligned} R_1 &= \lambda r_2 = 2.56 \times 0.106 = 0.27\Omega \\ R_2 &= \lambda^2 r_2 = 2.56^2 \times 0.106 = 0.695\Omega \\ R_3 &= \lambda^3 r_2 = 2.56^3 \times 0.106 = 1.778 \end{aligned}\right\}$$

各级转子回路外串电阻

$$\left.\begin{aligned} R_{st1} &= R_1 - r_2 = 0.271 - 0.106 = 0.165\Omega \\ R_{st2} &= R_2 - R_1 = 0.695 - 0.271 = 0.424\Omega \\ R_{st3} &= R_3 - R_2 = 1.778 - 0.695 = 1.083\Omega \end{aligned}\right\}$$

6.4 三相异步电动机的软起动

传统的三相异步电动机的起动方法比较简单，不需要增加额外起动设备，但其起动电流一般还很大，起动转矩较小而且不可调，因而适用于对起动特性要求不高的场合。在一些对起动要求较高的场合，可选用软起动装置。软起动它采用电子起动方法，其主要特点是：具有软起动功能，起动电流、起动转矩可调节。

6.4.1 软起动的主电路

如图 6-20 所示为三相异步电动机软起动的主电路。虚线框内为软起动器，它主要由三相交流调压电路和控制电路构成，其基本原理是利用晶闸管的移相控制原理，通过控制晶闸管的导通角，改变其输出电压，达到通过调压方式来控制电动机起动电流和起动转矩的目的。按预定的不同起动方式，通过检测主电路的反馈电流，控制其输出电压，可以实现不同的起动特性。起动时，按起动按钮 SB2，通过控制电路使 KM1 线圈上电，其主触点闭合，主电源加入软起动器。电动机按设定的起动方式起动，当起动完成后，使接触器 KM2 线圈吸合，将软起动器内部的晶闸管旁路，电动机在全压下运行。

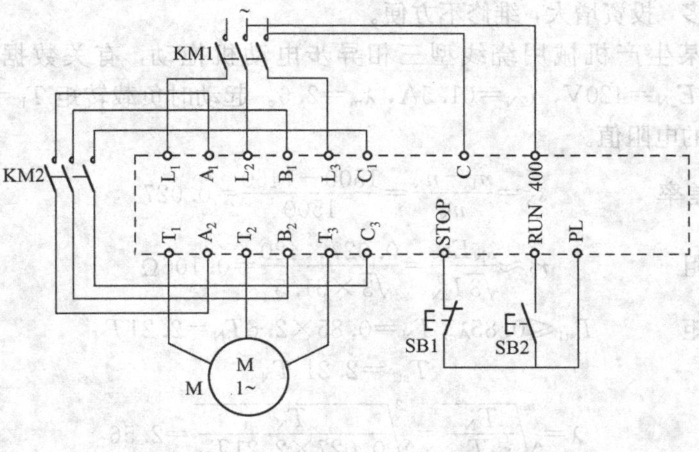

图 6-20 三相异步电动机软起动的主电路

6.4.2 软起动方式

异步电动机在软起动过程中，软起动器通过控制加到电动机上的电压来控制电动机的起动电流和起动转矩，起动转矩逐渐增加，转速也逐渐增加。一般软起动器可以通过改变参数设定得到不同的起动方式，具有不同的起动特性，满足不同的负载特性要求。

1. 斜坡升压起动方式

斜坡升压起动特性曲线如图 6-21 所示。此种起动方式一般可设定初始电压 U_{q0} 和起动时间 t_1。在电动机起动过程中，电压线性逐渐增加，在设定的时间内达到额定电压。这种起动方式主要用于一台软起动器并接多台电动机，或电动机功率低于软起动器额定值的应用场合。

2. 转矩控制及起动电流限制起动方式

转矩控制及起动电流限制起动特性曲线如图 6-22 所示。这种起动方式一般可设定起动初始力矩 T_{q0}、起动阶段力矩限幅 T_{L1}、力矩斜坡上升时间 t_1 和起动电流限幅 I_{L1}。图 6-22 同时给出起动过程中转矩 T、电压 U、电流 I 和电动机转速 n 的曲线。其中，转速曲线为恒加速度上升。在电动机起动过程中，保持恒定的转矩使电动机转速以恒定加速度上升，实现平稳起动。在电动机起动的初始阶段，起动转矩逐渐增加，当转矩达到预先所设定的限幅值后保持恒定，直至起动完毕。在起动过程中，转矩上升的速率可以根据电动机负载情况调整设定。斜坡陡，转矩上升速率大，即加速度上升速率大，起动时间短。当负载较轻或空载起动时，所需起动转矩较低，可使斜坡缓和一些。在起动过程中，控制目标为电动机转矩，即电动机的加速度。即使电网电压发生波动或负载发生波动，通过控制电路自动增大或减小起动器的输出电压，也可以维持转矩设定值不变，保持起动的恒加速度。这种起动方式可以使电动机以最佳的起动加速度、以最快的时间完成平稳的起动，是应用最多的起动方式。

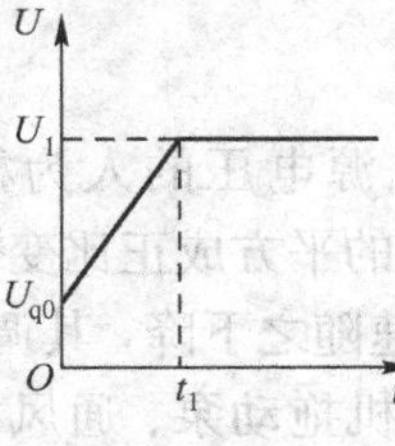

图 6-21 斜坡升压起动特性曲线

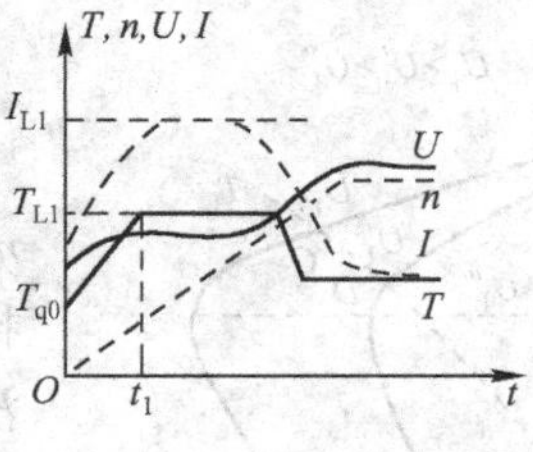

图 6-22 转矩控制及起动电流限制起动特性曲线

随着软起动器控制技术的发展，目前大多采用转矩控制方式，也有采用电流控制方式，即电流斜坡控制及恒流升压起动方式。这种方式通过间接控制电动机电流来达到控制转矩的目的，与转矩控制方式相比起动效果略差，但控制相对简单。

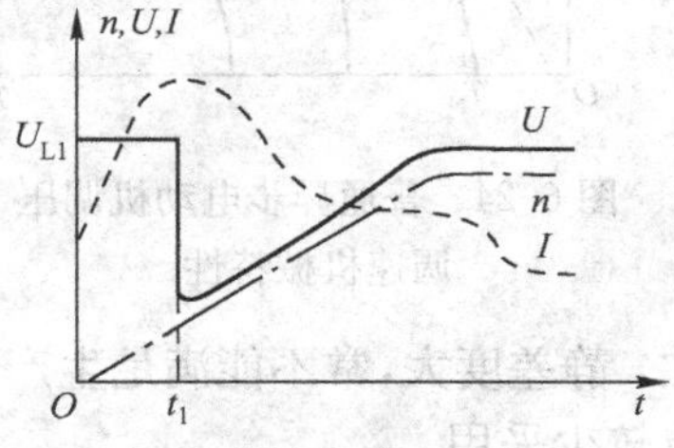

图 6-23 电压提升脉冲起动特性曲线

3. 电压提升脉冲起动方式

电压提升脉冲起动特性曲线如图 6-23 所示。这种起动方式一般可设定电压提升脉冲限幅 U_{L1}，升压脉冲宽度一般为 5 个电源周波，即 100ms。在起动开始阶段，晶闸管在极短时间内按设定升压幅值起动，可得到较大的起动转矩，此阶段结束后，转入转矩控制及起动电流限制起动。该启动方法适用于重载并需克服较大静摩擦的起动场合。

6.5 三相异步电动机的调速

虽然直流电动机具有优良的调速性能，在可调速电力拖动系统中，特别是在调速要求高和快速可逆往返电力拖动系统中，大都采用直流电动机拖动装置，如龙门刨床等。但是，直流电动机价格高、需要直流电源、维护检修复杂且不宜在易爆场合使用。而三相异步电动机具有结构简单、运行可靠、维护方便等优点，且随着电力电子技术、计算机技术和自动控制技术的迅猛发展，交流调速性能不断提高，交流调速技术日趋完善，大有取代直流调速的趋势。

从异步电动机的转速公式

$$n=(1-s)n_1=(1-s)\frac{60f_1}{p}$$

可以看出，调节异步电动机转速有 3 个基本途径：改变转差率 s，改变定子绕组的极对数 p 及改变供电电源频率 f_1。

下面分别介绍异步电动机的各种调速方法。

6.5.1 改变转差率调速

改变转差率调速的共同特点是在调速过程中均产生大量的转差功率，并消耗在转子电路上，使转子发热。除串级调速外，其他调速方法的经济性都较差。常用的改变转差率调速方法有：改变定子电压调速、转子回路串电阻调速、电磁转差离合器调速及串级调速。

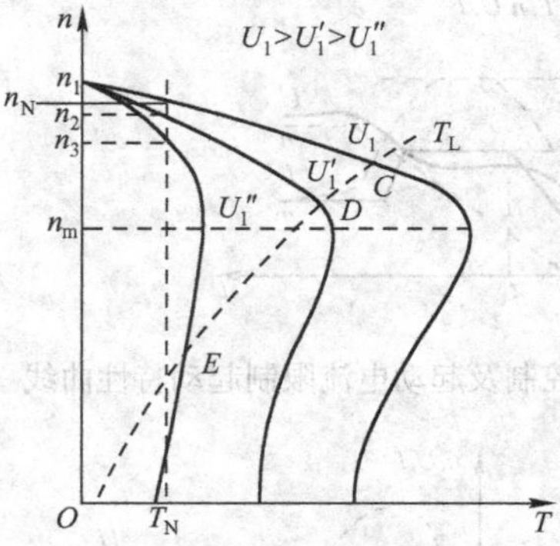

图 6-24 普通异步电动机调压调速机械特性

1. 改变定子电压调速

三相异步电动机降低电源电压的人为机械特性，其 n_1、s_m 不变，T、T_m 均与 U_1 的平方成正比变化。若电动机拖动恒转矩负载，降压后转速随之下降，其调速范围很窄，没有多大使用价值。若电动机拖动泵、通风机类负载，电动机在临界转速 n_m 以下（或 $s>s_m$）均能运行，如图 6-24 中 C、D、E 3 个工作点，转速相差较大，有较好的调速效果。但低速时定转子电流较大，功率因数较低，应用并不普遍。

为了提高调速范围，可在绕线型异步电动机转子串固定电阻，或采用高转差率笼型异步电动机，其机械特性如图 6-25 所示。从图可见，调速范围宽了，但降压后特性变软，静差度大，常不能满足生产工艺的要求。而且低速时过载能力差，运行的稳定性差，因此也较少采用。

为了提高调压调速机械特性的硬度，采用带转速负反馈的晶闸管闭环调压调速系统，如图 6-26 所示。

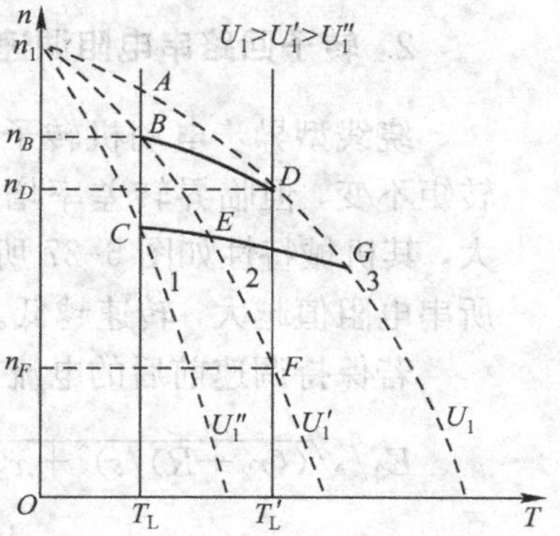

图 6-25　高转差率异步电动机开环调压调速机械特性和晶闸管闭环调压调速系统机械特性

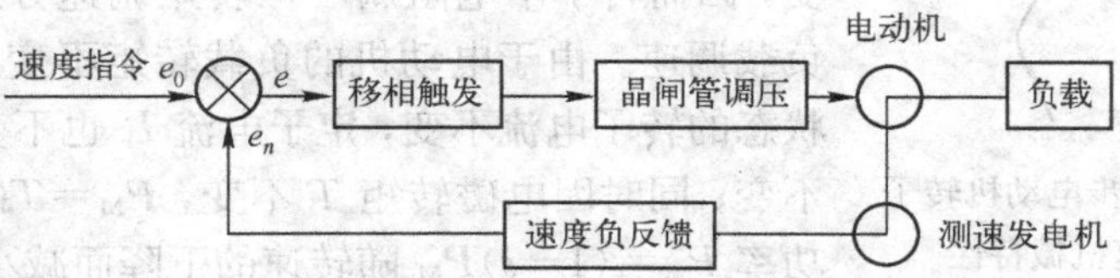

图 6-26　异步电动机晶闸管调压调速闭环系统原理图

图 6-26 的原理图中，改变晶闸管的导通角就可以改变施加于异步电动机的定子电压 U，而导通角的改变是由合成控制信号 $e=e_0-e_n$ 来决定的，信号经放大器放大使触发器动作。其中 e_0 是由电位器输出的转速给定信号，即当需要对电动机进行调速时，调节电位器，使电位器的输出信号 e_0 对应所要调的转速；而 e_n 是来自测速发电机的转速反馈信号，且 $e_n \propto n$，一旦 e_0 确定，这时不论负载怎样波动，e_n 起速度负反馈作用，使一个确定的 e_0 值下，电动机的转速基本恒定。设拖动系统原来运行于图 6-25 曲线 2 的 B 点，对应负载转矩 T_L，晶闸管调压装置的输出电压，即施加于电动机定子的电压为U_1'，当负载增加到T_L' 时，如果在没有转速反馈信号即开环系统中，则运行点变为与 B 点在同一条曲线 2 上的 F 点，因开环的机械特性很软，所以转速下降很多。但在带转速负反馈的闭环系统中，由于 e_n 随转速下降而变小，使 e 增加，导致晶闸管调压装置的导通角增大而使施加于电动机定子的电压增大为 U_1，U_1 对应的特性曲线为 3，运行点为 D 点。显然 D 点转速与 B 点转速相比下降很小，保证了在同一 e_0 值下，转速基本恒定。从而得到了硬度大为提高的机械特性，如图中$\overline{BD}$所示的闭环控制时的机械特性。调节给定电位器，使 e_0 减小，e 随之变小，从而得到与$\overline{BD}$近乎平行的另一条闭环控制机械特性$\overline{CEG}$。由此可知，平滑地调节给定电压 e_0，可以得到一组基本平行的硬度很大的特性曲线簇，改善了调速性能。

晶闸管调压调速系统控制方便，能够平滑地调节转速；因机械特性硬，静差度小而扩大了调速范围；晶闸管调压装置还可兼用起动设备。调压调速应用于通风机型负载最为合适。但晶闸管调压调速系统因通常采用高转差率电动机，使低速时的转差功率 SP_M 很大，不仅使损耗增加，效率降低，而且使电动机发热严重。

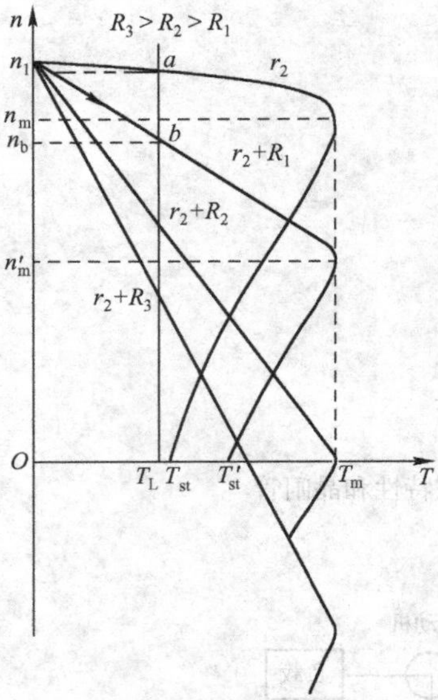

图 6-27 绕线型异步电动机转子回路串电阻调速机械特性

2. 转子回路串电阻调速

绕线型异步电动机转子串电阻后同步转速不变，最大转矩不变，但临界转差率增大，机械特性运行段的斜率变大，其机械特性如图 6-27 所示。显然，在同一负载转矩下所串电阻值越大，转速越低。

若保持调速前后的电流 $I_2=I_{2N}$，则有

$$E_2/\sqrt{((r_2+R)/s)^2+x_2^2}=E_2/\sqrt{(r_2/s_N)^2+x_2^2}$$

得

$$\frac{r_2+R}{s}=\frac{r_2}{s_N}$$

代入电磁转矩的参数表达式，可得调速前后的电磁转矩不变，因而转子串电阻属于恒转矩调速方式，适宜带恒转矩负载调速。由于电动机的负载转矩不变，则调速前后稳定状态的转子电流不变，定子电流 I_1 也不变，输入电功率 P_1 不变；同时因电磁转矩 T 不变，$P_M=T\Omega_1$ 也不变，但机械功率 $P_m=(1-s)P_M$ 随转速的下降而减小。

绕线型转子异步电动机转子串电阻调速的主要缺点是：①转子回路电流较大，调速电阻 R 只能分级调节而且分级数又不宜太多，所以调速的平滑性差；②转速上限是额定转速，而转子串电阻后机械特性变软，转速下限受静差度限制，因而调速范围不大；③空载、轻载时串电阻转速变化不大，因此只宜带较重的负载调速；④转差功率 sP_M 是转子回路的总铜耗，即转子本身绕组电阻的铜耗和外串电阻的铜耗之和，低速时，转差率大，则 sP_M 大，即消耗在外串电阻上的铜耗大，导致发热严重；⑤效率 $\eta\approx(1-s)\ P_M/P_M=1-s=n/n_1\propto n$，可见，这种调速方法的效率近似与转速成正比，转速越低，效率越差。这种调速方法的优点是设备简单，初投资少，容易实现，而且其调速电阻 R 还可以兼做起动电阻与制动电阻使用，通常多用于周期性断续工作方式、低速运行时间不长、调速性能要求不高的场合，如用于起重机械的拖动系统中。

【例 6-6】 一台绕线型异步电动机，转子每相电阻为 0.16Ω，在额定负载时，转子电流为 50A，转速为 1440r/min，效率为 85%。现保持负载转矩不变，将转速降低到 1050r/min，试求：

(1) 转子每相应串入电阻值。

(2) 此时电动机的电磁功率。

(3) 电动机原来的输出功率和降速后的输出功率(忽略 p_m+p_s)。

(4) 降速后的效率。

解：

$$s_N=\frac{n_1-n_N}{n_1}=\frac{1500-1440}{1500}=0.04$$

$$s=\frac{n_1-n}{n_1}=\frac{1500-1050}{1500}=0.3$$

(1) 转子每相应串入电阻值

$$R=\left(\frac{s}{s_N}-1\right)r_2=\left(\frac{0.3}{0.04}-1\right)\times 0.16\Omega=1.04\Omega$$

(2) 此时电动机的电磁功率

因调速前后稳定运行时的额定转矩不变，所以电磁功率不变，转子电流不变，且绕线型转子电动机 $m_1=m_2=3$，则电磁功率

$$P_M=m_2 I_2^2 \frac{r_2}{s_N}=3\times 50^2\times\frac{0.16}{0.04}=3000\text{W}=30\text{kW}$$

(3) 电动机原来的输出功率和降速后的输出功率(忽略 p_m+p_s)

因忽略 p_m+p_s，所以 $P_2\approx P_m$，则

原来的输出功率 $P_N\approx P_m=(1-s_N)P_M=(1-0.04)\times 30\text{kW}=28.8\text{kW}$

降速后的输出功率 $P_2\approx P_m=(1-s)P_M=(1-0.3)\times 30\text{kW}=21\text{kW}$

(4) 降速后的效率

$$\eta=\frac{n}{n_N}\eta_N=\frac{1050}{1440}\times 85\%=62\%$$

3. 电磁转差离合器调速

上述异步电动机的各种调速方法是将电动机和生产机械轴做硬(刚性)连接，靠调节电动机本身的转速实现对生产机械的调速。而采用电磁转差离合器的调速系统则不然，该系统中拖动生产机械的电动机并不调速，而且与生产机械也没有机械上的直接联系，两者之间通过电磁转差离合器的电磁作用做软连接，如图 6-28(a)所示。

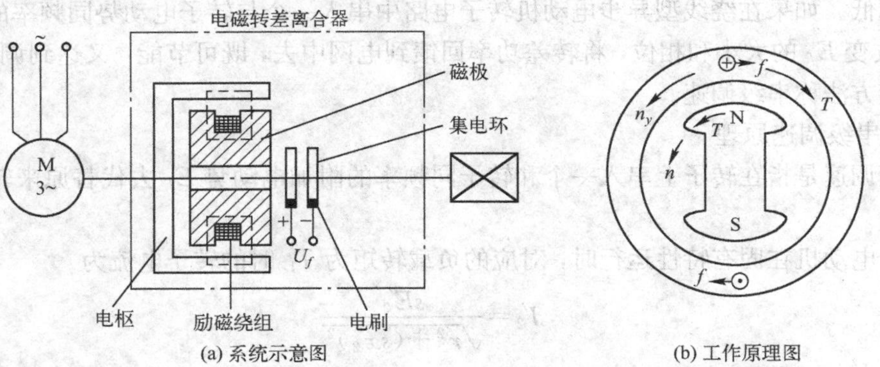

图 6-28　电磁转差离合器调速系统

电磁转差离合器由电枢与磁极两部分组成，其电枢一般由铸钢材料做成圆筒状，与电动机转轴做硬连接，并由电动机带动旋转，是离合器的主动部分；其磁极包括铁芯与励磁绕组，由可控整流装置通过集电环引入可调直流电流 I_f 以建立磁场和进行调速，磁极与生产机械做硬连接，通过电磁感应作用使磁极转动，从而带动负载转动，是离合器的从动部分。当 $I_f=0$ 时，虽然异步电动机以 n_y 的转速带动电磁转差离合器电枢旋转，但是磁极因没有磁性而没有受到电磁力的作用，因此静止不动，同时负载也静止不动。这就使电动机和机械负载处于“离”状态。当 $I_f\neq 0$ 时，离合器磁极建立磁场，离合器电枢旋转时切割磁场产生感应电动势并产生涡流，该涡流与磁极磁场相互作用产生电磁力 f 及电磁转矩 T，这就像是发电机的工作，所以电磁转矩 T

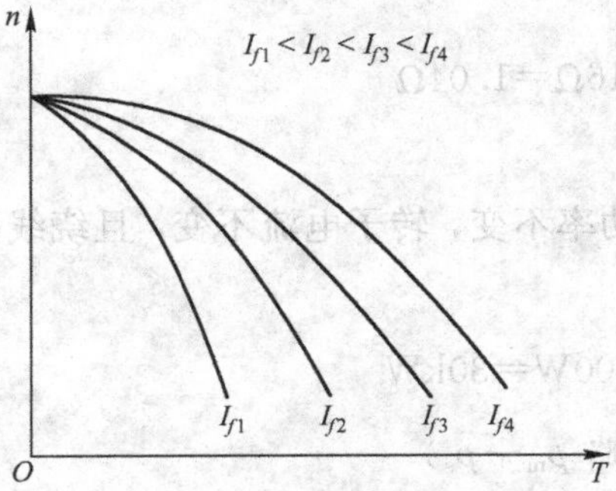

图 6-29 电磁转差离合器的机械特性

与电枢转向相反，是制动性质的，如图6-28(b)所示，它企图使电枢停转，但电动机带动电枢继续转动；由作用力与反作用力原理，此时磁极受到大小相等方向相反的电磁力 f 和电磁转矩 T 的作用，迫使磁极沿电枢转向旋转，因此带动生产机械以转速 n 也沿 n_y 方向旋转，这就使电动机和机械负载处于“合”状态。显然 n 不可能达到电动机电枢转速 n_y，两者必有一个转差 $\Delta n=n_y-n$，电磁转差离合器因而得名，它通常与异步电动机组成一个整体，统称电磁调速异步电动机。平滑调节励磁电流 I_f 的大小，即可平滑调速。在同一负载转矩下，I_f 越大，转速也越高，如图 6-29 所示为电磁转差离合器的机械特性。由于离合器的电枢是铸钢，电阻大，其机械特性软，不能满足静差度的要求，调速范围不大。为此实际中采用速度负反馈的晶闸管闭环控制系统，得到硬度高的机械特性，扩大了调速范围。其增大硬度原理与调压调速的速度负反馈原理类似。

电磁调速异步电动机设备简单、控制方便且可以平滑调速。但其机械特性较软，转速稳定性较差，调速范围不高，低速时效率也较低。适合于风机、泵类的变速传动，也可用于纺织、印染、造纸等生产机械。

4. 串级调速

上述 3 种改变转差率调速方法，其转差功率均消耗在转子回路中，转速越低，消耗越大且效率越低。如果在绕线型异步电动机转子电路中串入一个与转子电动势同频率的附加电动势 E_f，改变 E_f 的大小和相位，将转差功率回馈到电网中去，既可节能，又达到调速的目的，这种调速方法称串级调速。

(1) 串级调速原理

串级调速是指在转子上串入一个和转子同频率的附加电动势 E_f 去代替原来转子所串的电阻。

异步电动机在固有特性运行时，对应的负载转矩为 T_L 时的转子电流为

$$I'_2=\frac{sE'_2}{\sqrt{r'^2_2+(sx'_2)^2}}$$

在正常运行时，$r'_2\gg sx'_2$，上式可简化为

$$I'_2=\frac{sE'_2}{r'_2}$$

设电源电压大小与频率不变，则主磁通基本不变；设调速前后负载转矩不变。

在串入 E_f 的瞬间，由于机械惯性使电动机的转速，即 s 来不及变化，所以瞬时电流 I'_{2f} 为

$$I'_{2f}=\frac{sE'_2\mp E'_f}{r'_2}$$

当 E_f 与 E_2 反相时，取上式中的 E_f 前的“−”，则 $I'_{2f}<I'_2$，对应的 $T<T_L$、$n\downarrow$、$s\uparrow$、$sE_2\uparrow$，转子电流开始回升，电磁转矩 T 也开始回升，直至 $T=T_L$，电动机在比以前低的转速下稳定运行。平滑地调节 E_f，就能平滑地调低速度。

当 E_f 与 E_2 同相时，取上式中的 E_f 前的“+”，则 $I'_{2f}>I'_2$，对应的 $T>T_L$、$n\uparrow$、$s\downarrow$、$sE_2\downarrow$，转子电流开始回降，电磁转矩 T 也开始回降，直至 $T=T_L$，电动机在比以前高的转速下稳定运行。如果 E_f 足够大，则转速可以达到甚至超过同步速度。平滑地调节 E_f，就能平滑地调高速度。

(2) 串级调速的实现

实现串级调速的关键是在绕线型异步电动机的转子回路中串入一个大小、相位可以自由调节，其频率能自动随转速变化而变化，始终等于转子频率的附加电动势。要获得这样一个附加电动势不是一件容易的事。在工程上往往是先将转子电动势通过整流装置变成直流电动势，然后串入一个可控的附加直流电动势去控制它，从而达到随时变频的目的。根据附加直流电动势的作用及吸收转子转差功率后的回馈方式不同，可将串级调速方法分为电机回馈式串级调速和电气串级调速。

图 6-30 是电机回馈式串级调速的示意图。该系统是由绕线型异步电动机 YM 与他励直流电动机 ZM 同轴连接共同拖动生产机械。YM 的转子电动势 E_2 经整流后作为 ZM 的电枢电源，而 ZM 的电枢电动势则作为 YM 转子回路的附加直流电动势 E_f。改变 ZM 的 I_f 的大小与方向即可改变 E_f 的大小和极性，从而实现 YM 的调速。从功率关系分析，假定忽略 YM 转子绕组的铜耗 p_{Cu2} 和它的空载损耗 $p_0=p_m+p_s$，忽略 ZM 的所有损耗。则 YM 的电磁功率 P_M 转换成直接输送给负载的机械功率是 $(1-s)P_M$。转差功率 sP_M 经整流变成 ZM 的输入直流电能，经 ZM 转换成机械功率，从轴上又传给机械负载，所以负载得到的总是 P_M（考虑损耗，实际上要小些），且与转速的大小无关，这种系统适用于恒功率调速。重要的是转差功率 sP_M 通过 ZM 转换成机械能得到了回收，ZM 似乎起了一个接力赛运动员的作用，故称电机回馈式串级调速系统。它多用于大功率，低调速范围的场合。

图 6-31 是晶闸管串级调速系统的原理示意图，系统工作时将异步电动机 YM 的转子电动势 E_2 经整流后变为直流电压 U_d，再由晶闸管逆变器将 U_β 逆变为工频交流，经变压器变压与电网电压相匹配而使转差功率 sP_M 反馈回交流电网。这里的逆变电压可视为加在异步电动机转子回路中的附加电动势 E_f，改变逆变角可以改变 U_β 的值，从而达到调节 YM 转速的目的。

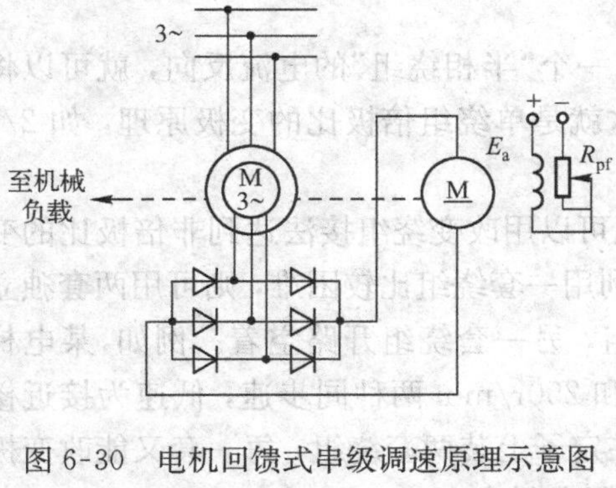

图 6-30　电机回馈式串级调速原理示意图

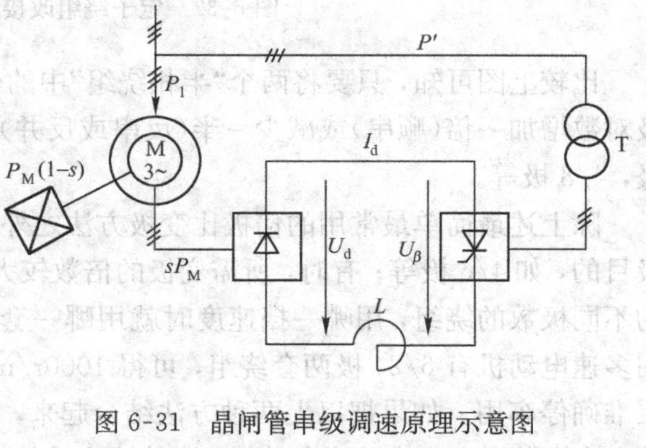

图 6-31　晶闸管串级调速原理示意图

串级调速具有机械特性硬、调速范围大、调速平滑性好、效率高、能实现无级调速等优点，是绕线型异步电动机很有发展前途的调速方法。但也存在低速时过载能力较低、系统总功率因数不高、设备体积大、成本高等不足。它广泛用于风机、泵类、空气压缩机及恒转矩负载上。

6.5.2 变极调速

改变异步电动机的极对数 p，可以改变其同步速度 $n_1=60f_1/p$，从而使电动机在某一负载下的稳定运行速度发生变化，达到调速的目的。

只有当定子、转子极数相等时才能产生平均电磁转矩，实现机电能量转换。对于绕线型异步电动机，在改变定子绕组接线来改变磁极数时，必须同时改变转子绕组的接线以保持定子转子极数相等，这使变极接线及控制显得复杂。而笼型异步电动机当定子极数变化时，其转子极数能自动跟随保持相等，所以变极调速一般用于笼型异步电动机。

1. 变极原理

图 6-32 所示为定子绕组改接以改变定子极对数，说明改变定子极数时，只要将一相绕组的半相连线改接即可。假设电动机的定子每相绕组都由两个完全对称的"半相绕组"所组成，以 U 相为例，并设相电流是从头 U_1 进，从 U_2 出。当两个"半相绕组"头尾相串联时（称为顺串），根据"半相绕组"内的电流方向，用右手螺旋法可以定出磁场的方向，并用"×"和"·"表示在图中，如图 6-32(a)所示。很显然，这时电动机所形成的是一个 $2p=4$ 极的磁场；如果将两个"半相绕组"尾尾相串联（称为反串）或头尾相并联（称为反并）时，就形成一个 $2p=2$ 极的磁场，分别如图6-32(b)、(c)所示。

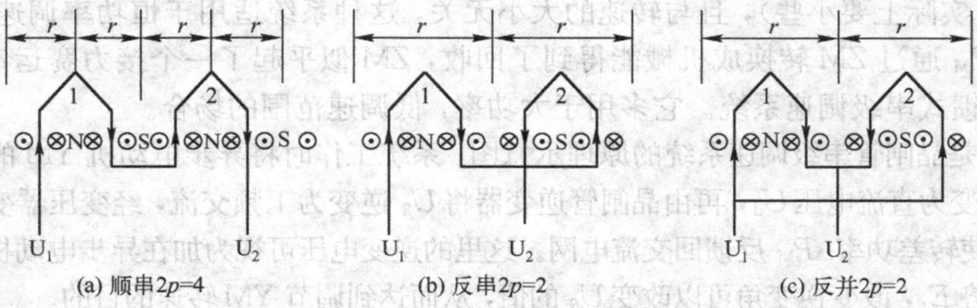

图 6-32 定子绕组改接以改变定子极对数

比较上图可知，只要将两个"半相绕组"中的任何一个"半相绕组"的电流反向，就可以将极对数增加一倍（顺串）或减少一半（反串或反并），这就是单绕组倍极比的变极原理，如 2/4 极，4/8 极等。

除上述最简单最常用的倍极比变极方法之外，也可以用改变绕组接法达到非倍极比的变极目的，如 4/6 极等；有时，所需变极的倍数较大，利用一套绕组比较困难，则可用两套独立的不同极数的绕组，用哪一挡速度时就用哪一套绕组，另一套绕组开路空着。例如，某电梯用多速电动机有 6/24 极两套绕组，可得 1000r/min 和 250r/min 两种同步速，低速为接近楼层准确停车用。如果把以上两种方法结合起来，即在定子上装两套绕组，每一套又能改变极数，就能得到三速或四速电动机，当然这在结构上要复杂得多。

2. 两种常用的变极方案

变极调速的具体接线方法很多，这里只讨论两种常用的变极接线，如图 6-33 所示。在

图6-33(a)和图 6-33(b)中，变极前每相绕组的两个“半相绕组”是顺串的，因而是倍极数，不过前者三相绕组是 Y 联结，后者是三角形联结；变极时每相绕组的两个“半相绕组”都改接成反并，极数减少一半，而三相绕组都接成 Y 联结，经演变可以看出变极后它们都成了双 Y 联结。所以图 6-33(a)和 6-33(b)分别称为 Y-YY 变极和△-YY 变极。显然，这两种变极接线中三相绕组只需 9 个引出端点，所以接线最简单，控制最方便。

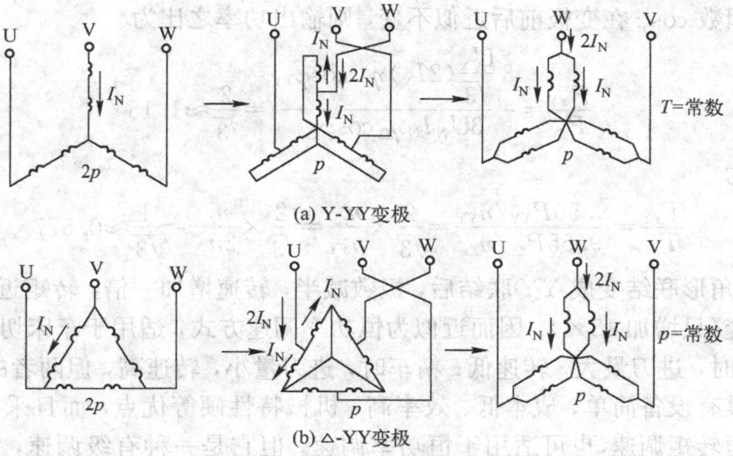

图 6-33　三相笼型异步电动机的两种变极接线

必须注意，图中在改变定子绕组接线的同时，将 V、W 两相的出线端进了对调。这是因为在电动机定子的圆周上，电角度是机械角度的 p 倍。因此当极对数改变时，必然引起三相绕组的空间相序发生变化。现以下例进行说明。设 $p=1$ 时，U、V、W 三相绕组轴线的空间位置依次为 0°、120°、240°电角度。当极对数变为 $p=2$ 时，空间位置依次是 U 相为 0°、V 相为 120°×2=240°、W 相为 240°×2=480°(相当于 120°)，这说明变极后绕组的相序改变了。如果外部电源相序不变，则变极后，不仅电动机的运行转速发生了变化，而且因旋转磁场转向的改变而引起转子旋转方向的改变。所以，为了保证变极调速前后电动机的转向不变，在改变定子绕组接线的同时，必须用 V、W 两相出线端对调的方法，使接入电动机端电源的相序改变，这是在工程实践中必须注意的问题。

变极调速时，因为 Y-YY 变极和△-YY 变极使定子绕组有不同的接线方式，所以允许的负载类型也不相同，可以从电流、电压的分配和输出转矩、功率情况来分析。

(1) Y-YY 变极调速　设变极前后电源线电压 U_N 不变，通过线圈电流 I_N 不变(即保持导体电流密度不变)，则变极前后的输出功率变化如下：

Y 联结时：$P_Y=3\dfrac{U_N}{\sqrt{3}}I_N\eta_Y\cos\varphi_Y=\sqrt{3}U_NI_N\eta_Y\cos\varphi_Y$

YY 联结时：$P_{YY}=3\dfrac{U_N}{\sqrt{3}}(2I_N)\eta_{YY}\cos\varphi_{YY}=\sqrt{3}U_N(2I_N)\eta_{YY}\cos\varphi_{YY}$

假定变极调速前后，效率 η 和功率因数 $\cos\varphi$ 近似不变，则 $P_{YY}=2P_Y$；由于 Y 联结时的极数是 YY 联结时的两倍，因此后者的同步速是前者的两倍，因此转速也近似是两倍，即 $n_{YY}=2n_Y$，则

$$T_Y=9.55\frac{P_Y}{n_Y}=9.55\frac{2P_Y}{2n_Y}=9.55\frac{P_{YY}}{n_{YY}}=T_{YY}$$

可见从 Y 联结变成 YY 联结后，极数减小一半，转速增加一倍，功率增大一倍，而转矩基本上保持不变，属于恒转矩调速方式，适用于拖动起重机、电梯、运输带等恒转矩负载的调速。

(2) △-YY 变极调速与前面的约定一样，电源线电压、线圈电流在变极前后保持不变，效率 η 和功率因数 $\cos\varphi$ 在变极前后近似不变，则输出功率之比为

$$\frac{P_{YY}}{P_{\triangle}}=\frac{3\dfrac{U_N}{\sqrt{3}}(2I_N)\eta_{YY}\cos\varphi_{YY}}{3U_NI_N\eta_{\triangle}\cos\varphi_{\triangle}}=\frac{2}{\sqrt{3}}\approx1.15$$

输出转矩之比为

$$\frac{T_{YY}}{T_{\triangle}}=\frac{9.55P_{YY}/n_{YY}}{9.55P_{\triangle}/n_{\triangle}}=\frac{2}{\sqrt{3}}\times\frac{n_{\triangle}}{n_{YY}}=\frac{2}{\sqrt{3}}\times\frac{n_{\triangle}}{2n_{\triangle}}=\frac{1}{\sqrt{3}}\approx0.577$$

可见，从三角形联结变成 YY 联结后，极数减半，转速增加一倍，转矩近似减小一半，功率近似保持不变(只增加 15%)。因而近似为恒功率调速方式，适用于车床切削等恒功率负载的调速，如粗车时，进刀量大，转速低；精车时，进刀量小，转速高，但两者的功率近似不变。

变极调速具有设备简单、成本低、效率高、机械特性硬等优点，而且采用不同的接线方式既可适用于恒转矩调速，也可适用于恒功率调速。但它是一种有级调速，而且只有有限的几挡速度，适用于对调速要求不高且不需要平滑调速的场合。

6.5.3 变频调速

改变电源频率，可以平滑调节同步转速 n_1，从而使电动机获得平滑调速。变频调速可以从额定频率向下调速，也可以从额定频率向上调速。

1. 从额定频率向下调速

频率下调时，电动机同步转速 n_1 减小，因此电动机转速也将随之下降，此方法是在额定转速 n_N 以下调速。从变频人为机械特性可知，为了使电动机过载能力保持不变，在调速过程中应使主磁通保持不变，即在改变频率的同时改变电源电压大小，得到

$$\Phi_m=\frac{U_1}{f_1}=\frac{U'_1}{f'_1}=\text{常数}$$

由电磁转矩的物理表达式

$$T=C_T\Phi_mI'_2\cos\varphi_2$$

可知当电动机拖动负载 $T_L=T_N$ 时，如忽略空载转矩，则 $T=T_L=T_N$，因为在变频调速时 Φ_m 保持不变，所以转子电流 I'_2 也将保持不变，则根据转子电流为：

$$I'_2=\frac{E'_2}{\sqrt{\left(\dfrac{r'_2}{s}\right)^2+x'^2_2}}=\frac{Kf_1}{\sqrt{\left(\dfrac{r'_2}{s}\right)^2+(2\pi f_1L'_2)^2}}=\frac{K}{\sqrt{\left(\dfrac{r'_2}{sf_1}\right)^2+(2\pi L'_2)^2}}$$

而额定频率时

$$I'_{2N}=\frac{E'_{2N}}{\sqrt{\left(\dfrac{r'_2}{s_N}\right)^2+(2\pi f_NL'_2)^2}}=\frac{K}{\sqrt{\left(\dfrac{r'_2}{s_Nf_N}\right)^2+(2\pi L'_2)^2}}$$

因为 $I'_2=I'_{2N}$，则必有

$$sf_1=s_N f_N \qquad s=s_N\frac{f_N}{f_1}$$

$$\Delta n=sn'_1=\frac{f_N}{f_1}s_N\frac{60f_1}{p}=s_N\frac{60f_N}{p}=s_N n_1=\Delta n_N$$

上式说明了变频后的人为机械特性斜率保持不变。变频后转子回路功率因数为

$$\cos\varphi_2=\frac{r_2}{\sqrt{r_2^2+x_{2s}^2}}=\frac{r_2}{\sqrt{r_2^2+(2\pi sf_1L_2)^2}}=\frac{r_2}{\sqrt{r_2^2+(2\pi s_N f_N L_2)^2}}=\cos\varphi_{2N}$$

即变频后 $\cos\varphi$ 也不变。可见，在 f_N 以下调频调速为恒转矩调速。

U_1/f_1 为常数的变频调速方式，在 U_1 和 f_1 比较小时，电动机的主磁通变化很大，这是因为定子回路的漏阻抗压降对电动势 E_1 的影响很大，因此主磁通将有较大减小，从而使电动机的最大转矩和起动转矩明显减小，低频低压时的电动机性能比较差。如要使变频调速过程中主磁通保持恒定不变，应满足 E_1/f_1 为常数，而不是 U_1/f_1 为常数。但由于异步电动机的感应电动势 E_1 难以测得和控制，所以实际应用中在控制回路中加一个函数发生器，以补偿低频时由定子电阻引起的压降影响，使电动机的最大转矩 T_m 基本保持不变。

如果要使异步电动机达到恒功率调速，由电磁功率公式可知

$$P_M=T_N\Omega_1=T'_N\Omega'_1$$

$$\frac{T_N}{T'_N}=\frac{\Omega'_1}{\Omega_1}=\frac{f'_1}{f_1} \tag{6-27}$$

如要求调速时保持过载能力不变，得

$$\lambda'_m=\frac{T'_m}{T'_N}=\lambda_m=\frac{T_m}{T_N}$$

因为由式(6-3)可得 T_m 正比于$(U_1/f_1)^2$，故上式又可写成

$$\frac{T'_N}{T_N}=\frac{T'_m}{T_m}=\frac{(U'_1/f'_1)^2}{(U_1/f_1)^2}$$

将式(6-27)代入上式可得

$$\frac{U'_1}{U_1}=\sqrt{\frac{f'_1}{f_1}} \quad 或 \quad \frac{U'_1}{\sqrt{f'_1}}=\frac{U_1}{\sqrt{f_1}}=常数$$

由此可见，当满足 $U_1/\sqrt{f_1}$ 为常数的控制条件时，异步电动机就能实现恒功率调速。

2. 从额定频率向上调速

频率上调时，n_1 增大，故电动机的转速 n 也增大。由于电动机的绝缘是按额定电压来设计的，因此不可能在增大电源频率 f_1 的同时在 U_N 的基础上再提高电源电压，这样变频调速过程中随着电动机 f_1 的升高，主磁通在减小，从而导致电磁转矩 T 和最大转矩 T_m 减小。

由电动机电磁功率

$$P_M=T\Omega_1=\frac{m_1pU_1^2}{2\pi f_1}\frac{r'_2/s}{(r_1+r'_2/s)^2+(x_1+x'_2)^2}\frac{2\pi f_1}{p}$$

可知，在正常运行时 s 很小，$r'_2/s \gg r_1$ 和 $x_1+x'_2$，因此若忽略 r_1 和 $x_1+x'_2$ 时，则

$$P_M=\frac{m_1 p U_1^2}{2\pi f_1}\frac{r'_2/s}{(r'_2/s)^2}\frac{2\pi f_1}{p}=\frac{m_1 U_1^2}{r'_2}s$$

运行时，若 U_1 保持额定不变，s 变化很小，可近似认为不变，因而也说明 P_M 为近似不变。由此可见，在 f_N 以上调速时可近似认为恒功率调速。

除了恒转矩和恒功率变频调速方法外，还有一种常用的恒电流变频调速控制方式。这种方式在变频调速过程中，保持定子电流 I_1 为恒值，仍属于恒转矩调速方法，但过载能力比恒磁通调速时要小。这种方法的优点是变频器的电流被控制在给定的数值上，所以换流时没有瞬时的冲击电流，使变频器和调速系统工作安全可靠，特性良好。

3. 变频调速时的机械特性

在生产实际中，变频调速系统大都用于恒转矩负载，因此仅讨论恒转矩变频调速时的机械特性。因恒转矩变频调速时，有 $U_1/f_1=$常数，定性画机械特性时，观察 3 个特殊点的变化规律。

① 同步点。因 $n_1=60f_1/p$，则 $n_1 \propto f_1$；

② 最大转矩点。因 $U_1/f_1=$常数，当忽略 r_1 时，有

$$T_m=\frac{m_1 p U_1^2}{2\pi f_1}\frac{1}{2(x_1+x'_2)}=\frac{m_1 p}{8\pi^2(L_1+L'_2)}\left(\frac{U_1}{f_1}\right)^2 \propto \left(\frac{U_1}{f_1}\right)^2$$

所以 $T_m=$常数。虽然临界转差率

$$s_m=r'_2/(x_1+x'_2)=r'_2/[2\pi f_1(L_1+L'_2)] \propto 1/f_1$$

但临界转速降 Δn_m 却为

$$\Delta n_m=s_m n_1=\frac{r'_2}{2\pi f_1(L_1+L'_2)}\frac{60f_1}{p}=\text{常数}$$

这就是说，在不同频率时，不仅最大转矩保持不变，且对应于最大转矩时的转速降也不变，所以恒转矩变频调速时的机械特性基本上是互相平行的。

③ 起动转矩点。因 $U_1/f_1=$常数，起动转矩

$$T_{st}=\frac{m_1 p U_1^2}{2\pi f_1}\frac{r'_2}{[(r_1+r'_2)^2+(x_1+x'_2)^2]}$$

$$\approx\frac{m_1 p U_1^2}{2\pi f_1}\frac{r'_2}{(2\pi f_1)^2\times(L_1+L'_2)^2}\propto\frac{m_1 p}{8\pi^3 f_1}\frac{r'_2}{(L_1+L'_2)}\propto\frac{1}{f_1}$$

可知起动转矩随频率下降而增加，为此得到恒转矩变频调速时的机械特性如图 6-34 所示。图中曲线 1 为 U_N、f_N 时的固有机械特性；曲线 2 为降低频率即 $f'_1<f_N$，但频率仍较高时的人为机械特性；曲线 3 为频率较低时的人为机械特性，其 T_m 变小，因为如果 $U_1/f_1=$常数，则 f_1 下降时，漏抗减小，r_1 不能忽略，分母比分子下降慢之故。对基频以上调速，不能按比例升高电压(不允许超过额定电压)，只能保持电压不变。所以 f_1 增大，Φ_1 减弱，相当于电动机弱磁调速，属于恒功率调速方式。这时的最大转矩和起动转矩都变小，其人为机械特性如曲线 4 所示。

变频调速平滑性好，效率高，机械特性硬调速范围宽广，只要控制端电压随频率变化的规律，可以适应不同负载特性的要求，这是异步电动机，尤其为笼型异步电动机主调速的发展方向。

【例 6-7】 某三相 4 极笼型异步电动机额定数据如下：$U_N=380V$，$n_N=1455r/min$，采用变频调速使 $T_L=0.8T_N$ 的恒转矩负载运行于 $n=1000r/min$。已知变频电源输出电压与其频率的关系为 U_1/f_1＝常数。试求：这时的频率 f'_1 和电压 U'_1（不计 T_0）。

解：作固有机械特性曲线：通过同步点 $(n_1, 0)$ 及额定点 (n_N, T_N) 作图 6-35 曲线 1，得到 a 点。利用机械特性直线表达式 $T_N=\frac{2T_m}{s_m}s_N$ 及 $T=\frac{2T_m}{s_m}s_b$，可得 $T_L=0.8\ T_N$ 时的固有机械特性上 b 点的转差率 s_b 为

$$s_b=s_N\frac{T}{T_N}=\frac{1500-1455}{1500}\times0.8=0.03\times0.8=0.024$$

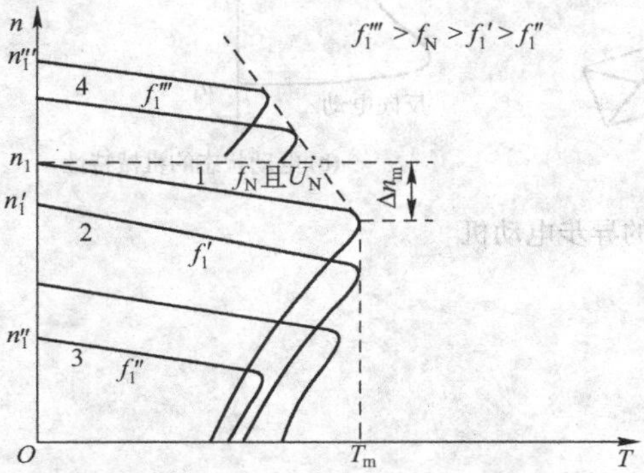

图 6-34　三相异步电动机变频调速机械特性

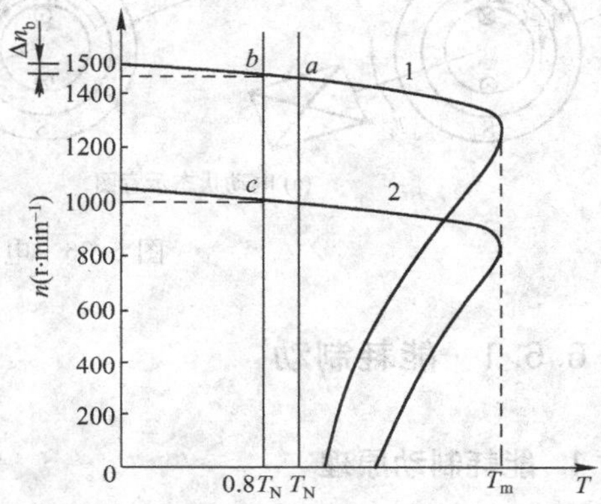

图 6-35　三相异步电动机变频调速实例

则 b 点的转速降落为

$$\Delta n_b=s_bn_1=0.024\times1500r/min=36r/min$$

变频调速时运行于平行机械特性 2 上的 c 点，则变频后的同步转速为

$$n'_1=n_c+\Delta n_b=1000+36=1036r/min$$

则

$$f'_1=\frac{pn'_1}{60}=\frac{2\times1036}{60}Hz=35.53Hz$$

线电压

$$U'_1=\frac{U_N}{f_N}f'_1=\frac{380}{50}\times34.53V=262.4V$$

6.6　三相异步电动机的制动

与直流电动机相同，若要使三相异步电动机在运行中快速停车、反向或限速，就要进行电磁制动。而电磁制动的特点是产生一个与电动机转向相反的电磁转矩，且希望与起动时的要求相似，即限制制动电流，增大制动转矩，使拖动系统有较好的制动性能。与直流电动机一样，异步电动机也有能耗制动、反接制动及回馈制动 3 种方法。

为便于分析异步电动机拖动系统在各种制动运行时机械特性及各物理量的正、负范围，常与电动状态进行对比。图 6-36(a)是正、反向电动运行的示意图，图 6-36(b)是它们对应的

机械特性。正向电动时，位于第一象限的机械特性过$+n_1$点，且$n>0$，$T>0$；反向电动时，位于第三象限的机械特性过$-n_1$点，且$n<0$，$T<0$。可见，只要是电动状态，$|n|<|n_1|$，n和T同方向，n_1和n同方向；$s=0\sim1$；$P_1\approx P_M=m_1I_2'^2r_2'/s>0$，说明电动机从电网吸取电能；$P_2\approx P_m=m_1I_2'^2r_2'(1-s)/s>0$，说明电动机向负载输送机械能。

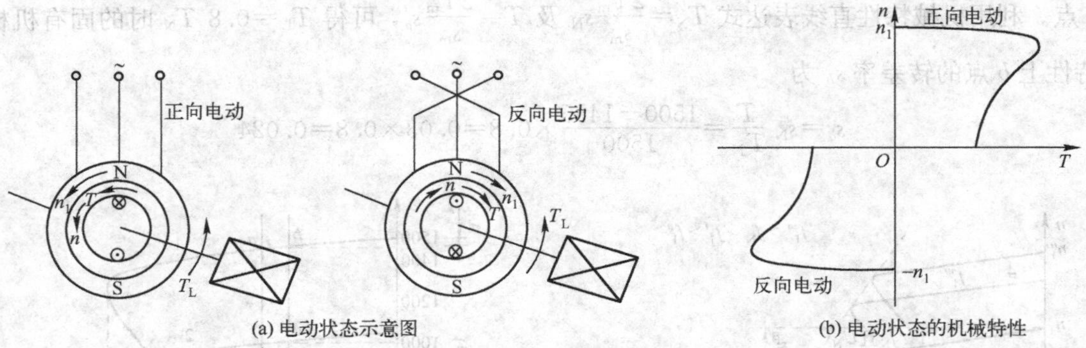

图 6-36 电动状态下的异步电动机

6.6.1 能耗制动

1. 能耗制动原理

三相异步电动机实现能耗制动的方法是将定子绕组从三相交流电源上断开，然后立即加上直流励磁，如图 6-37(a)所示。流过定子绕组的直流电流在空间产生一个静止的磁场，而转子由于惯性继续按原方向在静止磁场中转动，因而切割磁力线，在转子绕组中感应电动势(方向由右手定则判断)并产生方向相同(略转子漏抗)的电流。根据左手定则可以判断该电流与静止磁场作用产生的电磁转矩T与转速n的方向相反，是制动性质的，如图 6-37(b)所示。则系统减速，因为这种方法是将转子动能转化为电能，并消耗在转子回路的电阻上，动能耗尽，系统停车，所以称为能耗制动。

2. 能耗制动机械特性

由于定子绕组接入直流电，磁场的旋转速度为零，所以机械特性由电动状态时的过同步点变成能耗制动时的过原点。又在能耗制动过程中，由于磁场静止不动，转子对磁场的相对速度就是电动机转速n，其转差率为

$$s=\frac{n}{n_b} \tag{6-28}$$

式中，n_b为制动瞬间电机转速。

如图 6-38 所示为能耗制动机械特性曲线。从图中可见，转子不串入制动电阻R_{bk}，刚制动时$s=n/n_b\approx1$，制动电流过大而制动转矩较小，如曲线 2 的 b 点的T_b；如果转子电路中接入适当电阻R_{bk}，则在同一s下，限制了制动电流且得到较大的制动转矩，如曲线 3 的 b′点，从而提高了制动效果。三相异步电动机的能耗制动，制动平稳，能准确快速地停车。另外，由于定子绕组和电网脱开，电动机不从电网吸取交流电能(只吸取少量的直流励磁电能)，从

能量的角度看，能耗制动比较经济。从能耗制动的机械特性可见，拖动系统制动至转速较低时，制动转矩也较小，此时制动效果不理想，若生产机械要求更快速停车，则可对电动机进行电源反接制动。

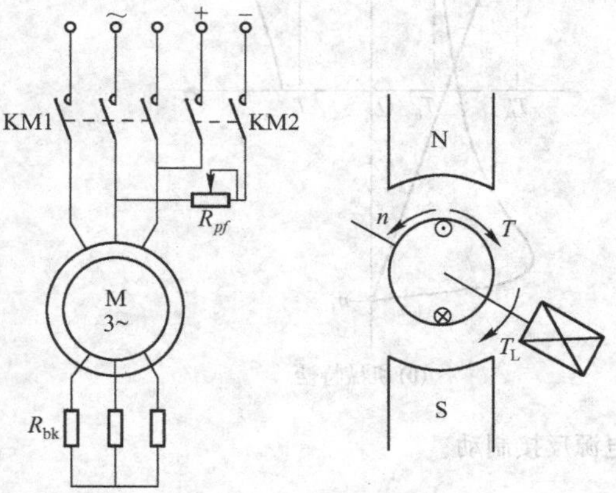

(a) 原理接线图　(b) 制动原理图

图 6-37　异步电动机的能耗制动

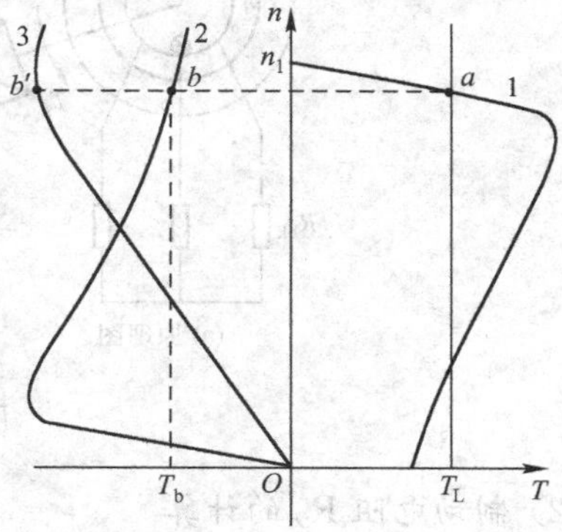

图 6-38　能耗制动机械特性

6.6.2　反接制动

1. 电源反接制动(反接正转第二象限 $n_1<0$，$n>0$，$s>1$)

如图 6-39 所示，电源反接制动是将三相异步电动机的任意两相定子绕组的电源进线对调，相当于他励直流电动机的电枢反接制动，适用于反抗性负载快速停车和快速反向。

1）制动原理和机械特性

如图 6-39(a)所示，由于定子绕组两相对调，使旋转磁场反向，即$-n_1<0$，如图 6-39(b)所示的机械特性曲线 2 和 3 过$-n_1$点。设电动机原来在图 6-39(b)中固有机械特性 1 的 a 点正向电动运行，定子两相反接瞬间 n_1 反向，而转速 n 由于机械惯性来不及变化(从 a 点水平跳变到曲线 2 的 b 点)，仍有 $n>0$，则转子绕组相对切割旋转磁场的方向改变，E_{2s}反向，I_{2s}反向，电磁转矩 T 反向($T<0$)，所以 n 与 T 反向。T 是制动转矩，因此 n 迅速下降，至 n 下降为零时，对需要快速停车的反抗性负载，应立即切断电源，否则可能会反向起动旋转。上述是一个制动过程，机械特性处于第二象限。反接制动过程中

$$s=\frac{-n_1-n}{-n_1}>1$$

由于制动瞬时，$n\approx n_1$，$s\approx 2$，所以制动瞬间的转子电动势 $E_{2s}\approx 2E_2$，比 $s=1$ 起动时的 $E_{2s}\approx E_2$ 还要大一倍，因此制动电流很大，且因转子频率大，漏抗大，而制动转矩 T_b 较小，制动效果不佳。为改善制动性能，在实际使用反接制动时，转子回路要串入制动电阻 R_{bk}，以限制过大的制动电流，同时增大转子功率因数和制动转矩，如曲线 3 的 b'点对应的制动转矩 T'_b。

电源反接制动时，因 $P_1\approx P_M=m_1 I'^2_2 r'_2/s>0$，$P_2\approx P_m=m_1 I'^2_2 r'_2(1-s)/s<0$，说明既要从电网吸取电能，又要从轴上吸取机械能，因此能耗大，经济性较差。该制动方法的制动转矩即使在转速降至很小时仍较大，因此制动迅速。

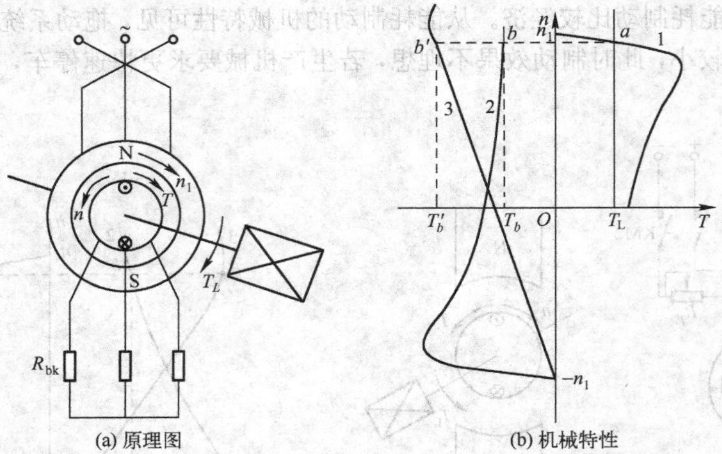

(a) 原理图　　(b) 机械特性

图 6-39　电源反接制动

2) 制动电阻 R_{bk} 的计算

由机械特性直线表达式得

额定点
$$T_N = \frac{2T_m}{s_m} s_N$$

给定转矩 T 的点
$$T = \frac{2T_m}{s_m} s_g$$

两式相除并整理得
$$s_g = s_N \frac{T}{T_N} \tag{6-29}$$

式中，s_g 为固有机械特性上对应任意给定转矩 T 的转差率，s_g 正比于给定转矩与额定转矩之比。

在转子串入电阻的人为机械特性上，存在 $T = \frac{2T_m}{s'_m} s$ 与固有机械特性上的同一转矩的 $T = \frac{2T_m}{s_m} s_g$ 相比，则得

$$\frac{s}{s_g} = \frac{s'_m}{s_m} = \frac{\dfrac{r'_2 + R'_{bk}}{x_1 + x'_2}}{\dfrac{r'_2}{x_1 + x'_2}} = \frac{r'_2 + R'_{bk}}{r'_2} = \frac{r_2 + R_{bk}}{r_2}$$

即
$$\frac{r_2}{s_g} = \frac{r_2 + R_{bk}}{s} \tag{6-30}$$

或
$$\frac{r_2}{s_N \dfrac{T}{T_N}} = \frac{r_2 + R_{bk}}{s} \tag{6-31}$$

式中，s 特指转子串电阻的人为机械特性中与固有机械特性上的 s_g 同转矩 T 的转差率。

式(6-30)或式(6-31)是各种制动问题的一般计算公式，由它们可以推导出求制动电阻的公式，即

$$R_{bk} = \left(\frac{s}{s_g} - 1\right) r_2 = \left(\frac{s}{s_N T / T_N} - 1\right) r_2 \tag{6-32}$$

其中，若转子每相电阻 r_2 未知，可用式(6-24)先进行计算。

【例 6-8】 一桥式吊车的主钩电动机采用某 $2p=8$ 的三相绕线型异步电动机。从产品目录中查得该电动机的有关数据如下：$P_N=22kW$，$U_N=380V$，$n_N=723r/min$，$I_N=56.5A$，$E_{2N}=197V$，$I_{2N}=70.5A$。该电动机在固有机械特性上提升 $0.8T_N$ 的负载，今欲快速停车，采用电源反接制动，在制动瞬时制动转矩为 $1.6T_N$，问需串入多大的制动电阻？(不计 T_0)

解：根据题意，得

$$s_N=\frac{n_1-n_N}{n_1}=\frac{750-723}{750}=0.036$$

$$r_2=\frac{E_{2N}}{\sqrt{3}I_{2N}}s_N=\frac{197}{\sqrt{3}\times 70.5}\times 0.036\Omega=0.058\Omega$$

作固有机械特性曲线 1，即通过 $(n_1, 0)$ 和 (n_N, T_N) 点的曲线，则曲线 1 的 a 点是提升 $0.8T_N$ 重物的电动状态，不计 T_0，则 $T=0.8T_N$，其转速 n_a 由式(6-29)有

$$n_a=(1-s_a)n_1=\left(1-s_N\frac{T}{T_N}\right)n_1$$
$$=(1-0.036\times 0.8)\times 750$$
$$=728.4r/min$$

制动开始(跳变)点 $(n_a, -1.6T_N)$ 处于过 $(-n_1, 0)$ 点的曲线 2 上，则它的转差率为

$$s=\frac{-n_1-n_a}{-n_1}=\frac{-750-728.4}{-750}$$
$$=1.9712$$

要用式(6-32)计算 R_{bk}，必须寻找与 s 所在的人为机械特性相对应的固有机械特性，它们必须通过共同的同步点。因此本题对应的是过 $-n_1$ 的反向固有机械特性，如图 6-40 中所示的曲线 3(第三象限)。与曲线 2 上 b 点同转矩的对应点是曲线 3 上的 b' 点，b' 点的 $s_g=1.6s_N$，故制动电阻

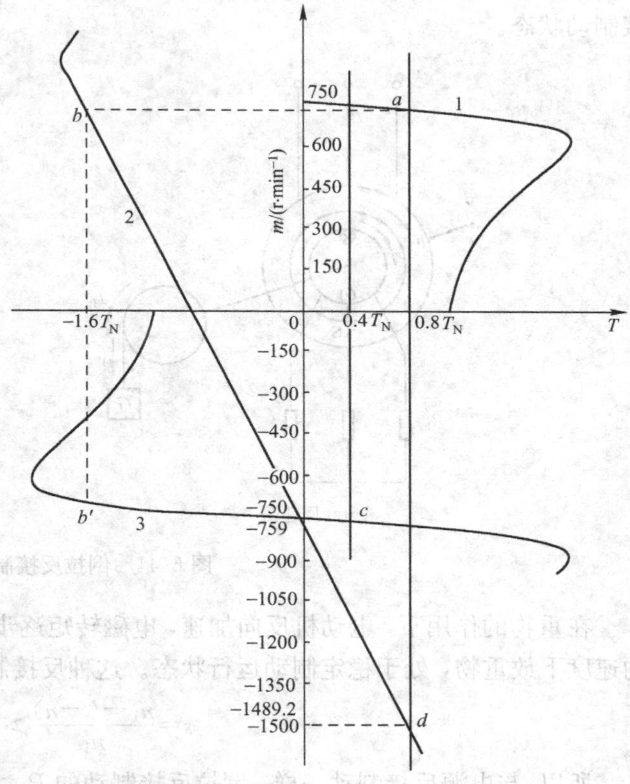

图 6-40　例 6-8 及例 6-10 图

$$R_{bk}=\left(\frac{s}{s_g}-1\right)r_2=\left(\frac{s}{s_N T/T_N}-1\right)r_2=\left(\frac{1.9712}{0.036\times 1.6}-1\right)\times 0.058\Omega=1.927\Omega$$

注意：因为定子两相反接的反接制动，反接瞬间的 $T>T_N$，所以由机械特性线性化($T\leqslant T_N$ 时较适用)导出的计算公式求制动电阻，有一定误差。

2. 倒拉反接制动(正接反转 第四象限 $n_1>0$, $n<0$, $s>1$)

这种反接制动类似于直流电动机的倒拉反接制动，适用于将重物匀低速下放。

1）制动原理和机械特性

制动原理如图 6-41(a)所示，由于定子接线与正向电动状态时一样，所以如图 6-41(b)所示，机械特性仍过 n_1 点。设异步电动机原运行于图 6-41(b)的固有机械特性(曲线 1)中的 a 点来提升重物，处于正向电动状态。如果在转子回路串入足够大电阻 R_{bk}，使 $s'_m \gg 1$，以至于对应的人为机械特性与位能性恒转矩负载特性的交点落在第四象限，如图中曲线 2 所示。在串入电阻的瞬时，转速 n 由于机械惯性来不及变化，工作点从 a 点水平跳变到曲线 2 的 b 点。由于 $T_b<T_L$，系统开始减速，待到转速 n 为零时，电动机的电磁转矩 T_c 仍小于负载转矩 T_L，重物迫使电动机转子反向旋转，即转速由正变负，此时 $T>0$ 而 $n<0$，电动机进入反接制动状态。

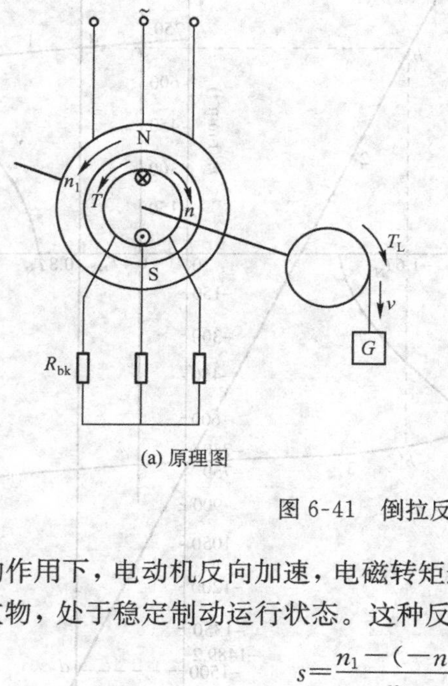

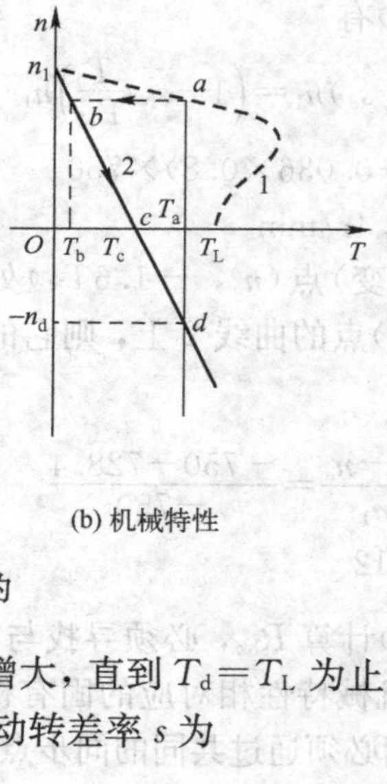

图 6-41　倒拉反接制约

在重物的作用下，电动机反向加速，电磁转矩逐步增大，直到 $T_d=T_L$ 为止，电动机以 n_d 的速度下放重物，处于稳定制动运行状态。这种反接制动转差率 s 为

$$s=\frac{n_1-(-n)}{n_1}>1$$

所以，与电源反接制动一样，倒拉反接制动的 $P_1>0$、$P_2<0$，能耗大，经济性差，但它能以任意低的转速下放重物，安全性好。

2）制动问题计算

利用同一转矩下转子电阻与转差率的关系式(6-30)～式(6-32)进行有关制动问题计算时有两种情况。

(1) 已知下放转速 n，求需串入的制动电阻 R_{bk}

用式(6-32)求解时注意，对应倒拉反接制动，因下放重物的 $n<0$，$n_1>0$，位于第四象限的倒位反接制动运行稳定下放点的 s 必大于 1；与倒拉反接制动人为机械特性对应的，过 $+n_1$ 的位于第一象限的固有机械特性上对应给定负载转矩 T_L(略 T_0 时，即为 T)的 $s_g>0$。

(2) 已知串入的制动电阻 R_{bk}，求下放转速 n。

用式(6-31)求出 s 后，用 $n=n_1(1-s)$ 计算 n 时，注意 $n_1>0$。

【例 6-9】 例 6-8 的电动机负载为额定值，不计 T_0。试求：

(1) 电动机欲以 300r/min 下放重物，转子每相应串入的电阻值。

(2) 当转子接入电阻为 $R_{bk}=9r_2$，电动机对应的转速，运行在何状态？

(3) 当转子接入电阻为 $R_{bk}=49r_2$，电动机对应的转速，运行在何状态？

解：(1)电动机欲以 300r/min 下放重物，转子每相应串入的电阻值

按题意，工作点在图 6-42 曲线 2 上 $T=T_N$ 的 a 点，它的转差率为

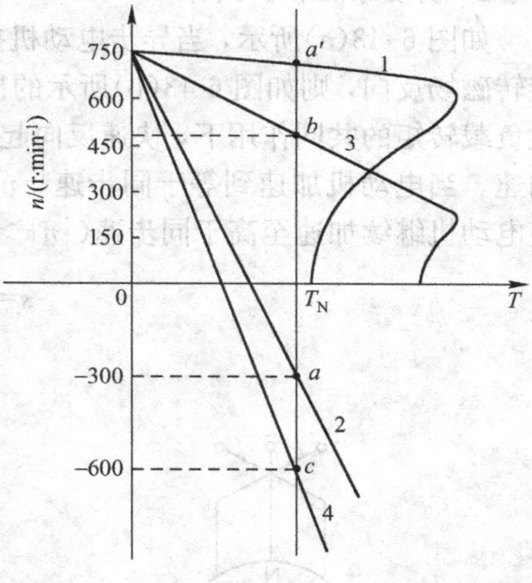

图 6-42　例 6-9 图

$$s=\frac{n_1-(-n)}{n_1}=\frac{750-(-300)}{750}=1.4$$

与曲线 2 上 a 点同转矩的对应点是固有特性曲线 1 上的 $T=T_N$ 的 a'点，其转差率为 s_N，故串入的电阻

$$R_{bk}=\left(\frac{s}{s_g}-1\right)r_2=\left(\frac{s}{s_N T/T_N}-1\right)r_2=\left(\frac{1.4}{0.036}-1\right)\times 0.058\Omega=2.2\Omega$$

(2) 当 $R_{bk}=9r_2$ 时电动机对应的转速，运行状态由式(6-31)可得对应 $T=T_N$ 的串入 $R_{bk}=9r_2$ 工作点的转差率

$$s=\frac{r_2+R_{bk}}{r_2}\times\frac{T}{T_N}s_N=\frac{r_2+9r_2}{r_2}\times 1\times s_N=10s_N=10\times 0.036=0.36$$

则对应的转速 $n=(1-s)n_1=(1-0.36)\times 750\text{r/min}=480\text{r/min}$

因为此工作点对应曲线 3 上的 b 点，$0<s<1$，所以是正向电动状态，电动机以 480r/min 提升额定负载。

(3) $R_{bk}=49r_2$ 时电动机对应的转速，运行状态

$$s=\frac{r_2+R_{bk}}{r_2}\times\frac{T}{T_N}s_N=\frac{r_2+49r_2}{r_2}\times 1\times s_N=50s_N=50\times 0.036=1.8$$

对应的转速 $n=(1-s)n_1=(1-1.8)\times 750\text{r/min}=-600\text{r/min}$

因为此工作点对应曲线 4 上的 c 点，$s\leqslant 1$，所以是倒拉反接的制动状态，电动机以 600r/min 下放额定负载。

6.6.3　回馈制动

1. 反向回馈制动($|n|>|n_1|$第四象限 $n_1<0$，$n<0$，$s<0$)

反向回馈制动方法也称反向再生发电制动，与他励直流电动机反向回馈制动类似，适用于将重物高速稳定下放，如图 6-43 所示。

1）制动原理和机械特性

如图 6-43(a)所示，当异步电动机拖动位能负载高速下放重物时，将定子绕组两相对调，旋转磁场反向，则如图 6-43(b)所示的机械特性 1 过 $-n_1$ 点，异步电动机在电磁转矩和位能性负载转矩的共同作用下，快速反向起动后沿机械特性曲线 1 的第三象限电动（$T<0$，$n<0$）加速。当电动机加速到等于同步速 $-n_1$ 时，尽管电磁转矩为零，但是由于重力转矩的作用，使电动机继续加速至高于同步速（$|n|>|n_1|$）进入曲线 1 的第四象限，转差率为

$$s=\frac{-n_1-(-n)}{-n_1}<0$$

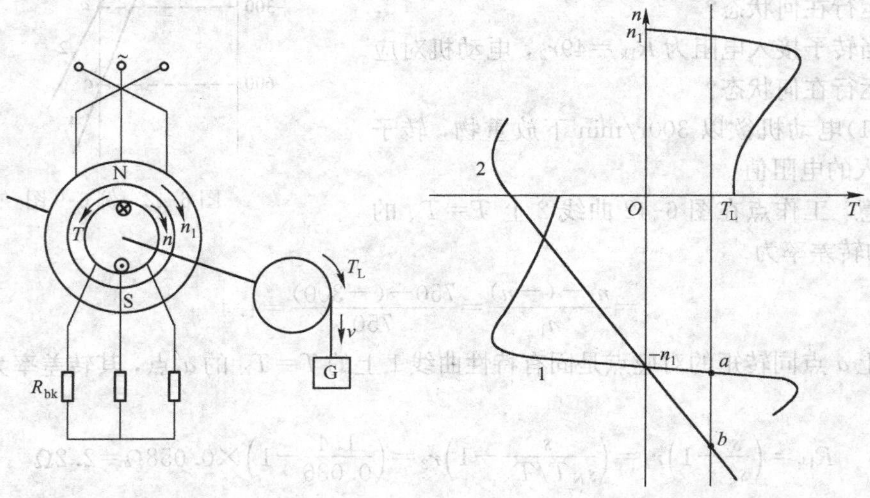

(a) 原理图　　(b) 机械特性

图 6-43　反向回馈制动

这时转子导条相对切割旋转磁场的方向与反向电动状态时相反，因此 sE_2 反向、I_2 反向、电磁转矩 T 也反向，即由第三象限的 $T<0$ 变成第四象限的 $T>0$，与转速 n 方向相反（$n<0$），成为制动性质的转矩，进入第四象限的反向回馈制动，最后当 $T=T_L$ 时，电机在曲线 1 的 a 点匀高速下放重物，此时电机处于稳定反向回馈制动运行状态。

反向回馈制动运行状态下放重物时，转子回路所串电阻越大，下放速度越高，如图 6-43(b)曲线 2 的 b 点。因此，为使反向回馈制动时下放重物的速度不至于太高，通常是将转子回路中的制动电阻切除或者很小。

由于回馈制动时 $s<0$，使 $P_1\approx P_M=m_1I'^2_2r'_2/s<0$，$P_2\approx P_m=m_1I'^2_2r'_2(1-s)/s<0$ 说明电动机从轴上吸取机械能转变为电能，反馈回电网，经济性较好。但它的$|n|>|n_1|$，下放重物的安全性较差。

2）制动问题计算

利用同一转矩下转子电阻与转差率的关系式(6-30)～式(6-32)进行有关制动问题计算时有两种情况。

(1) 已知下放转速 n，求需串入的制动电阻 R_{bk}

用式(6-32)求解时注意，对应反向回馈制动：因 $n<0$，$n_1<0$ 且$|n|>|n_1|$，位于第四象限的制动运行稳定下放点的 $s<0$；位于第四象限的反向固有机械特性上对应给定负载转矩

T_L（略 T_0，即为 T）的 $s_g<0$。

(2) 已知串入的制动电阻 R_{bk}，求下放转速 n

用式(6-30)或式(6-31)算出 s 后，用 $n=n_1(1-s)$ 计算 n 时，注意 $n_1<0$。

【例 6-10】 例 6-8 的电动机，略 T_0，假定在下例两种情况下，试求：

(1) 电动机轴上的 $T_L=100\text{N·m}$，电机运行在固有特性上以回馈制动下放重物的转速。

(2) 例 6-8 的电动机经电源反接制动快速停车后，定子绕组不脱离电网，转子绕组仍保持反接制动电阻，问电动机最终工作在何状态，并求出相应的转速。

解：(1) $T_N=9.55\dfrac{P_N}{n_N}=9.55\times\dfrac{22000}{723}\text{N·m}=291\text{N·m}$

略 T_0，$T/T_N=100/291=0.334$

因工作点 c 在图 6-40 的反向固有特性曲线 3 上，其 $R_{bk}=0$，故 $s=s_g$；同时 c 点在第四象限的反向回馈制动段，其转差率是负值为

$$s_g=s_N\frac{T}{T_N}=(-0.036)\times0.334=-0.0124$$

下放转速

$$n=(1-s)n_1=[1-(-0.0124)]\times(-750)\text{r/min}=-759\text{r/min}$$

(2) 例 6-8 在反接制动快速停车 $n=0$ 时，由于位能性负载转矩和电动机反向起动作用下，电动机沿反向加速一直超过同步速，最终变为稳定反向回馈制动运行，图 6-40 的工作点 d 在曲线 2 的第四象限。而与 d 点同转矩的对应点是反向固有特性 3 上第四象限的 $T=0.8T_N$ 的 a 点，其转差率为负值

$$s_g=s_N\frac{T}{T_N}=(-0.036)\times0.8=-0.0288$$

d 点转差率

$$s=\frac{r_2+R_{bk}}{r_2}\times\frac{T}{T_N}s_N=\frac{0.058+1.927}{0.058}\times(-0.0288)=-0.9857$$

下放重物转速

$$n=(1-s)n_1=[1-(-0.9857)]\times(-750)\text{r/min}=-1489.2\text{r/min}$$

可见保持转子串入的制动电阻，下放转速很大，所以常在进入回馈制动后切除或减小电阻。

2. 正向回馈制动（第二象限 $n_1>0$，$n>0$，$s<0$）

正向回馈制动发生在变极或电源频率下降较多的降速过程，机械特性如图 6-44 所示。

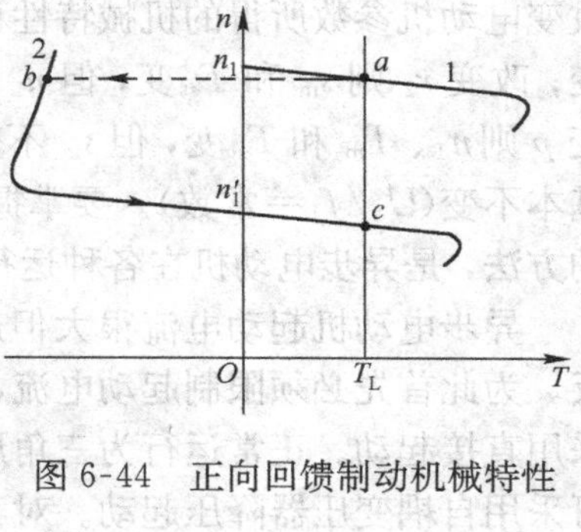

图 6-44　正向回馈制动机械特性

如果原来电动机稳定运行于 a 点，当突然换接到倍极数运行（或频率突然降低很多）时，则特性突变为曲线 2，因 $n=n_a$ 不能突变，工作点突变为 b 点。因 $n_b>n_1'$，进入回馈制动，在 T 及 T_L 的共同制动下系统开始减速，从 b 点到 n_1' 的降速过程中都是 $s<0$，所以是回馈制动过程。

从 n'_1 至 c 点，是电动降速过程。

6.6.4 软停车与软制动

1. 转矩控制软停止方式

电动机停机时，传统方法是采用控制接触器触点断开，切掉电动机电源，电动机自由停车。但许多应用场合，如高层建筑、楼宇的水泵系统，要求电动机逐渐停机，采用软起动器可满足这一要求。

软停车方式通过调节软起动器的输出电压逐渐降低而切断电源，这一过程时间较长且一般大于自由停车时间，故称为软停车方式。转矩控制软停车方式是在停车过程中，匀速调整电动机转矩的下降速率，实现平滑减速。如图 6-45 所示为转矩控制软停车特性曲线。减速时间 t_1 一般是可设定的。

2. 制动停车方式

当电动机需要快速停机时，可以利用软起动器的能耗制动功能来实现。在实施能耗制动时，软起动器向电动机定子绕组通入直流电。如图 6-46 所示为制动停车方式特性曲线，一般可设定制动电流加入的幅值 I_{L1} 和时间 t_1，但制动开始到停车时间不能设定，时间长短与制动电流有关，应根据实际应用情况，调节加入制动电流幅值和时间来调节制动时间。

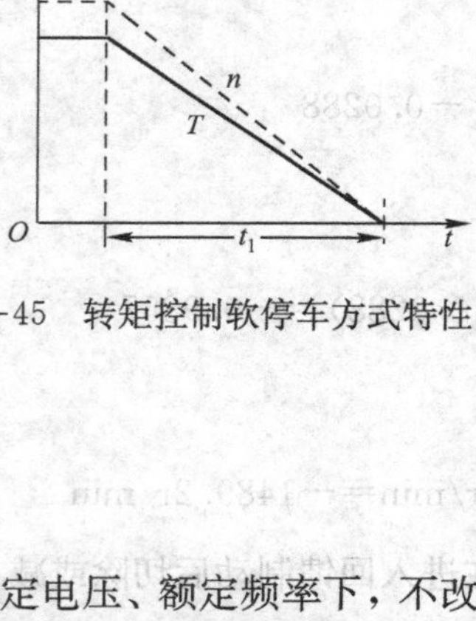

图 6-45　转矩控制软停车方式特性曲线

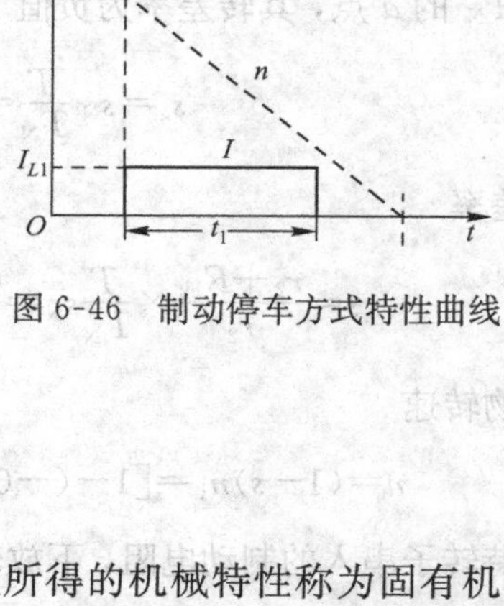

图 6-46　制动停车方式特性曲线

小　　结

在额定电压、额定频率下，不改变电动机本身参数所得的机械特性称为固有机械特性。改变电动机参数所得的机械特性称为人为机械特性。改变 U_1 则 T_m 和 T_{st} 变，但 n_1 和 s_m 不变；改变 r_2 则 s_m 和 T_{st} 变，但 n_1 和 T_m 不变；改变 r_1、x_1 则 T_m、s_m 和 T_{st} 变，但 n_1 不变；改变 p 则 n_1、T_m 和 T_{st} 变，但 s_m 不变；改变 f_1 则 n_1、T_{st} 和 s_m 变，但 T_m 不变(E_1/f_1＝常数)或基本不变(U_1/f_1＝常数)。要掌握采用电磁转矩实用表达式，甚至近似表达式计算机械特性的方法，是异步电动机在各种运行状态的计算基础。

异步电动机起动电流很大但起动转矩却不大，正好与生产机械对电动机的要求完全相反。为此首先必须限制起动电流，其次是保证具有一定的起动转矩。小容量的电动机尽可能采用直接起动。正常运行为三角形联结的电动机，轻载时可优先采用 Y-△降压起动，重载时可采用自耦变压器降压起动。对大、中容量电动机，轻载时可采用定子串电抗降压起动。绕线型异步电动机转子串电阻或频敏变阻器起动，既限制了起动电流，又提高了起动转矩，起动性能良好，多用于频繁重载起动场合。三相异步电动机软起动是利用晶闸管的移相控制原理，通过控制晶闸管的导通角，改变其输出电压，从而通过调压方式来控制电动机起动电流和起动转矩。软起动方式有斜坡升压起动方式、转矩控制及起动电流限制特性起动方式和电压提升脉冲起动方式。

异步电动机有改变转差率调速、变极调速和变频调速 3 种方法。

变极调速只适用于笼型异步电动机，但调速平滑性差，故常与机械调速或闭环控制的调压调速配合以提高平滑性。笼型异步电动机采用改变定子电压或电磁转差离合调速属于改变转差率调速范畴，它们的转差功率消耗在转子或离合器电枢电路中，效率低，发热严重，只适用于较小容量的生产机械中。改变转差率调速的另一应用场合是绕线型异步电动机转子串电阻调速或串级调速，转子串电阻调速其低速特性软、调速范围小、效率低、平滑性差，但调速方法简单，仍用于断续工作生产机械上。串级调速其转差功率能够回馈电网、调速效率高、特性硬、能实现无级调速，但低速时过载能力较低，功率因数不高，最适用于通风机负载，其次为恒转矩负载。为了获得与直流调速系统同样优越的动、静态调速性能，并进而取而代之，变频调速系统获得飞速的发展，技术日趋成熟，在各种异步电动机调速系统中效率最高、性能也最好，是交流调速的主要发展方向。它采用电源电压随频率成正比变化的控制方法，可实现恒转矩调速且保持电动机过载能力不变，调速范围大，低速特性硬，可实现无级调速。

三相异步电动机有能耗制动、电源反接制动及回馈制动，它们的共同特点是电磁转矩与转速方向相反，应着重掌握制动产生条件、机械特性、功率关系及制动电阻计算。

当不允许电动机瞬间停机时，可采用软起动器来实现软停车；当电动机需要快速停机时，也可以利用软起动器的能耗制动功能来实现。软停车、软制动方式有转矩控制软停止方式及制动停车方式两种。

习　题

6.1　试写出三相异步电动机机械特性的 3 种表达式，并说明导出这些表达式的假定条件是什么？

6.2　试说明异步电动机在 $0<s<s_m$ 时，电磁转矩 T 随转差率 s 的增大而增大；而在 $s_m<s<1$ 时，T 随 s 的增大而减小的原因。

6.3　某三相异步电动机机械特性与恒转矩负载转矩特性相交于图 6-47 图中的 A、B 两点，与通风机负载转矩特性相交于点 C。试问 A、B、C 三个点中哪个点能稳定运行，哪个点能长期稳定运行？

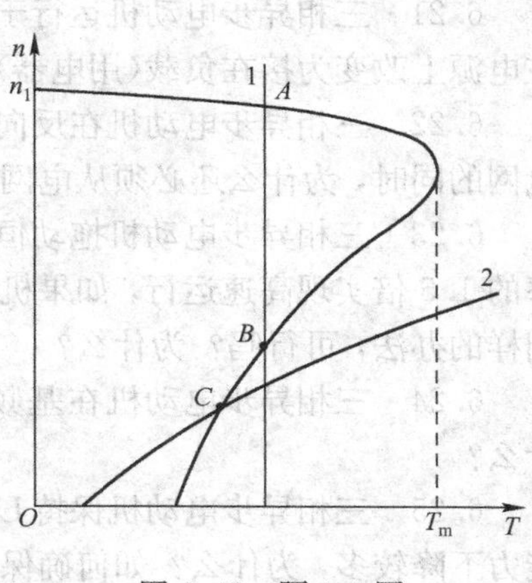

图 6-47　题 6.3 图

6.4　什么是三相异步电动机的固有机械特性和人为机械特性？

6.5　三相异步电动机的最大转矩与哪些参数有关？三相异步电动机能否在最大转矩下长期运行？为什么？

6.6　某三相异步电动机，原笼型转子是铜条制的，后因损坏改为铸铝。如果仍工作在额定电压下，电动机的额定转差率、最大转差率、最大转矩及效率将如何变化？

6.7 为什么笼型异步电动机起动电流大而起动转矩却不大？

6.8 容量为几千瓦时，为什么直流电动机不能直接起动而三相笼型异步电动机却可以直接起动？

6.9 三相笼型异步电动机的几种降压起动方法各适用在什么情况下？绕线型异步电动机为什么不采用降压起动？

6.10 某三相笼型异步电动机的额定电压为380V/220V，接在380V的交流电网上空载起动，能否采用Y-△降压起动？为什么？

6.11 深槽式笼型异步电动机与双笼型异步电动机为什么起动转矩大而效率并不低？

6.12 为什么采用自耦变压器降压起动比采用串入电阻或电抗降压起动的起动转矩要大？

6.13 绕线型三相异步电动机转子回路串入电阻起动，为什么起动电流不大但起动转矩却很大？如把电阻改为电抗，其结果又将怎样？

6.14 绕线型三相异步电动机转子绕组串频敏变阻器起动时，为什么当参数合适时，可以使起动过程中电磁转矩较大，并基本保持恒定？

6.15 频敏变阻器是电感线圈，那么若在绕线型三相异步电动机转子回路中串入一个普通三相电力变压器的一次绕组（二次绕组开路），代替频敏变阻器，能否增大起动转矩及降低起动电流？为什么？

6.16 软起动的起动控制方式一般有哪些？与其他的起动方法相比有什么优点？

6.17 三相异步电动机有哪几种电磁制动方法？如何使电动运行状态的三相异步电动机转变到各种制动状态运行？

6.18 三相异步电动机能耗制动时的制动转矩大小与哪些因素有关？

6.19 绕线型三相异步电动机反接制动时，为什么转子回路串入比起动电阻还大的电阻？

6.20 三相异步电动机拖动恒转矩负载运行，若负载转矩较小，采用反接制动停车时应该注意什么问题？

6.21 三相异步电动机运行于反向回馈制动状态时，是否可以把电动机定子出线端从接在电源上改变为接在负载（用电器）上？

6.22 三相异步电动机在反向回馈制动时，它将拖动系统的动能或位能转换成电能送回电网的同时，为什么还必须从电网输入滞后的无功功率？

6.23 三相异步电动机拖动恒转矩负载时，若保持电源电压不变，将频率升高到额定频率的1.5倍实现高速运行，如果机械强度允许，可行吗？为什么？若拖动恒功率负载，采用同样的办法，可行吗？为什么？

6.24 三相异步电动机在基频以下变频调速时，能否只改变频率而其他参数不变？为什么？

6.25 三相异步电动机保持U_1/f_1＝常数在基频以下变频调速时，低频下运行时其过载能力下降较多，为什么？如何确保低频时的起动转矩足够大？

6.26 三相异步电动机带通风机负载，当采用变频调速时，为了保持调速前后电动机的过载能力不变，定子端电压应按什么规律变化？此时能同时保持气隙主磁通也不变吗？为什么？

6.27　三相笼型异步电动机如何实现变极调速？若电源相序调速前后不变，电动机转向将会怎样？为什么？绕线型三相异步电动机为何不采用变极调速？

6.28　三相异步电动机串级调速的基本原理是什么？串级调速和串电阻调速都是调节电动机转子回路的参数，但串级调速的调速性能好，调速特性较硬，为什么？

6.29　一台三相 6 极笼型异步电动机有关参数为：$U_N=380V$，$f_{1N}=50Hz$，$n_N=962r/min$，定子绕组 Y 接，$r_1=2.01\Omega$，$r'_2=1.3\Omega$，$x_1=3.9\Omega$，$x'_2=3.9\Omega$。求额定转矩、最大转矩、过载能力及临界转差率。(34.55N·m、68.88 N·m、0.727、0.164)

6.30　一台三相 8 极笼型异步电动机额定数据为：$P_N=50kW$，$U_N=380V$，$f_{1N}=50Hz$，$s_N=0.025$，$\lambda_m=2$。求额定转速及临界转差率。(731.25r/min、0.0933)

6.31　一台三相 4 极笼型异步电动机额定数据为：$P_N=7.5kW$，$n_N=1450r/min$，$U_N=380V$，$I_N=15.1A$，$\lambda_m=2$。试求：(1)临界转差率及最大转矩；(2)起动转矩及起动转矩倍数；(3)写出固有机械特性的实用表达式；(4)当转速为 $n=1400r/min$ 时的电磁转矩；(5)电磁转矩为 $0.8T_N$ 时的转速。(0.124，98.8N·m；24.13N·m，0.49；82.64N·m；1461r/min)

6.32　一台三相 4 极笼型异步电动机额定数据与题 6.31 相同。现将定子线电压降为 220V，试求：(1)减压后人为机械特性的实用表达式；(2)减压后的起动转矩及过载能力，这时电动机能否满载起动？为什么？(8.08N·m，0.67，不能)

6.33　一台三相 4 极笼型异步电动机额定数据为：$P_N=300kW$，$n_N=1450r/min$，$U_N=380V$，$I_N=527A$，起动电流倍数 $K_I=6.7$，起动转矩倍数 $K_{st}=1.5$，过载能力 $\lambda_m=2.5$，定子绕组三角形联结。试求：(1)直接起动时的起动电流与起动转矩；(2)如果供电电源允许的最大冲击电流为 1800A，采用定子串对称电抗器起动，求所串的电抗值及起动转矩；(3)如果采用 Y-△起动，能带动 1000N·m 的恒转矩负载起动吗？为什么？(4)为使起动时最大冲击电流不超过 1800A，而且起动转矩不小于 1000N·m，采用自耦变压器减压起动，已知自耦变压器的抽头分别为 55%、65%、73%三挡，试问应取哪一挡抽头电压？为什么？在所取的这一挡抽头电压下起动时的起动转矩及对电网的起动电流各为多少？(3530.9A，2963.8N·m；0.103Ω，770.9N·m；不能；65%，1252.2N·m，1491.8A)

6.34　一台三相 4 极笼型异步电动机额定数据与题 6.34 相同，由于电网容量的限制，必须用减压起动方法来限制起动电流不超过额定电流的 3 倍，但起动时的负载转矩为 $0.6T_N$，试问有哪几种可能的起动方案？

6.35　一台绕线型三相异步电动机，定转子绕组均为 Y 接，其额定数据为：$P_N=55kW$，$n_N=580r/min$，$U_{1N}=380V$，$I_{1N}=121.1A$，$E_{2N}=212V$，$I_{2N}=159A$，$\lambda_m=2.3$。试求：(1)电动机带动 $T_L=T_N$ 反抗性恒转矩负载额定运行时，将定子任意两相对调同时在转子每相串入电阻 $R=r_2$，制动停机后不切断电源，则系统能否反向起动？为什么？系统稳定后的转速 $n=$？稳定后的电动机处于什么运行状态？为什么？(2)如果 $T_L=T_N$ 是位能性负载，则从定子两相对调开始到系统最后稳定为止，电动机经历哪几个运行状态？每个阶段的能量传递关系如何？如果稳定时已将 R 切除，则稳定后的转速 $n=$？如果 $R=r_2$ 不变，则稳定后的转速 $n=$？(−560r/min；619r/min，640r/min)

6.36 一台三相4极笼型异步电动机额定数据为：$n_N=1450$r/min，$U_N=380$V，$I_N=20$A，定子绕组三角形联结，$\cos\varphi_{N_1}=0.87$，$\eta_N=87.5\%$，过载能力$\lambda_m=2$。该电动机用于电车上、下坡时采用固有机械特性作回馈制动，已知由于重力所产生的驱动转矩为$1.2T_N$，试求下坡时的电动机转速n=？(1560r/min)

6.37 一台三相4极50Hz笼型异步电动机额定数据为：$n_N=1455$r/min，$U_N=380$V，$I_N=30$A，$\lambda_m=2$。电动机带$T_L=0.85T_N$恒转矩负载运行，现采用U_1/f_1为常数的变频调速使$n=1000$r/min。试求：(1)调速后的频率及定子线电压为多少？(2)稳定后定子线电流为多少？(忽略I_0不计)(34.6Hz，263V；25.5A)

6.38 一台三相4极笼型异步电动机额定数据同题6.38。若电动机带动恒功率负载原来运行于额定状态，现采用变频调速使$n=1000$r/min，并且使调速前后电动机的过载能力不变。试求：(1)调速后的频率及定子线电压为多少？(2)稳定后定子线电流为多少？(忽略I_0不计)(35.52Hz，320V；43.7A)

6.39 一台三相6极绕线型异步电动机额定数据为：$P_N=40$kW，$n_N=980$r/min，$U_N=380$V，$I_N=73$A，$f_N=50$Hz，转子每相电阻$r_2=0.013\Omega$，过载能力$\lambda_m=2$。该电动机用于起重机起吊重物。试求：(1)当负载转矩$T_L=0.85T_N$，电动机以500r/min恒速提升重物时，转子回路每相应串入多大电阻？(2)当$T_L=0.85T_N$，电动机以500r/min恒速下放重物时，转子回路每相应串入多大电阻？(0.378Ω；1.134Ω)

第7章 同步电机

7.1 同步电机的基本结构与运行状态

同步电机是一种三相交流电机，它的转速恒等于旋转磁场的转速，严格保持着下式的关系：

$$n=\frac{60f}{p}$$

式中，f 为三相对称定子绕组中电流的频率；p 为同步电机磁极对数。

我国电力系统的频率 f 规定为 50Hz，电机的极对数 p 又应为整数，这样一来，同步电动机的转速 n 与极对数 p 之间有着严格的对应关系，如 $p=1,2,3,4\cdots$，$n=$3000r/min、1500r/min、1000r/min、750r/min…。

7.1.1 同步电机的基本结构

同步电机与其他旋转电机一样，主要由定子和转子两大部分组成。定、转子之间是空气隙。同步电机的定子是由机座、定子铁芯和定子绕组三个部分组成的。其中机座用厚钢板焊接结构，要求有足够的强度和刚度，用于固定定子铁芯；定子铁芯用厚度为 0.5mm 的硅钢片冲片叠装而成，为减少铁芯损耗，硅钢片上涂有绝缘漆，冲片内圆均匀地冲出一定形状的槽，用于嵌放定子绕组，定子铁芯叠片时，一般每叠厚 3～5cm，留 1cm 作为通风槽用；定子绕组的作用、要求、结构形式与三相异步电动机定子绕组相似，一般采用三相双层短距绕组。同步电机的转子上装有磁极，一般做成凸极式的，即有明显的磁极，如图 7-1 所示，磁极用钢板叠成或用铸钢铸成，在磁极上套有线圈，各磁极上的线圈串联起来，构成励磁绕组，在励磁绕组里通入直流电流 I_f，便使磁极产生了极性，如图 7-1 中的 N、S 极；大容量高转速的同步电动机转子也有做成隐极式的，即转子是圆柱体，里面装有励磁性材料绕组，如图 7-2 所示，隐极式同步电动机空气隙是均匀的。

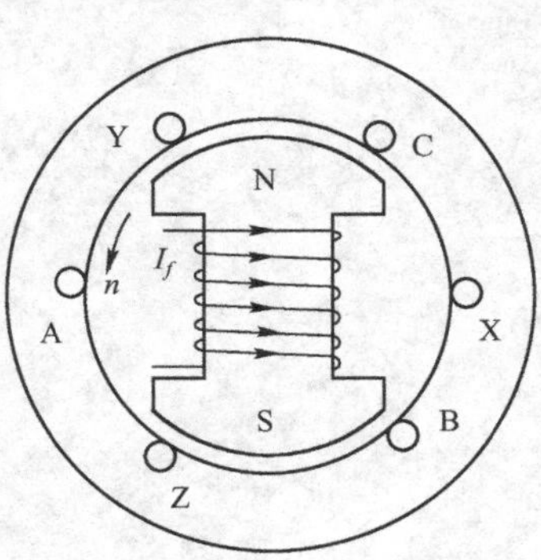

图 7-1 凸极同步电机

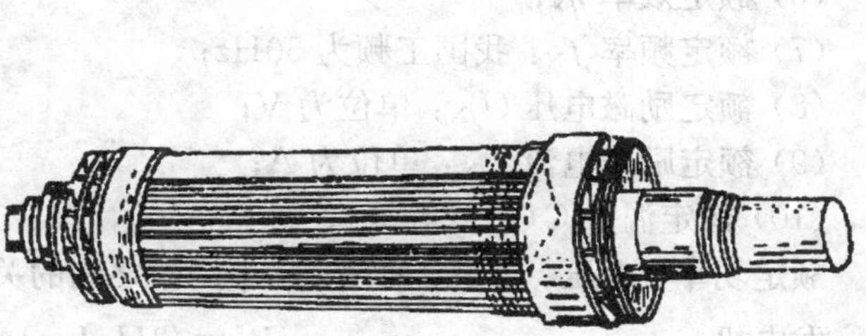
图 7-2 隐极同步电机的转子

7.1.2　同步电机的运行状态

同步电机主要用做发电机，全世界所需的电能几乎多由同步发电机产生，作发电机用时，转轴由原动机驱动，给发电机输入有功功率，定子端输出电功率。同步电机也可作电动机用，作电动机用时，定子端接于电网吸收电功率，通过定子、转子之间的电磁关系使转轴输出机械功率。随着工业的迅速发展，一些生产机械要求的功率越来越大，如空气压缩机、送风机、球磨机、电动发电机组等，它们的功率达数百乃至数千千瓦，采用同步电动机拖动更为合适。因为大功率同步电动机与同容量的异步电动机比较，有明显的优点。首先，同步电动机的功率因数较高，在运行时，不仅不会使电网的功率因数降低，还能够改善电网的功率因数，此时的同步电动机称为调相机，这是异步电动机做不到的；其次，对大功率低转速的电动机，同步电动机的体积比异步电动机的要小些，近年来，已经研制了小功率永磁转子同步电动机。

常用的同步电动机型号有：

TD 系列是防护式，卧式结构一般配直流励磁机或晶闸管励磁装置，可拖动通风机、水泵、电动发电机组。

TDK 系列一般为开启式，也有防爆式或管道通风型拖动压缩机用的同步电动机，配晶闸管整流励磁装置。用于拖动空压机，磨煤机等。

TDZ 系列是一般管道通风，卧式结构轧钢用的同步电动机，配直流发电机励磁或晶闸管整流励磁装置。用于拖动各种类型的轧钢设备。

TDG 系列是封闭式轴同分区通风隐极式结构的高速电动机，配直流发电机励磁或晶闸管整流励磁。用于化工、冶金或电力部门拖动空压机、水泵及其他设备。

TDL 系列是立式，开启式冷通风同步电动机，配单独励磁机。用于拖动立式轴流泵或离心式水泵。

7.1.3　铭牌数据

同步电机的额定数据主要有：

(1) 额定容量 P_N：单位为 kW 或 MW，对发电机是指输出的有功功率，对电动机是指轴上输出的机械功率。

(2) 额定电压 U_N：单位为 V 或 kV，指额定运行时定子端输出或输入的线电压。

(3) 额定电流 I_N：单位为 A，指额定运行时定子端输出或输入的线电流。

(4) 额定功率因数 $\cos\varphi_N$；

(5) 额定转速 n_N：单位为 r/min；

(6) 额定效率 η_N；

(7) 额定频率 f_N：我国工频为 50Hz；

(8) 额定励磁电压 U_{fN}：单位为 V；

(9) 额定励磁电流 I_{fN}：单位为 A；

(10) 额定温升℃(绝缘等级)。

额定功率、电压、电流、效率、功率因数之间的关系为：

发电机　　$P_N=\sqrt{3}U_N I_N\cos\varphi_N$

电动机　　$P_N=\sqrt{3}U_N I_N\eta_N\cos\varphi_N$

7.2　同步电机的工作原理

7.2.1　同步发电机的工作原理

同步发电机转子励磁绕组通入直流励磁电流且由电动机拖动以同步转速旋转，定子端开路(称空载)时，气隙间仅有励磁绕组产生的励磁磁动势和励磁磁场，该磁场的磁通多经主磁极→气隙→定子齿→定子磁轭→主磁极形成一闭合磁路，该磁通与定子绕组交链的部分称为主磁通，以 Φ_0 表示。当电动机拖动同步发电机转子以同步转速旋转，主磁通 Φ_0 在气隙中形成一个旋转磁场，磁场与定子三相对称绕组交链，定子绕组切割磁场产生三相对称电动势，如图 7-3 所示。每相电动势之有效值为

$$E_0 = 4.44 f W_1 k_{W1} \Phi_0 \tag{7-1}$$

式中，W_1 为定子每相绕组匝数；k_{W1} 为定子绕组的绕组系数，$k_{W1}<1$；Φ_0 为空载时励磁磁动势产生的每极磁通基波平均值。

同步发电机空载运行时，当转子以同步转速 n_1 恒定旋转时，定子绕组相电动势 E_0 有效值正比于 Φ_0，主磁通 Φ_0 是励磁电流 I_f 的函数，称定子电流为零、转子转速为 n_1 时空载电动势 E_0 与励磁电流 I_f 的关系 $E_0=f(I_f)$ 为同步发电机的空载特性，如图 7-4 所示。

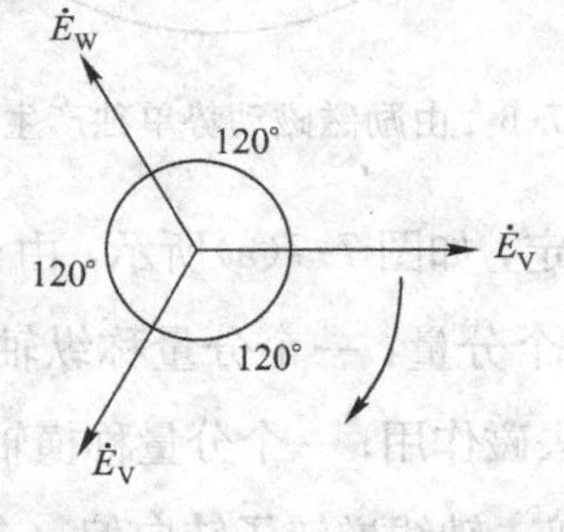

图 7-3　空载时三相同步发电机的电动势相量

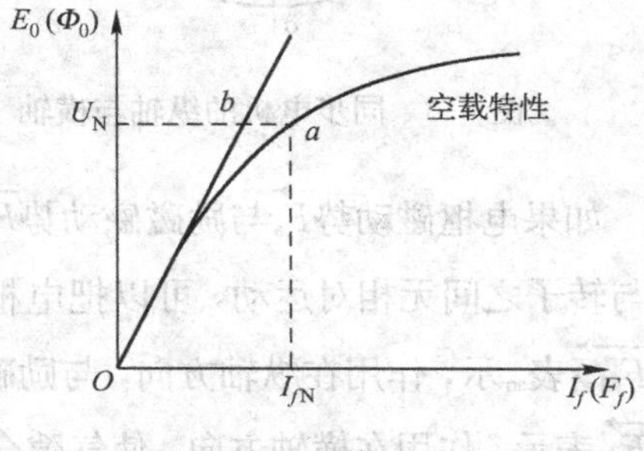

图 7-4　同步发电机的空载特性曲线

由于 $E_0 \propto \Phi_0$，$F_f \propto I_f$，换以适当比例尺后，空载特性曲线 $E_0=f(I_f)$ 可表示为 $\Phi_0=f(F_f)$，实质上是同步发电机的磁化曲线。

磁路中磁通大小除与磁动势 F_f 的大小有关外，还与磁路饱和程度有关。同步发电机主磁通经过的气隙其磁导率很小，且是个常数，磁通与励磁电流的关系为线性，即 $\Phi_0 \propto I_f$。而磁路中的铁磁材料的磁导率是非线性的，在励磁电流较小且磁路未饱和时，磁导率较大、且变化不大，故磁通大小与励磁电流 I_f 成正比例变化。当励磁电流 I_f 上升到一定值后，铁磁材料的磁导率下降，磁阻增大，使得 Φ_0 不随 I_f 成正比例变化，I_f 变化量大而 Φ_0 的变化却很小，这就是磁路的饱和现象。同步发电机的空载特性曲线和其他电机一样是一条饱和曲线。

7.2.2　电枢反应

同步发电机接上三相对称负载，定子对称三相绕组通过对称三相电流，产生和建立一个旋转磁场，其基波旋转磁动势的转速为同步转速 n_1，转向由定子电流的相序决定。于是发电

机气隙间出现了两个旋转磁场，一个励磁磁动势产生的磁场，另一个是定子电流产生的电枢磁场。两个磁场在空间的转速、转向均相同，即两个磁场在空间是相对静止的。电枢磁场的出现对励磁磁场必然有一定的影响，我们把电枢磁场对励磁磁场的影响称为电枢反应。由励磁电流 I_f 产生的励磁磁动势用$\overrightarrow{F_0}$表示，由定子电流产生的电枢磁动势用$\overrightarrow{F_a}$表示，两个磁动势在空间虽然相对静止，但要确定电枢磁动势对励磁磁动势的影响必须考虑两个磁动势在空间的相对位置。

以凸极同步电机为例，先规定两个轴，把转子一个 N 极和一个 S 极的中心线称纵轴或 d 轴，与纵轴相距 90°空间电角度的地方称横轴或 q 轴，如图 7-5 所示。d 轴、q 轴随转子一同旋转，励磁磁动势作用在纵轴方向，产生的磁通如图 7-6 所示。

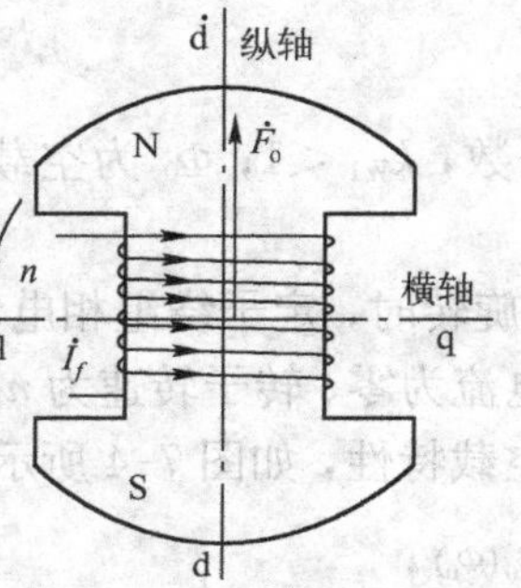

图 7-5　同步电机的纵轴与横轴

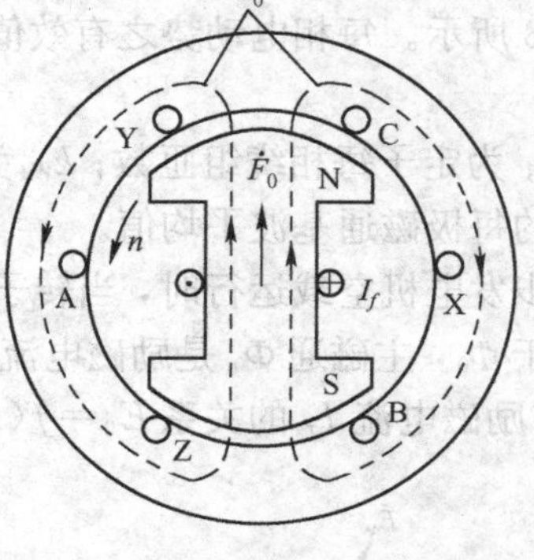

图 7-6　由励磁磁动势单独产生的磁通 Φ_0

如果电枢磁动势$\overrightarrow{F_a}$与励磁磁动势$\overrightarrow{F_0}$的相对位置已给定，如图 7-7(a)所示，由于电枢磁动势$\overrightarrow{F_a}$与转子之间无相对运动，可以把电枢磁动势$\overrightarrow{F_a}$分成两个分量：一个分量称纵轴电枢磁动势，用$\overrightarrow{F_{\mathrm{ad\,ad}}}$表$_{\mathrm{aq}}$示，作用在纵轴方向，与励磁磁动势反相，起去磁作用；一个分量称横轴电枢磁动势，用$\overrightarrow{F_{aq}}$表示，作用在横轴方向，使气隙合成磁动势发生畸变，轴线逆转子转向偏一个角度。即

$$\overrightarrow{F_a}=\overrightarrow{F_{ad}}+\overrightarrow{F_{aq}}$$

由纵轴电枢磁动势$\overrightarrow{F_{ad}}$单独在电机的主磁路里产生的磁通，称纵轴电枢磁通，用 Φ_{ad} 表示，如图 7-7(b)所示。由横轴电枢磁动势$\overrightarrow{F_{aq}}$单独在电机的主磁路里产生的磁通，称横轴电枢磁通，用 Φ_{aq} 表示，如图 7-7(c)所示。Φ_{ad}、Φ_{aq} 都以同步转速逆时针方向旋转着。

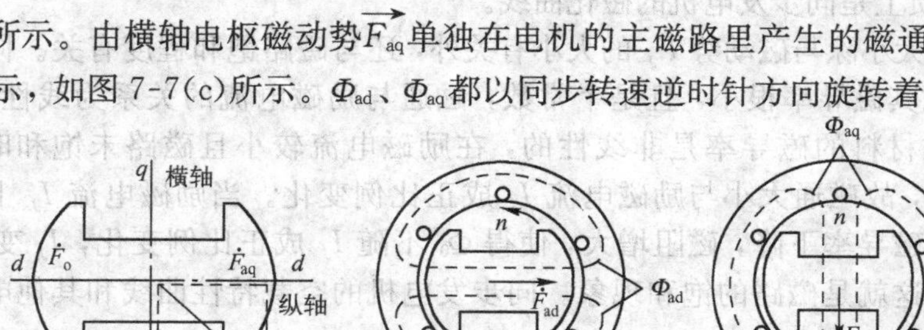

(a)　(b)　(c)

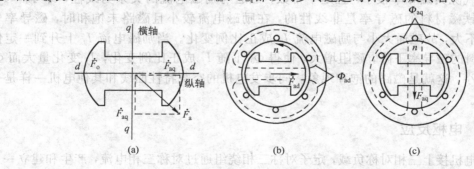

图 7-7　电枢反应磁动势及磁通

电枢磁动势$\overrightarrow{F_a}$的大小为

$$F_a=\frac{3}{2}\frac{4}{\pi}\frac{\sqrt{2}}{2}\frac{Wk_W}{p}I$$

现在纵轴电枢磁动势$\overrightarrow{F_{ad}}$的大小可以写成

$$F_{ad}=\frac{3}{2}\frac{4}{\pi}\frac{\sqrt{2}}{2}\frac{Wk_W}{p}I_d$$

横轴电枢磁动势$\overrightarrow{F_{aq}}$的大小写成

$$F_{aq}=\frac{3}{2}\frac{4}{\pi}\frac{\sqrt{2}}{2}\frac{Wk_W}{p}I_q$$

若$\overrightarrow{F_{ad}}$转到A相绕组轴线上，i_{dA}为最大值；若$\overrightarrow{F_{aq}}$转到A相绕组轴线上，i_{qA}为最大值。显然$\dot{I}_{dA}$与$\dot{I}_{qA}$相差90°相位。由于三相对称，只取A相，简写为$\dot{I}_d$与$\dot{I}_q$便可。考虑到$\overrightarrow{F_a}=\overrightarrow{F_{ad}}+\overrightarrow{F_{aq}}$的关系，所以有

$$\dot{I}=\dot{I}_d+\dot{I}_q$$

的关系。即把电枢电流$\dot{I}$按相量的关系分成两个分量；一个分量是$\dot{I}_d$；另一个分量是$\dot{I}_q$，其中$\dot{I}_d$产生了磁动势$\overrightarrow{F_{ad}}$；$\dot{I}_q$产生了磁动势$\overrightarrow{F_{aq}}$。

7.2.3　同步电动机的工作原理

当三相交流电源加在同步电动机的定子绕组时，便有三相对称电流流过定子的三相对称绕组，并产生旋转速度为n_1的旋转磁场。如果以某种方法使转子起动，并使其转速接近同步转速n_1，这时在转子励磁绕组中通以直流，产生极性和大小都不变的磁场，其极对数与定子的相同。当转子的S极与旋转磁场的N极对齐，转子的N极与旋转磁场的S极对齐时，根据磁极异性相吸、同性相斥的原理，定转子磁场(极)间就会产生电磁转矩(也称同步转矩)，促使转子的磁极跟随旋转磁场一起同步转动，即$n=n_1$，故称为同步电动机，如图7-8(a)所示的理想空载情况。由于电动机空载运转时总存在阻力，因此转子磁极的轴线总要滞后旋转磁场轴线一个很小的角度θ，以增大电磁转矩，如图7-8(b)所示。负载时，则θ角随之增大，电动机的电磁转矩也随之增大，使电动机转速仍保持同步状态，如图7-8(c)所示。显然，当负载力矩超过同步转矩时，旋转磁场就无法拖着转子一起旋转，如橡皮筋拉断一样，这种现象称为失步，电动机不能正常工作。

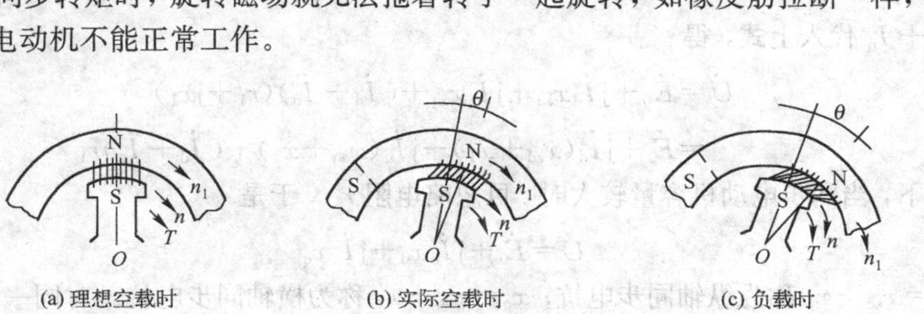

图7-8　同步电动机的工作原理

7.3 同步电动机的电压方程式与相量图

7.3.1 同步电动机的电压方程式

1. 凸极同步电动机

下面分别考虑电机主磁路里各磁通在定子绕组里感应电动势的情况。

不管是励磁磁通 Φ_0 也好，还是各电枢磁通 Φ_{ad}、Φ_{aq}也好，它们都是以同步转速逆时针方向旋转着，于是都要在定子绕组里感应电动势。

励磁磁通 Φ_0 在定子绕组里感应电动势用$\dot{E}_0$ 表示，纵轴电枢磁通 Φ_{ad}在定子绕组里感应电动势用$\dot{E}_{ad}$表示，横轴电枢磁通 Φ_{aq}在定子绕组里感应电动势用$\dot{E}_{aq}$表示。

根据图 7-9 给出的同步电动机定子绕组各电量正方向，可以列出 A 相回路的电压平衡等式为

$$\dot{E}_0+\dot{E}_{ad}+\dot{E}_{aq}+\dot{I}(r_1+jx_1)=\dot{U} \tag{7-2}$$

式中，r_1 是定子绕组一相的电阻；x_1 是定子绕组一相的漏电抗。

因磁路线性，$\dot{E}_{ad}$与 Φ_{ad}成正比，Φ_{ad}与 F_{ad}成正比，F_{ad}又与 I_d 成正比，所以 E_{ad}与 I_d 成正比。$\dot{I}$与$\dot{E}$正方向相反，故 $\dot{I}_d$ 落后于$\dot{E}_{ad}$90°时间电角度，于是电动势$\dot{E}_{ad}$可以写成

$$\dot{E}_{ad}=j\dot{I}_d x_{ad} \tag{7-3}$$

同理，$\dot{E}_{aq}$可以写成

$$\dot{E}_{aq}=j\dot{I}_q x_{aq} \tag{7-4}$$

式中，x_{ad}是个比例常数，称为纵轴电枢反应电抗；x_{aq}称为横轴电枢反应电抗。x_{ad}、x_{aq}对同一台电机，都是常数。

把式(7-3)、式(7-4)代入式(7-2)，得

$$\dot{U}=\dot{E}_0+j\dot{I}_d x_{ad}+j\dot{I}_q x_{aq}+\dot{I}(r_1+jx_1)$$

把 $\dot{I}=\dot{I}_d+\dot{I}_q$ 代入上式，得

$$\begin{aligned}\dot{U}&=\dot{E}_0+j\dot{I}_d x_{ad}+j\dot{I}_q x_{aq}+(\dot{I}_d+\dot{I}_q)(r_1+jx_1)\\&=\dot{E}_0+j\dot{I}_d(x_{ad}+x_1)+j\dot{I}_q(x_{aq}+x_1)+(\dot{I}_d+\dot{I}_q)r_1\end{aligned}$$

一般情况下，当同步电动机容量较大时，可忽略电阻 r_1。于是

$$\dot{U}=\dot{E}_0+j\dot{I}_d x_d+j\dot{I}_q x_q \tag{7-5}$$

式中，$x_d=x_{ad}+x_1$ 称为纵轴同步电抗；$x_q=x_{aq}+x_1$ 称为横轴同步电抗。对同一台电机，x_d、x_q 也都是常数，可以用计算或试验的方法求得。

我们知道，同步电机要想作为电动机运行，电源必须向电机的定子绕组传输有功功率。从图 7-9 规定的电动机各电量正方向知道，这时输入给电机的有功功率 P_1 必须满足

$$P_1=3UI\cos\varphi>0$$

这就是说，定子相电流的有功分量 $I\cos\varphi$ 应与相电压 U 同相位。可见，$\dot{U}$、$\dot{I}$ 两者之间的功率因数角 φ 必须小于 90°，才能使电机运行于电动机状态。

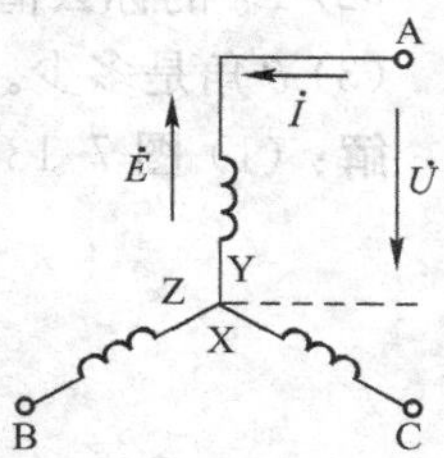

图 7-9 同步电动机各电量的正方向

2. 隐极同步电动机

以上分析的是凸极式同步电动机的电压方程式。如果是隐极式同步电动机，电机的气隙是均匀的，表现的参数，如纵、横轴同步电抗 x_d、x_q，两者在数值上彼此相等，即

$$x_d = x_q = x_c$$

式中，x_c 为隐极同步电动机的同步电抗。

对隐极式同步电动机，式(7-5)变为

$$\dot{U} = \dot{E}_0 + j\dot{I}_d x_d + j\dot{I}_q x_q = \dot{E}_0 + j(\dot{I}_d + \dot{I}_q)x_c = \dot{E}_0 + j\dot{I}x_c \tag{7-6}$$

7.3.2 同步电动机的电动势相量图

1. 凸极同步电动机

图 7-10 是根据式(7-5)的关系，当 $\varphi<90°$（电流超前电压性）时，电机运行于电动机状态画出的相量图。当然也可以画 $\varphi<90°$（滞后性）的相量图。

图中 $\dot{U}$ 与 $\dot{I}$ 之间的夹角为 φ，是功率因数角；$\dot{E}_0$ 与 $\dot{U}$ 之间的夹角是 θ；$\dot{E}_0$ 与 $\dot{I}$ 之间的夹角是 ψ。并且

$$I_d = I\sin\psi$$
$$I_q = I\cos\psi$$

θ 角称为功率角，是一个很重要的量，后面分析时要用到。

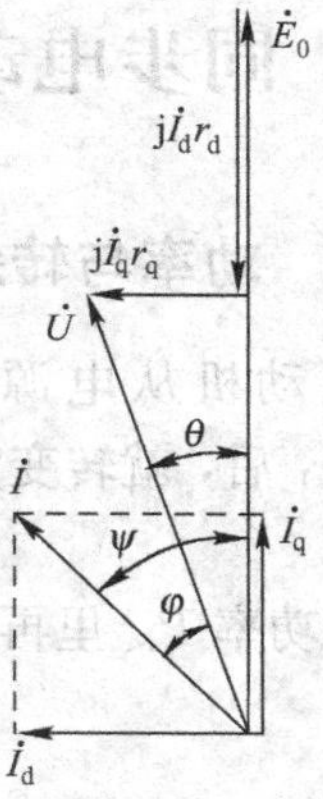

图 7-10 同步电动机当 $\varphi<90°$（超前性）的相量图

综上所述，研究凸极同步电动机的电磁关系，从而画出它的相量图，是按照图 7-11 的思路进行的。

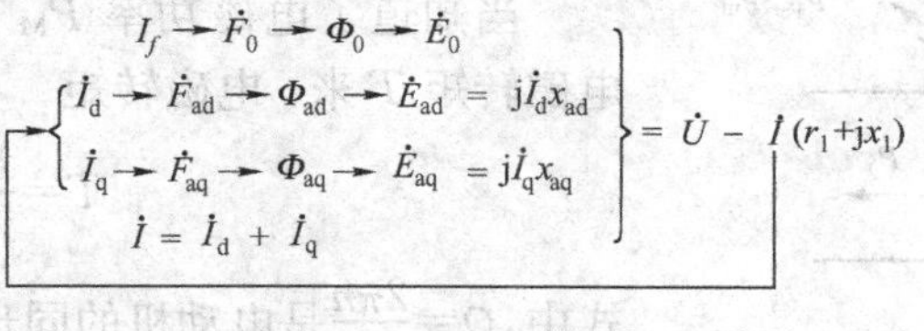

$I_f \to \dot{F}_0 \to \dot{\Phi}_0 \to \dot{E}_0$
$\dot{I}_d \to \dot{F}_{ad} \to \dot{\Phi}_{ad} \to \dot{E}_{ad} = j\dot{I}_d x_{ad}$
$\dot{I}_q \to \dot{F}_{aq} \to \dot{\Phi}_{aq} \to \dot{E}_{aq} = j\dot{I}_q x_{aq}$
$\dot{I} = \dot{I}_d + \dot{I}_q$
$= \dot{U} - \dot{I}(r_1 + jx_1)$

图 7-11 同步电动机的电磁关系

2. 隐极同步电动机

根据式(7-6)可以画出隐极式同步电动机的电动势相量图，如图 7-12 所示。

【例 7-1】 已知一台隐极式同步电动机的端电压标幺值 $U^*=1$，电流的标幺值 $I^*=1$，同步电抗 $x_c^*=1$ 和功率因数 $\cos\varphi=1$（略定子电阻）。求：

(1) 画出这种情况下的电动势相量图；

(2) E_0 的标幺值为多大；

(3) θ 角是多少。

解：(1) 图 7-13 是这种情况下的电动势相量图。

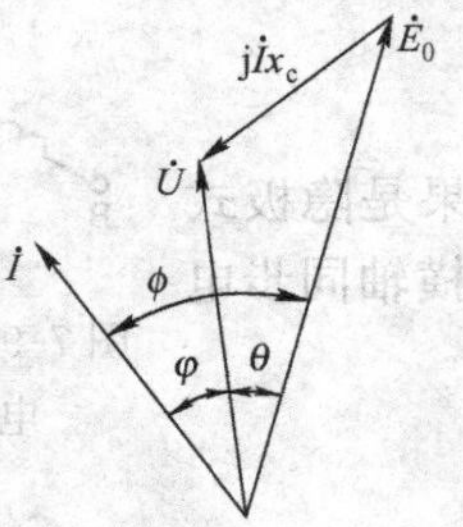

图 7-12 隐极式同步电动机的电动势相量图

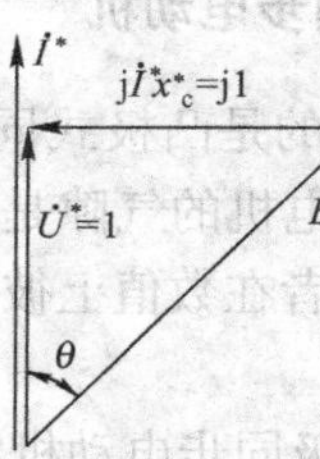

图 7-13 例 7-1 图

(2) 从图 7-13 相量图中直接看出，等边直角三角形斜长为$\sqrt{2}$，即 $E_0^*=\sqrt{2}U^*=\sqrt{2}$。

(3) 从图 7-13 中看出，这种情况下，$\theta=45°$。

7.4 同步电动机的功率、转矩及功角特性

7.4.1 功率与转矩平衡关系

同步电动机从电源吸收的有功功率 $P_1=3UI\cos\varphi$，除去消耗于定子绕组的铜损耗$p_{Cu}=3I^2r_1$ 后，就转变为电磁功率 P_M。

$$P_1-p_{Cu}=P_M$$

从电磁功率 P_M 里再扣除铁损耗 p_{Fe}和机械摩擦损耗 p_m 后，转变为机械功率 P_2 输出给负载。

$$P_M-p_{Fe}-p_m=P_2 \tag{7-7}$$

其中铁损耗 p_{Fe}与机械摩擦损耗 p_m 之和称为空载损耗 p_0，即

$$p_0=p_{Fe}+p_m$$

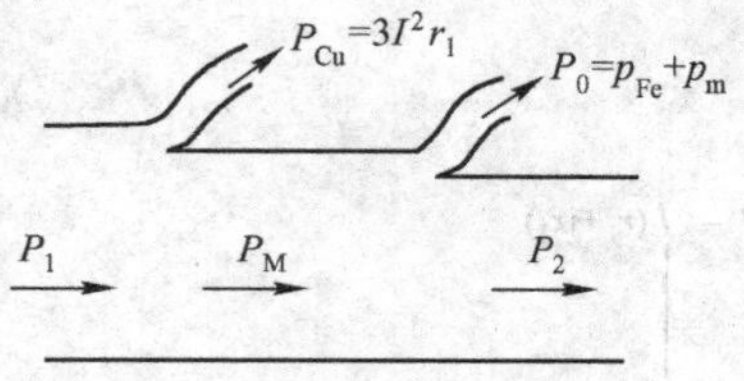

图 7-14 同步电动机的功率流程图

图 7-14 是同步电动机的功率流程图。

当知道了电磁功率 P_M 后，能很容易地算出它的电磁转矩 T 来，电磁转矩

$$T=\frac{P_M}{\Omega}$$

式中，$\Omega=\frac{2\pi n}{60}$是电动机的同步角速度。

把式(7-7)等号两边都除以 Ω，就得到同步电动机的转矩平衡等式。

$$\frac{P_2}{\Omega}=\frac{P_M}{\Omega}-\frac{p_0}{\Omega}$$

$$T_2=T-T_0$$

式中，T_0 称为空载转矩。

【例 7-2】 已知一台三相 6 极同步电动机的数据为：额定容量 $P_N=250kW$，额定电压 $U_N=380V$，额定功率因数 $\cos\varphi_N=0.8$，额定效率 $\eta_N=88\%$，定子每相电阻 $r_1=0.03\Omega$，定子绕组为 Y 接。求：

(1) 额定运行时定子输入的电功率 P_1；

(2) 额定电流 I_N；

(3) 额定运行时的电磁功率 P_M；

(4) 额定电磁转矩 T_N。

解：

(1) 额定运行时定子输入的电功率 P_1

$$P_1=\frac{P_N}{\eta_N}=\frac{250}{0.88}=284kW$$

(2) 额定电流 I_N

$$I_N=\frac{P_1}{\sqrt{3}U_N\cos\varphi_N}=\frac{284\times10^3}{\sqrt{3}\times380\times0.8}=539.4A$$

(3) 额定电磁功率 P_M

$$P_M=P_1-3I_N^2r_1=284-3\times538.4^2\times0.03\times10^{-3}=257.8kW$$

(4) 额定电磁转矩 T_N

$$T_N=\frac{P_M}{\Omega}=\frac{P_M}{\frac{2\pi n}{60}}=\frac{257.8\times10^3}{\frac{2\pi\times1000}{60}}=2462N\cdot m$$

7.4.2 电磁功率和转矩表达式及功角特性

1. 电磁功率

当忽略同步电动机定子电阻 r_1 时，电磁功率

$$P_M=P_1=3UI\cos\varphi$$

从图 7-10 中看出，$\varphi=\psi-\theta$，ψ 角是 $\dot{E}_0$ 与 $\dot{I}$ 之间的夹角，θ 是 $\dot{U}$ 与 $\dot{E}_0$ 之间的夹角。于是

$$P_M=3UI\cos\varphi=3UI\cos(\psi-\theta)=3UI\cos\psi\cos\theta+3UI\sin\psi\sin\theta$$

从图 7-10 中可知

$$I_d=I\sin\psi$$

$$I_q=I\cos\psi$$

$$I_dx_d=E_0-U\cos\theta$$

$$I_qx_q=U\sin\theta$$

考虑以上这些关系，得

$$P_M=3UI_q\cos\theta+3UI_d\sin\theta=3U\frac{U\sin\theta}{x_q}\cos\theta+3U\frac{(E_0-U\cos\theta)}{x_d}\sin\theta$$

$$=3\frac{E_0U}{x_d}\sin\theta+3U^2\left(\frac{1}{x_q}-\frac{1}{x_d}\right)\cos\theta\sin\theta$$

已知 $\sin2\theta=2\cos\theta\sin\theta$，代入上式得

$$P_{\mathrm{M}}=3\,\frac{E_0U}{x_{\mathrm{d}}}\sin\theta+\frac{3U^2(x_{\mathrm{d}}-x_{\mathrm{q}})}{2x_{\mathrm{d}}x_{\mathrm{q}}}\sin2\theta \tag{7-8}$$

2. 转矩表达式

把式(7-8)等号两边同除以机械角速度 Ω，得电磁转矩为

$$T=3\,\frac{E_0U}{\Omega x_{\mathrm{d}}}\sin\theta+\frac{3U^2(x_{\mathrm{d}}-x_{\mathrm{q}})}{2x_{\mathrm{d}}x_{\mathrm{q}}\Omega}\sin2\theta$$

电磁转矩 T 与 θ 的变化关系如图 7-15 所示，称为矩角特性。由于隐极同步电动机的参数 $x_{\mathrm{d}}=x_{\mathrm{q}}=x_{\mathrm{c}}$，于是式(7-8)变为 $P_{\mathrm{M}}=\frac{3E_0U}{x_{\mathrm{c}}}\sin\theta$，是隐极同步电动机的功角特性。可见，隐极式同步电动机没有凸极电磁功率这一项。隐极式同步电动机的电磁转矩 T 与 θ 角的关系为

$$T=\frac{3E_0U}{\Omega x_{\mathrm{c}}}\sin\theta \tag{7-9}$$

图 7-16 所示为隐极式同步电动机的矩角特性。在某固定励磁电流条件下，隐极式同步电动机的最大电磁功率 P_{Mm} 与最大电磁转矩 T_{m} 为

$$P_{\mathrm{Mm}}=\frac{3E_0U}{x_c}$$

$$T_{\mathrm{m}}=\frac{3E_0U}{\Omega x_c}$$

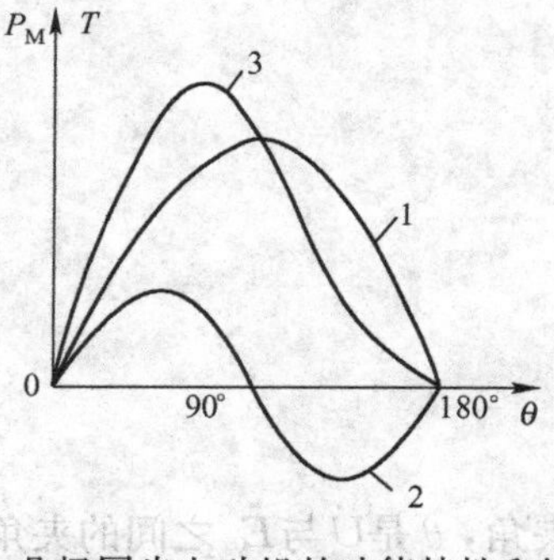

图 7-15 凸极同步电动机的功能特性和矩角特性

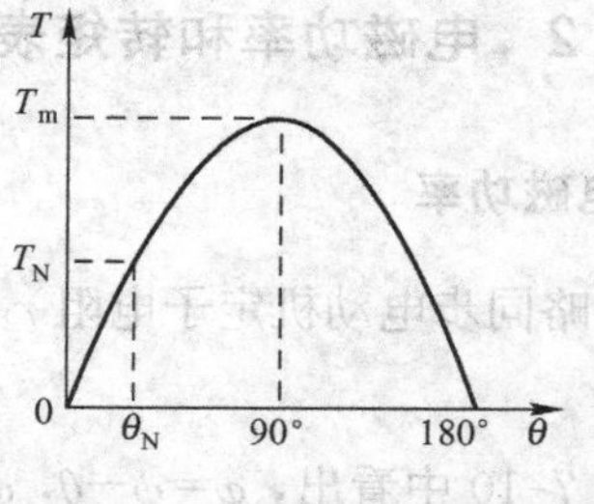

图 7-16 隐极式同步电动机的矩角特性

3. 功角特性

接在电网上运行的同步电动机，已知电源电压 U、电源的频率 f 等都维持不变，如果保持电动机的励磁电流 I_f 不变，那么对应的电动势 E_0 的大小也是常数，另外电动机的参数 x_{d}、x_{q} 又是已知的数，这样一来，从式(7-8)看出，电磁功率 P_{M} 的大小，与角度 θ 呈函数关系。即当 θ 角变化时，电磁功率 P_{M} 的大小也跟着变化。把 $P_{\mathrm{M}}=f(\theta)$ 的关系称为同步电动机的功角特性，用曲线表示，如图 7-15 所示。

式(7-8) 凸极同步电动机的电磁功率 P_{M} 中，第一项与励磁电动势 E_0 成正比，即与励磁电流 I_f 的大小有关，叫做励磁电磁功率。公式中的第二项，与励磁电流 I_f 的大小无关，是由参数 $x_{\mathrm{d}}\neq x_{\mathrm{q}}$ 引起的，因为电动机的转子是凸极式的。这一项的电磁功率叫凸极电磁功率。

如果电动机的气隙均匀(像隐极同步电机)，$x_d=x_q$，式(7-8)中的第二项为零，即不存在凸极电磁功率。

式(7-8)中第一项励磁电磁功率是主要的，第二项的数值比第一项小得多。

励磁电磁功率 $P_{M励}$

$$P_{M励}=\frac{3E_0U}{x_c}\sin\theta$$

$P_{M励}$ 与 θ 呈正弦曲线变化关系，如图 7-15 中的曲线 1。

当 $\theta=90°$时，$P_{M励}$ 为最大，用 P'_m 表示，则

$$P'_m=\frac{3E_0U}{x_d}$$

凸极电磁功率 $P_{M凸}$

$$P_{M凸}=\frac{3U^2(x_d-x_q)}{2x_dx_q}\sin2\theta$$

当 $\theta=45°$时，$P_{M凸}$ 为最大，用 P''_m 表示，则 $P''_m=\frac{3U^2(x_d-x_q)}{2x_dx_q}$

$P_{M凸}$ 与 θ 的关系，如图 7-15 中的曲线 2。图 7-15 中的曲线 3 是合成的总的电磁功率与 θ 角的关系。可见，总的最大电磁功率 P_{Mm} 对应的 θ 角小于 90°。

7.4.3 稳定运行区和负载能力

下面以隐极式同步电动机为例，简单介绍同步电动机能否稳定运行的问题。

1. 当电动机拖动机械负载运行在 $\theta=0°\sim90°$的范围内

如图 7-17(a)，设原来电动机运行于 θ_1，这时电磁转矩 T 与负载转矩 T_L 相平衡，即 $T=T_L$。由于某种原因，负载转矩 T_L 突然变大了，为 T'_L，这时转子要减速使 θ 角增大，例如变为 θ_2，在 θ_2 时对应的电磁转矩为 T'，图中可看出 T' 也增大了，如果 $T'=T'_L$，电机就能继续同步运行，不过这时运行在 θ_2 角度上。如果负载转矩又恢复为 T_L，电动机的 θ 角也恢复为 θ_1，且 $T=T_L$，所以电动机能够稳定运行。

2. 当同步电动机带负载运行在 $\theta=90°\sim180°$范围内

如图 7-17(b)，设原来电动机运行于 θ_3，这时电磁转矩 T 与负载转矩 T_L 相平衡，即 $T=T_L$。由于某种原因，负载转矩 T_L 突然变大了，为 T'_L，这时转子要减速使 θ 角增大，例如变为 θ_4，在 θ_4 时对应的电磁转矩为 T'，图中可看出 T' 反而减小，转子继续减速使 θ 角继续增大，而电磁转矩变得更小，将找不到新的平衡点。这样继续的结果，电动机的转子转速会偏离同步速度，即失去同步，因而无法工作。可见，在 $\theta=90°\sim180°$范围内，电动机不能稳定运行。

最大电磁转矩 T_m 与额定转矩 T_N 之比，叫过载倍数，用 λ_m 表示。即

$$\lambda_m=\frac{T_m}{T_N}\approx\frac{\sin90°}{\sin\theta_N}=2\sim3.5$$

这样隐极式同步电动机额定运行时，$\theta_N=30°\sim16.5°$。对凸极式同步电动机额定运行的

功率角还要小些。

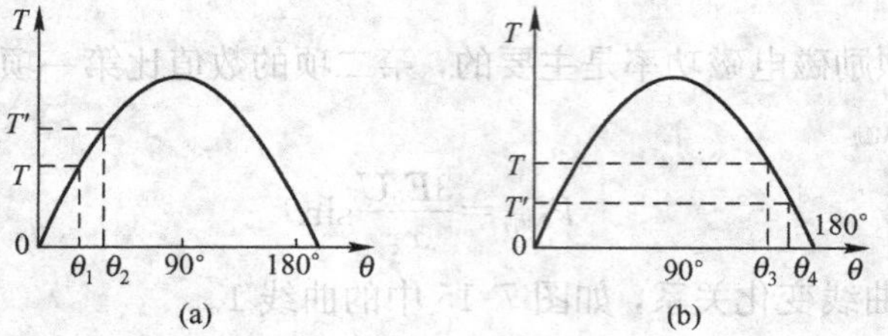

图 7-17　同步电动机的稳定运行

当负载改变时，θ 角随之变化，就能使同步电动机的电磁转矩 T 或电磁功率 P_M 跟着变化，以达到相平衡的状态，而电机的转子转速 n 却严格按照同步转速旋转，不发生任何变化。所以同步电动机的机械特性为一条直线，即硬特性。

仔细分析同步电动机的原理，可知道 θ 角有着双重的含义。一为电动势 $\dot{E}_0$ 与 $\dot{U}$ 之间的夹角，显然是个时间电角度；另外一层的含义是，产生电动势 $\dot{E}_0$ 的励磁磁动势 $\dot{F}_0$ 与作用在同步电动机上主磁路上总的合成磁动势 $\dot{R}=(\dot{R}=\dot{F}_0+\dot{F}_a)$ 之间的角度，这是个空间电角度。$\dot{F}_0$ 对应着 $\dot{E}_0$，$\dot{R}$ 近似地对应着 $\dot{U}$。把磁动势 $\dot{R}$ 看成为等效磁极，由它拖着转子磁极以同步转速 n 旋转，如图 7-18 所示。

如果转子磁极在前，等效磁极在后，即转子拖着等效磁极旋转，是同步发电机运行状态。

由此可见，同步电机做电动机运行还是做发电机运行，要视转子磁极与等效磁极之间的相对位置来决定。

【例 7-3】　一台隐极式同步电动机，额定电压 $U_N=6000$V，额定电流 $I_N=71.5$A，额定功率因数 $\cos\varphi_N=0.9$(超前)，定子绕组为 Y 接，同步电抗 $x_c=5.1\Omega$，忽略定子电阻 r_1。当这台电机在额定运行，且功率因数为 $\cos\varphi_N=0.9$(超前)时，求：(1)空载电动势 E_0；(2)功率角 θ_N；(3)电磁功率 P_M；(4)过载倍数 λ_m。

解：(1)求空载电动势 E_0

已知 $\cos\varphi_N=0.9$，所以 $\varphi_N=\arccos 0.9=25.8°$，于是可以画出图 7-19 所示的电动势相量图，根据图中各相量的几何关系可算出 E_0 的大小。用标幺值计算。已知这台电机在额定运行，

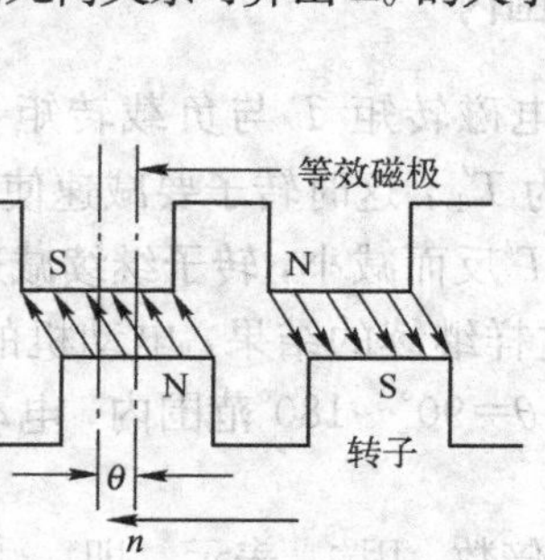

图 7-18　等效磁极

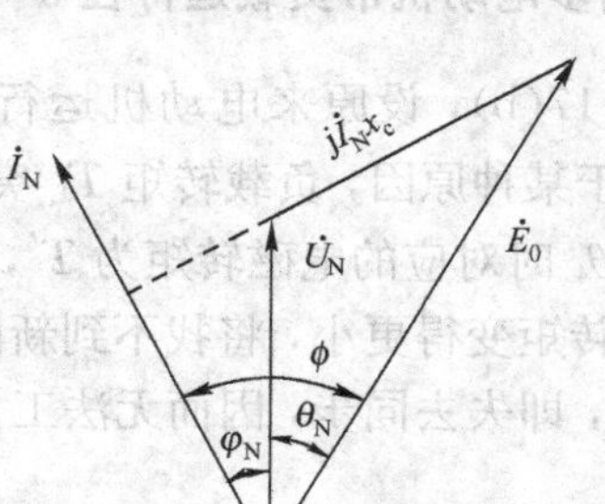

图 7-19　例 7-3 图

所以 $U_N^*=1$，$I_N^*=1$，则

$$E_0^*=\sqrt{(U_N^*\sin\varphi_N+I_N^*x_c^*)^2+(U_N^*\cos\varphi_N)^2}$$

式中，$\sin\varphi_N=\sin 25.8°=0.4359$

$$x_c^*=\frac{x_c}{\frac{U_N}{\sqrt{3}}\frac{1}{I_N}}=\frac{48.5}{\frac{600}{\sqrt{3}}\frac{1}{71.5}}=1$$

于是

$$E_0^*=\sqrt{(1\times0.4359+1)^2+0.9^2}=1.69$$

$$E_0=E_0^*U_N=1.69\times\frac{6000}{\sqrt{3}}=5854.3\text{V}$$

(2) 功率角 θ_N

先求 ψ 角

$$\psi=\arctan\frac{U_N^*\sin\varphi_N+I_N^*x_c^*}{U_N^*\cos\varphi_N}=\arctan\frac{0.435+1}{0.9}=57.9°$$

所以

$$\theta_N=\psi-\varphi_N=57.9°-25.8°=32.1°$$

(3) 求电磁功率 P_M

$$P_M=\frac{3U_NE_0}{x_c}\sin\theta_N=\frac{3\times6000\times5854.5}{\sqrt{3}\times48.5}\times0.53=664.9\text{kW}$$

(4) 过载倍数 λ_m

$$\lambda_m=\frac{1}{\sin\theta_N}=\frac{1}{0.53}=1.87$$

7.5 同步电动机的工作特性和V形曲线

7.5.1 工作特性

同步电动机的工作特性指 $U=U_N$、$I_f=$常数时，电磁转矩 T、定子电流 I、功率因数 $\cos\varphi$、效率 η 和转速 n 与输出功率 P_2 的关系，即 T、I、$\cos\varphi$、η、$n=f(P_2)$的关系曲线。

同步电动机正常运行时，从电网吸取的有功功率 P_1 的大小基本上由转轴上负载转矩的大小决定。当励磁电流 I_f 不变时，在稳定运行区，由功角特性可知有功功率的变化会引起功率角 θ 的变化，同时也会引起无功功率的变化。输出功率变化引起功率因数变化情况如图7-20所示，称为功率因数特性。

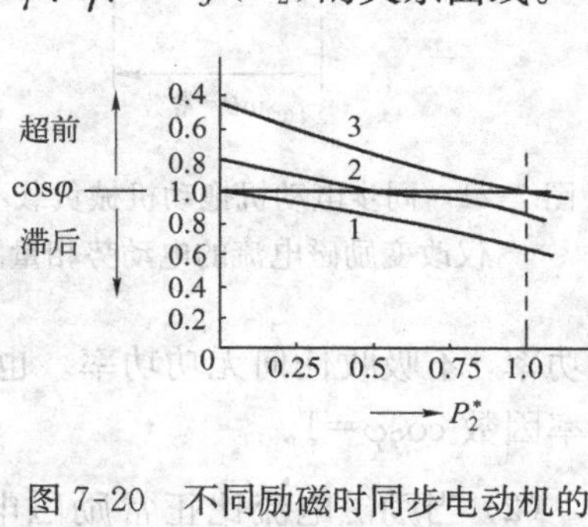

图7-20 不同励磁时同步电动机的功率因数特性

电网电压 U、频率 f 和轴上拖动的有功负载保持不变时，改变其励磁电流可改变同步电动机的无功功率或功率因数。为简单起见，以隐极式电动机为例进行分析，所得的结论完全可以用在凸极式同步电动机上。

同步电动机的负载不变，是指电动机转轴输出的转矩不变，为了分析的简单，忽略空载转矩，这样

$$T=T_2$$

当 T_2 不变时，可以认为电磁转矩 T 也不变。

根据式(7-9)知道

$$T=\frac{3E_0U}{\Omega x_c}\sin\theta=常数$$

由于电源电压 U，电源频率 f 以及电机的同步电抗等都是常数，上式中

$$E_0\sin\theta=常数 \tag{7-10}$$

当改变励磁电流 I_f 时，电动势 E_0 的大小要跟着变化，但必须满足(7-10)的关系式。

当负载转矩不变时，忽略电机的各种损耗，设磁路未饱和，认为电动机的输入功率 P_1 不变。于是

$$P_1=3UI\cos\varphi=常数$$

在电压 U 不变的条件下，必有

$$I\cos\varphi=常数 \tag{7-11}$$

式(7-11)实则是电动机定子边的有功电流应维持不变。

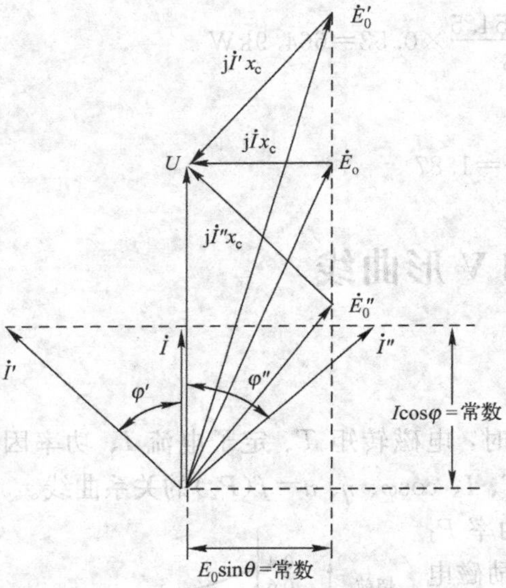

图 7-21 同步电动机拖动机械负载不变时，仅改变励磁电流的电动势相量图

图 7-21 是根据式(7-10)和式(7-11)这两个条件，画出了三种不同的励磁电流 I_f、I'_f、I''_f 对应的电动势 $\dot{E}_0$、$\dot{E}'_0$、$\dot{E}''_0$ 的电动势相量图。其中

$$I''_f<I_f<I'_f$$

所以

$$E''_0<E_0<E'_0$$

从图 7-21 中看出，不管如何改变励磁电流的大小，为了要满足式(7-11)的条件，电流 $\dot{I}$ 的轨迹总是在与电压 $\dot{U}$ 垂直的虚线上。另外，要满足式(7-10) 的条件，$\dot{E}_0$ 的轨迹总是在与电压 $\dot{U}$ 平行的虚线上。这样就可以从图 7-21 看出，当改变励磁电流 I_f 时，同步电动机功率因数变化的规律。

(1) 当励磁电流为 I_f 时，使定子电流 $\dot{I}$ 与 $\dot{U}$ 同相，称为正常励磁状态，见图 7-21 中的 $\dot{E}_0$、$\dot{I}$ 相量。这种情况下，同步电动机只从电网吸收有功功率，不吸收任何无功功率。也就是说，这种情况下运行的同步电动机像个纯电阻负载，功率因数 $\cos\varphi=1$。

(2) 当励磁电流比正常励磁电流小时，称为欠励状态，见图 7-21 中的 $\dot{E}''_0$ 和 $\dot{I}''$。这时 $E''_0<U$，定子电流 $\dot{I}''$ 滞后 $\dot{U}$ φ'' 角。同步电动机除了从电网吸收有功功率外，还要从电网吸收落后性的无功功率。这种情况下运行的同步电动机，像是个电阻电感负载。

本来电网就供应着如异步电动机、变压器等这种需要落后性无功功率的负载，现在欠励的同步电动机，也需要落后性的无功功率，这就加重电网的负担，所以很少采用这种运行

方式。

(3) 当励磁电流比正常励磁电流大时，称为过励状态，见如图 7-21 中 $\dot{E}'_0$ 和 I'。这时 $E'_0>U$，定子电流 $\dot{I}'$ 超前 $\dot{U}\varphi'$ 角，同步电动机除了从电网吸收有功功率外，还要从电网吸收超前的无功功率，这种情况下运行的同步电动机，像是个电阻电容负载。可见，过励状态下的同步电动机对改善电网的功率因数有很大的好处。

总之，当改变同步电动机的励磁电流时，能够改变它的功率因数，这点三相异步电动机是办不到的。所以同步电动机拖动负载运行时，一般要过励，至少运行在正常励磁状态下，不会让它运行在欠励状态。

7.5.2　V形曲线

如图 7-21，当改变励磁电流时电动机定子电流变化情况。只有正常励磁时，定子电流为最小，过励或欠励时，定子电流都会增大。把定子电流 I 的大小与励磁电流 I_f 大小的关系，用曲线表示，如图 7-22 所示。图中定子电流变化规律像V字形，故称V形曲线。

当电动机带有不同的负载时，对应有一组V形曲线，如图 7-22 所示。输出功率越大，在相同的励磁电流条件下，定子电流增大，所得V形曲线往右上方移。图 7-22 中各条V形曲线对应的功率为 $P'''_2>P''_2>P'_2$。

对每条V形曲线，定子电流有一最小值，这时定子仅从电网吸收有功功率，功率因数 $\cos\varphi=1$。把这些点连起来，称为 $\cos\varphi=1$ 的线。它微微向右倾斜，说明输出为纯有功功率时，输出功率增大的同时，必须相应地增加一些励磁电流。

$\cos\varphi=1$ 线的左边是欠励区；右边是过励区。

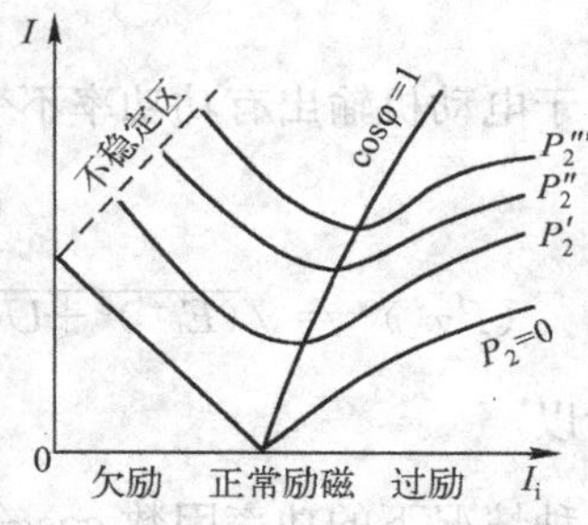

图 7-22　同步电动机的V形曲线

当同步电动机带了一定负载时，减小励磁电流，电动势 E_0 减小，P_M 与 E_0 正比，当 P_M 小到一定程度，θ 超过 90°，电动机就失去同步，如图 7-22 中虚线所示的不稳定区。从这个角度看，同步电动机最好也不运行于欠励状态。

同步电动机功率因数可调的原因可以这样理解：同步电动机的磁场是由定子边电枢反应磁动势 $\dot{F}_a$ 和转子边励磁磁动势 $\dot{F}_0$ 共同建立的，因此，①转子欠励时，定子边需要从电源输入滞后的无功功率建立磁场，定子边便呈滞后性功率因数。②转子边正常励磁，不需要定子边提供无功功率，定子边便呈纯电阻性，$\cos\varphi=1$。③转子边过励时，定子边反而要吸收超前性无功功率或者说从电源送入超前性的无功功率，定子边便呈超前性的功率因数。所以同步电动机功率因数呈电感性(滞后)还是呈电阻性还是呈电容性(超前)，完全可以人为地调节励磁电流改变励磁磁动势大小来实现。

【例 7-4】　一台隐极式同步电动机，同步电抗的标幺值 $x_c^*=1$，忽略定子绕组的电阻，不考虑磁路的饱和。求：

(1) 该电动机接在额定电压的电源上，运行时定子为额定电流，且功率因数等于1，这时的 E_0^* 及 θ 角为多少？

(2) 如在输出有功功率不变的条件下，仅把该电动机的励磁电流增加了 20%，这时电动机定子电流及功率因数各为多少？

(3) 如在输出有功功率不变的条件下，把该电动机的励磁电流减小了 20%，这时电动机定子电流及功率因数又各为多少?

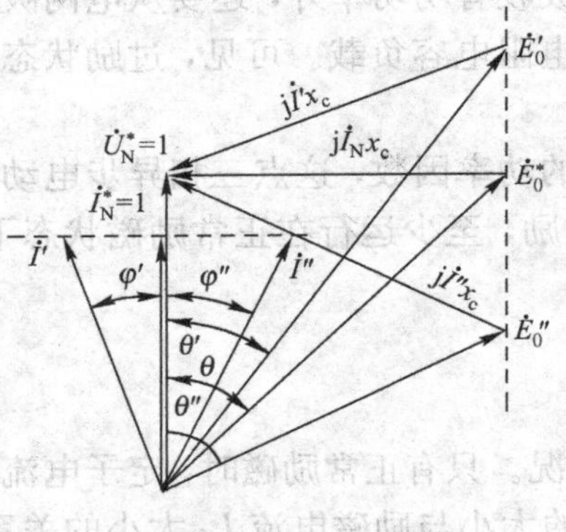

图 7-23 例 7-4 相量图

解:

(1) 已知电源电压的标幺值 $U_N^*=1$，负载电流为额定值，用标幺值表示时 $I_N^*=1$。这种情况下的电动势相量图，如图 7-23 所示。

可以从图 7-23 中直接量出 E_0^* 及角 θ 的大小。也可用计算的方法求 E_0^*

$$E_0^*=\sqrt{U_N^{*2}+(I_N^* x_c^*)^2}=\sqrt{1^2+(1\times1)^2}=1.41$$

θ 角为

$$\theta=\arctan\frac{I_N^* x_c^*}{U_N^*}=\arctan\frac{1\times1}{1}=45°$$

(2) 励磁电流增加 20% 即 E_0^* 增加 20%，用 E'^*_0 表示，已知

$$E'^*_0=1.2E_0^*=1.2\times1.41=1.69$$

由于电动机输出有功功率不变，因此增加励磁电流后的 $E'^*_0\sin\theta'=I_N^* x_c^*=1$，于是

$$\theta'=\arcsin\frac{1}{E'^*_0}=\arcsin\frac{1}{1.69}=36.3°$$

$$(I'x_c)^*=\sqrt{(E_0'^*)^2+U_N^{*2}-2E_0'^*U_N^*\cos\theta'}=\sqrt{1.69^2+1^2-2\times1.69\times1\times0.8}=1.07$$

所以
$$I'^*=\frac{(I'x_c)^*}{x_c^*}=\frac{1.07}{1}=1.07$$

这种情况下的功率因数 $\cos\varphi'$ 为

$$\cos\varphi'=\frac{I_N^*}{I'^*}=\frac{1}{1.07}=0.93$$

$$\varphi'=\arccos0.93=20.8°$$

(3) 励磁电流减少 20% 即 E_0^* 减少 20%，用 E''^*_0 表示。已知

$$E''^*_0=0.8E_0^*=0.8\times1.41=1.13$$

由于电动机输出有功功率不变，减少励磁电流后的 $E''^*_0\sin\theta''=I_N^* x_c^*=1$，于是

$$\theta''=\arcsin\frac{1}{E''^*_0}=\arcsin\frac{1}{1.13}=62.2°$$

$$(I''x_c)^*=\sqrt{(E''^*_0)^2+U_N^{*2}-2E''^*_0U_N^*\cos\theta''}=\sqrt{1.13^2+1^2-2\times1.13\times1\times0.4664}=1.1$$

所以
$$I''=1.1$$

这种情况下的功率因数 $\cos\varphi''$ 为

$$\cos\varphi''=\frac{I_N^*}{I''^*}=\frac{1}{1.1}=0.9$$

$$\varphi''=\arccos0.9=25.8$$

7.6 同步电动机的起动

同步电动机只有在定子旋转磁场和转子励磁磁场同步旋转，即两者相对静止时，才能产

生平均电磁转矩。如果把同步电动机直接投入电网并加上励磁电流，由于转子磁场静止不动，而定子旋转磁场则以同步转速 n_1 对转子磁场作相对运动，假设定子磁场的运动方向由左至右，如图 7-24(a)中所示，由图可见，定、转子磁场间的相互作用产生的电磁转矩 T 是推动转子旋转的，但转子具有转动惯量，在此转矩作用下，转子不可能立即加速到同步转速。于是在半个周期(0.02s)以后，定子磁场向前移动了一个极距，达到图 7-24(b)的位置，此时定子磁极对转子磁极的排斥力，将阻止转子的移动。由此可见，在一个周期内，作用在转子上的平均转矩为零，故同步电动机不能自行起动，要起动同步电动机，就必须借助于其他方法。常用的起动方法有：辅助电动机起动法、异步起动法和变频起动法。

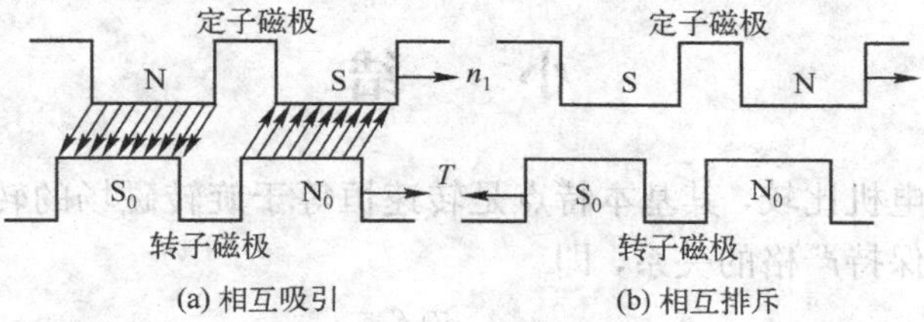

图 7-24　同步电动机起动时定子磁场对转子磁场的作用

7.6.1　辅助电动机起动法

选用一台和同步电动机极数相同、容量为电动机容量的 5%～15%的异步电动机作为辅助电动机。先用辅助电动机拖动同步电动机到接近于同步转速，然后用自整步法将同步电动机投入电网，再切断辅助电动机电源。也可采用比同步电动机少一对极的异步电动机作为辅助电动机，将同步电动机拖到超过同步转速，然后切断辅助电动机电源使转速下降，当降到等于同步转速时，再将同步电动机立即投入电网，这样可获得更大的整步转矩。这种方法的缺点是不能在负载下起动，否则要求辅助电机的容量很大，增加整个机组设备投资。如同步电动机装有足够容量的同轴直流励磁机，也可以把励磁机兼作辅助电动机。

7.6.2　异步起动法

在同步电动机的转子磁极上装置如同鼠笼式异步电动机的鼠笼绕组，该鼠笼绕组称为起动绕组，这样当同步电动机定子绕组接上电源时，就可以像异步电动机一样自行起动，这个起动过程实际上和异步电动机的起动完全一样，当起动的转速达同步转速 95%左右时，给同步电动机的励磁绕组通入直流电流，转子即可自动牵入同步，以同步转速 n 运行。

值得注意的是，起动同步电动机时，励磁绕组不能开路，否则，在大转差时，气隙旋转磁密在励磁绕组里感应出较高的电动势，有可能损坏它的绝缘；另外，在起动过程中，也不能把励磁绕组短路，那样，励磁绕组中感应的电流产生的转矩，有可能使电动机起动不到接近同步速度的转速。解决这个问题的办法是在同步电动机起动过程中，在励磁绕组中串入大约 5～10 倍励磁绕组电阻值的附加电阻，等起动到接近同步转速时，再把所串的电阻切除，通以直流电流，电动机自动牵入同步，完成起动的过程。

同步电动机采用异步起动时，可以在额定电压下直接起动。为了限制同步电动机的起动电流，也可用降压起动，如 Y-△起动、自耦变压器降压起动或串电抗器起动等，当电动机的转速达到某一定值后，再恢复全压供电。

7.6.3 变频起动法

变频起动方法是开始起动时，转子加入励磁电流，将定子电源频率降得很低，定子边通入频率极低的三相交流电流后，由于电枢磁动势转速极低，转子便开始低速旋转；再逐渐升高定子边电源频率，转子转速也随之逐渐升高；定子边频率达到额定值后，转子也达到同步转速，完成起动。该方法的实质是改变旋转磁场的转速，产生同步转矩使转子转动。

显然采用此方法定子边的电源必须是一个可调频率的变频电源，一般是采用可控硅变频装置。现在，大型同步电动机采用变频起动方法的日渐增多。

小　结

同步电机与其他电机比较，其基本特点是转速恒等于旋转磁场的转速，转速、磁极对数和电源频率三者之间保持严格的关系，即

$$n=\frac{60f}{p}$$

同步电机主要用做发电机用，做发电机用时，转轴由电动机驱动，给发电机输入有功功率，定子端输出电功率。同步电机也可做电动机用，做电动机用时，定子端接于电网吸收电功率，依定子、转子电磁关系使转轴输出机械功率。

同步发电机接上三相对称负载，定子对称三相绕组通过对称三相电流，产生和建立一个旋转磁场，其基波旋转磁动势的转速为同步转速 n_1，转向由定子电流的相序决定。于是发电机气隙间出现了两个旋转磁场，一个励磁磁动势产生的磁场，另一个是定子电流产生的电枢磁场。两个磁场在空间的转速、转向均相同，即两个磁场在空间是相对静止的。电枢磁场的出现对励磁磁场必然有一定的影响，把电枢磁场对励磁磁场的影响称为电枢反应。纵轴电枢磁动势作用在纵轴方向，与励磁磁动势反相，起去磁作用；横轴电枢磁动势作用在横轴方向，使气隙合成磁动势发生畸变，轴线逆转子转向偏一个角度。

功角特性是同步电动机的重要特性。它表征在电网电压、频率、励磁电流和电动机内部参数不变时，电磁功率 P_M 与功率角 θ 之间的关系。电动机轴上机械负载增大，转速下降，励磁磁动势超前定子合成磁动势的角度 θ 增大，使 P_M 增加。电动机在轴上拖动的有功负载保持不变时，常常要调节其无功功率的输入，以保证电网有较高的功率因数。有功负载不变时调节励磁电流可改变无功功率输入的情况，定子电流和励磁电流的关系曲线称为 V 形曲线。当改变同步电动机的励磁电流时，能够改变它的功率因数，同步电动机拖动负载运行时，一般要过励，至少运行在正常励磁状态下，不会让它运行在欠励状态。

同步电动机起动较为困难，必须借助于一些辅助方法，如辅助电动机起动、异步起动、变频起动等。

习　题

7.1　何动种电动机是同步电动机？它与异步电动机有何不同？

7.2　同步电动机电源频率为 50Hz 和 60Hz 时，10 极同步电动机转速是多少？18 极同

步电动机转速又是多少？

7.3　试画出 $\cos\varphi=1$(纯阻性)时凸极同步电动机的电动势相量图。

7.4　在凸极电动机中为什么要把电枢反应磁动势分为纵轴和横轴两个分量？

7.5　已知一台同步电动机电动势 E_0、电流 I、参数 x_d 和 x_q，画出 $\dot{I}$ 落后于 $\dot{E}_0$ 的相位角为 ψ 时的电动势相量图。

7.6　同步电动机功率角 θ 是什么角？

7.7　隐极式同步电动机电磁功率与功率角有什么关系？电磁转矩与功率角有什么关系？

7.8　一台凸极同步电动机转子若不加励磁电流，它的功角特性和矩角特性是什么样的？

7.9　一台凸极同步电动机空载运行时，如果励磁电流突然消失，电动机转速怎样？

7.10　一台隐极式同步电动机增大励磁电流时，其最大电磁转矩是否增大？其实际电磁功率是否增大(忽略绕组电阻和漏电抗的影响)？

7.11　隐极同步电动机的过载倍数 $\lambda_m=2$，额定负载运行时的功率角 θ 为多大？

7.12　同步电动机的V形曲线指的是什么？

7.13　一台拖动恒转矩负载运行的同步电动机，忽略定子电阻，当功率因数为超前的情况下，若减小励磁电流，电枢电流怎样变化？功率因数又怎样变化？

7.14　同步电动机运行时，要想增加其吸收的落后性无功功率，该怎样调节？

7.15　已知一台隐极式同步电动机的端电压标幺值 $U^*=1$，电流标幺值 $I^*=1$，同步电抗标幺值 $x_c^*=1$ 和功率因数 $\cos\varphi=\sqrt{3}/2$(超前)，忽略定子电阻。求：(1)画出电动势相量图；(2)E_0 的标幺值为多大？(3)θ 角是多少？(1；60°)

7.16　已知一台三相 10 极同步电动机额定数据为：$P_N=3000$kW，$U_N=6000$V，$\cos\varphi_N=0.8$(超前)，$\eta_N=96\%$，定子每相电阻 $r_1=0.21\Omega$，定子绕组为Y接。求：(1)额定运行时定子输入的电功率；(2)额定电流 I_N；(3)额定电磁功率 P_M；(4)额定电磁转矩 T_N。(3125kW；375.9A；3036kW；48319N·m)

7.17　已知一台隐极式同步电动机的额定数据为：$U_N=400$V，$I_N=23$A，$\cos\varphi_N=0.8$(超前)，定子绕组为Y接，同步电抗 $x_c=10.4\Omega$，忽略定子电阻。当这台电机在额定运行且功率因数为 $\cos\varphi_N=0.8$(超前)时，求：(1)空载电动势 E_0；(2)功率角 θ_N；(3)电磁功率 P_M；(4)过载倍数 λ_m。(421.5V；27.1°；12.79kW；2.2)

7.18　一台三相隐极式同步电动机，定子绕组为Y接，额定电压为380V，已知电磁功率 $P_M=15$kW 时对应的 E_0 为250V(相值)，同步电抗 $x_c=5.1\Omega$，忽略定子电阻。求：(1)功率角 θ 的大小；(2)这种情况下的最大电磁功率。(27.7°；32.26kW)

7.19　一台三相凸极式同步电动机，定子绕组为Y接，额定电压为380V，纵轴同步电抗 $x_d=6.06\Omega$，横轴同步电抗 $x_q=3.43\Omega$。运行时电动势 $E_0=250$V(相值)，$\theta=28°$，求电磁功率 P_M。(20.32kW)

第8章 特种电机

特种电机是现代电力拖动系统中的重要元件之一，也是工业设备、仪器仪表和家用电器中广泛应用的元件。就电磁过程及所遵循的基本电磁规律而言，特种电机和普通电机没有什么本质上的区别，但特种电机的功率较小，应用面更广，使用要求更特殊，所以在理论和设计上有其独特之处。例如，传统车床是采用普通电机为动力，经过机械传动后使带工件的主轴旋转或带刀具的刀架移动(进给)，进行车削加工；当今车床大多数是采用特种电机作为动力，应用计算机控制工件和刀具做不同形式的运动，进行多种切削加工，达到高精密、多功能、全自动加工的要求，这一点普通电机是很难做到的。随着当代科技和经济的发展，特种电机与电子技术、自动控制、数字技术以及精密机械等结合得更加紧密，已经形成一门不同于普通电机的重要类别。目前已生产、使用和研制的特种电机种类繁多，本章仅就电力拖动系统和自动控制系统中常用的一些特种电机做简单介绍，讨论其工作原理、基本结构以及用途等。

8.1 单相异步电动机

单相异步电动机就是指用单相交流电源供电的异步电动机，其具有结构简单、噪声小、使用方便等优点，因此被广泛应用于工业和人民生活的各个方面，以家用电器、电动工具、医疗器械等使用较多。与同容量的三相异步电动机比较，单相异步电动机的体积较大，运行性能稍差，因此一般只做成几十到几百瓦的小容量电动机。

8.1.1 结构特点

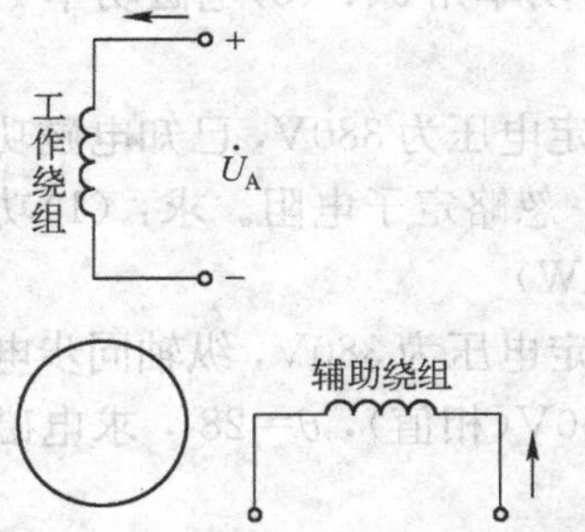

图8-1 单相异步电动机原理图

单相异步电动机的工作原理是建立在三相异步电动机的基础上的，但在结构和特性方面有不少差别。单相异步电动机的铁芯一般与普通三相异步电动机相类似，只是在定子上嵌放的是对称两相绕组(单相罩极式异步电动机除外)，一相为起动绕组，另一相为工作绕组；转子则仍然是普通笼型的，如图8-1所示。从结构上看，它实质上是一台两相电动机。原则上讲，两相电动机应由两相电源供电。由于两相电源并非通用电源，给使用带来不便。所以通常的方法是把起动绕组串联一个分相元件，然后再与工作绕组并联接在单相电源上。从实用角度看，因为可以采用单相电源，所以称之为单相电动机。

8.1.2 单相异步电动机的工作原理

假设单相异步电动机只有一相绕组接在电源上，分析这种情况下电动机的机械特性。

从交流电动机绕组产生磁动势的原理知道，由单相交流电流所建立的磁动势是一种脉振磁动势，若不考虑谐波分量，则其表达式为

$$f_1 = F_1\cos\theta\cos\omega t = \frac{1}{2}F_1\cos(\theta-\omega t) + \frac{1}{2}F_1\cos(\theta+\omega t) = f_+ + f_- \tag{8-1}$$

式(8-1)中，

$$f_+ = \frac{1}{2}F_1\cos(\theta-\omega t) \tag{8-2}$$

$$f_- = \frac{1}{2}F_1\cos(\theta+\omega t) \tag{8-3}$$

可以看出，一个脉振磁动势可以分解为两个圆形旋转磁动势 f_+ 和 f_-，它们的幅值均为 $F_1/2$，且转速相同，不妨设为 n_0，但是转向相反，如图 8-2 所示。

将 f_+ 称为正转磁动势，f_- 为反转磁动势。这两个旋转磁动势分别产生正转磁场和反转磁场。正、反转磁场分别在转子绕组中感应出电动势和电流，从而产生使电动机正转和反转的电磁转矩 T_+ 和 T_-。假设电机转速 n 的方向和 T_+ 的方向相同，则电动机转子对正向旋转磁场的转差率为

$$s_+ = \frac{n_0 - n}{n_0} \tag{8-4}$$

正转转差率 s_+ 和正转电磁转矩 T_+ 的关系 $T_+ = f(s_+)$，和三相异步电动机的一样，如图 8-3 中曲线 1 所示。电动机转子对反向旋转磁场的转差率为

$$s_- = \frac{-n_0 - n}{-n_0} = \frac{n_0 + n}{n_0} = 2 - s_+ \tag{8-5}$$

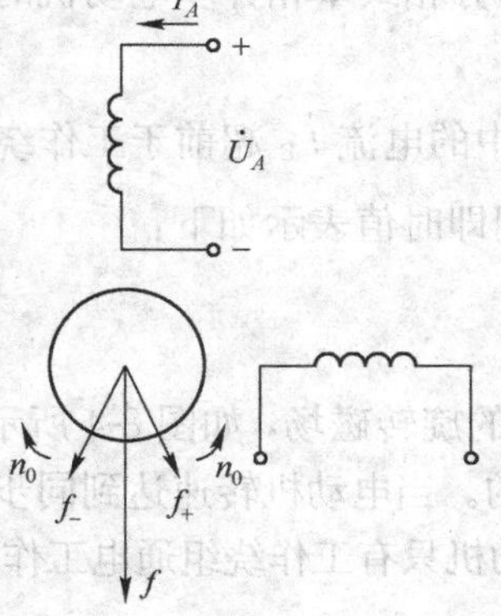

图 8-2 脉振磁动势的分解

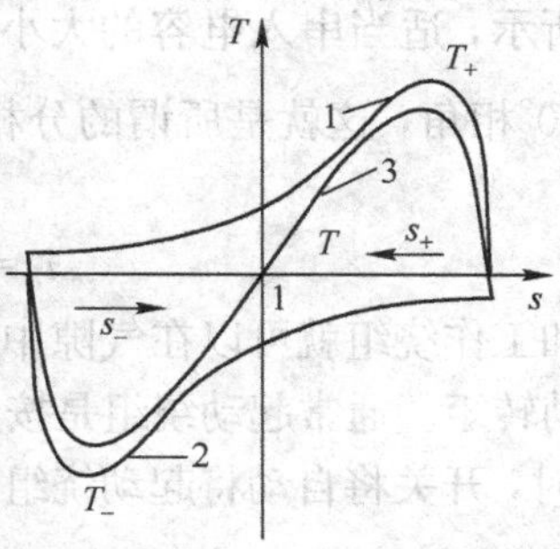

图 8-3 仅一相绕组通电时单相异步电动机的机械特性

反转转差率 s_- 和反转电磁转矩 T_- 的关系 $T_- = f(s_-)$，如图 8-3 中曲线 2 所示。曲线 1 和曲线 2 分别为正转和反转的机械特性，它们关于原点对称。

如果电动机的磁路为线性，那么电动机的实际电磁转矩 T 就是 T_+ 和 T_- 的合成电磁转矩，即 $T = T_+ + T_-$。这种假设磁路为线性，把脉振磁动势所产生的磁场与转子作用的结果，等效成正、反向旋转磁动势所产生的磁场与转子分别作用后所产生的效果的叠加的理论，称为双旋转磁场理论。单相异步电动机一相绕组通电时的机械特性 $T = f(s)$，如图 8-3 中曲线 3 所示，可以看出它是曲线 1 和曲线 2 的合成。

由曲线 3 可以看出，只有一相绕组通电的单相异步电动机有两个特点：

(1) 电动机不转时，$n=0$，$s_{+}=s_{-}=1$，合成转矩 $T=0$。所以这种电动机没有起动转矩。

(2) 当用外力使得电动机正转或反转，此时转速 $n\neq 0$，$s_{+}\neq s_{-}\neq 1$，合成转矩 $T\neq 0$。去掉外力，电动机会被加速到稳态转速，其转向由起动时的转速方向决定。换句话说，这种电动机一经起动，就不会停止，除非切断电源。

8.1.3 单相异步电动机的起动方法

前面已经提到，一相绕组通电的单相异步电动机没有起动转矩，故自己不能起动。如何解决起动问题是单相异步电动机付诸实用的关键问题。从工作原理可知，一相绕组通电的单相异步电动机没有起动转矩是由于它处于静止状态时的磁动势是脉振的。如果使磁动势由脉振变为旋转的，则电动机就能自行起动并能较好的运行。因此，解决单相异步电动机起动问题的根本措施，在于设法使电动机中再建立一个脉振磁动势，使其相位和位置或者大小不同于原来存在的脉振磁动势，这样在气隙中就能形成一个椭圆形或者圆形的合成旋转磁场。常用的方法有：分相法和罩极法。根据起动方法的不同，常用的单相异步电动机有分相式和罩极式两大类。

1. 分相式电动机

分相式电动机的定子上装有起动绕组和工作绕组，两者在空间相差 90°电角度，起动绕组与电容(或电阻)串联后再经继电器的触点或离心开关 S，与工作绕组并联接在单相电源上，基本接线如图 8-4 所示。根据起动绕组串联的分相元件不同，分相式单相异步电动机可以分为电容分相式和电阻分相式两大类。接下来主要介绍电容分相式单相异步电动机的工作原理。

如图 8-4 所示，适当串入电容的大小，可以使得起动绕组中的电流 $\dot{I}_{B}$ 超前于工作绕组中的电流 $\dot{I}_{A}$ 约 90°相角，这就是所谓的分相。这两个电流分别用即时值表示如下：

$$i_{A}=\sin\omega t \tag{8-6}$$

$$i_{B}=\sin(\omega t+90°) \tag{8-7}$$

这样起动绕组和工作绕组就可以在气隙中形成一个接近于圆形的旋转磁场，如图 8-4 所示，并产生一定的起动转矩。通常起动绕组是按照短时工作制来设计的。当电动机转速达到同步转速的 70%～80%时，开关将自动将起动绕组切除，正常运转时电动机只有工作绕组通电工作。

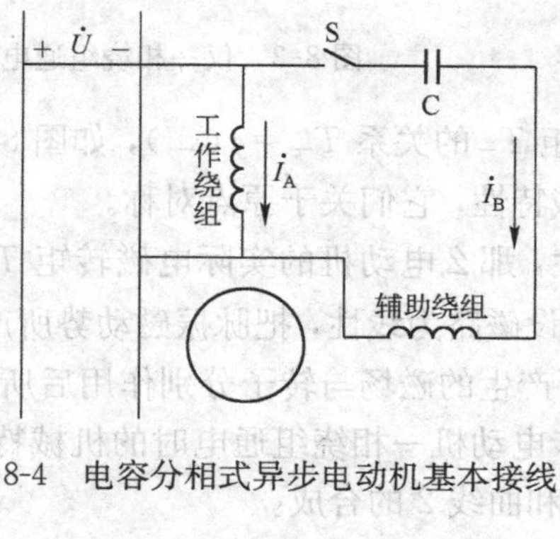

图 8-4 电容分相式异步电动机基本接线图

如果电动机起动完毕后，起动绕组不断开，一直接入电容运行，这种电机就称为电容运行单相异步电动机。这种电动机的力能指标较高，但起动性能较电容分相单相异步电动机稍差。

2. 罩极起动

罩极式单相感应电动机的结构如图 8-5 所示。其定子铁芯多数做成凸极式，由矽钢片冲片叠压而成，每个极上装有集中绕组，即为工作绕组。在磁极极靴的一边开有一个小槽，槽内嵌有短路铜环，把部分磁极罩起来，此铜环也称为罩极线圈，罩极绕组所环绕的铁芯面积占整个磁极的 1/3 左右，转子是笼型结构。

当工作绕组中通入交流电流时，产生了脉振磁通，它可以分为两个部分：一部分是磁通 $\dot{\Phi}_1$，它不穿过短路环；另一部分是磁通 $\dot{\Phi}_2$，它穿过短路环。当 $\dot{\Phi}_2$ 脉振时，铜环中将感应出电动势 $\dot{E}_k$ 和电流 $\dot{I}_k$，在被罩部分产生磁通 $\dot{\Phi}_k$，$\dot{\Phi}_k$ 和 $\dot{I}_k$ 同相。通过磁极被罩部分的实际磁通 $\dot{\Phi}_3$ 应为 $\dot{\Phi}_2$ 与 $\dot{\Phi}_k$ 的合成，即 $\dot{\Phi}_3=\dot{\Phi}_2+\dot{\Phi}_k$；短路环中的感应电动势 $\dot{E}_k$ 滞后于 $\dot{\Phi}_3$ 90° 相角，电流 $\dot{I}_k$ 又滞后于 $\dot{E}_k$ 以 φ_k 角，整个相量图如图 8-6 所示。

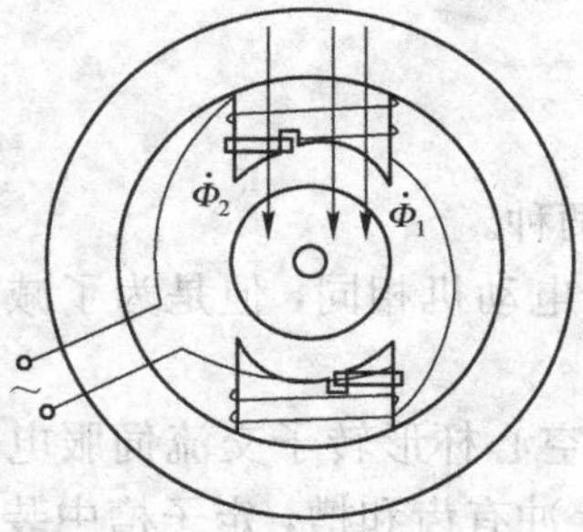

图 8-5　罩极式异步电动机的结构示意图

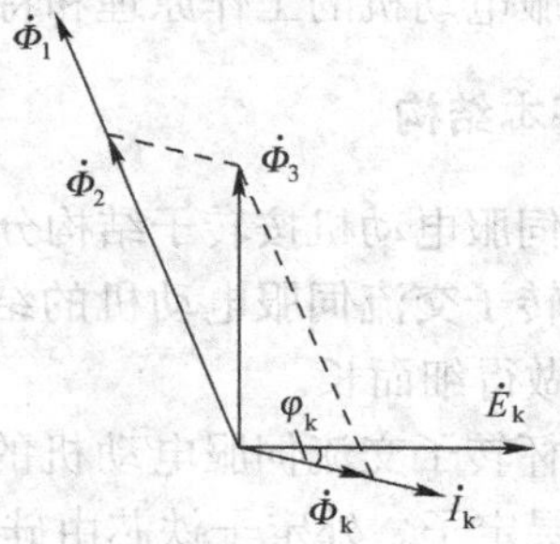

图 8-6　罩极式异步电动机的磁通相量图

从图 8-6 中可以看出，由于短路环的作用，通过被罩部分的合成磁通 $\dot{\Phi}_3$ 在时间相位上要滞后于未被罩部分的磁通 $\dot{\Phi}_1$ 一定电角度。这一点还可以根据楞次定律去分析。根据楞次定律可知，当 $\dot{\Phi}_2$ 脉振时，铜环中感应出的电流 $\dot{I}_k$ 在被罩部分所产生磁通 $\dot{\Phi}_k$ 必然具有阻碍 $\dot{\Phi}_2$ 变化的趋势，因此，磁极被罩部分的实际磁通 $\dot{\Phi}_3$ 必然滞后于 $\dot{\Phi}_2$。而 $\dot{\Phi}_1$ 与 $\dot{\Phi}_2$ 是同相的，因此 $\dot{\Phi}_3$ 在时间相位上要滞后于未被罩部分的磁通 $\dot{\Phi}_1$ 一定电角度。

由于在空间处于不同的位置，时间上又有相位差，所以它们的合成磁场是一种扫动磁场，扫动的方向为从超前的 $\dot{\Phi}_1$ 扫向滞后的 $\dot{\Phi}_3$。这种扫动磁场相当于两相不对称绕组中通以不对称电流而在气隙中产生的椭圆形旋转磁场，只不过它的椭圆度非常大。在这种磁场作用下，电动机将获得一定的起动转矩，而且转子的转向总是从未被罩部分转向被罩部分。

罩极式异步电动机的起动转矩较小，但结构简单，故多用于小型电扇、电唱机和录音机，容量一般在几十瓦以下；电容分相式异步电动机应用于较大起动转矩的装置，如空气压缩机、空调、电冰箱等，容量在几百瓦以下。

8.2 伺服电动机

伺服电动机又称为执行电动机，在自动控制系统中作为执行元件。它具有一种服从控制信号的要求而动作的“伺服”性能，即在控制信号到来之前，转子不动；控制信号到来之后，转子旋转；控制信号消失，转子立即停转。通过改变控制信号的大小或极性，还可以变更伺服电动机的转速和转向。

按照在自动控制系统中的功用所要求，伺服电动机必须具备以下基本性能：

(1) 快速响应性好。电动机的机电时间常数要小，相应的伺服电动机要有较小的转动惯量和较大的堵转转矩。这样，电动机的转速便能随着控制信号的改变而迅速改变。

(2) 无“自转”现象。伺服电动机在控制信号消失后能立即自行停转。

(3) 机械特性和调节特性均为线性。线性特性有利于提高自动控制系统的精度。

(4) 调速范围宽。电动机的转速能随着控制信号的改变在较大范围内连续调节。

常用的伺服电动机有两大类，以直流电源工作的称为直流伺服电动机；以交流电源工作的称为交流伺服电动机。直流伺服电动机实质上就是一台他励式直流电动机。因此本节仅介绍交流伺服电动机的工作原理和特性。

1. 基本结构

交流伺服电动机按转子结构分为笼型和空心杯转子两种。

笼型转子交流伺服电动机的结构和一般的单相异步电动机相同，但是为了减小转动惯量，转子做得细而长。

空心杯转子交流伺服电动机的结构如图 8-7 所示。空心杯形转子交流伺服电动机中有内、外两层定子。外定子铁芯由硅钢片叠压而成，冲片上冲有齿和槽，定子槽中装有两相绕组，在空间相差 90°电角度，一相为控制绕组，另一相为励磁绕组，它们的匝数可以不同。内定子是由硅钢片叠压而成的圆柱体，一般不放绕组，仅作为磁路的一部分，以减小磁路的磁阻。

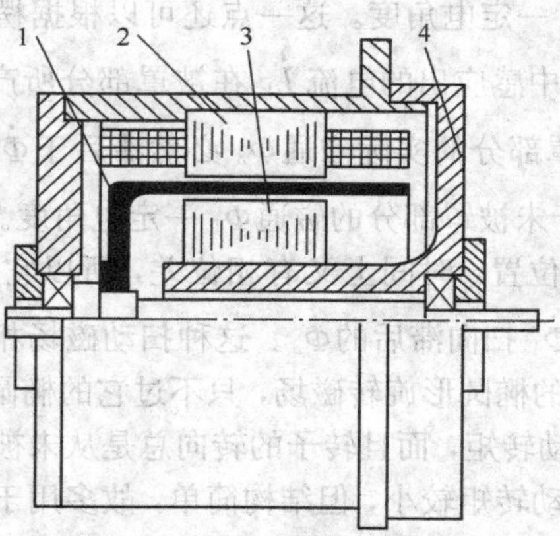

1—空心杯转子 2—外定子 3—内定子 4—机壳

图 8-7 空心杯转子交流伺服电动机的结构示意图

在内定子铁芯的中心处开有内孔，转轴从内孔中穿过。在内、外定子之间有一个细长的装在转轴上的空心杯转子。空心杯转子一般由非磁性材料(铜或铝)制成，壁厚0.3mm左右，空心杯转子可以在定、转子气隙中自由旋转。电动机靠杯形转子内感应涡流与主磁场作用而产生电磁转矩。空心杯转子交流伺服电动机的优点为：转动惯量小，噪声小，低速运行时无抖动现象、运行平稳；缺点为：堵转转矩小，气隙较大导致励磁电流很大，体积和重量均较大。

2. 工作原理

交流伺服电动机的工作原理与单相异步电动机相似，由于空心杯转子可以看成是导条为无穷多的笼型转子，所以以笼型转子交流伺服电动机为例进行分析，如图8-8所示。在正常运行时，励磁绕组固定的接在交流电源$\dot{U}_f$上，控制绕组施加控制信号电压$\dot{U}_c$，$\dot{U}_c$与$\dot{U}_f$同频率。当控制绕组不加控制电压，即$\dot{U}_c=0$时，气隙中产生脉振磁场，电动机无起动转矩，转子不转；若有控制信号加在控制绕组上，并且使控制绕组中的电流与励磁绕组中的电流不同相，那么在气隙中产生的将是圆型旋转磁场或椭圆形旋转磁场，此时的交流伺服电动机就类似于分相式单相异步电动机，因此产生了起动转矩，电动机就转了起来；当去掉控制电压，如果电动机转子参数设计得与一般单相异步电动机类似，那么电动机是不会自动停转的，这种现象就是前面所提到的“自转”。

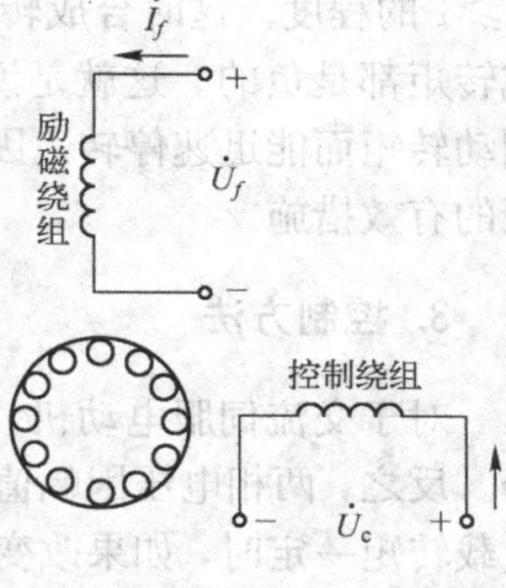

图8-8 交流伺服电动机的工作原理图

“自转”现象显然是不符合可靠性的要求的，接下来从分析单相异步电动机的机械特性入手，去寻找克服“自转”现象的办法。

从8.1节的分析可知，单相异步电动机的机械特性可以看成是由正向圆形旋转磁场产生的正向机械特性和由反向圆形旋转磁场产生的反向机械特性的合成。而圆形旋转磁场产生的机械特性的形状与转子电阻的大小关系很大，当转子电阻增大时，机械特性上的最大转矩不变，临界转差率都成比例地增加。因此，由正向机械特性和反向机械特性合成的单相异步电动机的机械特性，其形状必与转子电阻的大小有关。图8-9中的三个图都表示了控制电压$\dot{U}_c=0$，电动机在单相运行时的机械特性图，只是三个图所对应的转子电阻的大小不同。

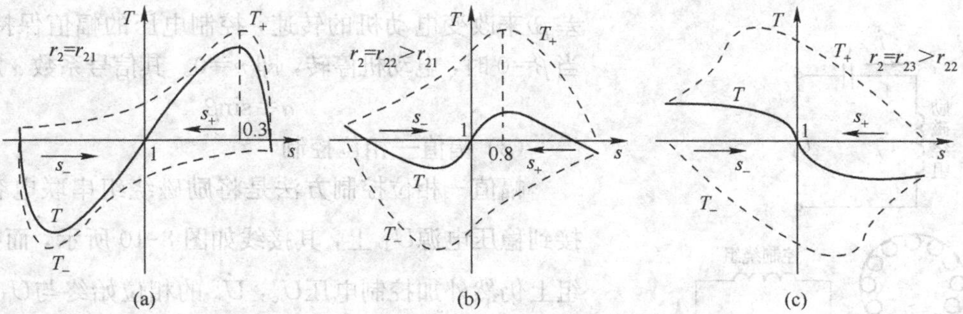

图8-9 交流伺服电动机单相运行时的机械特性图

图 8-9(a)是对应转子电阻 $r_2=r_{21}$ 的情况，此时转子电阻较小，临界转差率 $s_m=0.3$。从图中可以看出，在电动机工作的转差率范围内，即 $0<s_+<1$ 时，合成转矩 T 绝大部分都是正的。所以，如果交流伺服电动机在控制电压 $\dot{U}_c$ 作用下工作，当突然切除控制信号，即 $\dot{U}_c=0$ 时，电动机就处于单相运行状态，此时只要阻转矩小于单相运行时的最大转矩，电动机就将在合成转矩 T 的作用下继续旋转，即产生了"自转"现象。

图 8-9(b)是对应转子电阻 $r_2=r_{22}>r_{21}$ 的情况，此时转子电阻有所增大，临界转差率已经增大到 $s_m=0.8$。从图中可以看出，在 $0<s_+<1$ 的范围内，合成转矩减小很多，但是绝大部分仍然是正的，所以仍将产生"自转"现象。

图 8-9(c)是对应转子电阻 $r_2=r_{23}>r_{22}$ 的情况，此时转子电阻已经增大到使临界转差率 $s_m\geqslant1$ 的程度。这时合成转矩与横轴仅有一个交点，即原点，而且在 $0<s_+<1$ 的范围内，合成转矩都是负的。这就是说，控制电压消失后，处于单相运行状态的电动机由于合成转矩为制动转矩而能迅速停转。因此，增大转子电阻使得 $s_m\geqslant1$，是克服交流伺服电动机"自转"现象的有效措施。

3. 控制方法

对于交流伺服电动机，若在两相对称绕组上施加两相对称电压，便可得到圆形旋转磁场。反之，两相电压因幅值不同，或相位差不是 90°电角度，所得的便是椭圆形旋转磁场。当负载转矩一定时，如果改变控制电压的大小或改变它与励磁电压之间的相位差，将使电动机气隙中旋转磁场的椭圆度发生改变，电磁转矩随之发生变化，从而达到改变电动机转速的目的。因此，交流伺服电动机的控制方法有以下三种：

(1) 幅值控制

幅值控制方法是通过调节控制电压的大小来改变电机的转速，而控制电压 $\dot{U}_c$ 与励磁电压 $\dot{U}_f$ 之间的相位差始终保持 90°电角度。当控制电压 $\dot{U}_c=0$ 时，电动机停转，即 $n=0$。一般用信号系数 α 来反映控制信号电压的大小，即定义有效信号系数为

$$\alpha=\frac{U_c}{U_f} \tag{8-8}$$

(2) 相位控制

相位控制方法是通过调节控制电压的相位（即调节控制电压 $\dot{U}_c$ 和励磁电压 $\dot{U}_f$ 之间的相位差 β）来改变电动机的转速，控制电压的幅值保持不变。当 $\beta=0$ 时，电动机停转，即 $n=0$。其信号系数 α 定义为

$$\alpha=\sin\beta \tag{8-9}$$

(3) 幅值—相位控制

幅值—相位控制方法是将励磁绕组串联电容 C 后接到稳压电源 $\dot{U}_1$ 上，其接线如图 8-10 所示，而控制绕组上仍然外加控制电压 $\dot{U}_c$，$\dot{U}_c$ 的相位始终与 $\dot{U}_1$ 相同。这时通过调节控制电压的幅值来改变电动机的转速。由于转子绕组的耦合作用，当控制电压的幅值改变时，

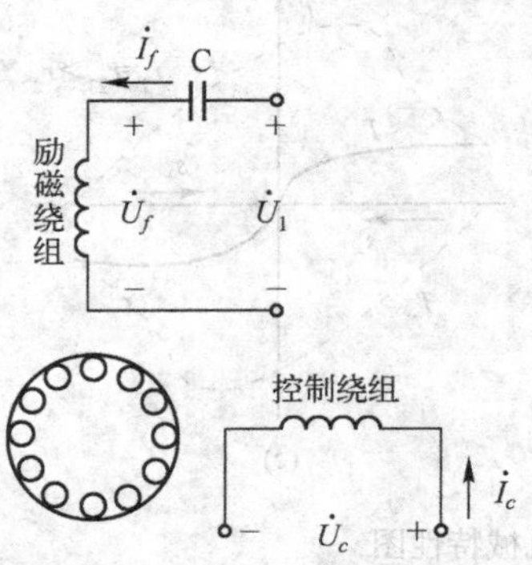

图 8-10 幅值—相位控制时的接线图

励磁绕组的电流 $\dot{I}_f$ 也发生改变，致使励磁绕组的电压$\dot{U}_f$ 也随之改变。这就是说，电压$\dot{U}_f$ 和$\dot{U}_c$之间的相位差 β 也随控制电压的幅值而改变，所以说这是一种幅值和相位的复合控制方法。当控制电压$\dot{U}_c=0$ 时，电动机便停转。其信号系数 α 定义为

$$\alpha=\frac{U_c}{U_{c0}}\alpha_0 \tag{8-10}$$

式中，U_{c0}为使电动机起动时的气隙磁场为圆形旋转磁场时的控制电压，α_0 为控制电压等于 U_{c0}时的信号系数。无论采用哪种控制方法，只要将控制信号电压的相位改变(反相)，从而改变控制绕组与励磁绕组中电流的相位关系，原来的超前相变为滞后相，电动机的转向就随之改变。

4. 运行特性

和直流伺服电动机一样，交流伺服电动机的运行特性也有两种：机械特性和调节特性。交流伺服电动机的机械特性是指信号系数 α=常数时，转速 n 与电磁转矩 T 之间的关系曲线。交流伺服电动机的调节特性是指输出转矩一定时，转速 n 与信号系数 α 之间的关系曲线。

若取电动机的同步转速作为转速的基值，圆形旋转磁场时的堵转转矩作为转矩的基值，那么用转速和转矩的标幺值表示的三种控制方法的机械特性和调节特性分别如图 8-11 和图 8-12所示。图 8-11 中的虚线表示三种控制方式下“理想电动机”的机械特性。所谓“理想电动机”，是指对实际电动机做了一些适当的简化，略去某些次要因素，如不计电动机的激磁电流等，然后得到的电动机。

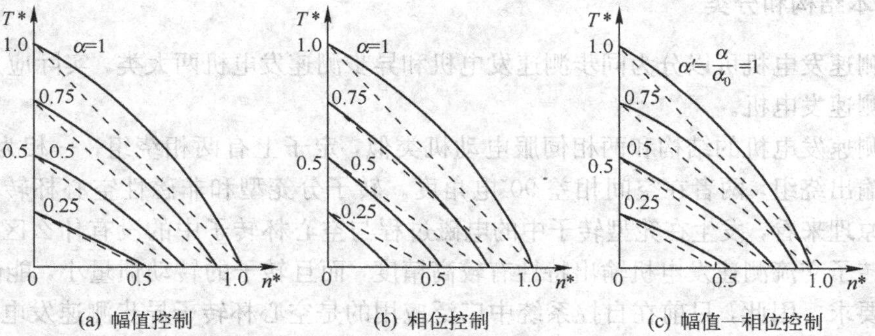

图 8-11　交流伺服电动机的机械特性

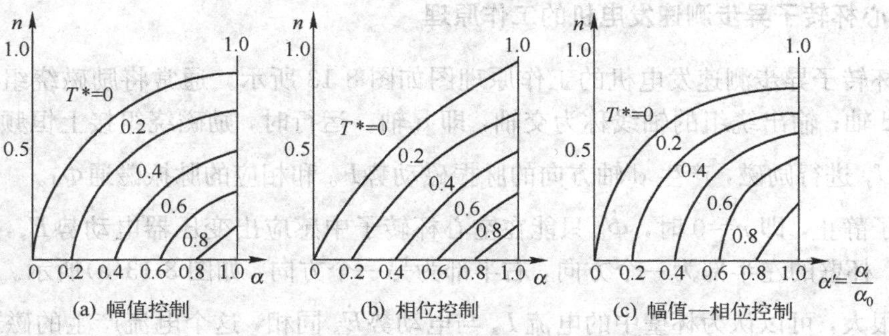

图 8-12　交流伺服电动机的调节特性

从图中可以看出，其机械特性和调节特性的线性度，相位控制时最好，而幅值一相位控制时最差；当相对转速和信号系数都不大时，三种情况下的机械特性和调节特性都接近直线，所以电动机应在小信号系数和低相对转速下运行。尽管如此，交流伺服电动机的运行特性的线性度还是远远不如直流伺服电动机。

8.3 测速发电机

测速发电机是一种测量转速的信号元件，它将输入的机械转速变换为电压信号输出，在自动控制系统中作为测速元件和校正元件。

按照在自动控制系统中的功用所要求，测速发电机必须具备以下基本性能：

(1) 输出特性呈线性并保持稳定。这就是指测速发电机的输出电压与转速保持严格的正比关系，且不随外部条件的变化而改变。

(2) 发电机的转动惯量要小，以保持反应迅速。

(3) 发电机的灵敏度要高。这就是说转速细微的变化要能引起电压明显的变化，即输出特性的斜率要大。

常用的测速发电机有两大类，输出直流电压的称为直流测速发电机；输出交流电压的称为交流测速发电机。直流测速发电机是一种微型直流发电机，它的结构及工作原理和前面所讲的普通直流发电机基本相同，这里不再赘述。本节仅介绍交流测速发电机的工作原理和特性。

1. 基本结构和分类

交流测速发电机可以分为同步测速发电机和异步测速发电机两大类，实际应用中一般都采用异步测速发电机。

异步测速发电机的结构和两相伺服电动机类似，定子上有两相绕组，一相为励磁绕组，另一相为输出绕组，两者在空间相差90°电角度。转子分笼型和非磁性空心杯转子两种，虽然从工作原理来看，发生在笼型转子中的电磁过程与空心杯转子中的没有什么区别，但是由于空心杯转子交流测速发电机输出特性有较高精度，而且转子的转动惯量小，能够满足系统快速性的要求。因此，目前在自控系统中广泛应用的是空心杯转子异步测速发电机，其结构与杯形转子交流伺服电动机类似。

2. 空心杯转子异步测速发电机的工作原理

空心杯转子异步测速发电机的工作原理图如图8-13所示。通常将励磁绕组的轴线称为直轴，即d轴；输出绕组的轴线称为交轴，即q轴。运行时，励磁绕组接上恒频恒压的单相交流电源$\dot{U}_f$进行励磁，产生d轴方向的脉振磁动势$\dot{F}_d$和相应的脉振磁通$\dot{\Phi}_d$。

当转子静止，即$n=0$时，$\dot{\Phi}_d$只能在空心杯转子中感应出变压器电动势$\dot{E}_s$，其方向以d轴为分界，杯壁的左半部为一个方向，右半部为另一个方向，如图8-13(a)所示。由于杯形转子的电阻很大，可以认为杯壁中的电流$\dot{I}_s$与电动势$\dot{E}_s$同相，这个电流产生的磁通$\dot{\Phi}_s$也在d轴，且与$\dot{\Phi}_d$方向相反，起到去磁作用。但是与输出绕组无匝链关系，输出绕组不会有感应电动势，所以输出绕组的电压 $U_2=0$。

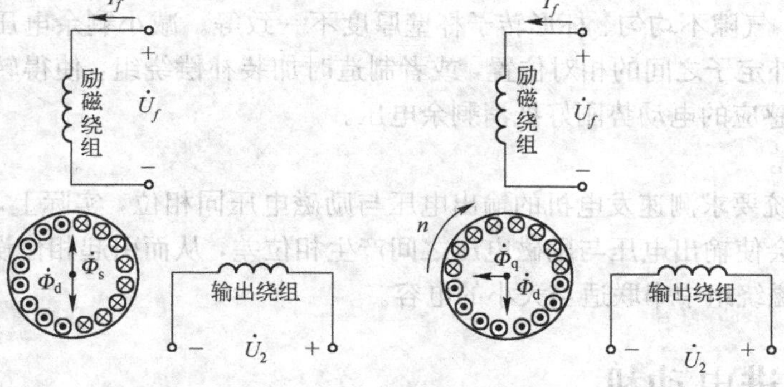

(a) 转子静止时　　(b) 转子旋转时

图 8-13　空心杯转子异步测速发电机的工作原理图

当转子转动后，即 $n\neq0$，空心杯转子切割 $\dot{\Phi}_d$，又产生了运动电动势 $\dot{E}_r$，此时，转子中的感应电动势可以看成变压器电动势 $\dot{E}_s$ 和运动电动势 $\dot{E}_r$ 的叠加，但是上面已经分析得出变压器电动势 $\dot{E}_s$ 对输出绕组没有影响，所以这里只讨论运动电动势 $\dot{E}_r$ 对输出绕组的影响。$\dot{E}_r$ 的方向以 q 轴为分界，杯壁的上半部为一个方向，下半部为另一个方向，如图 8-13(b)所示。同样可以认为该电动势在杯壁中所产生的电流 $\dot{I}_r$ 与电动势 $\dot{E}_r$ 同相，这个电流产生的磁通 $\dot{\Phi}_q$ 在 q 轴，与输出绕组匝链，在输出绕组中感应出电动势 $\dot{E}_2$。$\dot{\Phi}_d$、$\dot{E}_r$、$\dot{I}_r$、$\dot{\Phi}_q$ 和 $\dot{E}_2$ 均以励磁电源的频率交变，此频率与转速的高低无关。如果改变转向，$\dot{E}_r$、$\dot{I}_r$、$\dot{\Phi}_q$ 和 $\dot{E}_2$ 均反相。

由上述电磁关系可得以下正比关系

$$U_2\approx E_2\propto\Phi_q\propto I_r\propto E_r\propto n\Phi_d \tag{8-11}$$

可见，只要 Φ_d 保持不变，交流测速发电机的输出电压，输出特性为直线。但是实际交流测速发电机的性能与理想情况相比，难免存在误差。这些误差导致输出特性发生畸变，如图 8-14 所示。

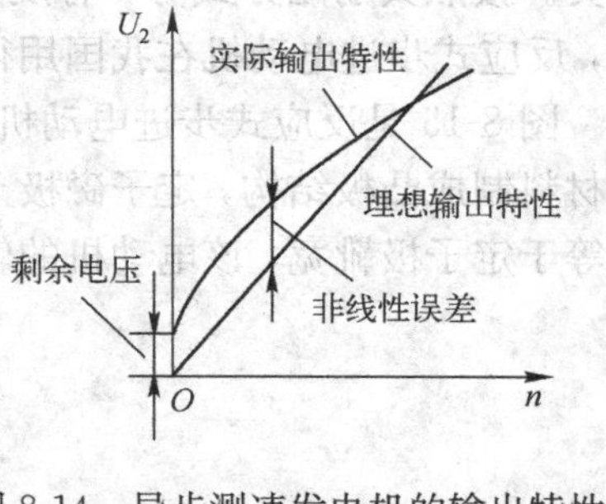

图 8-14　异步测速发电机的输出特性

3. 产生误差的原因及改进方法

从异步测速发电机的输出特性可以看出，严格说来输出电压和转速并不成正比关系，产生误差的原因有

(1) 直轴磁通 Φ_d 的变化

正如上面所述，要使输出电压和转速成正比，必须保持直轴磁通 Φ_d 恒定。事实上，根据磁动势平衡原理可知，转子产生的直轴磁通 Φ_s 将使励磁绕组的电流发生改变，使直轴磁通 Φ_d 也随之改变，这将破坏输出电压与转速应保持的正比关系。通过减小定子绕组的漏阻抗和增大转子电阻可以减小 Φ_d 的变化。

(2) 剩余电压

当测速发电机由恒频恒压的交流电源励磁，发电机的转速为零时，仍有一个很小的输出电压，称为剩余电压。剩余电压一般只有几十毫伏，但它的存在使输出特性曲线不再从坐标原点开始。产生剩余电压的原因主要有输出绕组与励磁绕组在空间上不是刚好相差 90°电角度、磁路不对称、气隙不均匀、杯形转子杯壁厚度不一致等。减小剩余电压的方法是提高加工精度，调节内外定子之间的相对位置，或者制造时加装补偿绕组，使得转速为零时补偿绕组在输出绕组中感应的电动势刚好抵消剩余电压。

（3）相位误差

自动控制系统要求测速发电机的输出电压与励磁电压同相位，实际上，由于定子、转子漏阻抗的影响，会使输出电压与励磁电压之间产生相位差，从而引起相位误差。为了补偿相位误差，可在励磁绕组中串联适当大小的电容。

8.4 步进电动机

步进电动机是一种用电脉冲信号进行控制，并将电脉冲信号转换成相应的角位移或线位移的功率元件，其可以看成断续运转的同步电动机。步进电动机由专用的电源供给电脉冲，每输入一个电脉冲，它就转动一个角度或前进一步，这种运动是步进式的，所以它被称为步进电动机。又由于其绕组上所加的电源是脉冲电压，有时也称它为脉冲电动机。

步进电动机是受电脉冲信号控制的，它的直线位移量或角位移量与电脉冲数成正比，电动机的转速与脉冲频率成正比，它每转一周都有固定的步数，在不丢步的情况下运行，其步距误差不会长期积累。这些特点使它完全适用于数字控制的开环系统中作为伺服元件，并使整个系统大为简化而又运行可靠。

8.4.1 步进电动机的结构和分类

步进电动机种类繁多，按照其运动方式分，有旋转式步进电动机和直线式步进电动机两大类。按照其励磁方式分，有反应式、永磁式和永磁感应子式三类。在这三类步进电动机中，反应式步进电动机在我国用得最为广泛，结构也比较简单，所以着重分析这类电动机。

图 8-15 是反应式步进电动机的一种典型结构，它的定子和转子铁芯由硅钢片或其他软磁材料制成凸极结构，定子磁极上绕有控制绕组，每两个相对的磁极绕有一相绕组，转子齿宽等于定子极靴宽，该电动机的转子不是永久磁钢，也没有绕组，这是其最大的特点。

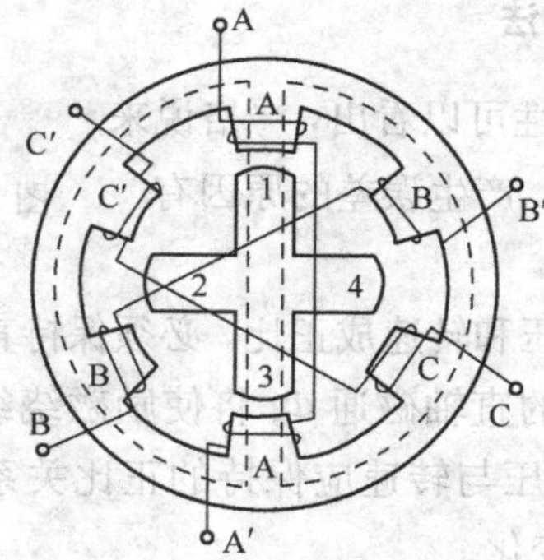

图 8-15 反应式步进电动机

8.4.2　反应式步进电动机的工作原理

反应式步进电动机是利用“磁通总是要沿着磁阻最小的路径闭合，因此转子在磁力线扭曲而产生的切向磁拉力的作用下旋转，以使转子处于磁阻最小的位置”这一原理进行工作的。在运行过程中产生的切向磁拉力必然要形成转矩，这种转矩称为反应转矩，或者磁阻转矩，所以反应式步进电动机有时也称做磁阻式步进电动机。

图 8-16 所示为一台三相反应式步进电动机的工作原理图。它的定子有 6 个磁极，每个极上都装有集中绕组，转子是 4 个均匀分布的齿，上面没有绕组。若定义 Z_2 为转子齿数，θ_t 为转子每一齿距所对应的空间角度，即齿距角，那么就有

$$\theta_t = \frac{360°}{Z_2} = \frac{360°}{4} = 90°$$

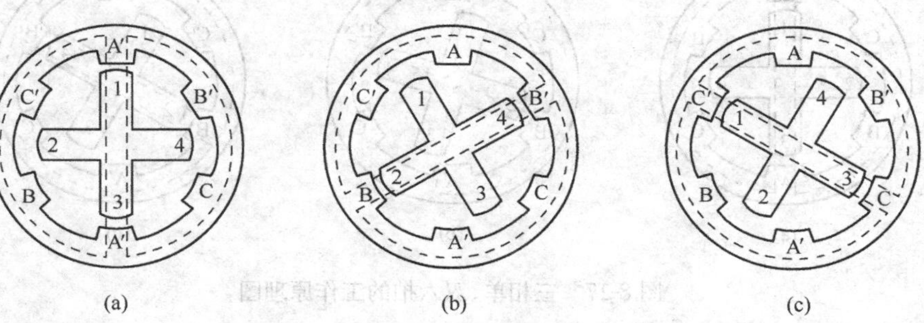

图 8-16　三相单三拍的工作原理图

当 A 相控制绕组通电，其余各相绕组断电，电动机内形成以为 AA′轴线的磁场，如图 8-16(a)所示。因磁通要沿着磁阻最小的路径闭合，将使转子齿 1、3 和定子极 A、A′对齐。A 相控制绕组断电，B 相控制绕组通电时，转子将在空间逆时针转过 30°，转子齿 2、4 和定子极 B、B′对齐，如图 8-16(b)所示。若再使 B 相断电，C 相控制绕组通电，转子又在空间转过 30°，将使转子齿 1、3 和定子极 C、C′对齐，如图 8-16(c)所示。如此循环往复，并按照 A-B-C-A 的顺序通电，转子就会按照逆时针方向一步一步的转动下去。其转速取决于各控制绕组通电和断电的频率，旋转方向取决于各相控制绕组轮流通电的顺序。若按照 A-C-B-A 的顺序通电，则电动机反向转动。

定子控制绕组每改变一次通电方式，称为一拍。上述通电方式称为三相单三拍。“三相”是指定子三相绕组；“单”是指每次只有一相绕组通电；“三拍”是指经过三次切换，控制绕组的通电状态完成一个循环，第四拍通电时就重复第一拍通电的情况。

如果把输入一个电脉冲信号转子转过的角度叫做步距角，用 θ_s 表示。那么由上面的分析可见，若 A 相通电时，转子齿 1、3 和定子极 A、A′对齐，转子齿轴线与 A 相磁极的轴线对齐。此后每换接一次绕组，转子就转过 1/3 齿距角，即 30°。转子需走 3 步，才转过一个齿距角，此时转子齿 2、4 和定子极 A、A′对齐，转子齿轴线重新与 A 相磁极的轴线对齐，所以有

$$\theta_s = \frac{\theta_t}{N} = \frac{360°}{NZ_2} \tag{8-12}$$

式中，N 为运行拍数。

三相反应式步进电动机除了三相单三拍通电方式外，还有三相单、双六拍通电方式和三

相双三拍通电方式。所谓三相单、双六拍通电方式，是指通电顺序为 A-AB-B-BC-C-CA-A，或者 A-AC-C-CB-B-BA-A。在这种通电方式下，定子绕组的通电状态需要通过六次切换，才能完成一个循环，故称为“六拍”；并且在通电时，有时是一相控制绕组通电，有时是两相控制绕组通电，交替进行，因此称为“单、双六拍”。

假设三相单、双六拍通电方式下的通电顺序为：A-AB-B-BC-C-CA-A，来分析此时的步距角。如图 8-17 所示，采用三相单、双六拍通电方式后，步进电动机由 A 相控制绕组单独通电过渡到 B 相控制绕组单独通电，中间还要经过 A、B 两相同时通电的状态。也就是说要经过两拍，转子才转过 30°，所以在这种通电方式下，步进电动机的步距角比单拍通电方式时减少一半，为 15°。可见，同一台步进电动机，通电方式不同，运行时的步距角也有可能不同。

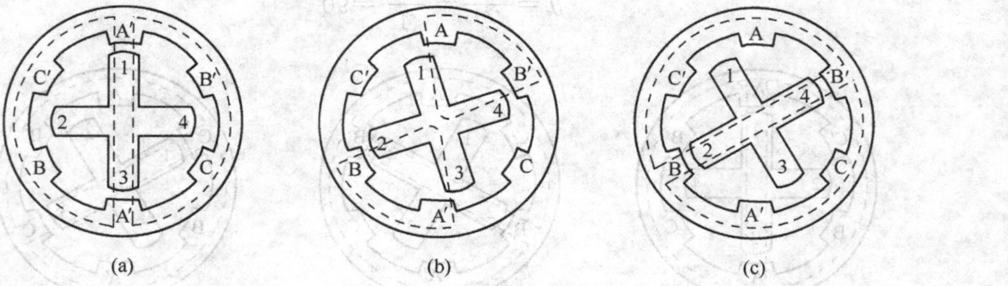

图 8-17 三相单、双六拍的工作原理图

三相双三拍通电方式是指，通电顺序为 AB-BC-CA-AB，或者 AC-CB-BA-AC。这时每次均有两相控制绕组同时通电，它的步距角应和单三拍通电方式相同，为 30°，具体运行情况读者可以自行分析，限于篇幅，这里不再赘述。

步进电动机按照单三拍通电方式运行时，每个通电状态下都是由一相控制绕组通电吸引转子，这容易使转子在平衡位置产生振荡，甚至造成失步，因而稳定性不好，所以在实际应用场合很少被采用。通常在实际使用中，采用单、双六拍通电方式或双三拍通电方式。在这两种通电方式中，由一个状态转变为另一个状态，总有一相持续导通，力图使转子保持原有位置，因而具有一定的阻尼作用，工作较为平稳。

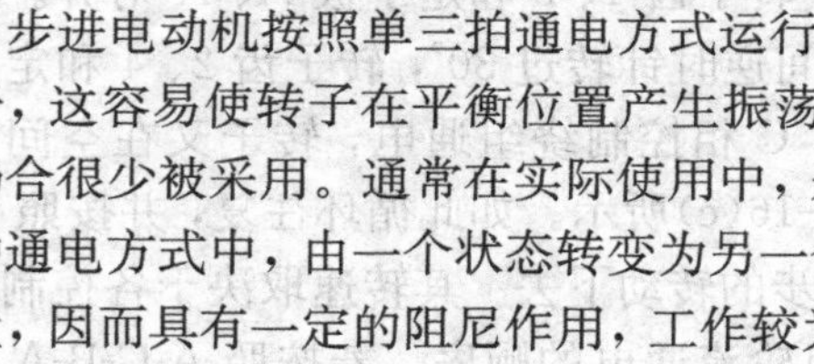

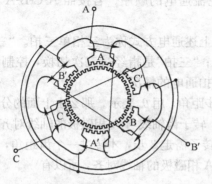

图 8-18 小步距角的三相反应式步进电动机

反应式步进电动机，不论采用何种通电方式，步距角均较大，如果用在数控机床，就会影响工件的加工精度。由式 8-14 可知，要提高加工精度，就必须增加转子齿数和运行拍数。运行拍数与定子控制绕组的相数成正比，相数越多，电源及电动机的结构也就越复杂，造价也越高，所以反应式步进电动机一般顶多做到八相，只有个别电动机才做成更多相数。在实际应用中，一般通过提高转子齿数，来实现减小步距角的目的。图 8-18 所示的结构是最常用的一种小步距角的三相反应式步进电动机。图中，转子上均匀分布 40 个齿，定子上仍为 6 个磁极，每个磁极的极靴上各有 5 个小齿，定子、转子齿宽、齿距相等。所谓齿距就是相

邻两齿中心线之间的距离，用 t 表示。

为分析方便起见，将定子、转子展开，如图 8-19 所示，图中只画出了一半。由图可以清楚看到A相通电时，A相极下定、转子齿对齐，而B相极下定、转子齿的中间线之间错开 $t/3$，C相极下定、转子齿的中间线之间错开 $2t/3$。当A相断电，B相通电时，B相极下定、转子齿对齐，因而转子转过 $t/3$，这时A相和C相极下定、转子齿的中间线之间均错开 $t/3$。依此类推。可见，采用三相单三拍通电方式运行时的步距角为

$$\theta_s=\frac{360^\circ}{Z_2N}=\frac{360^\circ}{40\times3}=3^\circ$$

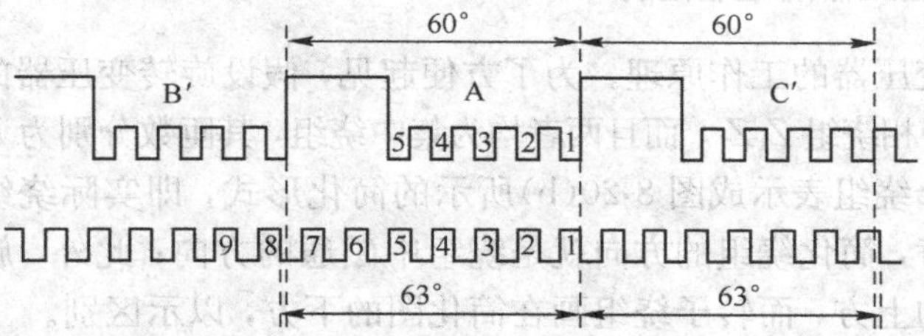

图 8-19 小步距角的三相反应式步进电动机的展开图

如果采用三相单、双六拍通电方式运行时，步距角为

$$\theta_s=\frac{360^\circ}{Z_2N}=\frac{360^\circ}{40\times6}=1.5^\circ$$

如果脉冲频率很低，每输入一个控制脉冲，定子绕组就换接一次，步进电动机的输出轴就转过一个步距角，这种控制方式称为角度控制。如果脉冲频率很高，各相绕组不断地轮流通电，步进电动机就将连续转动，这种控制方式称为速度控制。如果步进电动机通电的脉冲频率为 f(即每秒的步数或拍数)，则步进电动机的转速为

$$n=\frac{60f}{Z_2N}\quad \text{r/min} \tag{8-13}$$

8.5 旋转变压器

从物理本质来看，旋转变压器可以看成一种能旋转的变压器，这种变压器的原、副边绕组分别放置在定、转子上。由于它的原、副边绕组之间的相对位置因旋转而会改变，它们之间的电磁耦合情况是随转子的位置改变的，因此转子绕组的输出电压与转子转角将呈某种函数关系。而根据这种函数关系的不同，旋转变压器可以分为正余弦旋转变压器、线性旋转变压器和比例式旋转变压器。正余弦旋转变压器的输出电压与转子转角呈正、余弦函数关系；线性旋转变压器的输出电压在一定转角范围内与转子转角成正比；比例式旋转变压器的输出电压也与转子转角呈正、余弦函数关系，只不过在结构上多了一个固定转子位置的装置而已。所以下面主要介绍前两种旋转变压器。

8.5.1 基本结构

旋转变压器在自控系统中主要用来进行三角函数运算、坐标变换以及角度数据传输等，其结构形式与绕线式异步电动机相似，定子、转子上的绕组都是对称的，而且转子绕组也是

由电刷和集电环引出的。不过，转子绕组不再是短路的；此外，绕线式异步电动机与旋转变压器的结构形式的另一个不同点，在于前者的定子、转子绕组为三相绕组，且在空间互隔120°电角度；而后者的定子、转子绕组为两相在空间互隔90°电角度的高精度的正弦分布绕组。采用正弦分布绕组的目的是使气隙中只有基波与齿谐波的磁场，从而尽可能地削弱谐波电动势，提高了旋转变压器的精度。

8.5.2　正余弦旋转变压器的工作原理

1. 正余弦旋转变压器的空载运行

下面分析旋转变压器的工作原理。为了方便起见，假设旋转变压器的定子只有一相绕组 D_1D_2，转子也只有一相绕组 Z_1Z_2，而且两者均为集中绕组，其匝数分别为 N_s、N_r，如图 8-20(a)所示。也可以将每个绕组表示成图 8-20(b)所示的简化形式，即实际绕组都可用画在其轴线位置的简化绕组代替，简化绕组的方向就是绕组中磁通的方向；此外，旋转变压器的定子绕组一般画在简化图的上方，而转子绕组画在简化图的下方，以示区别。

把两绕组轴线重合时位置定为转子的初始位置，这时两个绕组的夹角(即它们轴线的夹角)$\theta=0°$。当定子绕组通电，转子绕组开路时，正余弦旋转变压器处于空载运行状态。D_1D_2 绕组加上交流电压$\dot{U}_s$ 就会有励磁电流 $\dot{I}_m$ 流过，其在气隙中建立一个与转子位置无关的，且按正弦规律分布的脉动磁场，产生的磁通为$\dot{\Phi}_s$。此时$\dot{\Phi}_s$ 也完全穿过 Z_1Z_2 绕组，并在其中感应出电动势，这时 Z_1Z_2 绕组就相当于变压器的副绕组，旋转变压器的工作状态也与普通变压器空载状态相类似。若不计定子漏阻抗压降，则有

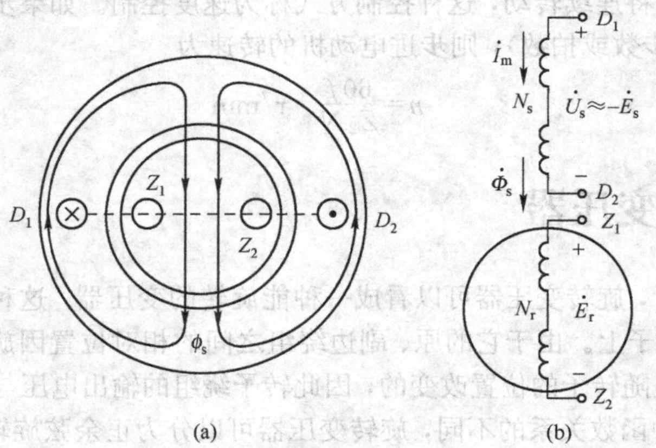

图 8-20　定子、转子轴线位置重合时的旋转变压器

$$\dot{U}_s=-\dot{E}_s \tag{8-14}$$

$$\dot{U}_r=\dot{E}_r=\frac{\dot{E}_s}{k} \tag{8-15}$$

式中，$\dot{U}_s$、$\dot{E}_s$ 分别为定子绕组的端电压和感应电动势，$\dot{U}_r$、$\dot{E}_r$ 为转子绕组的输出电压和感应电动势，k 为两绕组的匝数之比，即 $k=N_s/N_r$。

如果将转子位置转过一个角度θ，如图 8-21 所示。此时定子绕组产生的磁通仍然为$\dot{\Phi}_s$，而穿过转子绕组的磁通则变为$\dot{\Phi}_r=\dot{\Phi}_s\cos\theta$。因此，这时转子绕组的感应电动势和输出电压变为$\dot{U}_r=\dot{E}_r=\dot{E}_s\cos\theta/k=-\dot{U}_s\cos\theta/k$；用有效值表示，则为$U_r=U_s\cos\theta/k$。可以看出，转子绕组输出电压与转角的余弦成正比，所以这样的旋转变压器称为余弦旋转变压器，Z_1Z_2 绕组称为余弦输出绕组。

如果在转子上再加装一相绕组 Z_3Z_4，其形式与 Z_1Z_2 一样，只不过在空间上与 Z_1Z_2 相差 90°电角度而已，如图 8-22 所示。

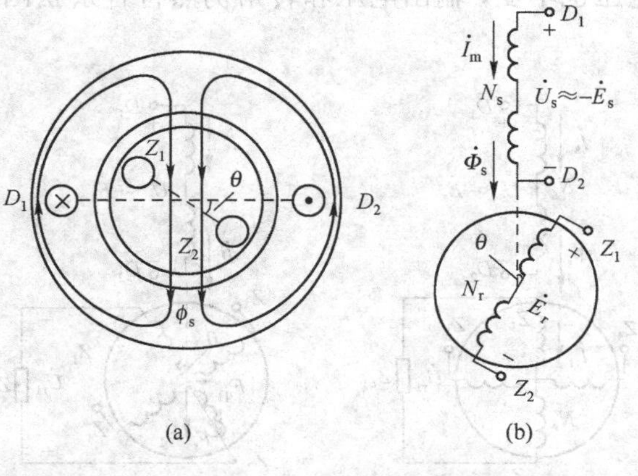

图 8-21 定、转子轴线位置不重合时的旋转变压器

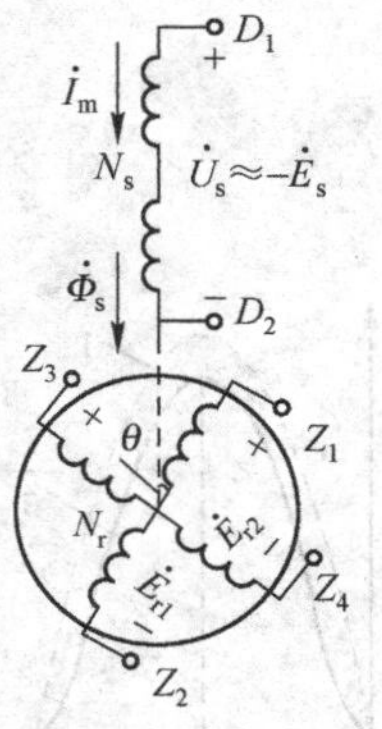

图 8-22 转子有两个绕组时的旋转变压器

当转子处在初始位置时，此时定子绕组产生的磁通$\dot{\Phi}_s$ 根本不穿过 Z_3Z_4 绕组，所以 Z_3Z_4 中没有感应电动势，输出电压为零；当转子转过θ角后，穿过 Z_3Z_4 绕组的磁通变为$\dot{\Phi}_s\sin\theta$，所以 Z_3Z_4 中的感应电动势和输出电压为$\dot{U}_{r2}=\dot{E}_{r2}=\dot{E}_s\sin\theta/k=-\dot{U}_s\sin\theta/k$，此时 Z_1Z_2 绕组中的感应电动势和输出电压仍然是$\dot{U}_{r1}=\dot{E}_{r1}=\dot{E}_s\cos\theta/k=-\dot{U}_s\cos\theta/k$。用有效值分别表示，则为

$$U_{r1}=\frac{U_s}{k}\cos\theta \tag{8-16}$$

$$U_{r2}=\frac{U_s}{k}\sin\theta \tag{8-17}$$

这样就构成了正余弦旋转变压器，其中 Z_3Z_4 绕组称为正弦输出绕组。

2. 正余弦旋转变压器的负载运行

正余弦旋转变压器输出绕组的输出电压与转子转角的关系曲线称为输出特性。通过上面的介绍可以知道，正余弦旋转变压器空载时的输出电压与转角呈正、余弦关系。在实际使用中，旋转变压器要接上一定的负载。当输出绕组接上负载后，情况发生了变化，其输出电压将不再是转角的正、余弦函数，图 8-23 即表示正余弦旋转变压器中正弦输出绕组在空载和负载两种情况下输出特性的对比。可以看出输出特性偏离了正、余弦规律，这种现象称为输出特性的畸变。实验表明，负载电流越大，畸变程度越高。

由于自动控制系统对正余弦旋转变压器的精度要求很高，因此这种畸变必须加以消除，为此，下面以正余弦旋转变压器中余弦输出绕组为例，分析负载运行时产生畸变的原因，以找出解决措施。

当 $\theta=0°$，如图 8-24(a)所示。Z_1Z_2 绕组接负载 Z_L，Z_3Z_4 绕组开路，负载电流为 $\dot{I}_{r1}$，定子绕组的电流为 $\dot{I}_s$。此时定、转子绕组产生的磁动势都在定子绕组的轴线上。与普通变压器的负载运行一样，根据磁动势平衡原理，有 $\dot{I}_sN_s+\dot{I}_{r1}N_r=\dot{I}_mN_m$，旋转变压器的合成磁动势与空载时一样，没有变化，在转子绕组中的感应电动势也与空载时相同。如果不计 Z_1Z_2 绕组的漏阻抗压降，那么 Z_1Z_2 绕组的输出电压也不变，输出电压和转角仍然符合余弦函数关系。

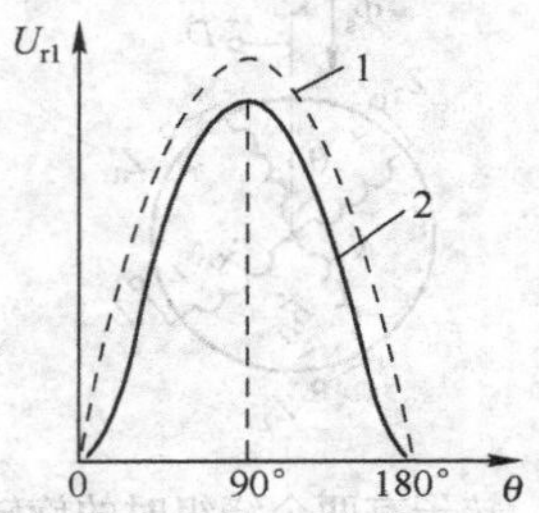

1—空载时　2—负载时

图 8-23　正余弦旋转变压器正弦输出绕组在空载和负载两种情况下输出特性的对比

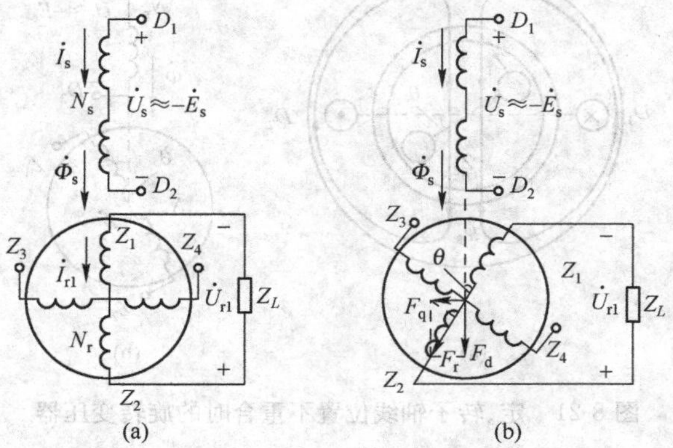

图 8-24　正余弦旋转变压器输出特性的畸变

当 $\theta\neq0°$，如图 8-24(b)所示。转子绕组产生的磁动势不在定子绕组 D_1D_2 的轴线上，它们相差 θ 角。将转子磁动势 F_r 分解成两个分量：一个是直轴分量 F_d，它与定子磁动势 F_s 一样，都在定子绕组的轴线上，只不过方向相反，根据磁动势平衡原理，F_d 将被定子磁动势的负载分量所抵消，对合成磁动势几乎不产生影响，这一点与 $\theta=0°$时是一样的；另一个是交轴分量 F_q，它的方向与 D_1D_2 绕组的轴线垂直，不能在 D_1D_2 绕组中引起电流，所以不能被抵消。F_q 与 Z_1Z_2 绕组轴线的夹角为$(90-\theta)°$。假设 F_q 分解成两个分量：一个分量垂直于 Z_1Z_2 绕组的轴线，它不在 Z_1Z_2 中产生磁通；另一个分量与 Z_1Z_2 绕组的轴线同向，它在 Z_1Z_2 中产生磁通 ϕ_{q12}，这个磁通将在 Z_1Z_2 中感应出电动势$\dot{E}_q$。可见，旋转变压器 Z_1Z_2 绕组接上负载后，除了仍然存在由合成磁动势引起的电动势$\frac{\dot{E}_s}{k}\cos\theta$外，还附加了正比于 F_q 的电动势$\dot{E}_q$。显然正是由于后者的出现，导致了输出特性的畸变。

从上面的分析可以知道，正余弦旋转变压器负载时输出特性的畸变，主要是由交轴磁动势 F_q 引起的。为了消除畸变，就必须设法消除交轴磁动势的影响。消除畸变的方法称为补偿，主要包括：转子侧补偿和定子侧补偿。

(1) 转子侧补偿的正余弦旋转变压器

为了消除 Z_1Z_2 绕组中因为负载电流而产生的交轴磁动势 F_q，可以利用 Z_3Z_4 绕组，并在 Z_3Z_4 绕组输出端也接上阻抗 Z_r，这时转子的两个绕组负载阻抗完全相同，如图 8-25 所示。当 $\theta\neq0°$时，在 Z_1Z_2、Z_3Z_4 绕组中都有负载电流流过，同时分别产生磁动势 F_{r1}和 F_{r2}。可以证明，此时磁动势 F_{r1}和 F_{r2}在交轴方向上的分量恰好大小相等，方向相反，即完全抵消。具体证明过程比较烦琐，这里不再列出，读者有兴趣的话可以参看相关的材料。

虽然转子侧补偿能完全抵消交轴磁动势，使输出电压与转角严格地呈正、余弦关系，保证了旋转变压器的精度，但是必须使 Z_1Z_2、Z_3Z_4 绕组的负载阻抗保持相等。对于变动的负载阻抗，转子侧对称补偿就不易实现了。

(2) 定子侧补偿的正余弦旋转变压器

为了消除交轴磁动势对正余弦旋转变压器输出电压的影响，除采用转子侧对称补偿外，也可以在定子上加装一相绕组 D_3D_4，使 D_3D_4 与 D_1D_2 在空间上互差 90°电角度，给绕组 D_3D_4 接入合适的负载阻抗，以达到完全消除交轴磁动势的目的。这种方法称为定子侧补偿，其接线如图 8-26 所示。

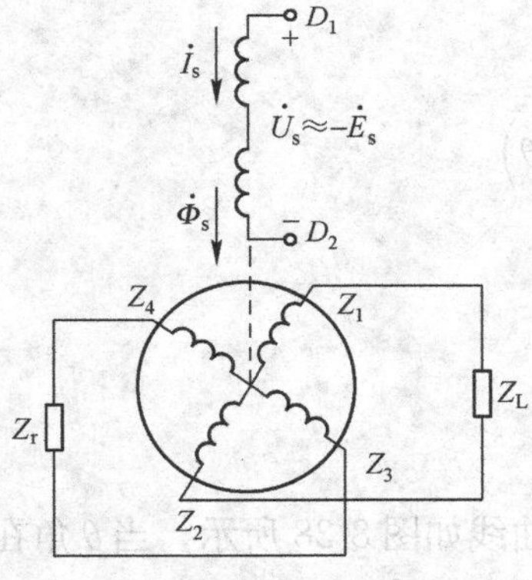

图 8-25　转子侧补偿的正余弦变压器

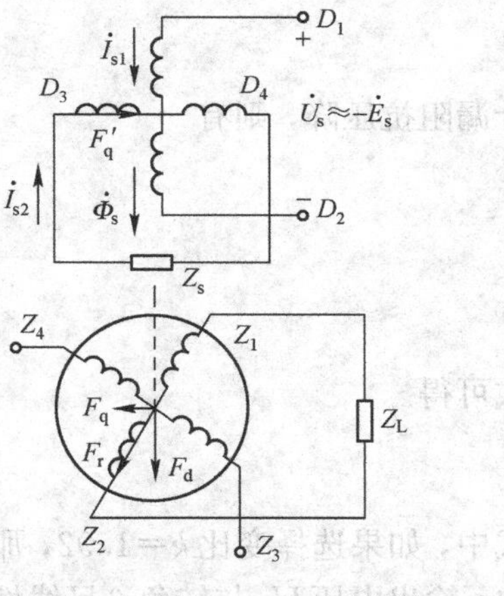

图 8-26　定子侧补偿的正余弦旋转变压器

在图 8-26 中，绕组 D_1D_2 外施单相交流电压进行励磁，绕组 D_3D_4 接入阻抗 Z_s，转子上的 Z_1Z_2 绕组仍然接负载阻抗 Z_r，另一个绕组 Z_3Z_4 为开路。

同样，Z_1Z_2 绕组中的负载电流产生的磁动势分解成 F_d 和 F_q 这两个分量，其中 F_d 在定子绕组 D_1D_2 的轴线上，而 F_q 则和 D_3D_4 绕组的轴线相一致。F_q 将在 D_3D_4 绕组中感应出电动势，并产生电流，以形成磁动势 F'_q。F'_q 与 F_q 方向相反，对 F_q 起到去磁作用。由于阻抗 Z_s 非常小，所以 D_3D_4 接近于短路状态，其电流很大，产生的磁动势对 F_q 的去磁作用很强，致使这时气隙中的合成交轴磁动势趋于零，从而消除了输出电压的畸变。

可以证明，当阻抗 Z_s 等于外施电源内阻抗 Z_i 时，Z_1Z_2 绕组的输出电压与转角严格地呈余弦关系。通常外施电源内阻抗 Z_i 很小，当正余弦旋转变压器工作时，为了减小输出电压的畸变，常将 D_3D_4 绕组两端直接短接。可以看出，定子侧的补偿作用与负载阻抗的变化无关，这是它的优点。

在实际使用时，为了达到最优补偿的目的，常常是定子侧、转子侧同时加以补偿，这时旋转变压器的四个绕组将全部用上。

8.5.3 线性旋转变压器的工作原理

前面已经提到，线性旋转变压器的输出电压与转角 θ 呈正比。下面来分析它的工作原理。

当转角 θ 很小且用弧度作单位时，则 $\sin\theta\approx\theta$，所以当转角很小时，可以近似认为正余弦旋转变压器的正弦输出绕组的输出电压与转角 θ 呈线性关系，即正余弦旋转变压器可以作线性旋转变压器来使用。若要求线性误差不超过 0.1%，那么 θ 角不能超过 $\pm4.5°$；若要求线性误差不超过 1%，那么 θ 角不能超过 $\pm14°$，超过这个范围就不能再认为是线性关系了。

如果旋转变压器的绕组按图 8-27 所示的方式接线，那么输出电压能在较大的角度范围内与转角呈线性关系。此时，把绕组 D_1D_2 和 Z_1Z_2 串联，外施单相交流电压进行励磁，绕组 D_3D_4 绕组直接短接，绕组 Z_3Z_4 作为输出绕组。

当转角 $\theta\neq0°$，由于绕组 D_3D_4 的补偿作用可以认为气隙中只有直轴磁动势，如果 D_1D_2 中的感应电动势为 $\dot{E}_s$，则 Z_1Z_2 和 Z_3Z_4 中的感应电动势分别为

$$\dot{E}_{r1}=\frac{\dot{E}_s}{k}\cos\theta \tag{8-18}$$

$$\dot{E}_{r2}=\frac{\dot{E}_s}{k}\sin\theta \tag{8-19}$$

不计漏阻抗压降，则有

$$\dot{U}_s=-\left(\dot{E}_s+\frac{\dot{E}_s}{k}\cos\theta\right) \tag{8-20}$$

$$\dot{U}_r=\dot{E}_{r2}=\frac{\dot{E}_s}{k}\sin\theta \tag{8-21}$$

由式可得

$$U_r=\frac{\sin\theta}{k+\cos\theta}U_s \tag{8-22}$$

在式中，如果选择变比 $k=1.92$，那么 $U_r=f(\theta)$ 的关系曲线如图 8-28 所示。当 θ 角在 $\pm60°$ 范围内，输出电压 U_r 与转角 θ 呈线性关系，其线性误差小于 0.1%。

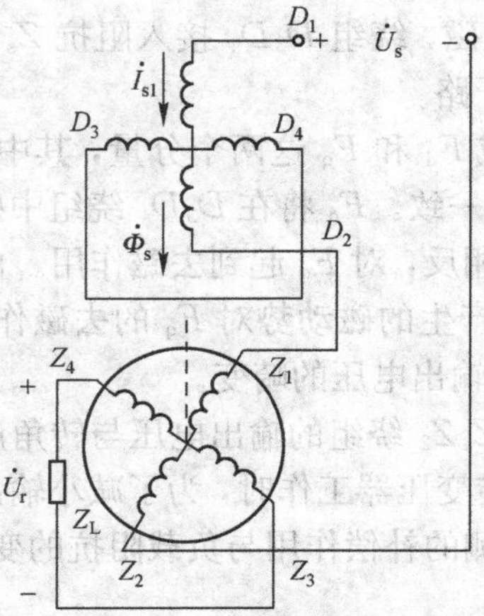

图 8-27 定子侧补偿的线性旋转变压器

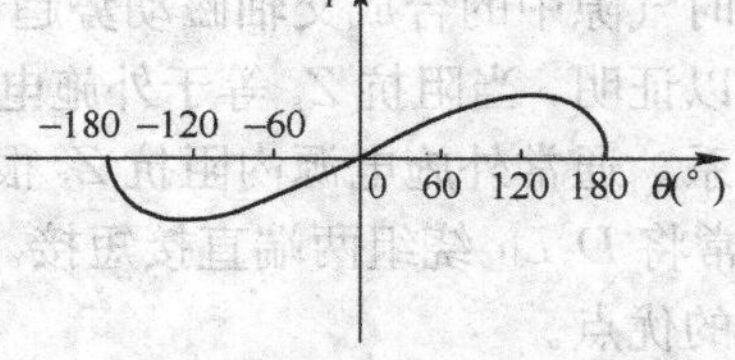

图 8-28 线性旋转变压器的输出特性

上述这种线性旋转变压器采用的是定子侧补偿，其补偿效果与负载无关，使用较为方便，所以在实际中采用较多。当然也可以采用转子侧补偿，这里不再赘述。

8.6 自整角机

自整角机是自控系统中的同步元件，利用两台或多台自整角机在电路上的联系，可以使相隔一定距离、机械上互不相连的两根或多根转轴保持同步旋转或产生相同的转角变化。产生信号的自整角机称为发送机，接收信号的自整角机称为接收机。

8.6.1 基本结构和分类

自整角机的基本结构与一般的同步电机类似，也分为定子和转子两部分。其定子内圆周分布着星形联结的三相对称绕组；转子也有隐极和凸极两种结构，为了使转子绕组与外电路连接，在转子上也装有滑环和电刷装置。所不同的是，同步电机的转子绕组通的是直流电，而自整角机的转子绕组通的是单相交流电。

为了便于分析其工作原理，假设旋转变压器的定子三相绕组和转子绕组均为集中绕组，其匝数分别为 N_s、N_r，如图 8-29(a)所示。定子绕组呈星形联结，即 D_2、D_4、D_6 连在一起，记做 O 点。也可以将每个绕组表示成图 8-29(b)所示的简化形式，即实际绕组都可用画在其轴线位置的简化绕组代替，简化绕组的方向就是绕组中磁通的方向；此外，自整角机的定子绕组一般画在简化图的下方，而转子绕组画在简化图的上方，以示区别。

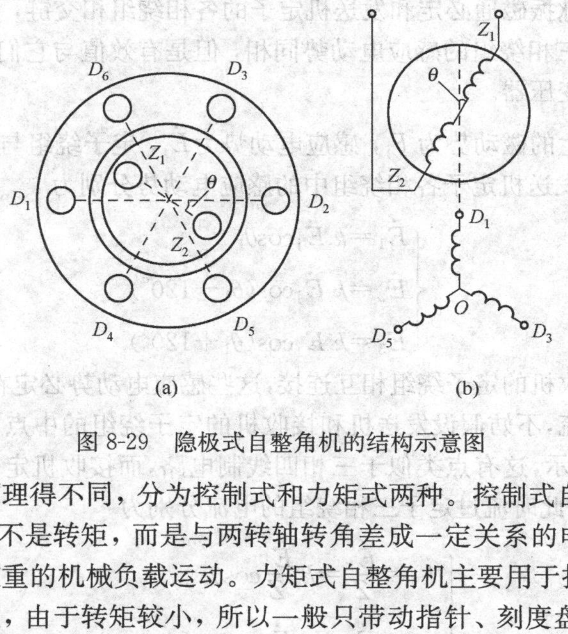

图 8-29 隐极式自整角机的结构示意图

自整角机按工作原理得不同，分为控制式和力矩式两种。控制式自整角机主要用于随动系统中，接收机的输出不是转矩，而是与两转轴转角差成一定关系的电压信号，由它控制交流伺服电动机去带动较重的机械负载运动。力矩式自整角机主要用于指示系统中，通过接收机的转子直接输出转矩，由于转矩较小，所以一般只带动指针、刻度盘之类的较轻的机械负载。下面分别介绍两种自整角机的工作原理。

8.6.2 控制式自整角机的工作原理

控制式自整角机由两台结构完全相同的自整角组成，左边是自整角发送机，右边是自整角接收机，接线如图 8-30 所示。发送机的转子绕组 Z_1Z_2 接励磁电压$\dot{U}_j$，称为励磁绕组；发送机和接收机的定子绕组称为同步绕组，两个同步绕组对应连接；接收机的转子绕组 $Z'_1Z'_2$ 称为输出绕组。励磁绕组的轴线相对于定子绕组 D_1D_2 的轴线的夹角为 θ_1，输出绕组的轴线相对于定子绕组 $D'_1D'_2$ 的轴线的夹角为 θ_2。

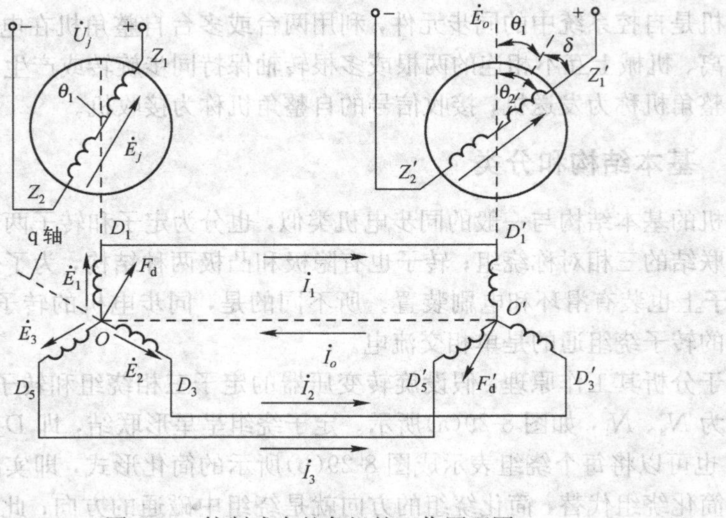

图 8-30 控制式自整角机的工作原理图

励磁绕组产生的脉振磁通必定和发送机定子的各相绕组相交链，因而在各相绕组中感应出电动势。所以定子三相绕组的感应电动势同相，但是有效值与它们在空间的位置有关，这一点有点类似于旋转变压器。

假设励磁绕组产生的磁动势为 F_j，感应电动势为$\dot{E}_j$，定子绕组与励磁绕组的有效匝数之比为 k，则图 8-30 中发送机定子各相绕组中的感应电动势分别为

$$\begin{cases} \dot{E}_1 = k\,\dot{E}_j\cos\theta_1 \\ \dot{E}_2 = k\,\dot{E}_j\cos(\theta_1 - 120°) \\ \dot{E}_3 = k\,\dot{E}_j\cos(\theta_1 + 120°) \end{cases} \tag{8-23}$$

由于发送机和接收机的定子绕组相互连接，这些感应电动势必定在定子绕组中产生电流。为了便于计算各相电流，不妨假设发送机和接收机的定子绕组的中点 O 和 O'之间有连接线，在图 8-30 中用虚线表示，这有点类似于三相四线制电路，而接收机定子绕组相当于三相对称负载，不妨用 Z 表示。此时流过定子三相绕组的电流分别为

$$\begin{cases} \dot{I}_1 = \dfrac{\dot{E}_1}{Z} = k\,\dfrac{\dot{E}_j}{Z}\cos\theta_1 \\ \dot{I}_2 = \dfrac{\dot{E}_2}{Z} = k\,\dfrac{\dot{E}_j}{Z}\cos(\theta_1 - 120°) \\ \dot{I}_3 = \dfrac{\dot{E}_3}{Z} = k\,\dfrac{\dot{E}_j}{Z}\cos(\theta_1 + 120°) \end{cases} \tag{8-24}$$

很显然，定子三相绕组的电流均同相。此外，流过中线的电流为

$$\dot{I}_N=\dot{I}_1+\dot{I}_2+\dot{I}_3=0 \tag{8-25}$$

这说明中线 OO' 中没有电流，它没有存在的必要，所以实际上自整角机的定子绕组之间只需要 3 根连线。

定子绕组中流过电流 $\dot{I}_1$、$\dot{I}_2$、$\dot{I}_3$，必然也要分别产生脉振磁动势 F_1、F_2、F_3，分别表示为

$$\begin{cases} F_1=N_{s1}\dot{I}_1=kN_{s1}\dfrac{\dot{E}_j}{Z}\cos\theta_1 \\ F_2=N_{s1}\dot{I}_1=kN_{s1}\dfrac{\dot{E}_j}{Z}\cos(\theta_1-120°) \\ F_3=N_{s1}\dot{I}_1=kN_{s1}\dfrac{\dot{E}_j}{Z}\cos(\theta_1+120°) \end{cases} \tag{8-26}$$

式中，N_{s1} 为发送机定子绕组匝数。以励磁绕组的轴线为直轴，垂直于该轴线的方向为交轴，然后将各定子磁动势向这两个轴进行分解，则直轴合成磁动势和交轴合成磁动势分别为

$$\begin{aligned} F_d &= F_{1d}+F_{2d}+F_{3d} \\ &= F_1\cos\theta_1+F_2\cos(120°-\theta_1)+F_3\cos(120°+\theta_1) \\ &= kN_{s1}\frac{\dot{E}_j}{Z}[\cos^2\theta_1+\cos^2(120°-\theta_1)+\cos^2(120°+\theta_1)]=\frac{3kN_{s1}\dot{E}_j}{2Z} \end{aligned} \tag{8-27}$$

$$\begin{aligned} F_q &= F_{1q}+F_{2q}+F_{3q}=-F_1\sin\theta_1-F_2\sin(120°-\theta_1)-F_3\sin(120°+\theta_1) \\ &= -kN_{s1}\frac{\dot{E}_j}{Z}\begin{bmatrix}\cos\theta_1\sin\theta_1+\cos(120°-\theta_1)\sin(120°-\theta_1) \\ +\cos(120°+\theta_1)\sin(120°+\theta_1)\end{bmatrix} \\ &= 0 \end{aligned} \tag{8-28}$$

由上面的分析结果，可以知道：定子的三相绕组所产生合成磁动势在直轴方向，即在励磁绕组的轴线上，而且该磁动势与励磁磁动势方向相反，对励磁磁场起到去磁作用，此时发送机定、转子之间的电磁关系就类似于一台变压器。

当电流 $\dot{I}_1$、$\dot{I}_2$、$\dot{I}_3$ 流过接收机的定子绕组时，在接收机的气隙中也要产生合成磁动势。由于发送机和接收机的三相定子绕组是对应连接的，各对应相的电流大小相等，方向相反，所以接收机的定子合成磁动势也与 $D'_1D'_2$ 的轴线相隔 θ_1 角，但方向与发送机中的定子合成磁动势相反，如图 8-30 所示。此时接收机定子合成磁动势对输出绕组的夹角为 $\theta_2-\theta_1=\delta$。合成磁动势所建立起来的气隙磁场在输出绕组中感应出的电动势有效值为

$$E_o=E_{om}\cos\delta \tag{8-29}$$

式中，E_{om} 为定子合成磁动势与输出绕组轴线重合时的感应电动势，此时输出绕组的感应电动势最大。可以看出，输出电压只与 δ 有关，而与发送机和接收机的转子为本身无关。

如果将 $\delta=90°$ 的位置作为平衡位置，将偏离此位置的角度称为失调角 γ，可见 $\gamma=90°-\delta$。此时输出绕组中感应电动势有效值可以改写为

$$E_o=E_{om}\sin\gamma \tag{8-30}$$

有上述分析可知，将控制式自整角机用于随动系统时，发送机由主动轴带动旋转，θ_1 增大，使得失调角 $\gamma\neq0$，自整角接收机随之产生输出电压，经放大器放大后驱动交流伺服电动

机，带动自整角接收机跟随发送机一起旋转，以使γ减小。当γ重新为零时，输出电压为零，系统恢复平衡。这就是控制式自整角机最典型的应用。

8.6.3 力矩式自整角机的工作原理

力矩式自整角机的接线如图 8-32 所示。发送机的转子绕组 Z_1Z_2 接励磁电压$\dot{U}_{\mathrm{j}}$，而接收机的转子绕组 $Z'_1Z'_2$ 接励磁电压$\dot{U}'_{\mathrm{j}}$，一般 Z_1Z_2 和 $Z'_1Z'_2$ 接在同一个单相交流电源上，即$\dot{U}_j=\dot{U}'_{\mathrm{j}}$。

如果忽略磁路饱和因素的影响，那么接收机定子绕组所产生的磁动势可以看成是：接收机励磁绕组开路而发送机励磁绕组单独励磁形成的磁动势 F 与发送机励磁绕组开路而接收机励磁绕组单独励磁所形成的磁动势 F' 的叠加，如图 8-32 所示。不妨将 F 分解成两个分量：一个分量和接收机励磁绕组轴线的方向一致，称为直轴分量，用 F_{d} 表示；另一个分量则与直轴分量垂直，称为交轴分量，用 F_{q} 表示，$F_{\mathrm{q}}=F\sin\delta$。显然，$F_{\mathrm{q}}$ 与 F' 的合成磁动势$\sum F$仍然在直轴方向上，与接收机励磁绕组的励磁磁动势 F'_{j} 呈抵消作用，不会在励磁绕组中产生转矩；而接收机定子绕组磁动势的交轴分量 F_{q} 与 F'_j 垂直，它们相互作用，将使得接收机励磁线圈产生力矩，从而发生转动。这可以通过图 8-31 的力矩式自整角机的工作原理示意图详细解释。

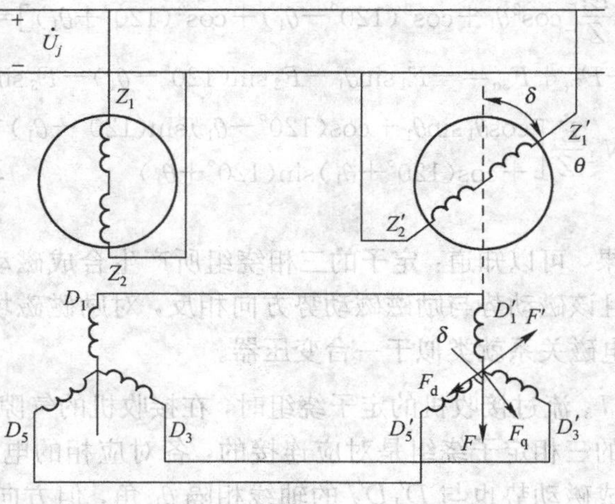

图 8-31 力矩式自整角机的工作原理示意图

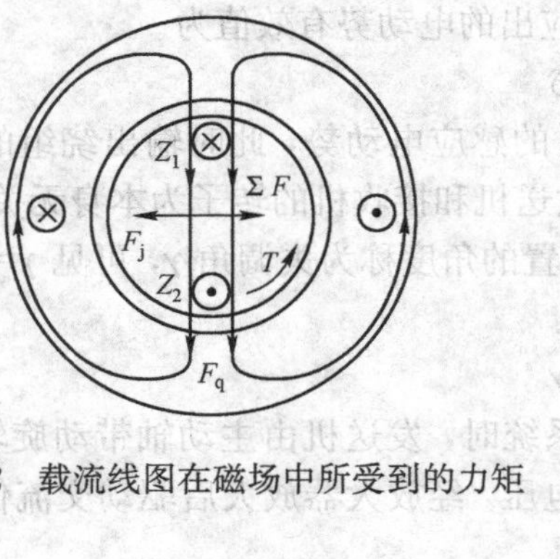

图 8-32 载流线图在磁场中所受到的力矩

接收机定子绕组磁动势的交轴分量 F_{q} 在气隙中所形成的磁场如图 8-32 所示，而励磁绕组用一个通电的线圈代替，电流在线圈中形成的磁动势与 F'_j 大小相等，方向相同。根据电磁作用规律，这个线圈中流过电流，且与磁力线方向垂直，必然要受到电磁转矩 T 的作用而逆时针转动，即向着δ减小的方向旋转。随着δ的逐渐减小，F_{q} 越来越小，电磁转矩也越来越小。当$\delta=0$，电磁转矩恰好为零，励磁绕组停止转动，这时发送机和接收机达到了同步。

由于驱动接收机的转矩很小，接收机只能带很小的负载，如仪表指针等。力矩式自整角机被广泛地用于示位器，此时，首先将需要被指示的物理量转换成发送机轴的转角，并用指针或刻度盘作为接收机的负载。当被指示的物理量发生改变时，发送机轴的转角也相应的改变，导致接收机带着负载同步转动，从而指示出物理量当前的位置状态。

8.7 开关磁阻电动机

开关磁阻电动机(简称 SRM)是 20 世纪 80 年代迅猛发展起来的一种新型调速电动机，它的结构和控制系统极其简单，调速范围宽，调速性能优异，而且在整个调速范围内都具有较高的效率。随着电力电子器件的发展，近 20 年来该电动机成为各国研究和开发的热点之一。开关磁阻电动机和一般的电动机不同，必须和外围部件配合使用，它实际上是一种机电一体化的电动机，下面不是单纯的分析开关磁阻电动机的本体，而是将其和其他部分作为一个系统一起研究。这个系统称为开关磁阻电动机驱动系统，简称 SRD 系统。

8.7.1 开关磁阻电动机驱动系统的组成

开关磁阻电动机驱动系统主要由四个部分组成：开关磁阻电动机、功率变换器、位置检测器和控制器。它们之间的关系如图 8-33 所示。

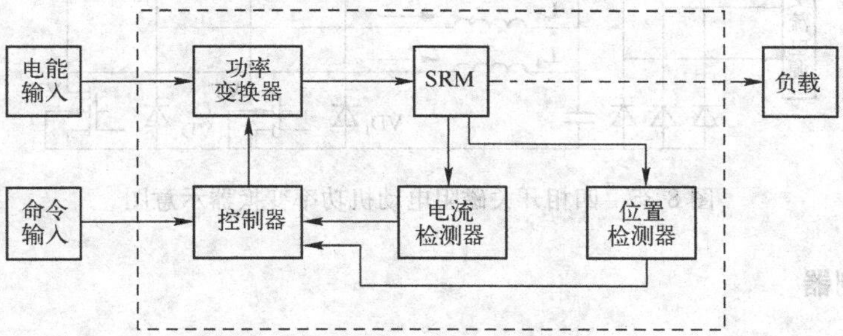

图 8-33 开关磁阻电动机驱动系统框图

1. 开关磁阻电动机

开关磁阻电动机是 SRD 系统的执行元件。它不像传统的交、直流电动机那样依靠绕组电流所产生磁场之间的相互作用形成转矩和转速。它与反应式步进电动机一样，遵循磁通总是要沿着磁阻最小的路径闭合的原理，因磁力线扭曲而产生切向磁拉力，从而形成转矩——磁阻性质的转矩。因此，它的结构原则是转子旋转时磁路的磁阻要有尽可能大的变化，一般采用凸极定子和凸极转子，即双凸极结构，并且定子、转子齿数不相等，但必须都为偶数，如图 8-34所示。定子装有简单的集中绕组，直径方向相对的两个绕组串联成为一相；转子是由叠片构成的铁芯，没有任何形式的绕组和永磁体。

开关磁阻电动机按照相数分，有单相、两相、三相、四相和多相；按照气隙方向分，有轴向式、径向式和径向轴向混合式。一般来说，小容量家用电器用的开关磁阻电动机，常做成单相或两相混合式结构。

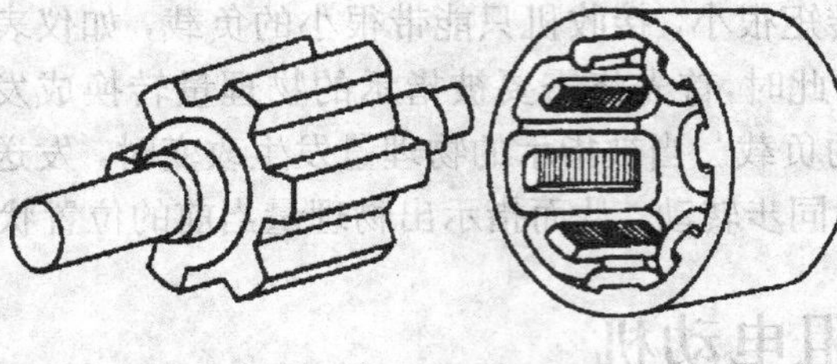

图 8-34 开关磁阻电动机的基本结构

2. 功率变换器

功率变换器是开关磁阻电动机运行时所需能量的提供者，是连接电源和电动机绕组的开关部件，它包括直流电源和开关元件等。功率变换器的线路与开关磁阻电动机的相数、绕组形式等有着密切的关系，图 8-35 所示为一个四相开关磁阻电动机驱动系统用的功率变换器示意图。图中直流电源采用三相全波整流，L_1～L_4 分别表示四相绕组，VT_1～VT_4 表示与绕组相连的可控开关元件。

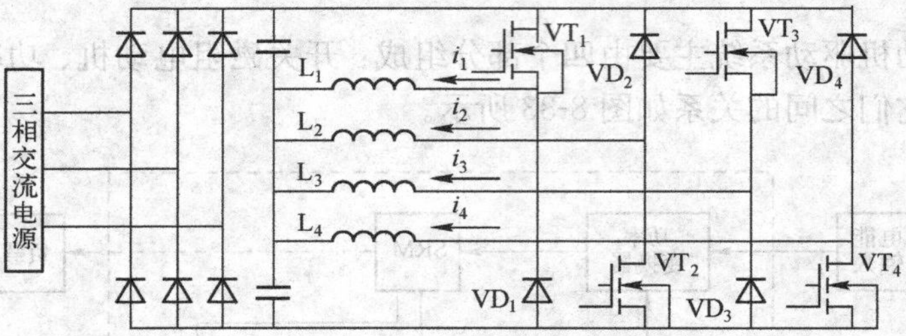

图 8-35 四相开关磁阻电动机功率变换器示意图

3. 位置检测器

位置检测器是转子位置及速度等信号的提供者，它能使控制器正确的决定导通和关断时刻。通常采用光电器件、霍尔元件或电磁线圈法进行位置检测，采用无速度位置传感器的位置检测方法是 SRD 系统的发展方向，对降低系统成本、提高系统可靠性有着重要的意义。

4. 控制器

控制器是 SRD 系统的指挥中枢，它综合处理位置检测器、电流互感器等提供的电动机转子位置、速度、电流等反馈信号及外部输入的指令，实现对开关磁阻电动机运行状态的控制，控制器一般由单片机及外围接口电路等组成。在 SRD 系统中，要求控制器具有以下性能。

(1) 电流斩波控制。

(2) 角度位置控制。

(3) 起动、制动、四象限运行。

(4) 速度调节。

8.7.2 开关磁阻电动机的工作原理

图 8-36 示出一台典型的 4 极开关磁阻电动机的横截面和一相电路的工作原理示意图。

它的定子上有 8 个齿，转子上有 6 个齿，定、转子齿面弧长相等，中间有很小的气隙。VT_1、VT_2 是功率电子开关，VD_1、VD_2 是续流二极管，E 是直流电源。

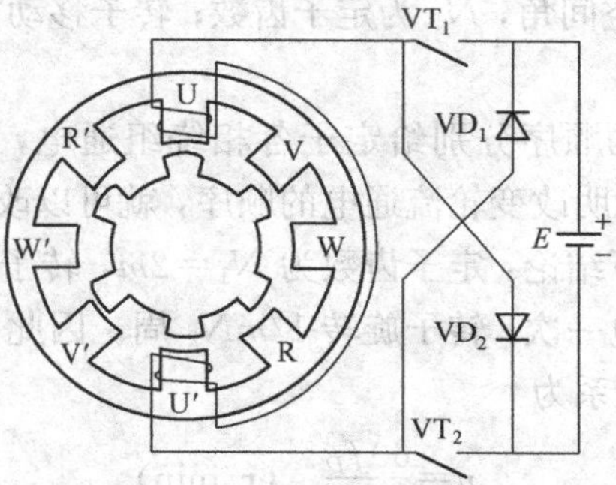

图 8-36　开关磁阻电动机的工作原理

位置检测器检测到图 8-37(d)中的定子 U 相齿的轴线 UU′与转子齿 1、1′轴线 11′不重合，即把该位置信息提供给控制器进行判断处理；据此，控制器向功率变换器发出命令，使 U 相绕组的可控开关元件 VT_1、VT_2 导通，U 相绕组通电，而 V、W、R 三相绕组都断电。电动机内建立起以 UU′为轴线的磁场，此时磁路的磁阻大于 UU′和 11′重合时的磁阻。由于磁通总是要沿着磁阻最小的路径闭合，因此转子在磁力线扭曲而产生的切向磁拉力的作用下逆时针旋转。当轴线 UU′和 11′重合时，切向磁拉力消失，转子不再转动，达到了稳定平衡位置，如图 8-37(a)所示。此时，位置检测器又检测到定子 V 相齿的轴线 VV′与转子齿 2、2′轴线 22′不重合，立即把该位置信息提供给控制器进行判断处理。控制器根据这个信息，向功率变换器发出命令，关断 VT_1、VT_2，同时开通 V 相绕组的可控开关元件。此时，V 相绕组通电，而 U、W、R 三相绕组都断电，从而建立起以 VV′为轴线的磁场。很明显，此时转子将逆时针旋转，直到轴线 VV′与 22′重合，如图 8-37(b)所示。依此类推，W 相和 R 相绕组通电的情况分别如图 8-37(c)、8-37(d)所示。

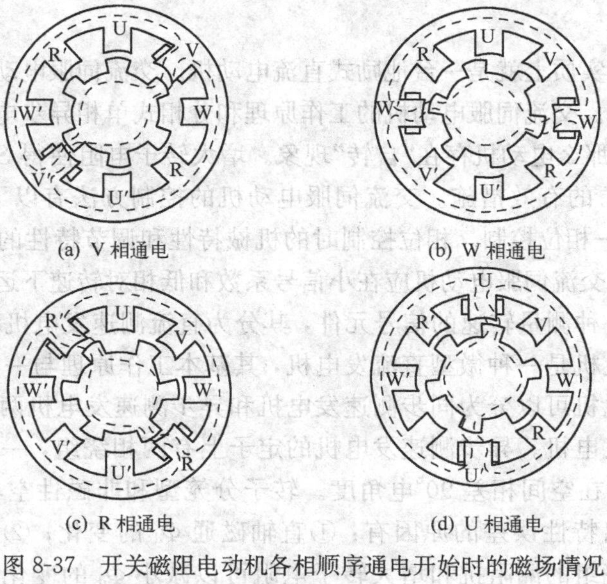

图 8-37　开关磁阻电动机各相顺序通电开始时的磁场情况

可见，连续不断地按照 U-V-W-R-U 的顺序分别给定子各相绕组通电，电动机内部磁场顺时针移动，转子逆时针移动，转子转向与磁场转向相反。此外，每改变通电相一次，磁场移动 $360°/N_1=360°/8=45°$空间角，N_1 为定子齿数；转子移动 $360°/mN_2=15°$空间角，m 为相数，N_2 为转子齿数。

如果按照 U-R-W-V-U 的顺序分别给定子各相绕组通电，电动机内部磁场将逆时针移动，而转子顺时针移动，这说明改变轮流通电的顺序，就可以改变电动机的转向。

综上所述，可以得到如下结论：定子齿数为 $N_1=2m$，转子齿数为 N_2，m 相开关磁阻电动机，定子每相绕组轮流通电一次，转子旋转 $1/mN_2$ 周。因此，开关磁阻电动机转速 n 与功率变换器的开关频率 f_D 的关系为

$$n=\frac{60f_D}{mN_2}\quad(\text{r/min})\tag{8-31}$$

小　结

特种电机是电机学的一门分支学科，它是在电机学的基础上发展起来的。特种电机和普通电机一样，也是利用电磁感应原理进行机电能量转换的，只是其功率较小。根据其功能和用途不同，特种电机可以分成功率元件和信号元件两大类。凡是用来转换信号的都是信号元件，如直流测速发电机、交流测速发电机、自整角机和旋转变压器等。凡是把信号转换成输出功率或把电能转换为机械能的都为功率元件，如单相异步电动机、直流伺服电动机、交流伺服电动机、步进电动机、开关磁阻电机等。

单相异步电动机大多采用单层绕组，转子都是普通的笼型转子，定子上装有两个绕组。一个是工作绕组；另一个是起动绕组。单相异步电动机运转时有椭圆形旋转磁场，可以产生电磁转矩和输出机械功率。但是在起动时，它在脉振磁场作用下没有起动转矩和固定的转向，因此必须采用专门的起动措施使之起动。常用的起动方法有两种：分相起动和罩极起动。

直流伺服电动机实质上就是一台他励式直流电动机。交流伺服电动机按转子结构分为笼型和空心杯转子两种。交流伺服电动机的工作原理和分相式单相异步电动机类似，但转子参数若设计得不合理，那么电动机存在“自转”现象。增大转子电阻使得 $S_m\geqslant1$，是克服交流伺服电动机“自转”现象的有效措施。交流伺服电动机的控制方法有以下三种：①幅值控制；②相位控制；③幅值—相位控制。相位控制时的机械特性和调节特性的线性度最好，而幅值—相位控制时最差。交流伺服电动机应在小信号系数和低相对转速下运行。

测速发电机是一种测量转速的信号元件，其分为直流测速发电机和交流测速发电机两大类。直流测速发电机是一种微型直流发电机，其基本工作原理与一般的直流发电机完全相同。交流测速发电机可以分为同步测速发电机和异步测速发电机两大类，实际应用中一般都采用异步测速发电机。异步测速发电机的定子上有两相绕组，一相为励磁绕组，另一相为输出绕组，两者在空间相差 90°电角度。转子分笼型和非磁性空心杯式两种。产生异步测速发电机的输出特性误差的原因有：①直轴磁通 Φ_d 的变化；②剩余电压；③相位误差。通过减小定子绕组的漏阻抗和增大转子电阻可以减小 Φ_d 的变化，减小剩余电压的方

法是提高加工精度或者加装补偿绕组。在励磁绕组中串联适当大小的电容可以补偿相位误差。

步进电动机种按照其励磁方式分，有反应式、永磁式和永磁感应子式三类。反应式步进电动机的定子控制绕组每改变一次通电方式，称为一拍。“单”是指每次只有一相绕组通电；“双”是指每次有两相绕组通电。“三拍”是指经过三次切换，控制绕组的通电状态完成一个循环，第四拍通电时就重复第一拍通电的情况。输入一个电脉冲信号转子转过的角度叫做步距角，用 θ_s 表示；转子每一齿距所对应的空间角度，即齿距角，用 θ_t 表示；N 为拍数，则有 $\theta_s=\theta_t/N$。如果步进电动机通电的脉冲频率为 f(每秒的步数或拍数)，则步进电动机的转速为：$n=60/f/Z_2N$(r/min)。驱动电源和步进电动机是一个有机的整体，步进电动机的驱动电源，基本上包括变频信号源，环形脉冲分配器和脉冲放大器三部分。

旋转变压器是一种特殊的变压器，是用改变转角来实现输出电压按函数变化的。负载工作时将出现交轴磁场，引起输出误差，一般采用副边补偿和原边补偿的四绕组正、余弦旋转变压器。

控制式和力矩式自整角机系统是同步传输系统中的两种基本形式，应用变压器原理建立自整角机的电磁关系，特点是在三相整步绕组中的各电动势在时间上同相位，所以自整角机气隙中是脉振磁场，在此基础上分析了两种系统的工作原理。

开关磁阻电动机必须和外围部件配合使用，因此它实际上一个系统，称为开关磁阻电动机驱动系统，简称 SRD 系统。这个系统主要由四个部分组成：开关磁阻电动机、功率变换器、位置检测器和控制器。该系统综合了异步电动机调速系统和直流电动机调速系统的优点。开关磁阻电动机为双凸极结构，噪声是开关磁阻电动机的最主要的缺点。采用合适的设计、制造和控制技术，开关磁阻电动机的噪声完全可以做到异步电动机的噪声水平。m 相开关磁阻电动机的定子齿数为 $N_1=2m$，转子齿数为 N_2，则开关磁阻电动机转速 n 与功率变换器的开关频率 f_D 的关系为：$n=60f_D/mN_2$(r/min)。

习　题

8.1　一台三相 Y 联结的异步电动机，有一相断线，问电动机投入电网能否起动起来？

8.2　怎样改变电容分相式单相异步电动机的转向？罩极式单相异步电动机的转向能否改变？为什么？

8.3　什么叫“自转”现象？对两相伺服电动机应采取哪些措施来克服“自转”现象？

8.4　为什么直流测速发电机的使用转速不宜超过规定的最高转速，而负载电阻不能小于规定值？

8.5　为什么交流异步测速发电机输出电压的大小与电机转速成正比，而频率与转速无关？

8.6　什么是异步测速发电机的剩余电压？简要说明剩余电压产生的原因及其减小的办法。

8.7　一台五相十拍运行的步进电动机，转子齿数 $Z_2=48$，在 A 相中测得电流频率为 600Hz，试求：

(1) 电动机的步距角；

(2) 电动机转速。

8.8 正余弦旋转变压器在负载时输出电压为什么会发生畸变？如何解决？

8.9 在力矩式自整角机系统中，若将发送机(或接收机)的励磁绕组极性接反后，试分析这时发送机和接收机转子的协调位置会有什么特点？

第9章　交流拖动系统电动机的质量与选择

9.1 电动机的选择内容

电力拖动系统使用的电动机的种类通常可以分为直流电动机和交流电动机两类。直流电动机又分为他励、并励、串励电动机等。交流电动机包括笼型、绕线型异步电动机以及同步电动机等。电力拖动系统电动机的选择主要是考虑在电动机的性能满足拖动系统生产机械要求的条件下，尽量选用结构简单、工作可靠、价格经济的电动机。从结构简单的角度看，交流电动机优于直流电动机，异步电动机优于同步电动机、笼型异步电动机优于绕线型异步电动机。在各种电气拖动系统中，异步电动机的应用最广，需要量最大，有90%左右采用异步电动机驱动，本章着重点是讨论交流拖动系统中的三相异步电动机的选择。选择的主要内容包括电动机的系列、结构形式、电动机的额定参数以及电动机的质量性能等。

1. 电动机系列的选择

三相异步电动机首先应进行系列选择，其产品系列有基本系列、派生系列和专用系列等。基本系列是一般用途系列产品，适用于一般传动要求，是通用系列；派生系列按不同的使用要求，在基本系列基础上做了一部分改动，其零部件与一般系列基本通用，包括电气派生、结构派生、环境派生等系列；专用系列是指有特殊专门使用要求或有特殊防护要求的系列产品。

2. 电动机结构形式的选择

异步电动机的结构形式很多，可从安装方式、轴伸端个数、防护方式等几个方面选择。

从安装角度看有立式、卧式等结构，安装后的转轴为水平放置的是卧式电动机，转轴垂直地面位置的是立式电动机，立式安装的电动机需要使用特种轴承以承受转子轴向重量及推力，其价格稍高。卧式电动机的机座下有底脚，立式的电动机端盖上有凸缘，有的电动机既有底脚又有凸缘。选用电动机应考虑安装、运行、维护方便等需要。

电动机伸出端盖外，与负载连接的转轴部分，称为轴伸。电动机通常分单轴伸与双轴伸两种形式，普通电动机用单轴伸，特殊情况也可选用双轴伸的电动机。

电动机按其防护等级不同可以分为开启式、防护式、封闭式等防护方式，另外还有特殊环境下使用的隔爆结构、增安结构等。拖动系统电动机的选用应按系统具体的生产机械类型、使用环境条件如温度、湿度、灰尘、雨水、瓦斯、腐蚀、易燃易爆气体含量等要求，确定电动机的防护结构形式。

3. 电动机额定参数的选择

电动机的额定参数有很多，选择时首先需要考虑的是额定电压、额定转速、额定功率等额定值的确定。

电动机额定电压的选择，应按拖动系统使用环境的供电条件所决定。我国用电标准一般是直流电压为220V/440V，三相交流低压为380V，三相交流高压有3kV、6kV或10kV等供电方式，应选用具有相应额定电压的电动机。在供电环境允许选择不同的电动机额定电压时，一般容量大的电动机，尽量考虑用额定电压较高的电动机，以降低电动机的输出电流。

电动机额定转速的选择关系到电力拖动系统的经济性和生产机械的效率。其选择的原则通常是根据拖动需要的转速大小来决定。在频繁起动、制动或反向的拖动系统中，还应选择适当的额定转速。电动机额定转速的选择应根据系统生产机械具体情况，考虑投资和维护费用的经济性、系统瞬态变化的过渡过程、电动机的损耗等因素。额定功率相同的电动机、转速高则体积小，价格低；但与同样的生产机械配套时，电动机的转速高则相应的拖动系统要求的传动机构速比大，传动机构较复杂，系统运行可靠性、经济性下降。额定功率一致的电动机，转速慢的电动机通常转子的飞轮转矩大，影响电动机过渡过程的时间，不利于拖动系统的控制。

电动机额定功率的选择是额定参数选择中考虑因素较多，比较复杂的一个选项。电动机的额定功率即额定容量是电动机设计、制造时的确定数值，其值规定为在一定环境温度条件下，电动机的发热情况所允许的运行时最大输出功率，电动机的额定功率与电动机的发热与冷却、电动机材料的性能、电动机的运行状况、电动机运行工作制、电动机的结构形式、冷却方式等都有关系。本章将详细讨论额定功率的选择问题。

4. 电动机质量性能的选择

电动机是各行各业主要的动力产生装置，其质量性能关系到人身、财产及重要装备的安全，受到政府、企业、社会的关注，也是选用电动机时的重要依据。

国际、国内产品技术条件等相关标准对电动机的质量性能及参数都有明确规定。电动机额定状态下的性能指标一般包括效率、功率因数、起动电流、起动转矩、最大转矩、最小转矩、噪声、振动、温升等参数。

考查电动机质量性能，主要考虑以下几个方面的质量指标水平。

(1) 效率水平

效率是电动机最重要的技术经济指标之一，直接关系电动机的用材量及运行成本。效率提高可以为用户节能，随着电动机的运行负载率、年运行时间的增加，节能效果就越明显。

由于提高电动机运行效率对环境保护及节能意义重大，许多国家对电动机效率有严格规定。美国颁布有能源政策法令(EPACT)，规定了电动机的最低效率指标，从1997年起，美国不再生产和进口低于EPACT效率指标的电动机，EPACT规定的标准指标值基本参照了当时美国各主要电机制造商所公开的高效电动机效率指标的平均值。欧洲电机和电力电子制造商协会(CEMEP)于1999年颁布了电动机效率标准协议，规定了eff1、eff2、eff3三档效率指标，分别适用于降耗40%、降耗20%及一般要求的电动机。

我国于2002年颁布国家强制标准GB-18613“中小型三相异步电动机能效限定值及节能

评价值”，规定了电动机的能效限定值，其指标基本等同欧洲 eff2 效率指标，同时推荐采用了欧洲 eff1 指标作为节能评价值。2007 年又颁布实行该标准的修订版，明确规定了效率指标等级，并确定了达到各级指标的过渡期限时间表。是选用电机的重要依据。

交流电动机性能特性除了效率指标外，还有电动机的功率因数要求。按异步电动机原理，电动机功率因数的大小主要取决于额定电压时的激磁电流，而激磁电流的大小受电动机气隙大小、铁芯质量、导磁材料性能等多种因素影响，功率因数过低将影响电网质量，增大补偿设备投入。

各种不同系列、不同规格的电动机均有相关的产品技术条件，具体规定了各自的效率、功率因数的最低值及容差下限。选择电动机应注意其效率、功率因数实际值与相关标准指标的符合性。

(2) 起动性能

电动机的起动性能，主要包括起动转矩、最大转矩、起动电流等方面。拖动电动机需要有足够大的起动转矩和较小的起动电流，保证拖动系统迅速带动负载起动至额定转速；同时，为了保证运行过程中拖动系统正常运行，需要足够大的最大转矩以保证电动机的过载能力；此外，应尽量限制电动机的起动电流，避免电动机过热，以及对电源供电设备的冲击，干扰其他用电设备。

起动性能指标主要取决于电动机的电磁参数。起动电流指标与效率、起动转矩等性能指标有矛盾，取决于电动机的起动漏抗计算；最小转矩、最大转矩值受电动机绕组型式、转子斜槽、槽配合等参数影响。

选择电动机时，应结合负载特性，参考电动机产品技术条件上规定的各种不同系列、不同规格的起动性能参数指标，以确定拖动系统的电动机规格。例如，最小转矩偏小的情况可能发生在单绕组多速异步电动机上；而深槽、双鼠笼等高起动转矩异步电动机，起动过程中基波转矩较大，最小转矩一般能符合负载要求；而对绕线型异步电动机，由于转子采用短距分布绕组，谐波转矩受到抑制，同时转子串电阻起动，对最小转矩的考核意义不大。

(3) 噪声、振动水平

电动机的噪声、振动数值既综合反映了电动机设计、工艺、制造、装配水平，也是干扰使用现场环境水平的重要指标。

电动机的噪声可以分为通风噪声、机械噪声、电磁噪声等。正常情况下，通风噪声是电机噪声的主要部分；机械噪声主要是因轴承运转、机械共振、电刷摩擦、旋转振动等产生；电磁噪声主要是由电动机主磁场、谐波磁场引起，异步电动机的定子、转子齿谐波磁通相互作用产生径向交变磁拉力，使定子铁芯产生周期性径向变形，从而引起定子发出电磁噪声。铁芯机座的固有振荡频率接近交变磁拉力的频率时，电磁噪声会显著增大，其频率范围在 700～4000Hz 内，是人耳听觉敏感的范围，因此，电磁噪声有时是电动机需要特别抑制的主要噪声，电动机噪声可以通过频谱分析来鉴别其主要声源。

电动机的振动与噪声是一对关联度极高的性能指标，特别是高频振动，可直接看做是噪声产生的原因；而低频振动虽对噪声影响较小，但对电动机振动数值影响较大。电动机的振动速度取决于电磁力、转子不平衡离心力、轴承运转撞击等力量的大小和频次，同时也与电动机结构件的材质、强度、重量、尺寸及其间隙的配合等相关。抑制振动可在轴承选择、动平衡精度要求、零部件加工精度及装配质量方面提出要求。

我国用强制性标准 GB 10068、GB 10069 规定了电机噪声、振动的限值以及测试方法。

(4) 温升水平

根据电动机原理，电动机在运行过程中会产生铁耗、铜耗、杂散耗、机械耗、铝耗等各种损耗，这些损耗将转变为热能引起电动机自身发热，使电动机温度升高超过周围环境介质的温度，电动机将向周围冷却介质散发热量。对于电动机自身各部件，其温度从未运行时的温度值上升到新的温度值，这个差值称为电动机该部件的温升，单位是“K”。

电动机运行时由损耗产生的热量可分为两部分，一部分储藏在电动机内，引起电动机本身温度升高；另一部分散发到周围介质里。

当电动机运行在恒定负载条件下时，其损耗认为不变，单位时间内产生的总热量为定值。电动机开始工作时，电动机温度为环境温度，温升值为零，电动机的发热量向周围介质散热少而储藏多，电动机温度上升快，温升增加；随着电动机温度的上升，电动机与环境温差逐渐增大，电动机向环境散发的热量增多，而提供给电动机自身的热量减少，因而电动机温度升高减慢。直到接近形成动态热平衡，此时电动机提供自身的热量不再增加，电动机温度不再升高，电动机产生的热量全部传给周围环境，形成新的热稳定状态。此时电动机的温度称为额定运行条件下的稳态温度，其温度值与初始温度值之差，称为该电动机的稳态温升。

电动机的温度过高将使电动机绝缘老化、机械强度下降、使用寿命缩短，严重时甚至烧毁电动机绕组。一台额定功率确定的电动机，负载越大，伴随产生的损耗也越大，造成单位时间内产生的热量也越多，温升也越高。

电动机的温度和温升是既有联系又有区别的两个概念。电动机的稳态温度随电动机周围介质温度的不同而改变，因此设计、选用电动机时，通常用温升值来评价电机的性能，也作为衡量电动机发热的标志。为考核比较温升水平，我国标准 GB 1032—2005 中规定了温升试验方法，同时在各类电动机产品技术条件中规定了额定运行状态下的温升最高限值。为限制温升，一方面应控制电动机损耗，减少发热量；另一方面应改善电动机的冷却，提高散热能力。

电动机温升是发热、冷却动态平衡状态下的综合性指标，电动机的功率也是与一定的温升相对应的，温升限值确定了才使电动机的额定功率有确实的意义。

使用者在进行质量选择时，需要综合比较其性能差异，择优选用电动机。

9.2 电动机额定容量选择

在拖动电动机众多额定参数选择中，最重要的是额定功率的选择。

正确选择电动机的容量对于在保证拖动系统可靠运行的同时节约能源有很重要的意义。拖动系统内的机械设备工作时需要消耗机械功率，所需功率是由拖动电动机的轴伸端输出提供的。电动机额定容量的选择原则应该是在满足生产机械负载要求的条件下，尽量选额定功率小的电动机。

电动机额定功率的选择过程，就是根据负载转矩、转速变化范围、起动频繁程度等要求，考虑三个方面条件：即电动机的允许温升、电动机的过载能力和电动机的起动能力等质量性能指标，配置合适额定功率的电动机。

电动机额定参数的选择以及电动机的效率、温升等质量性能分析都需要考虑电动机的发热和冷却过程。

9.2.1　电动机的发热过程

电动机是一个多种材料(铜、铁、绝缘等)构成的复杂物体，要精确研究电动机发热冷却过程是非常困难的，从工程角度出发，为分析简便与有效起见，常作以下假设：

(1) 电动机是一个均匀的发热体，其比热容、散热系数为常数，电动机各部分温度均匀；

(2) 电动机向周围介质散发的热量与电动机和周围介质的温差成正比，与电动机本身的温度无关。

电动机工作过程中，各部分产生的损耗转变成热能，其中一部分被电动机本身吸收，使电动机温度升高，其余部分通过电动机的表面散发到周围介质中。电动机产生的热量、电动机本身吸收的热量和散发的热量，按照热量平衡关系可写出热平衡方程式

$$\theta \mathrm{d}t = A\tau \mathrm{d}t + C\mathrm{d}t \tag{9-1}$$

式中，θ 为单位时间电动机发出的热量(J/s)；$\theta \mathrm{d}t$ 是 $\mathrm{d}t$ 时间内电动机发出的热量；A 为电动机的平均散热系数，即单位时间温差 1℃电动机向周围介质中散出的热量(J/(s・K))；τ 为电动机的温升，即电动机的温度超过周围环境温度的度数(K)；$A\tau \mathrm{d}t$ 为电动机散发到周围介质中的热量；C 为电动机的等效热容，即电动机温度升高 1℃时所需的热量(J/K)；$C\mathrm{d}t$ 是电动机自身吸收的热量。

将式(9-1)整理可得

$$\frac{C}{A}\frac{\mathrm{d}\tau}{\mathrm{d}t} + \tau = \frac{\theta}{A} \tag{9-2}$$

式中，$C/A = T$ 为电动机发热时间常数，单位 s；$\theta/A = \tau_\mathrm{w}$ 为电动机的稳定温升，则有

$$T\frac{\mathrm{d}\tau}{\mathrm{d}t} + \tau = \tau_\mathrm{w} \tag{9-3}$$

式(9-3)是标准一阶微分方程式，其解形式为

$$\tau = \tau_\mathrm{w}(1 - \mathrm{e}^{-t/T}) + \tau_0 \mathrm{e}^{-t/T} \tag{9-4}$$

式中，τ_0 为电动机的初始温升。若设 $\tau_0 = 0$，则

$$\tau = \tau_\mathrm{w}(1 - \mathrm{e}^{-t/T}) \tag{9-5}$$

散热系数 A 保持不变时，稳定温升将正比于电动机的发热，电动机达到稳定温升要经过的时间取决于发热时间常数 T 的大小，而 T 的大小又取决于热容 C 和散热系数 A，在理论上达到稳定温升时间要无限长，实际上经过 $t = (3 \sim 4)T$，可以认为达到稳定温升。

根据电动机的实际负载情况算出的稳定温升 τ_w，使电动机的额定温升 $\tau_\mathrm{N} \geqslant \tau_\mathrm{w}$，则电动机可以正常运行。电动机的发热过程如图 9-1 曲线所示。

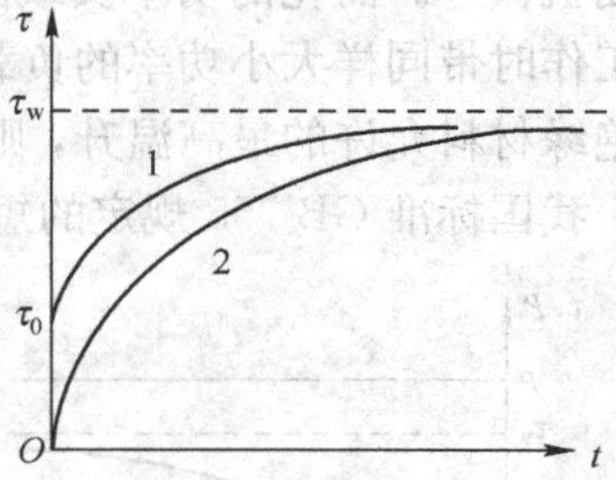

1—$\tau_0 \neq 0$　2—$\tau_0 = 0$

图 9-1　电动机发热过程的温升曲线

9.2.2　电动机的冷却过程

电动机负载减小时损耗相应减小，则电动机温度下降，开始冷却过程。冷却过程的温度变化规律与发热过程变化规律形式上是相同的，即符合

$$\tau=\tau_{w}(1-e^{-t/T})+\tau_{0}e^{-t/T} \tag{9-6}$$

式中，τ_0 为冷却开始的稳定温升；τ_w 为冷却后的稳定温升。显然 $\tau_w<\tau_0$，其温度下降如图9-2曲线 1 所示。

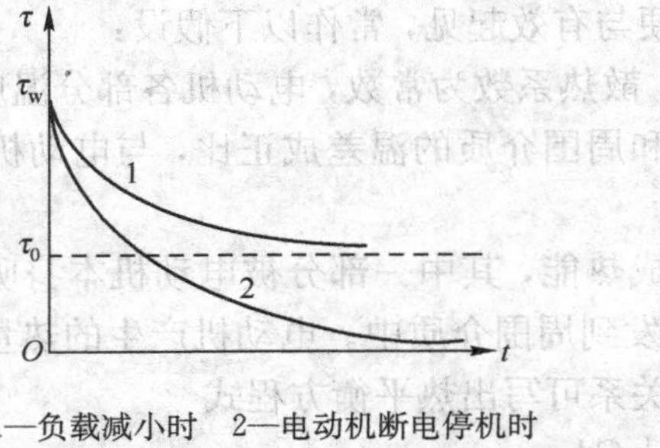

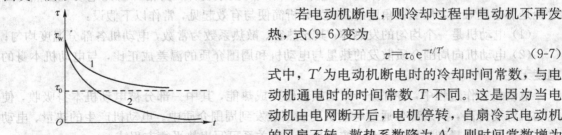

1—负载减小时　2—电动机断电停机时

图 9-2　电动机停机冷却过程的温升曲线

若电动机断电，则冷却过程中电动机不再发热，式(9-6)变为

$$\tau=\tau_{0}e^{-t/T'} \tag{9-7}$$

式中，T'为电动机断电时的冷却时间常数，与电动机通电时的时间常数 T 不同。这是因为当电动机由电网断开后，电机停转，自扇冷式电动机的风扇不转，散热系数降为 A'，则时间常数增为 $T'=C/A'$。图 9-2 中，曲线 2 为电动机停机时冷却曲线。

9.2.3　电动机的工作制

进行电动机额定容量选择时需要考虑电动机的工作制。我国把电动机分成 3 种工作制类型，即连续工作制、短时工作制和断续周期工作制。

1. 连续工作制

电动机连续工作，工作时间 $t_g>(3\sim4)T$，可达几小时甚至几昼夜，其温升可达稳定值。这种类型的生产机械有水泵、鼓风机、机床主轴等。其简化的负载图 $P=f(t)$ 及温升曲线 $\tau=f(t)$ 如图 9-3 所示。

2. 短时工作制

电动机的工作时间 t_g 较短，此时间内温升达不到稳定值，停车时间 t_0 相当长，此时电动机的温度可能达到环境介质温度(即 $\tau_w=0$)，这类的生产机械有机床的辅助运动机械、某些冶金辅助机械等。简化的功率负载图 $P=f(t)$ 及温升曲线 $\tau=f(t)$ 如图 9-4 所示。图中，τ_w 是连续工作时带同样大小功率的负载所达到的稳定温升。由图可见，如果把 t_g 结束时的温升设计为绝缘材料允许的最高温升，则该电动机带相同负载连续工作时，其稳定温升将超过允许温升。我国标准 GB-755 规定的短时工作制时间有 15min、30min、60min 及 90min 等。

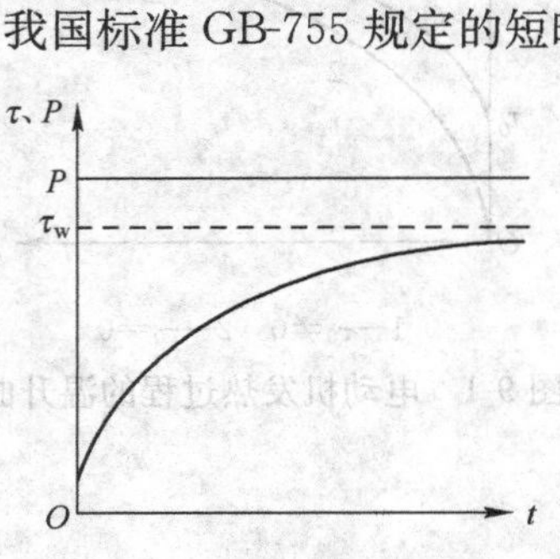

图 9-3　连续工作制电动机的典型负载图及温升曲线

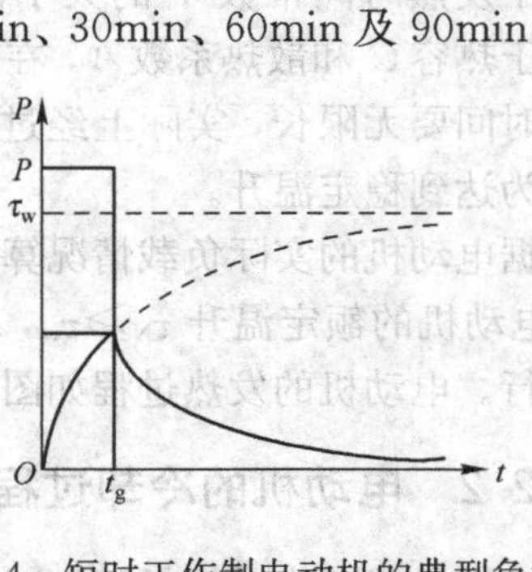

图 9-4　短时工作制电动机的典型负载图及温升曲线

3. 断续周期工作制

在这种工作制中，工作时间 t_g 和停歇时间 t_0 轮流交替，两段时间都较短。在 t_g 期间，电动机温升来不及达到稳定值，而 t_0 期间，温升也来不及降到 $\tau_W=0$。经过一个周期 (t_g+t_0)，温升有所上升，最后温升将在某一范围内上下波动。这类工作制的生产机械有起重机、电梯、轧钢辅助机械等。其负载图和温升曲线图如图 9-5 所示。图中虚线表示带相同负载连续工作时的温升曲线。与短时工作制相似，若按电动机的断续周期定额温升作连续运行，电动机将会过热。

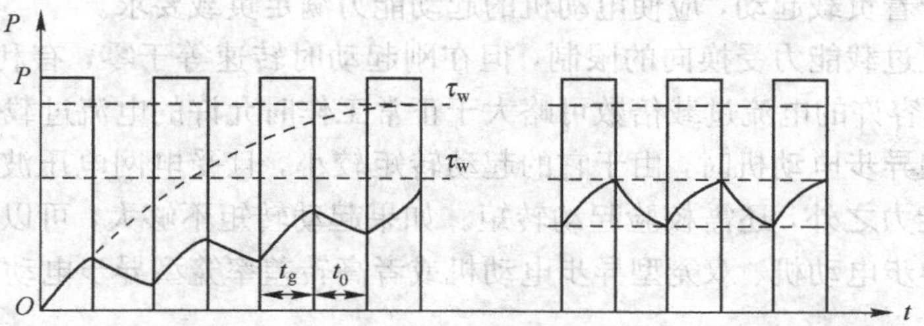

图 9-5　断续周期工作制电动机的典型负载图和温升曲线

在断续周期工作制中，负载工作时间与整个周期之比称为负载持续率 FC%，用百分数表示，即

$$FC\%=\frac{t_g}{t_g+t_0}\times 100\% \tag{9-8}$$

我国标准 GB 755 规定的负载持续率有 15%、25%、40%、60%四种，一个周期的总时间规定为 $t_g+t_0\leqslant 10$ min。

9.2.4　电动机的容量选择与过载能力

运行在一定的环境温度下的电动机，其负载越大，则实际运行时的电动机温度也越高。需要按绝缘材料的允许温度确定电动机的温升限值，进而确定电动机的允许带载能力。

从温升角度分析，配置的电动机额定功率合适，电动机运行时的稳态温度将与绕组绝缘材料允许的最高温度相当，电动机就能够达到合理的使用年限，从绝缘结构方面可认为电动机得到了充分利用。电动机的容量选得过小，电动机过载运行，提高了所承受的机械负荷强度，电动机稳态温度就会超出绕组绝缘材料允许的最高温度，增加了温升，缩短了电动机的使用寿命，因此不能保证生产机械可靠工作。电动机功率选得过大，则设备投资增加，电动机运行在轻载条件下，实际效率、功率因数等性能指标较低，电动机稳态温度比绝缘材料允许的最高温度低很多，按照发热条件看，电动机没有得到充分利用，运行经济性差。电动机额定容量的选择原则应该是，在满足生产机械负载要求的条件下，尽量选额定功率小的电动机。

电动机的过载能力决定于它的电气性能。对于变化的负载、在决定电动机的容量时.需要校验它的过载能力。电动机的最大转矩应不小于负载转矩的最大值，并考虑干扰系数。每一台具体的电动机，其过载能力可以在制造企业产品目录样本中查到。一般工业用的常见类型的电动机，其过载能力见表 9-1。

表 9-1 各种电动机的过载倍数

电动机类型	转矩过载倍数 λ_m
直流电动机	1.5～2(特殊型的可达 3～4)
绕线型异步电动机	2～2.5(特殊型的可达 3～4)
笼型异步电动机	1.8～2(双笼型可达 2.7)
同步电动机	2～2.5(特殊型的可达 3～4)

由于生产机械的传动机构在静止状态下的摩擦阻力往往大于运动时的摩擦阻力，要使所选的电动机能带着负载起动，应使电动机的起动能力满足负载要求。

直流电动机过载能力受换向的限制，但在刚起动时转速等于零，有利于换向，因此，一般说来，起动时容许的电流过载倍数可略大于正常工作时允许的电流过载倍数。

在选用笼型异步电动机时，由于它的起动转矩较小，且受电网电压波动的影响大，因此除需校验过载能力之外，还需校验起动转矩。如果起动转矩不够大，可以考虑选用起动性能较好的深槽式异步电动机、双笼型异步电动机或者高转差率笼型异步电动机。

9.2.5 电动机额定容量的选择方法

从节约能源的方面，需要正确选择电动机的额定功率。生产实际中的负载性质是多种多样的，有时不可能按照从发热观点充分利用电动机的要求来选择电动机的额定功率。例如：有的生产机械存在短时间的大负载，在这段时间内，温升并不会达到很高的数值，但如果按照从发热观点使材料得到充分利用的条件来配置电动机，很可能受到过载能力的限制，不允许电动机在短时间内带动这样大的负载，因而不得不按照过载条件选择额定功率较大的电动机，再如一些要求快速起动、制动的生产机械，也必须选择额定功率较大的电动机去满足缩短起动、制动时间的要求。因此，需要根据具体情况采取不同的额定功率选择方法。

1. 连续工作的电动机容量的选择

选择电动机额定功率一般分三步：计算负载功率，预选电动机，校核电动机的发热、过载能力及起动能力。

连续工作的负载可分为两类：恒定负载与周期变化的负载。

1) 恒定负载连续工作的电动机额定功率的选择

这类负载选择电动机的容量较简单。先计算出负载功率 P_L，再选择一台额定功率为 P_N 满足 $P_N \geqslant P_L$ 的电动机即可。按常值负载连续工作设计的电动机，电动机设计及出厂试验保证了电动机在额定功率及以下工况下工作时，温升将不会超过允许值，故不需要进行发热校验。

通常电磁计算以 40℃为基准，若电动机工作的实际环境温度长年离 40℃较远时，工程上可用下式对电动机允许输出功率进行修正

$$P'_N = P_N\sqrt{1+\frac{40-\theta}{\tau_N}(1+\alpha)} \tag{9-9}$$

式中，P'_N 为电动机在该实际环境温度下允许输出的功率；P_N 为电动机铭牌上的额定功率；θ 为实际环境温度；α 为电动机在额定负载情况下不变损耗与可变损耗之比。

当实际环境温度低于 40℃时，电动机允许输出的功率增大，即电动机可提高容量使用；当实际环境温度高于 40℃时，电动机允许输出的功率减小，即电动机需降低容量使用。

连续工作制电动机的最大转矩和起动转矩均大于额定转矩，所以一般不必校验短时过载能力或起动能力，通常只能在重载或起动比较困难而采用笼型异步电动机或同步电动机的场合，校验其起动能力。

2）负载周期变化的连续工作电动机容量的选择

图 9-6 表示一个周期内负载变化的生产机械负载图。根据负载图可以求出平均功率 P_{av} 为

$$P_{av}=\frac{P_1t_1+P_2t_2+\cdots+P_nt_n}{t_1+t_2+\cdots+t_n}=\frac{\sum_{i=1}^{n}P_it_i}{t_z} \tag{9-10}$$

式中，P_1，P_2，…，P_n 为各段负载的功率；t_1，t_2，…，t_n 为各段负载的持续时间。t_z 为一个周期的时间。

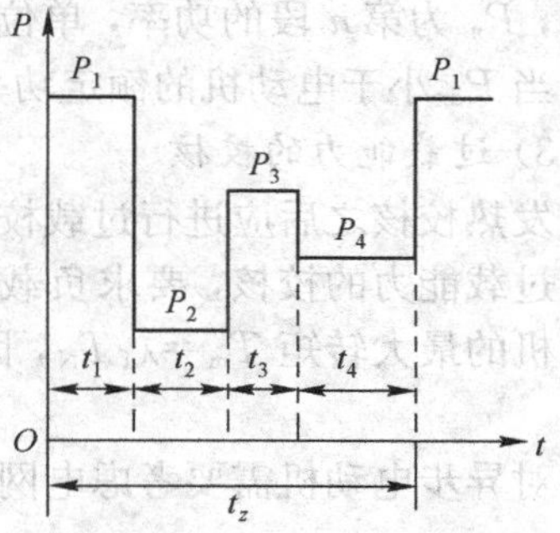

图 9-6　变动的生产机械负载图

然后按 $P_N=(1.1\sim1.3)P_{av}$ 预选电动机，在变化负载中，大负载所占的分量多时，用较大安全容量系数。

电动机选好后，先进行发热校核。发热校核的方法有：平均损耗法、等效电流法、等效转矩法及等效功率法。

（1）平均损耗法

设各段的损耗为 p_i，平均损耗为 p_{av}，则

$$p_{av}=\frac{p_1t_1+p_2t_2+\cdots+p_nt_n}{t_1+t_2+\cdots+t_n}=\frac{\sum_{i=1}^{n}p_it_i}{t_z} \tag{9-11}$$

如果平均损耗 p_{av} 小于预选电动机的额定损耗 p_N 则可以通过。但只有当平均损耗小于预选电动机，而又大于比预选电动机小一挡的电动机的额定损耗，预选功率才是合适的容量。

（2）等效电流法

基本原理是用不变的电流 I_{dx} 来等效替代实际变动的电流，使两者在一个周期内产生的热量相等。设电动机的铁损耗、电阻不变，则损耗与电流平方成正比，可得

$$I_{dx}=\sqrt{\frac{I_1^2t_1+I_2^2t_2+\cdots+I_n^2t_n}{t_1+t_2+\cdots+t_n}} \tag{9-12}$$

式中，I_n 为第 n 段的电流；t_n 为对应电流 I_n 段工作时间。

求出等效电流 I_{dx}，若 $I_{dx}\leqslant I_N$，则发热校核通过。

（3）等效转矩法

若异步电动机在运行过程中功率因数和气隙磁通不变，则其转矩与电流成正比，由等效电流法可引出等效转矩法，即

$$T_{dx}=\sqrt{\frac{T_1^2t_1+T_2^2t_2+\cdots+T_n^2t_n}{t_1+t_2+\cdots+t_n}} \tag{9-13}$$

式中，T_n 为第 n 段的转矩。

求出等效转矩 T_{dx}，若 $T_{dx} \leqslant T_N$，则发热校核通过。（用此法应有用转矩表示的负载图）

(4) 等效功率法

若转速 n 基本不变，由等效转矩法可导出等效功率法。等效功率为

$$P_{dx}=\sqrt{\frac{P_1^2 t_1+P_2^2 t_2+\cdots+P_n^2 t_n}{t_1+t_2+\cdots+t_n}} \tag{9-14}$$

式中，P_n 为第 n 段的功率，单位为 kW。

当 P_{dx} 小于电动机的额定功率 P_N，即 $P_{dx} \leqslant P_N$，发热校核通过。

3）过载能力的校核

发热校核之后应进行过载校核。

过载能力的校核，要求负载图中的最大转矩 T_{mL} 小于预选电动机的最大电磁转矩 T_m。电动机的最大转矩 $T_m=\lambda_T T_N$，因此得

$$T_{mL}<\lambda_T T_N \tag{9-15}$$

对异步电动机需要考虑电网电压的波动，一般规定最大电压降为 $0.9U_N$，则

$$T_{mL}<0.81\lambda_T T_N \tag{9-16}$$

否则，另选大一点的电动机，直到适合为止。

2. 短时工作的电动机容量的选择

有短时间工作需要时，可选用专门为短时工作制而设计的电动机，也可选用长期工作制的电动机。

1）选用短时工作制的电动机

可以按生产机械的工作时间、功率和转速的要求，直接在产品样本上选择合适的电动机。

如果短时负载是变化的，可求出平均功率，进行选择，并校验过载能力。

如果电动机实际工作时间 t_{gx} 与标准工作时间 t_{gN} 不一致，可用近似换算公式

$$P_{gN}\approx P_{gx}\sqrt{\frac{t_{gx}}{t_{gN}}} \tag{9-17}$$

式中，P_{gx} 是 t_{gx} 下的功率；P_{gN} 是换算到 t_{gN} 下的功率。应尽量取与 t_{gx} 最接近的 t_{gN}。

然后按 P_{gN} 选取电动机的额定功率。

也可选用断续周期工作制的电动机，其对应关系为：t_g 为 30min、60min、90min 的电动机，分别相当于 FC% 为 15%、25%、40% 的电动机。

2）选用连续工作制的电动机

短时工作制负载选用长期工作制电动机，若按生产机械所需功率来选择长期工作制电动机容量，运行时将不会达到最大允许温升，电动机没有被充分利用。可以使电动机功率比生产机械所需功率小一些，短时过载运行，运行结束时温升接近而不超过允许温升。

电动机容量为

$$P_N=\frac{P_g}{\lambda_g} \tag{9-18}$$

式中，P_N 为所选长期工作制电动机的容量；P_g 为短时负载功率；λ_g 为容量过载倍数。

容量过载倍数 λ_g 为

$$\lambda_g=\sqrt{\frac{1-e^{-t_g/T}}{1+\alpha e^{-t_g/T}}} \tag{9-19}$$

式中，t_g 为短时工作时间，单位 s；T 为发热时间常数，单位 s；α 为不变损耗与可变损耗之比。

若 $\lambda_g > \lambda_T$，过载能力通不过，应按下式选择电动机容量，即

$$P_N \geqslant \frac{P_g}{0.81\lambda_T} \tag{9-20}$$

对笼型电动机，还应进行起动能力的校验。

3. 断续周期工作的电动机容量的选择

在继续周期工作方式下，每个周期有起动、制动和停车等阶段，要求电动机具有起动和过载能力强、机械强度大、惯性小等特点，应选择能满足这些要求的断续周期工作制电动机。

若负载恒定，可根据生产机械的负载持续率、功率和转速从产品样本中直接选取合适的电动机。若负载是变化的，则按等效功率进行选择并校验。

若生产机械的负载持续率 $FC_x(\%)$ 与标准负载持续率 $FC(\%)$ 不同，则按下式选择电动机容量，

$$P = P_x\sqrt{\frac{FC_x(\%)}{FC(\%)}} \tag{9-21}$$

式中，P_x 是负载功率；P 是接近于 $FC_x(\%)$ 的标准负载持续率时的功率。

再根据功率 P 来选择电动机的额定功率。

当 $FC_x(\%) < 10(\%)$ 应按短时工作制选择电动机，若 $FC_x(\%) > 60(\%)$ 应按连续工作制选择电动机。

4. 选择电动机容量的工程方法

上述选择电动机功率的基本原理和方法，在实际使用中会发现，准确绘出电动机负载图有一定困难，同时计算量也较大。因此，实际选择电动机功率时经常采用工程简化方法。

1）统计法

统计法就是对各种生产机械的拖动电动机进行统计分析，找出电动机容量与生产机械主要参数之间的关系，用数学公式表示，作为类似生产机械选择拖动电动机容量时的依据。

例如，机械制造业应用统计分析法得出下列几种机床电动机功率的计算公式

(1) 卧式车床的电动机功率为

$$P = 36.5D^{1.54}\,\text{kW} \tag{9-22}$$

式中，D 为加工工件的最大直径，单位为 m。

(2) 立式车床的电动机功率为

$$P = 20D^{0.88}\,\text{kW} \tag{9-23}$$

式中，D 为加工工件的最大直径，单位为 m。

(3) 摇臂钻床的电动机功率为

$$P = 0.064D^{1.19}\,\text{kW} \tag{9-24}$$

式中，D 为最大钻孔直径，单位为 mm。

(4) 外圆磨床的电动机功率为

$$P = 0.1KB\,\text{kW} \tag{9-25}$$

式中，B 为砂轮宽度，单位为 mm；K 为考虑砂轮主轴采用不同轴承时的系数，滚动轴承

$K=0.8\sim1.1$，滑动轴承 $K=1.0\sim1.3$

(5) 卧式镗床的电动机功率为

$$P=0.004D^{1.7}\text{kW} \tag{9-26}$$

式中，D 为镗杆直径，单位为 mm。

(6) 龙门刨床的电动机功率为

$$P=\frac{B^{1.15}}{166}\text{kW} \tag{9-27}$$

式中，B 为工作台宽度，单位为 mm。

根据计算所得功率，应使所选择的电动机的额定容量 $P_N \geqslant P$。

2) **类比法**

通过对长期运行考验的同类生产机械所采用的电动机容量进行调查，然后对主要参数和工作条件进行类比，从而确定新的生产机械拖动电动机的容量。

9.3 三相异步电动机质量的试验分析

选用电机制造厂生产的电动机产品，需要判别其质量性能是否符合国家标准规定的要求，这一过程主要通过电动机的工业试验来进行验证。通常是根据国家试验方法标准的规定，按确定的方法和步骤进行电动机的工业试验，以确定电动机实际质量性能参数，判别电动机电气性能优劣，作为电动机选择的依据。

9.3.1 电动机的试验项目

电动机工业试验项目分为型式试验和检查试验两大类。型式试验通常是指完整的全性能电动机试验，试验目的是求取电动机全部工作特性和参数，以全面考察电动机的电气性能和质量，从而判断该电动机是否符合国家标准(或用户订货时所签订的技术要求)。通过对型式试验的数据分析，还可以确定该类电动机检查试验时的判定标准。出厂检查试验则是按照简化项目对电动机产品所进行的试验，以确定该电动机的主要指标的质量水平是否合格，电动机使用者也可以通过检查试验来判断、选择电动机。检查试验对试验设备、环境要求较低，一般电动机使用现场均易实现。

9.3.2 电动机的质量性能试验测定方法

准确判断异步电动机的质量性能如效率、功率因数、起动电流、起动转矩、最大转矩、最小转矩、噪声、振动、温升等指标，应按照国家标准 GB1032《中小型三相异步电动机试验方法》规定的要求进行电气型式试验，试验主要包括空载、堵转、负载(温升)等过程。在测定电动机的绝缘电阻、直流电阻、电压、电流、功率温度、转速、转矩等参数的基础上，进行试验数据处理而得到质量结论。主要项目的试验包括空载试验、堵转试验以及负载试验。其中主要考核负载性能的是负载试验项目。

负载试验的试验目的在于通过测取电动机的工作特性，即电动机的输入功率 P_1、定子电流 I_1、效率 η、功率因数 $\cos\varphi$ 及转差率 s 与输出功率 P_2 的关系曲线，求取对应额定输出功率时的效率 η_N、功率因数 $\cos\varphi_N$ 和转差率 s_{ref}。将这些实测值与有关标准规定的保证值比较，鉴定被试电动机的运行性能和确定电动机的额定电流 I_N。

试验时，应使被试电动机带额定负载运行，直至定子、转子绕组接近热稳定状态。然后在 1.25～0.25P_N 范围内测取 6～8 个数据点，每点应读取下列原始数据：三相电压、三相电流、输入功率及转差率。对原始数据处理后得到功率因数、定子绕组铜耗 P_{Cu1}、转子绕组铜耗 P_{Cu2}、杂散损耗 P_s、效率 η 等性能参数。

电动机负载试验时需要模拟实际带载工况，因此需要为被测电动机提供一个平滑可调的负载。标准允许的模拟加载方法众多，有直流机消耗法、测功机法、机组回馈法等。

1. 直流机消耗法(直接法)

原理如图 9-7 所示，用相似功率、相同转速的直流电动机做陪试负载，保持直流电动机电枢电压及励磁电流不变的条件下，利用调节直流电动机的电枢电流的大小改变试验样机的负载。直流电动机的负载较大时，电阻也可附加水电阻法。

本方法控制方便，且由于直流电动机性能稳定，不易受试验环境干扰，因此负载较为稳定。缺点是试验运行不经济，所有负载功率都消耗在直流电动机的负载电阻上；而且被试样机转速范围跨度大、功率等级多，直流负载电动机适应较难。

2. 测功机法

测量各种旋转动力机械产生和消耗的功率包括电动机的负载情况，可以使用水力测功机、涡流测功机、交流测功机、直流测功机等。根据基本的功率转矩关系 $P=T\Omega$ 可知，可通过测量转矩来求出输出功率值。测力装置的损耗应做修正处理，以减少测量误差，并应注意损耗会受负载、转速和温度的变化而改变。

该法原理与直流机法相似，缺点是测功机价格较高。若用一套设备兼顾不同容量的负载，测量精度难于保证。

3. 机组回馈法

试验机组由多台电机组成，有四台电机的，也有五台电机的。以五机机组为例，机组可用一台原动机，两台同步发电机，两台直流电动机组成。机组回馈试验方案如图 9-8 所示。

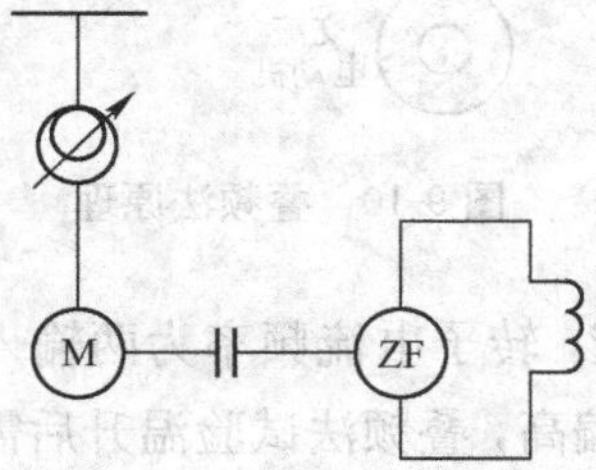

图 9-7　直流机消耗法

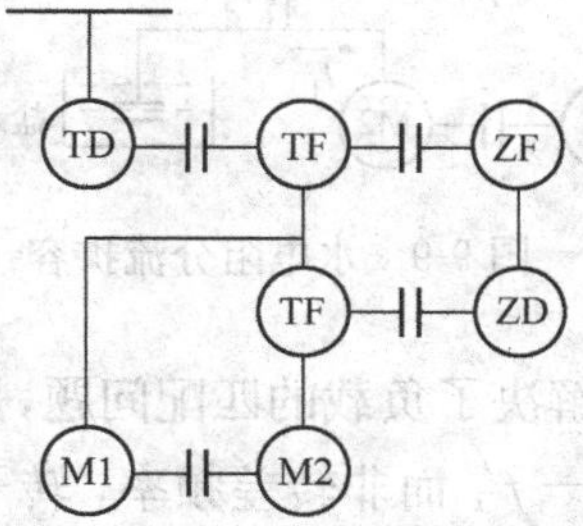

图 9-8　机组回馈试验

图中，M1 为被试样机，常用同型号电动机 M2 做陪试负载，陪试电动机与被试电动机同轴连接。由于新产品试制时，制造企业通常生产两台以上样机，因此该法负载选型、安装较方便，基本解决了直流机法、测功机法等方法中的负载匹配问题。

机组中一台同步发电机给被试机供给额定频率电源，另一台发电机由两台直流机变频输出低频电给陪试机，机组将陪试负载的能量回馈电网。机组通过发电机的励磁调节输出电压大小，给被试机提供的电源品质可以不受电网及其他用电负荷变化的影响，而由机组保证其合格性。通过改变 ZF、ZD 的励磁及电枢来调节 M1 的负载，M2 处于异步发电状态，M1 的负载能量经机组回馈电网，电网上消耗的是系统内各电机的损耗，试验运行成本较低。

该方案缺点是机组价格较高，且原动机 TD 通常容量较大，对现场的配电容量要求较高，起动难度大。随着变频技术的发展，也有采用合适的变频器代替变频机组给陪试电动机 M2 供电。此外，机组试验电压等级范围较窄，难于兼顾各类额定电压电动机，可用调压器代替。

方案在使用中，还可辅助水电阻负载等其他负荷增大试验容量，在被试机容量达到或接近机组额定容量时，用水负载分流，可解决机组回馈容量不够的问题。其线路如图 9-9 所示。

电流矢量关系为 $\dot{I}_2=\dot{I}_1+\dot{I}_3$，M2 电动机容量可以提高。但扩容有上限，等到同步机过励、无功电流饱和，即使水电阻再减小，因陪试机吸收不到足够的励磁无功电流，无法异步发电，则试验容量饱和。如若进一步扩容，还需增加感性负载。

4. 叠频法温升试验

单台大容量电动机可采用叠频法进行温升试验。叠频试验时，样机轴伸不带负载，将两种不同频率的电源叠频加在被试机线端。气隙磁场是两个磁场的矢量和，其频率是两个电源频率的差频。因此，样机转子周期性的加速或减速，部分时间转子转速高于磁场转速，部分时间低于磁场转速。保持主电源为额定频率、额定电压，调节副电源频率为 80％额定频率，改变副电源电压，使磁场与转子相对转速增大，增大定子电流至额定值。线路如图 9-10 所示。

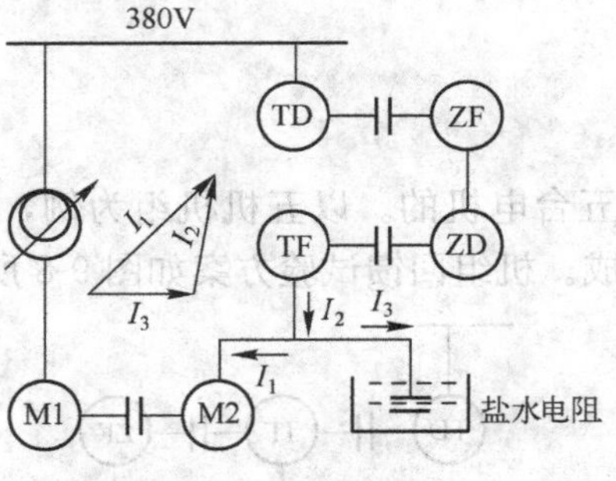

图 9-9　水电阻分流扩容

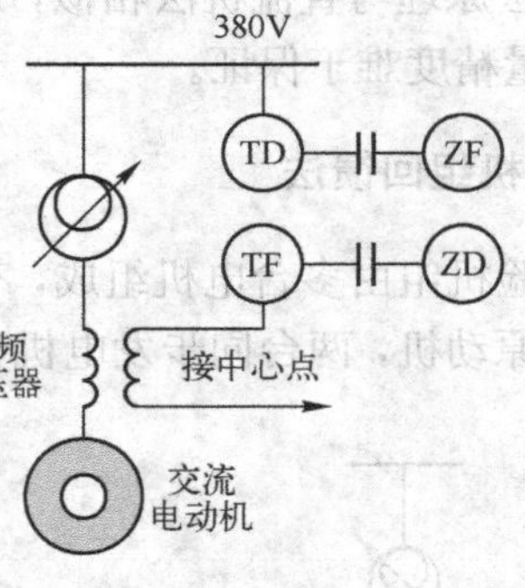

图 9-10　叠频法原理

该法解决了负载的匹配问题，缺点是与正常负载比较，转子电流频率为两输入频率的差频 $f_2=f_1-f'_1$ 而非转差频率，转子损耗大，因此温升略偏高，叠频法试验温升后需要使用等值电路计算工作特性，所获电机特性存在一定误差。

9.3.3　电动机质量的工程判别方法

通过型式试验获得产品质量性能的过程较为复杂，设备环境要求较高，工程上常用简单的检查试验方法判定其质量。

电动机的检查试验参数包括：额定频率下进行空载试验得到 $U=U_N$ 时的空载电流 I_0、空载功率 P_0；堵转试验得到 $U=U_k$ 时的堵转电流 I_k、堵转功率 P_k 等，这些参数能够反映电动机的质量性能。但国家标准技术条件不规定出厂试验参数的合格数值，而是在获得相同规格电动机型式试验参数的基础上，分析制定简单出厂试验参数的合格区域，将试验获得参数与合格参数比较以判断电动机是否合格。

1. 空载电流与电动机质量

I_0 的大小，决定励磁电抗 X_m 的大小。若 I_0 大，即电动机的空载电流大，可反映出电机功率因数低。

2. 空载输入功率与电动机质量

空载损耗直接影响电动机的效率。出厂试验时的空载损耗合格值的制定主要受制于该规格电动机效率标准值。

3. 堵转电流与电动机质量

电动机堵转时，如电压 U_k 一定，电流 I_k 的大小反映了短路阻抗 Z_k 的大小。漏阻抗的大小对起动性能、最大转矩等有着很大影响。

根据电动机短路时的等效电路，堵转电流的大小可近似认为与起动电流倍数成正比，出厂试验堵转电流合格值上限确定为

$$I'_k=\frac{(I_k/I_N)'}{(I_k/I_N)}\cdot I_k \tag{9-28}$$

式中，技术条件规定的起动电流倍数标准值的出厂试验堵转电流合格值即为 I'_k，I_k、I_N 可根据样本数据或试验均值得到。

电动机技术条件有最大转矩要求，最大转矩的大小近似与堵转电流成正比，根据技术条件规定的最大转矩倍数要求，有

$$\frac{I'_k}{I_k}=\frac{T_{max}'}{T_{max}}=\frac{(T_{max}/T_N)'}{(T_{max}/T_N)} \tag{9-29}$$

式中，$(T_{max}/T_N)'$ 为技术条件规定的最大转矩标准下限值，出厂试验堵转电流合格值下限可表示为

$$I'_k=\frac{(T_{max}/T_N)'}{(T_{max}/T_N)}\cdot I_k \tag{9-30}$$

4. 堵转功率与电动机质量

按技术条件规定的起动转矩下限，确定出厂试验堵转功率合格最小值。电动机堵转功率 P_k 的大小，反映了短路电阻 R_k 的大小，对起动转矩影响较大。同极数的电机，起动时电磁转矩 T 与电磁功率成正比，电磁功率为

$$P_M=P_k-p_{Cu1}-p_{Fe} \tag{9-31}$$

定子铜耗为 $p_{Cu1}=3I_k^2\cdot r_1$，励磁较小，铁耗忽略，起动转矩与堵转功率的关系为

$$\frac{P'_k-3I'^2_k\cdot r'_1}{P_k-3I_k^2\cdot r_1}=\frac{T'_k}{T_k}=\frac{(T_k/T_N)'}{(T_k/T_N)} \tag{9-32}$$

则堵转功率的出厂试验合格最小极限值可记为

$$P'_k=\frac{(T_k/T_N)'}{(T_k/T_N)}\cdot(P_k-3I_k^2\cdot r_1)+3I'^2_k+r'_1 \tag{9-33}$$

式中，$\left(\frac{T_k}{T_N}\right)'$为技术条件规定的起动转矩倍数的标准值(计入容差)，$\left(\frac{T_k}{T_N}\right)$、$P_k$ 为样机型式试验数据，I'_k、r'_1 可取型式试验起动转矩倍数接近标准值的样机型式试验统计值。

由于限值设置方法上的缺陷和近似程度等不足，所定的出厂合格区需留有一定裕量。调整出厂批量电动机偏差时，应注意掌握出厂试验数据的统计规律，综合考虑工艺、材质、设计因素，必要时应重新进行针对性型式试验。

小　结

本章介绍了交流拖动系统中电动机的质量与选择。选择电动机，应根据生产机械对电动机的技术质量要求以及使用环境、供电条件等，来确定电动机的容量、电压、种类、型式等，其中电动机的容量选择是主要问题。选择时还应考虑电动机的质量性能，电动机的主要性能指标有效率、功率因数、起动电流、起动转矩、最大转矩、最小转矩、噪声、振动、温升等。

选择电动机时需要对电动机的发热情况进行分析。电动机的负载大小、电动机的工作制以及电动机的质量性能都会影响电动机发热，发热的限度取决于电动机使用的绝缘材料。电动机额定容量的选择要根据负载大小、性质和工作制的不同来综合考虑，针对各种不同工作制的负载，应优先选择对应工作制的电动机，但电动机铭牌上标明的工作方式可以和电动机的实际运行方式不一致。

选择电动机额定功率应根据生产机械的负载图、计算负载功率，预选电动机、校核电动机的发热、过载能力及起动能力。进行发热校验有 4 种方法：平均损耗法、等效电流法、等效转矩法和等效功率法，应用时要注意不同的条件。这对于设计时选择电动机的额定容量以及使用电动机时选择额定容量都是很重要的。工程上可以采用简单实用的统计法和类比法来确定电动机的容量。

电动机的质量性能判定及参数的获得需要通过一定的试验步骤获得，型式试验可以全面获得电动机性能指标，但设备及试验过程较复杂，工程上可以采用简单检查试验以及判定规则来确认电动机的质量性能。

习　题

9.1　电动机的温升、温度以及环境温度之间有何关系？电机铭牌上的温升值的含义是什么？

9.2　电动机在使用中，电流、功率和温升能否超过额定值？电动机质量性能参数与这些额定参数有何联系？

9.3　电动机发热和冷却各按什么规律变化？

9.4　电动机的允许温升取决于什么？若两台电动机的通风冷却条件不同，而其他条件完全相同，它们的允许温升是否相等？如何确定电动机的温升指标？

9.5　电动机的 3 种工作制是如何划分的？负载持续率 FC%表示什么意义？

9.6　电动机的 3 种工作制有什么特点？电动机铭牌表明的工作制与电动机实际运行的工作制可能有哪些区别？

9.7　试比较 FC%＝40%，20kW 电动机和 FC%＝15%，30kW 电动机，哪一台的容量大？

9.8　采用机组回馈法进行电动机的负载及温升试验时，如何调节输出负载及输出电压？

9.9　用简单检查法判别电动机质量时，需要进行哪些试验，如何判定其质量？为什么？

参考文献

[1] 胡虔生,胡敏强,杜炎森.电机学.北京:中国电力出版社,2001
[2] 许实章.电机学.第3版.北京:机械工业出版社,1990
[3] 汤匀璆,史乃.电机学.北京:机械工业出版社,1999
[4] 李发海,王岩.电机与电力拖动基础.第2版.北京:清华大学出版社,1993
[5] 彭宏才.电机原理及拖动.北京:机械工业出版社,1996
[6] 顾绳谷.电机及拖动基础.北京:机械工业出版社,2003
[7] 邱阿瑞.电机与电力拖动.北京:电子工业出版社,2002
[8] 戴文进. 电力拖动.北京:电子工业出版社,2004
[9] 汤天浩.电机与拖动基础.北京:机械工业出版社,2004
[10] 吴浩烈.电机及电力拖动基础.重庆:重庆工业出版社,1996
[11] 任礼维,林瑞光.电机与拖动基础.杭州:浙江大学出版社,1994
[12] 孙忠献,电机技术与应用.福州:福建科学技术出版社,2004
[13] 唐任远.特种电机.北京:机械工业出版社,1998
[14] 杨渝钦.控制电机.第2版.北京:机械工业出版社,1990
[15] 陈隆昌,陈筱艳.控制电机.第2版.西安:西安电子科技大学出版社,1994
[16] 许晓峰.电机及拖动.北京:高等教育出版社,2000
[17] 高敬德.电机及电力拖动.北京:石油工业出版社,2001
[18] 应崇实.电机及拖动基础.北京:机械工业出版社.1999
[19] 方荣惠等.电机原理及拖动基础.徐州:中国矿业大学出版社,2001

《电机与电力拖动基础教程》

读者调查表

尊敬的读者：

欢迎您参加读者调查活动，对我们的图书提出真诚的意见，您的建议将是我们创造精品的动力源泉。为了方便大家，我们提供了两种填写调查表的方式：

1. 您可以登录 http://yydz.phei.com.cn，进入右上角的读书栏目，填好本调查表后直接反馈给我们。
2. 您可以填写下表后寄给我们(北京市海淀区万寿路 173 信箱电子技术分社　邮编：100036)。

姓名：________　性别：□ 男 □ 女　年龄：________　职业：________

电话(寻呼)：____________________　E-mail：____________________

传真：____________________　通信地址：____________________

邮编：____________________

1. 影响您购买本书的因素(可多选)：

□封面封底　□价格　□内容简介、前言和目录　□书评广告　□出版物名声

□作者名声　□正文内容　□其他________________________

2. 您对本书的满意度：

从技术角度　□很满意　□比较满意　□一般　□较不满意　□不满意

从文字角度　□很满意　□比较满意　□一般　□较不满意　□不满意

从排版、封面设计角度　□很满意　□比较满意　□一般　□较不满意

□不满意

3. 您最喜欢书中的哪篇(或章、节)？请说明理由。

____

____

4. 您最不喜欢书中的哪篇(或章、节)？请说明理由。

____

____

5. 您希望本书在哪些方面进行改进？

____

____

6. 您感兴趣或希望增加的图书选题有：

____

____

邮寄地址：北京市海淀区万寿路 173 信箱电子技术分社　柴燕　收　邮编：100036

编辑电话：(010)88254448　E-mail：chaiy@phei.com.cn

反侵权盗版声明

举报电话：(010)88254396；(010)88258888

传　　真：(010)88254397

E-mail：dbqq@phei. com. cn

通信地址：北京市万寿路 173 信箱

电子工业出版社总编办公室

邮　　编：100036